Mechanisch- und physikalisch-technische Textiluntersuchungen

Von

Dr. Paul Heermann
Professor, Abteilungsvorsteher der Textilabteilung des
Staatlichen Materialprüfungsamtes in Berlin-Dahlem

Zweite, vollständig umgearbeitete Auflage

Mit 175 Abbildungen im Text

Berlin
Verlag von Julius Springer
1923

ISBN-13: 978-3-642-48490-2   e-ISBN-13: 978-3-642-48557-2
DOI: 10.1007/978-3-642-48557-2

Alle Rechte, insbesondere das der Übersetzung
in fremde Sprachen, vorbehalten.

Copyright 1923 by Julius Springer in Berlin.
Softcover reprint of the hardcover 1st edition 1923

Aus dem Vorwort zur ersten Auflage.

Vorstehende Arbeit soll eine schlichte und möglichst praktische Zusammenstellung des in der Literatur zerstreut vorliegenden Materials für den täglichen Gebrauch in Fabrik und Laboratorium darstellen ...

Die Arbeit bildet zusammen mit den »Färberei- und textilchemischen Untersuchungen« gewissermaßen ein Ganzes. In den letzteren sind die chemischen Untersuchungsverfahren der Textilerzeugnisse sowie die Prüfverfahren der in der Textilindustrie verwendeten Farbstoffe und Chemikalien, in dem vorliegenden Buch die mechanischen und physikalischen Untersuchungsverfahren abgehandelt. Beide Bände umfassen nunmehr nahezu das gesamte Gebiet der »textiltechnischen Untersuchungen ...«

Beim Gebrauch des Buches wird dem Leser nicht entgehen, daß einheitliche Begriffe, Grundsätze, Bezeichnungen, Arbeitsverfahren usw. auf dem textiltechnischen Gebiete noch vielfach fehlen. Dies wird natürlich der Praktiker, der sich mit der Materie schon befaßt hat, ohnehin bereits unangenehm empfunden haben. Ich erwähne nur die zahlreichen Garnnumerierungssysteme, von denen ein Teil heute schon ein dürftiges Dasein fristet und bei einigem guten Willen der beteiligten Kreise ohne weiteres beseitigt werden könnte. Es ist anzustreben, daß in dieser Beziehung allmählich Wandel geschaffen wird, und daß sich hier, wie auf anderen Gebieten der Materialprüfung der Technik, einheitliche Grundsätze und Normen einbürgern. So wenig hierbei allerdings die Kraft des einzelnen ausreicht, so sollte doch ein jeder sein Teil hierzu beitragen. Dies gilt besonders für die Körperschaften der Industrie und des Handels sowie für die größeren und einflußreicheren Prüfstellen. Das Staatliche Materialprüfungsamt z. B. kämpft bereits seit Übernahme der Prüfstelle der Zentralstelle für Textilindustrie im Jahre 1905 mit Ausdauer für die Vereinheitlichung des Prüfungswesens und der Nomenklatur. »Fruchtbarer als alle Normierungen und die Voraussetzung hierfür ist aber,« um mit den Worten Kuhns zu sprechen, »daß unser textiles Prüfungswesen auf eine gewisse wissenschaftliche Basis gestellt wird. Dann wird der Prüfraum die Seele der Fabrik werden, der Mittelpunkt aller technischen Kontrolle, deren emsige Kleinarbeit jene stetigen Verbesserungen zeigt, von denen aller technische und kaufmännische Fortschritt und Erfolg abhängt«. Auch in dieser Beziehung ist das Staatliche Materialprüfungsamt mit Erfolg bestrebt, nicht nur auf wissenschaftlicher Grundlage fortzuschreiten, sondern die errungenen Fortschritte auch weiteren Kreisen zugänglich zu machen und die unzureichenden Arbeitsverfahren und Hilfsmittel der Altvorderen außer Kurs zu setzen ...

Berlin-Lichterfelde-W., im Mai 1912.

Paul Heermann.

Vorwort zur zweiten Auflage.

Die vorliegende Auflage des schon seit geraumer Zeit vollständig vergriffenen Buches bedurfte einer fast völligen Neubearbeitung, da die Ausgabe der ersten Auflage schon ziemlich weit zurück liegt und inzwischen viel neues Material herausgekommen ist, das zu berücksichtigen war. Hierbei war ich bestrebt, alle wichtigen Fortschritte und Forschungsergebnisse, die sich auf das Untersuchungsgebiet beziehen, zu verwerten, so daß die Benutzer des Buches viel Neues finden werden, was bisher nur in der Fachliteratur zerstreut vorlag und heute oft nur mit größter Mühe erreicht werden kann.

Wenn ich dabei in manche Fragen der Prüfungstechnik und -systematik tiefer eingedrungen bin als bisher, so habe ich mich anderseits gleichwohl noch nicht entschließen können, einige elementarere Hilfskapitel (wie z. B. diejenigen über das Mikroskop und die Gewebeanlagen) zu streichen, damit das Buch nicht nur in ordnungsmäßigem Lehrplan und in den Händen des geschulten Fachmannes, sondern nötigenfalls auch von Autodidakten ohne Lehranleitung mit Erfolg als Leitfaden benutzt werden kann.

In seinem Aufbau hat sich das Buch bis auf kleinere Umstellungen nur wenig verändert. Der Umfang hat sich bei vergrößertem Format um etwa 5 Bogen kürzen lassen, hauptsächlich, weil die in der früheren Auflage enthaltenen behördlichen Lieferungsbedingungen (besonders von Militärbehörden) durch die veränderten Verhältnisse ihren Wert eingebüßt haben und deshalb in Wegfall kommen konnten.

Bei der Sichtung und Durcharbeitung des Materials bin ich wieder von Herrn H. Schütze, Ständigem Techniker der Textilabteilung des Staatlichen Materialprüfungsamtes, unterstützt worden. Ich spreche ihm auch an dieser Stelle meinen besten Dank aus.

Herr Prof. Dr. Chr. Marschik war so liebenswürdig, mir verschiedene wertvolle Anregungen und Ratschläge zur Vervollständigung des Buches zu erteilen. Hierfür spreche ich auch Herrn Prof. Marschik meinen verbindlichsten Dank aus.

Schließlich sage ich noch den Herren Kollegen und den Schriftleitungen und Firmen meinen besten Dank für die bereitwillige Überlassung von Druckstöcken, die zur zweckentsprechenden Ausstattung des Buches beigetragen haben.

Berlin-Lichterfelde-W., im Oktober 1923.

Paul Heermann.

Inhaltsverzeichnis.

	Seite
Die Lupe und das Mikroskop	1
Allgemeines	1
Die Lupe und das einfache Mikroskop	2
Das Mikroskop	3
Das Objektiv	3
Das Okular	5
Einrichtung des Mikroskops	5
Zeichenapparate	7
Mikrometer	8
Polarisationsmikroskop	9
Mikroskopierlampe	10
Prüfung des Mikroskops	11
Behandlung des Mikroskops	12
Gebrauch des Mikroskops	13

Aufstellung des Mikroskops, Einstellung und Betrachtung des Objekts S. 13. Herstellung von Präparaten S. 15. Farbstoffe für die Mikroskopie S. 21.

	Seite
Mikroskopie textiler Faserstoffe	21
Pflanzliche oder vegetabilische Fasern	24
Flachs oder Lein	24
Hanf	26
Jute	28
Ramie oder Chinagras	29
Nesselfaser	29
Manilahanf	30
Neuseeländischer Flachs	30
Domingo- oder Pitahanf	31
Sisalhanf	31
Aloehanf	31
Kokosfaser	32
Baumwolle	32

Mikroskopie S. 32. Stapel S. 35. Handelsmarken S. 35. Unterscheidung der Baumwollsorten in Garnen und Geweben S. 37.

	Seite
Mercerisierte Baumwolle	39
Kapok	40
Kunstseiden	41

Herstellung S. 41. Physikalische Eigenschaften S. 42. Technologische Eigenschaften der Kunstseidengespinste S. 43. Struktur und Mikroskopie S. 52.

	Seite
Stroh, Holz, Kautschuk, Papier	57
Analytische Übersicht der wichtigsten pflanzlichen Textilfasern	58
Wollen und Tierhaare	60
Allgemeines	60
Schafwolle	61

Morphologie der Wolle S. 61. Güteeigenschaften der Wolle S. 64. Streich- und Kammwollen S. 66. Merinowolle und ihre Verwandten S. 67. Leicester- und Newleicesterwolle S. 68. Gewöhnliche Landwollen S. 69. Gerberwolle, Sterblingswolle, Raufwolle S. 69.

	Seite
Kunstwolle	69
Ziegenhaare	74

Gemeines Ziegenhaar S. 74. Geißbarthaar S. 75. Mohair- oder Angorawolle S. 75. Tibet- oder Kaschmirwolle S. 76.

	Seite
Kamelhaare	76

Inhaltsverzeichnis.

	Seite
Kamelziegenhaare	77
Alpakawolle S. 77.	
Kalb- und Kuhhaare	77
Rehhaare	78
Schweinsborsten	79
Roßhaare	79
Die Seiden	79
Die edle Seide	80
Tussahseide	84
Asbest	84
Glas	86
Metalle	86
Messung und Regelung der Luftfeuchtigkeit	86
Das Messen der Luftfeuchtigkeit	88
Regelung der Luftfeuchtigkeit	93
Die Konditionierung oder Trockengehaltsbestimmung	95
Wasseraufnahme der Fasern aus der Luft	95
Bestimmung des Trockengehaltes	97
Konditionierung der für den Kleinhandel bestimmten Garne	101
Konditionierapparate	102
Die Numerierung der Garne	105
Allgemeines	105
Die gramm-metrische oder internationale Nummer	106
Die englische Baumwollnummer	107
Die halbgramm-metrische oder französische Baumwollnummer	108
Die österreichische Baumwollnummer	108
Die niederländische Baumwollnummer	109
Umwandlungstafel für Baumwollnummern	109
Bezeichnung der Zwirnnummern	109
Die Flachs-, Werg- und Hanfgarn-Numerierung	109
Bindegarne	110
Bindfaden	110
Die Jutegarn-Numerierung	110
Die Ramiegarn-Numerierung (Chinagras, Nessel)	111
Umwandlungstafel	111
Die Wollgarn-Numerierung	111
Die Kunstwollgarn-Numerierung	113
Die Titrierung der gehaspelten Seide	113
Die Numerierung der gesponnenen Seide	114
Die Numerierung der Kunstseide	114
Die Nummerbestimmung der Garne	114
Die Abweichung der Garnnummer von der Sollnummer	116
Das Zählen der Fasern	119
Das Zählverfahren zur Bestimmung von Flachs und Baumwolle in Mischgespinsten	121
Das Messen und Wägen	124
Das Messen und Wägen der Fasern	124
Längenmessungen von Einzelfasern	124
Stapelmessungen	125
Bestimmung der Haarlänge von Kammgarnen	132
Breiten- und Dickenmessungen	135
Wollklassifikation nach der Faserdicke	135
Querschnittsmessungen von Fasern	137
Bestimmung des Titers von Kunstseiden	137
Bestimmung des Völligkeitsgrades von Kunstseiden	139
Das Wägen der Fasern	141

Inhaltsverzeichnis. VII

	Seite
Längenmessungen von Gespinsten	142
Der Haspel oder die Weife	142
Dickenmessungen von Gespinsten	145
Das Wägen von Garnen und Zwirnen	148
Garnsortierwagen	148
Das Messen der Gewebe	152
Messen der Gewebelänge	152
Messen der Gewebedicke	152
Das Wägen der Gewebe	153
Die Drehung der Garne und Zwirne	153
Begriffsbestimmungen	153
Bestimmung der Drehung von Garnen und Zwirnen	156
Drehungsprüfer	156
Zwirnung S. 157. Geschleifte Garne S. 158.	
Torsionsverfahren von Marschik	159
Torsionsfestigkeit, Bruchdrehung	160
Festigkeit und Dehnung	162
Allgemeine Begriffsbestimmungen und Ableitungen	162
Festigkeit	163
Reißlänge	164
Spezifische Festigkeit, Substanzfestigkeit	165
Dehnung (Dehnbarkeit, Bruchdehnung)	165
Elastizität, elastische Dehnung	166
Zerreißarbeit und Zähigkeit	167
Gleichmäßigkeit oder Gleichförmigkeit	168
Kraftdehnungslinie, Zerreißdiagramm	171
Arbeitsdiagramm und Elastizitätsdiagramm	172
Prüfungsgrundlagen	176
Anzahl der Einzelversuche	177
Einspannlänge	178
Zerreißgeschwindigkeit	179
Luftfeuchtigkeit und Temperatur	181
Festigkeitsprüfer oder Dynamometer	184
Festigkeitsprüfer von Guggenheim	185
Serimeter	186
Festigkeitsprüfer, System Baer	186
Festigkeitsprüfer, System Schopper	187
Festigkeitsprüfer, System Tarnogrocki	189
Festigkeitsprüfer, System Goodbrand	190
Festigkeitsprüfer, System Leuner	192
Festigkeitsprüfer, System Krais	192
Vorbereitung des Probematerials und Technik der Ausführung	194
Beurteilung der Festigkeitswerte (Gütezahlen, Normzahlen, Qualitätszahlen)	199
Baumwollgarne	200
Flachsgarne	201
Wollgarne	202
Rohseide	202
Kunstseide	203
Haftfestigkeit	203
Einreißfestigkeit	204
Abreibungsfestigkeit	205
Apparat von Haßler S. 205. Apparat von v. Kapff	206
Verfahren von Kertesz	206
Scheuerapparat von E. Müller	207
Zerplatz- oder Berstfestigkeit	208

Inhaltsverzeichnis.

	Seite
Falzfähigkeit oder -festigkeit	209
Sprödigkeit	210
Gewebeanlagen	211
Leinwandbindung	212
Köperbindung	213
Atlasbindung	214
Kreppbindungen	215
Aufzeichnung der Bindung eines Gewebes	216
Rechte und linke Seite des Gewebes	216
Ketten- und Schußrichtung	216
Fadendichte oder Dichte des Gewebes	217
Fadenzähler	218
Meßlupe von Zeiss	218
Differential-Fadenzähler	220
Berechnung des Quadratmetergewichtes eines Stoffes aus gegebener Fadenzahl und Garnnummer	221
Dichte und undichte Gewebe	221
Unterscheidungsmerkmale von Samt, Baumwollsamt und Manchester	223
Bestimmung der Dichte bei Schußsamt	224
Bestimmung der Garnnummer in Geweben	224
Bestimmung der äußeren Eigenschaften von Garnen	226
Kontrollmaschine	226
Garnqualitätsmeßapparat von Ed. Herzog	227
Apparat von Frenzel	227
Bestimmung des Auswaschverlustes	228
Bestimmung der Appreturmenge	230
Bestimmung des Bastgehaltes von Seide	231
Bestimmung des Einlaufens oder Krumpfens	231
Saugfähigkeit	232
Aufnahmefähigkeit für Flüssigkeiten	233
Ölaufnahme	233
Wasseraufnahme	234
Prüfung von Scheuer- und Putztüchern	235
Bestimmung der Wasserdurchlässigkeit	235
Muldenversuch	236
Büretten- und Trichterversuch	237
Wasserdruckversuch	238
Berieselungsversuch	240
Wasserbeständigkeit, Fäulnisbeständigkeit, Frostbeständigkeit	242
Wasserbeständigkeit	242
Fäulnisbeständigkeit	242
Frostbeständigkeit	243
Luftdurchlässigkeit	243
Verfahren des Materialprüfungsamtes	244
Porosimeter von Pohl-Schmidt	245
Gasdurchlässigkeit von Ballonstoffen	248
Wärmedurchlässigkeit	251
Lichtdurchlässigkeit und Verschiedenes	251
Bestimmung des spezifischen Gewichtes	252
Nachtrag	256
Anhang	259
Sachverzeichnis	263

Die Lupe und das Mikroskop[1]).

Allgemeines.

Lupe und Mikroskop gehören zu den unentbehrlichsten Werkzeugen, deren man sich bei der Untersuchung von Textilien bedient. Sie bezwecken, die Gegenstände dem Auge deutlicher und sichtbar zu machen. Ihre wesentlichen Bestandteile sind die Linsen. Linsen sind Körper aus durchsichtigem, klarem Glas, welche durch zwei Kugelflächen oder eine kugelförmige und eine ebene Fläche begrenzt sind. Die kugelförmigen Flächen können positiv (konvex) oder negativ (konkav) sein und auf

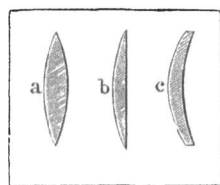 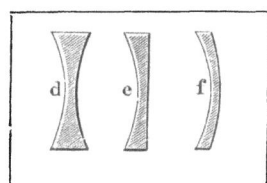

Abb. 1. Sammellinsen.   Abb. 2. Zerstreuungslinsen.

solche Weise können **bikonvexe (a)**, **plankonvexe (b)**, **konvexkonkave (c, f)**, **bikonkave (d)** und **plankonkave (e)** Linsen entstehen (Abb. 1 und 2).

Linsen, bei denen die Konvexfläche vorherrscht, wirken als **Sammellinsen** oder **Vergrößerungsgläser**; solche, bei denen die Konkavfläche überwiegt, als **Zerstreuungslinsen** oder **Verkleinerungsgläser**.

Alle parallel auf eine Sammellinse auffallenden Strahlen werden nach ihrem Durchgang in einem Punkt vereinigt, welchen man den **Brennpunkt** oder den **Fokus** nennt. Die Verbindungslinie zwischen Brennpunkt und Mittelpunkt der Linse heißt die **optische Achse** der Linse, die Entfernung des Brennpunktes von Linse heißt die **Brennweite** oder die **Fokaldistanz** der Linse. Sie wird in Zentimetern oder Millimetern angegeben.

Man unterscheidet zweierlei Bilder, **reelle** und **virtuelle**. Erstere sind wirklich vorhanden und können auf einem Schirm aufgefangen werden; letztere bestehen nur scheinbar. Liegt das Objekt wenig außerhalb der Brennweite einer Bikonvexlinse (wie z. B. bei dem Mikroskopobjek-

---

[1]) Vgl. auch Hager-Mez: „Das Mikroskop und seine Anwendung". Berlin: Julius Springer.

tiv), so wird das Bild ein umgekehrtes, reelles und vergrößertes. Liegt das Objekt dagegen innerhalb der Brennweite einer solchen Linse (wie z. B. bei dem Mikroskopokular), so entsteht ein aufrechtes, virtuelles und vergrößertes Bild.

Die Lupe und das „einfache Mikroskop".

Als Lupe wird jede Linse oder Linsenkombination bezeichnet, welche ein Objekt dem Auge direkt als virtuelles, vergrößertes Bild sichtbar macht. Der Strahlengang ist folgender (Abb. 3): Alle Strahlen, die von a ausgehen, vereinigen sich in a_1, d. h. a_1 ist der Bildpunkt von a. Die von b ausgehenden Strahlen vereinigen sich in dem Bildpunkt b_1. Die vom Objekt a b ausgehenden Strahlen scheinen also dem auf der anderen Linsenseite beobachtenden Auge von a_1 b_1 auszugehen. Das Bild a_1 b_1 ist aufrecht, vergrößert und virtuell.

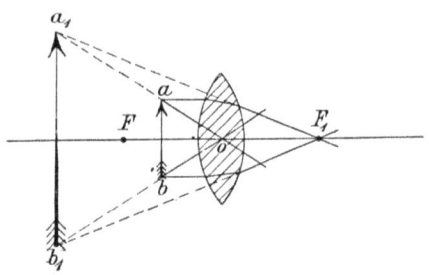

Abb. 3.
Wirkung der Lupe und des Mikroskop-Okulars. (Objekt a b innerhalb der Brennweite).

Die Vergrößerung einer Lupe erhält man durch das Verhältnis der Bildentfernung zur Objektentfernung, oder indem man die deutliche Sehweite (in der Regel für ein normales Auge zu 250 mm angenommen) durch die Brennweite dividiert:

$$V = \frac{250}{f}.$$

Eine einfache Bikonvexlinse mit gleichen Krümmungsradien eignet sich als Lupe wegen ihrer bedeutenden sphärischen Aberration am we-

Abb. 4.
Zylinderlupe.

Abb. 5.
Brewsters Lupe.

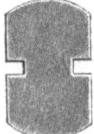
Abb. 6.
Coddingtons Lupe.

nigsten. Vorteilhafter verwendet man Plankonvexlinsen, deren ebenere Seite dem Objekt zugekehrt wird. Gewöhnliche einfache Linsen eignen sich nur für schwächere Lupen. Besser wird die Aberration durch die Zylinder-, Brewstersche oder Coddingtonsche Lupe aufgehoben. Die Zylinderlupe (Abb. 4) besteht aus einem Glaszylinder, an dessen Enden verschieden gekrümmte Linsenflächen angeschliffen sind. Die schwächer gewölbte Seite wird dem Objekt zugewendet; durch die verhältnismäßig große Länge der Linse werden die Randstrahlen zweckmäßig abgehalten. Letzteres geschieht bei der Brewsterschen (Abb. 5) und der Coddingtonschen Lupe (Abb. 6) durch geeignete Einschliffe an den Seiten.

Die Linsen einer Lupe erhalten Fassungen, schwächere oder stärkere. Bei Einschlaglupen (Abb. 7) sind in der Regel zwei bis drei verschieden vergrößernde Linsen verwendet, die beliebig, einzeln oder übereinander benutzt werden können.

Stärkere Lupen werden auch an Stativen angebracht, die sogenannten Stativlupen. Die Lupenstative bestehen aus einem schweren Fuß, auf dem sich ein Lupenträger mit verstellbarem Arm erhebt. Diese Stativlupen werden vielfach auch zum Präparieren mikroskopischer Objekte benutzt, sie heißen deshalb auch Präpariermikroskope oder einfache Mikroskope. Letztere Bezeichnung ist als unzweckmäßig zu vermeiden.

Sehr gebräuchlich ist auch der sogenannte Fadenzähler, welcher in der Fußplatte mit Ausschnitten in allen gewünschten Maßen hergestellt wird, 1 cm, $1/4$ Zoll engl., $1/4$ Zoll franz. usw. (Abb. 8). Eine besondere Präzisionsmeßlupe zur Bestimmung der Fadendichte und dgl. wird von Carl Zeiß, Jena, gebaut. Sie wird unter Fadendichte besonders besprochen (s. d.).

Abb. 7. Dreiteilige Einschlaglupe.

Abb. 8. Gewöhnlicher Fadenzähler.

Das Mikroskop.

Das zusammengesetzte Mikroskop oder schlechtweg das Mikroskop besteht aus zwei Linsensystemen, welche man sich in ihren Wirkungen als zwei einfache Linsen mit gemeinsamer optischer Achse denken kann. Die eine der Linsen A (Abb. 10) ist dem Objekt ab zugekehrt und wird Objektiv genannt; die andere (B) ist nach dem Auge des Beschauers gerichtet und heißt Okular.

Das Objektiv.

Das Objektiv (Abb. 9) hat eine relativ kurze Brennweite; es ist deshalb leicht, das Objekt ab so außerhalb derselben zu legen, daß ein umgekehrtes, reelles und vergrößertes Bild

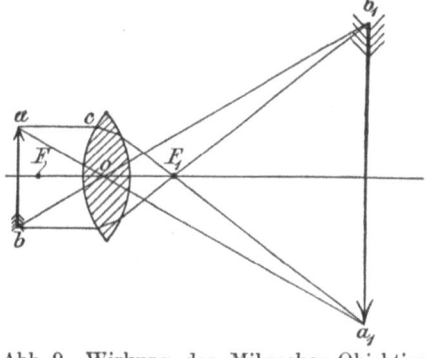

Abb. 9. Wirkung des Mikroskop-Objektivs (Objekt außerhalb der Brennweite).

in a′b′ entsteht. Dieses fällt zwischen Okular und seinen Brennpunkt (Abb. 10). Das Okular wirkt nun als Lupe und macht das Bild unter nochmaliger Vergrößerung als a″b″ dem Auge sichtbar.

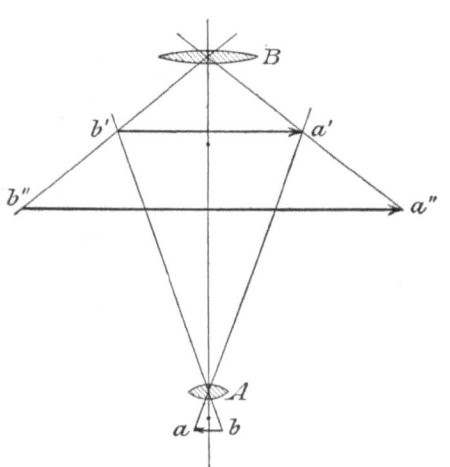

Abb. 10. Strahlengang und Bildkonstruktion im zusammengesetzten Mikroskop.

In Wirklichkeit sind nun die Objektive der meisten Mikroskope nicht einzelne Linsen, sondern Systeme von Sammellinsen, um möglichst die Fehler der Bilder abzuschwächen. Diese störenden Fehler der einfachen Linsen sind vor allem die chromatische und die sphärische Aberration (Abweichung). Chromatische Aberration wird der Fehler genannt, welcher durch die Zerlegung des weißen Sonnenlichtes in seine Farben beim Durchgang durch Linsen entsteht. Infolge der verschiedenen Ablenkung der einzelnen Lichtstrahlen werden für dieselben verschiedene Brennweiten und Brennpunkte bedingt. Die Folge der chromatischen Aberration ist, daß die Bilder nicht in einer Ebene liegen und das Gesamtbild farbig umsäumt erscheint. Durch Kombination von Linsen verschiedener Art (Brechungsvermögen, Zerstreuungsvermögen) kann der Fehler aufgehoben werden und man erhält sogenannte achromatische Linsen.

Die sphärische Aberration bewirkt, daß die Zeichnung der Bilder verwaschen erscheint. Nur bei Linsen von geringer Krümmung werden alle parallel auf eine Sammellinse auffallenden Strahlen genau im Brennpunkt vereinigt. Je mehr die Flächen einer Linse gekrümmt sind, die Linsen sich also der Kugelgestalt nähern, eine desto größere Brennlinie oder ein Brennraum entsteht an Stelle eines Brennpunktes, weil die Brennweite der Randstrahlen kleiner ist als die der Strahlen in der Nähe der optischen Achse. Die sphärische Aberration nimmt mit der Öffnung der Linse zu und steht mit dem Krümmungsradius, also auch mit der Brennweite, im umgekehrten Verhältnis. Unter Öffnung oder Öffnungswinkel einer Linse versteht man den Winkel, welcher, mit dem Brennpunkt der Linse als Scheitel, von den äußersten die Linse treffenden Randstrahlen gebildet wird. Die Krümmungen der beiden Oberflächen einer bikonvexen Linse lassen sich in einem solchen Verhältnis herstellen, daß die sphärische Abweichung auf das Mindestmaß herabgedrückt wird. Man nennt solche Linsen „Linsen der besten Form". Eine Linse, welche hinsichtlich der chromatischen und der sphärischen Aberration möglichst korrigiert ist, nennt man eine aplanatische Linse.

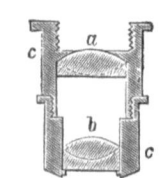

Abb. 11. Zusammengesetztes Objektiv.

Da die Zusammenstellung verschiedener Linsen mit schwächerer Krümmung gleich einer einzelnen Linse mit stärker gewölbten Flächen wirkt und durch geeignete Kombination einer Anzahl von Linsen die Abweichungen aufgehoben oder stark gemindert werden können, so bestehen alle Mikroskopobjektive aus mehreren einfachen oder zusammengesetzten Linsen (s. Abb. 11).

Zwecks weiterer Aufhebung der sphärischen Aberration werden die sogenannten Immersionssysteme konstruiert. Durch Zwischenschalten einer Flüssigkeit von größerem Brechungsexponenten als der von Luft (wie z. B. Wasser) zwischen Deckglas und Frontlinse wird bei diesen Objektiven die Brechung an der untersten Linsenfläche vermindert und bei Systemen für homogene Immersion ganz aufgehoben. Systeme für homogene Immersion heißen solche, bei welchen zwischen Deckglas und Frontlinse eine Flüssigkeit von gleichem Brechungsexponenten (Zedernholzöl) wie der der beiden Gläser verwendet wird. Von diesen Systemen sind beispielsweise das Amicische Mohnölimmersionssystem, das Immersionssystem mit Duplexfront u. a. m. besonders zu erwähnen.

Apochromatobjektive nennt man solche achromatische Objektive, bei welchen der als „sekundäres Spektrum" bezeichnete Farbenrest beseitigt ist. Diese Systeme, die in Deutschland von Zeiß in Jena und Seibert in Wetzlar gebaut werden, kann man als vollkommen bezeichnen. Für textiltechnische Prüfungen werden dieselben kaum benötigt und es genügt deshalb die bloße Erwähnung derselben.

Das Okular.

Das gewöhnliche oder Huygenssche Okular (Abb. 12) besteht aus zwei Linsen, der Augenlinse (a) und dem Kollektiv (c). Die Augenlinse ist die eigentliche Lupe, welche das vom Objektiv entworfene reelle Bild, unter gleichzeitiger mäßiger Vergrößerung, dem Auge sichtbar macht. Das Kollektiv hat den Zweck, das Gesichtsfeld zu vergrößern und zu ebnen.

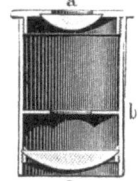

Abb. 12. Huygenssches Okular.

Außer dem Huygensschen ist noch das Ramsdensche Okular, namentlich als Mikrometerokular, zuweilen im Gebrauch. Während bei ersterem die ebenen Linsenflächen nach oben gerichtet sind, haben beim Ramsdenschen Okular die Linsen derart ungleiche Lage, daß die Konvexflächen einander zugewandt sind. Hier erscheint das Bild nicht zwischen Okular und Kollektiv, sondern unterhalb des letzteren, also zwischen Kollektiv und Objektiv.

Einrichtung des Mikroskops.

Die Teile des Mikroskopes und ihre Benennungen sind aus Abb. 13 ersichtlich. Das hier abgebildete Mikroskop ist ein gut ausgerüstetes und enthält alle gebräuchlichen Hilfsmittel. In der Regel wird man sich mit einfacheren Apparaten begnügen können, welche die einen oder die anderen Hilfsmittel nicht aufweisen.

Die Linsen eines Objektivsystemes sind in Messingröhren gefaßt. Mit dem Tubus werden die Objektive in der Regel durch Anschrauben verbunden. Als Tubusgewinde ist von den meisten Werkstätten das etwa 20 mm im äußeren Durchmesser betragende englische Standardgewinde (society screw) angenommen. Zwecks schnelleren Arbeitens werden die größeren und mittleren Mikroskope meist mit dem Revolver - Objektivträger, auch einfach „Revolver" genannt, ausgerüstet.

Die Okulare bestehen meist aus zylindrischen vernickelten Messingröhren, in welche die Linsenfassungen eingeschraubt sind. Die Länge der Röhren wird durch die Brennweite, also durch die Stärke der Linsen bedingt. Je schwächer ein Okular ist, desto länger ist die Röhre.

Die Beleuchtungsvorrichtung aller Mikroskope besteht für durchfallendes Licht vor allem aus einem nach allen Seiten drehbaren Spiegel unter dem Objekttisch. Die eine Seite ist eben und wird für Untersuchungen im parallelen Licht benutzt, die andere ist konkav für das

Beobachten in konvergentem Licht. Der Spiegel wirft das parallele oder konvergente Licht durch die Öffnung im Objekttisch auf das Objekt und macht dieses sichtbar.

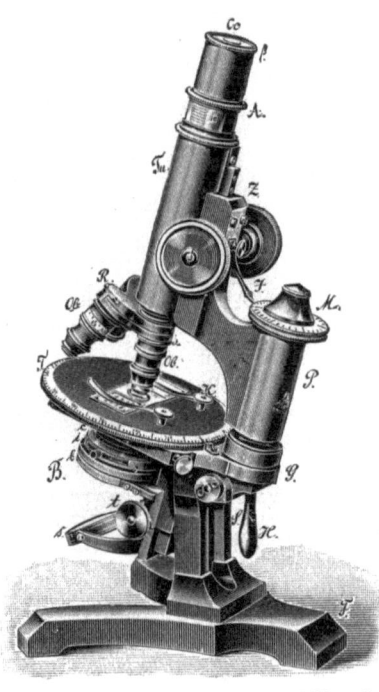

Oc = Okular.
Tu = Tubus.
A = Tubusauszug.
R = Revolverobjektivträger.
Ob = Objektiv.
α bis β = Tubuslänge.
Z = Zahn und Trieb zur groben Einstellung (Makrometerschraube).
M = Mikrometerschraube für die feine Einstellung.
J = Index für die Teilung der Mikrometerschraube.
P = Prismenhülse.
T = Objekttisch (drehbarer).
K = Objektklammern.
B = Beleuchtungsapparat nach Abbé mit den Unterabteilungen:
c = Kondensor.
i = Irisblende.
b = Blendenträger.
t = Trieb zum Heben und Senken des Kondensors.
s = Beleuchtungsspiegel.
G = Gelenk zur Schiefstellung.
H = Hebelchen hierzu, zum Fixieren in jeder Lage.
S = Säule.
F = Fuß.

Abb. 13. Ausgerüstetes Mikroskop mit Bezeichnung seiner Teile.

Der Durchmesser dieser Öffnung im Objekttisch beträgt in der Regel 20 mm und kann, wenn diese Öffnung zu groß ist, verkleinert und das Licht so abgeblendet werden. Dies geschah früher meist durch eine drehbare Scheibe, **Scheibenblende**, mit verschieden großen Öffnungen (Abb. 14); jetzt sind mehr die **Zylinderblenden** üblich. Letztere sind kurze, offene Röhren, auf deren oberes Ende man runde Scheiben mit Löchern von verschiedenem Durchmesser aufsetzt. Das Ganze wird in eine federnde Messinghülse unter dem Tischloch eingeschoben.

Abb. 14. Drehbare Scheibenblende; bei k der Befestigungsknopf.

Noch vollkommener ist die **Irisblende**. Hier trägt die Messingröhre in ihrem oben dem Objekt zugewendeten Ende halbmondförmige, gewölbte Stahllamellen, welche durch Verschieben eines seitlichen Knöpfchens so bewegt werden können, daß ein Abblenden in jeder beliebigen Abstufung möglich ist.

Da die einfache Spiegelbeleuchtung bisweilen nicht ausreicht, sind besondere Vorrichtungen getroffen worden, die Lichtstärke zu erhöhen. Am bekanntesten ist der **Abbesche Beleuchtungsapparat**. Er besteht aus dem Spiegel, der Blendvorrichtung und dem Kondensorsystem.

Das Stativ bildet den Träger des optischen Apparates und hat den Zweck, dem Objekt eine feste und für die Untersuchung geeignete Lage zu geben. Zu ersterem dient der Tubus, zu letzterem der Objekttisch. Der Tubus ist eine zylindrische Messingröhre, welche in ihrem unteren Ende das Objektiv, in ihrem oberen das Okular aufnimmt. Der Objekttisch besteht aus einer kräftigen Messing- oder Hartgummiplatte, deren Ebene senkrecht zur Längsachse des Tubus liegt. Beide sind in der Weise fest miteinander verbunden, daß eine Bewegung des Tubus nur genau in der Richtung der optischen Achse möglich ist.

Tisch und Tubus ruhen auf einer massiven Säule, welche sich auf der Grundlage des Ganzen, dem Fuß erhebt.

Der Objekttisch muß so groß sein, daß Objektträger jeder Ausdehnung sichere Auflage finden. Größere Stative sind vielfach mit einem drehbaren Objekttisch ausgestattet. Für Winkelmessungen ist häufig der Rand des Drehtisches mit Gradteilung versehen. Der Tisch kann durch zwei feingeschnittene Schrauben und einen Federgegendruck zentriert werden; diese Zentriervorrichtung kann zum Bewegen des Objektes um etwa 3 mm dienen, eine Entfernung, die bei starker Vergrößerung meist vollständig genügt.

Um ein Abgleiten des Objektträgers bei schief gestelltem Stativ zu vermeiden und um ihm eine feste Lage zu geben, befinden sich auf jedem Objekttisch federnde Klammern oder Klemmen, unter welche das Objekt geschoben wird.

Der Tubus ist durch den Tubusträger mit dem Tisch verbunden. An seinem unteren Ende befindet sich das Muttergewinde zur Aufnahme der Objektive oder des Revolvers; in sein oberes Ende werden die Okulare eingeschoben. Das Tubusinnere ist zum Abhalten störender Lichtstrahlen geschwärzt und mit Blenden versehen. Der Tubus wird zum Einstellen des Objekts entweder in einer federnden Messinghülse auf und abgeschoben oder er besitzt hierzu ein Triebwerk. Das Triebwerk besteht aus einer Triebwalze mit seitlichen großen Knöpfen zum bequemen Drehen derselben. Die Triebwalze ist mit dem Tubusträger verbunden und greift mit ihren Zähnen in eine am Tubus befestigte Zahnstange. Der Tubus gleitet beim Drehen über eine Führungsfläche am Tubusträger. Neben der groben Einstellung besitzt jedes bessere Mikroskop die sogenannte Mikrometereinstellung.

Zeichenapparate.

Von großer Wichtigkeit für das urkundliche Festlegen mikroskopischer Bilder sind außer den Mikrophotogrammen die mikroskopischen Zeichnungen. Die letzteren werden vermittels der sogenannten Zeichenapparate hergestellt. Diese Hilfsmittel beruhen sämtlich darauf, daß durch Brechung oder Reflexion an Prismen und Spiegeln das Bild auf die Zeichenfläche geworfen wird und so gleichzeitig Objektiv und Spitze des Bleistiftes dem Auge sichtbar gemacht werden. Am meisten eingeführt sind die Zeichenapparate von Nachet, Abbe, Oberhäuser sowie kleinere Zeichenprismen und -apparate verschiedener optischer Werkstätten.

Nachfolgend wird in Kürze der Nachetsche Apparat wiedergegeben. Die Zeichenfläche bzw. der Zeichenstift wird so mit dem Bilde des Objekts zur Deckung gebracht, daß ein Nachfahren der Konturen mit dem Stift ohne weiteres möglich ist (Abb. 15). gl ist ein um $45°$ gegen die optische Achse des Mikroskopes (m) geneigter Spiegel, in dessen Mitte eine kleine durchsichtige Öffnung durch Wegkratzen des Belages angebracht ist. Das Objekt o wird durch die Öffnung im Spiegel direkt beobachtet. Die Zeichenfläche sei op, die Stiftspitze befinde sich bei o'; die letztere wird durch das Prisma P (welches auch wie bei Abbe durch einen Spiegel ersetzt sein kann) nach gl und von hier nach dem Auge reflektiert. Da die vom Objekt ausgehenden Strahlen und die reflektierten Lichtstrahlen der Zeichenfläche zuletzt die gleiche Richtung haben, scheinen Objekt und Zeichenspitze dieselbe Lage zu haben und können leicht zur Deckung gebracht werden.

Die Zeichenapparate werden nur zur korrekten, in Verhältnissen und Größen genauen Darstellung der Umrißlinien mikroskopischer Bilder, nicht aber zur Ausführung feinerer

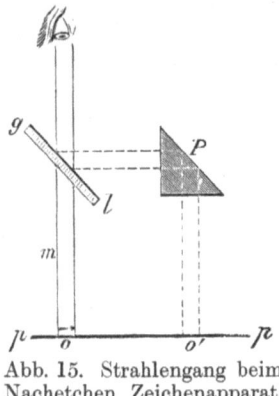

Abb. 15. Strahlengang beim Nachetchen Zeichenapparat.

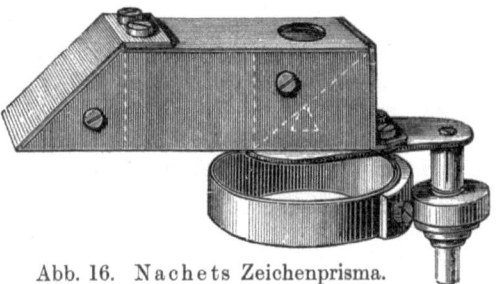

Abb. 16. Nachets Zeichenprisma.

Einzelheiten benutzt. Ferner ist der Zeichenapparat das geeignetste Mittel zur Messung mikroskopischer Objekte, indem man dieselben in der Ebene des Tisches zeichnet, dann die Skala eines Objektmikrometers (s. w. u.) an Stelle des Präparates auf den Objekttisch legt und sie bei gleicher Vergrößerung und Tubuslänge ebenfalls in der Ebene des Tisches zeichnet. Diese Zeichnung der Skala kann dann ein für allemal als für die gleiche Vergrößerung bei gleicher Länge des Tubus und gleicher Entfernung des Zeichenblattes anwendbarer, direkter Maßstab benutzt werden.

Mikrophotographische Apparate zum direkten Aufnehmen der Objekte werden von allen größeren Mikroskopfirmen für Horizontal- wie für Vertikalstellung des Stativs gefertigt; ebenso Projektionsapparate für Kalk-, Zirkon- und elektrisches Licht. Auf diese Apparate und deren Handhabung kann hier nicht besonders eingegangen werden.

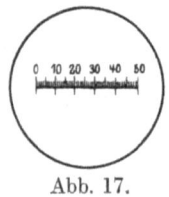

Abb. 17. Okular-Mikrometer.

Mikrometer.

Zum Messen der Durchmesser und Längen von Objekten bedient man sich eines Meßapparates, des sogenannten Mikrometers (Abb. 17).

Das Okularmikrometer besteht aus einem Glasplättchen, auf welches eine Skala eingeätzt oder eingeritzt ist. In der Regel ist bei der Skala das Millimeter in 10 oder 20 Teile geteilt. Das Mikrometer wird an die Stelle im Okular eingelegt, an welcher das reelle Bild des Objekts erscheint; es kann auf solche Weise mit letzterem verglichen werden. Da das Mikrometer drehbar ist, so kann es beliebig, z. B. senkrecht zur Faserrichtung eingestellt werden, so daß eine genaue Messung möglich ist. Die Augenlinse vergrößert Mikrometer und Objektbild und macht sie dem Auge sichtbar.

Die Fassung der Augenlinse ist, um ein scharfes Einstellen des Mikrometers für jedes Auge zu ermöglichen, in ein Röhrchen eingeschraubt, durch dessen Verschiebung im Okularrohr die Entfernung zwischen Linse und Mikrometer etwas verändert werden kann. Aus der Anzahl der Teilstriche, welche das Objekt einnimmt, und dem vom Optiker angegebenen Mikrometerwert des benutzten Objektivs (ein Mikrometerteilstrich ergibt also kein bestimmtes Maß, sondern je nach Vergrößerung ein verschiedenes) erhält man durch Multiplikation die Größe des Objekts. Als Maßeinheit gilt das Mikromillimeter oder das Mikron = 0,001 mm oder als Zeichen μ. Soll der Mikrometerwert des Objektivs bestimmt werden, bzw. der Wert der Teilstriche des Okularmikrometers bei bestimmtem Objektiv, so muß dies durch Vergleichung mit einem Objektivmikrometer ermittelt werden, und zwar in der Weise, daß man das Okularmikrometer in die Blendung des Okulars einlegt und das Objektivmikrometer auf die Öffnung der Tischplatte setzt und nun bestimmt, wie viele Teilstriche des Okularmikrometers solche des Objektivmikrometers decken. Die absolute Größe der Objektivmikrometer-Teilstriche muß bekannt sein; in der Regel ist bei diesem ein Millimeter in 100 gleiche Teile eingeteilt. Wenn also beispielsweise 100 Teile des Okularmikrometers mit 72,5 Teilen des Objektivmikrometers zusammenfallen, so bedeutet ein Teil des Okularmikrometers 0,725 Teile des Objetivmikrometers, d. h. (wenn ein Teil des Objektivmikrometers 0,01 mm bedeutet) = 0,00725 mm = 7,25 mmm = 7,25 μ. Die Faser kann auf diese Weise wie an einem Maßstab abgemessen werden, worauf bloß die Umrechnung der abgelesenen Teile in Mikron erfolgt.

Polarisationsmikroskop.

Zur Unterscheidung einiger Fasern, z. B. von Seidenarten[1]), empfiehlt sich manchmal die Verwendung eines Polarisationsapparates in Verbindung mit dem Mikroskop, des sogenannten Polarisationsmikroskopes. Der Polarisationsapparat besteht aus zwei Teilen: dem Nicolschen Prisma, welches unter dem auf dem Tische des Mikroskopes liegenden Objekte angebracht ist (Polarisator) (Abb. 18) und einem zweiten Prisma, dem Analysator (Abb. 19), das über dem Objekt, am zweckmäßigsten über dem Okular zu stehen kommt. Der Polarisator läßt nur geradlinig polarisiertes Licht vom Spiegel aus in das Objekt

---

[1]) S. z. B. A. Herzog: Die Unterscheidung der Seiden und Kunstseiden; A. Herzog: Zur Untersuchung der Faserstoffe im polarisierten Licht. Textile Forschung 1920. S. 52.

treten; der Analysator hat die Aufgabe, das Licht zu analysieren, welches durch das Objektiv getreten ist. Beim Gebrauche dieses Apparates werden nur ganz schwache Vergrößerungen benutzt.
Stehen die Prismen von Polarisator und Analysator so, daß die Polarisationsebenen in beiden parallel sind, so ist das Gesichtsfeld

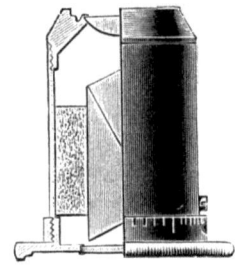
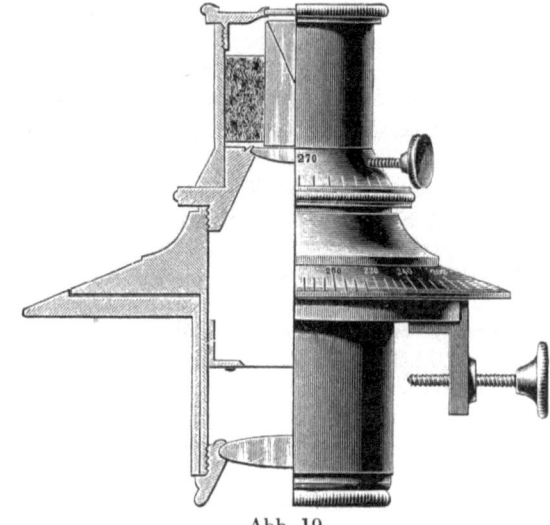

Abb. 18.
Polarisator m. Kondensor.

Abb. 19.
Analysator des einfachen Polarisationsapparates.

hell, bei gekreuzten Schwingungsebenen dagegen schwarz, weil in diesem Falle kein Licht durch das Analysatorprisma gehen kann. Die Beobachtungen im polarisierten Licht finden meist bei gekreuzten Nicols statt, weil die Polarisationserscheinungen auf dem schwarzen Hintergrunde besser zur Geltung kommen, als wenn dieselben durch daneben vorbeigehendes Licht gestört werden.

Mikroskopierlampe.

Seit längeren Jahren hatte sich die von Arthur Meyer angegebene Mikroskopierlampe bestens bewährt; sie wurde beispielsweise von

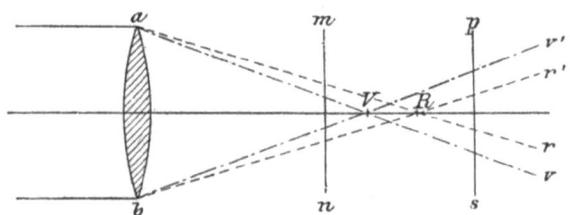

Abb. 20. Die chromatische Aberration, r = rote, v = violette Strahlen. R = Brennpunkt der roten, V = Brennpunkt der violetten Strahlen.

Seibert für Gaslicht hergestellt. Die Strahlen einer Gasglühlampe wurden durch einen Parabolspiegel annähernd parallel auf eine matte Scheibe geworfen. Hierdurch entstand eine helle gleichmäßige Beleuchtung, welche dem von einer weißen Wolke ausgehenden Licht sehr ähnlich ist. Ein Schirm schützt die Augen und den Objekttisch vor direkt auffallendem Licht. Heute bedient man sich zweckmäßig anderer Vorrichtungen mit elektrischem Licht. Einrichtungen hierfür liefert Carl Zeiss, Jena.

Prüfung des Mikroskops.

Die Prüfung eines Mikroskopes geschieht am einfachsten durch Vergleich mit einem als gut bekannten Vergleichsmikroskop, wobei natürlich darauf zu achten ist, daß Beleuchtung, Objektiv- und Okularvergrößerung bei den zu vergleichenden Mikroskopen möglichst gleich sind.

Man unterscheidet definierende und penetrierende Kraft des Mikroskopes. Die definierende Kraft ist die Fähigkeit, alle Objekte klar und scharf begrenzt zu zeigen; sie ist abhängig von der tunlichst vollkommenen Vereinigung aller von einem Punkte des Objektes ausgehenden Strahlen. Die penetrierende Kraft oder das Abbildungsvermögen ist die Fähigkeit, kleine Einzelheiten und innere Strukturverhältnisse bis zu einer möglichst weitreichenden Grenze der Kleinheit sichtbar zu machen. Sie ist eine Funktion des Öffnungswinkels, nebenbei aber auch der möglichst vollkommenen Korrektur der Aberrationen. Vermittels der sogenannten Probeobjekte oder Testobjekte wird diese definierende und penetrierende Kraft des Mikroskopes vergleichend bestimmt. Allgemein im Gebrauch sind die organischen Testobjekte, z. B. die Schmetterlingsschuppen und die Kieselschalen der Diatomeen. Letztere bieten die mannigfachsten Abstufungen in der Feinheit der Zeichnung und somit in der Schwierigkeit, dieselbe aufzulösen. Die Probeobjekte sind käuflich zu haben.

Eine wichtige Prüfung des Apparates bezieht sich auf die Verzerrung des Bildes und die Krümmung der Bildfläche. Tritt ersterer

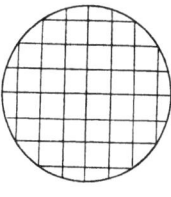 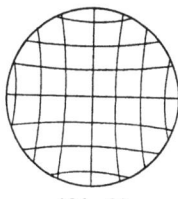 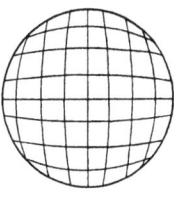

Abb. 21.   Abb. 22.   Abb. 23.

Fehler auf, so ist die Vergrößerung nicht über das ganze Sehfeld dieselbe; sie kann am Rande größer oder kleiner sein als in der Mitte. Stellt man auf eine gerade Linie ein und führt diese durch das Gesichtsfeld, so muß sie überall gerade bleiben. Ein Quadratmikrometer muß auch im Bilde genaue Quadrate zeigen (Abb. 21). Ist die Vergrößerung am Rande stärker, so erhält das Bild die in Abb. 22 dargestellte, ist die Vergrößerung am Rande schwächer, so erhält das Bild die in Abb. 23 dargestellte Verzerrung. Die Ursache dieses Fehlers ist meist mangelhafte Konstruktion des Okulars.

Jedes Mikroskop hat ein etwas gewölbtes Gesichtsfeld; man muß bei scharfer Einstellung der Mitte den Tubus etwas senken, um am Rande deutlich zu sehen. Solange dieser Fehler gewisse Grenzen nicht überschreitet, wirkt er nicht störend und kann vernachlässigt werden.

Zur Prüfung auf Unter- oder Überkorrektur der sphärischen Aberration bedient man sich gleichfalls geeigneter Objekte. Beim Höher- und Tieferschrauben soll die Zeichnung des Bildes am Rande und in der Mitte gleich schnell verschwinden.

Die chromatische Aberration (s. Abb. 20) erkennt man leicht bei schiefer Beleuchtung. Bei Unterkorrektur des Objektivs wird das Sehfeld links rötlichgelb und rechts blau erscheinen, wenn man den Spiegel nach links stellt und ein dunkles Objekt im hellen Sehfeld betrachtet. Bei Überkorrektur zeigen sich die Farben umgekehrt. Man benutzt hierbei ein schwächeres Okular.

Das Messen der Vergrößerung geschieht in der Weise, daß man eine feine Teilung auf Glas, deren Strichentfernung genau bekannt ist, als Objekt einstellt, das Bild mit Hilfe eines Spiegelzeichenapparates nachzeichnet und die Entfernung der Striche auf der Zeichnung durch die wirkliche Entfernung derselben im Objekt dividiert. Ist so z. B. die Skala in 0,05 mm geteilt und die Entfernung zwischen zwei Strichen in der Zeichnung = 50 mm, so ist die Vergrößerung eine tausendfache.

Behandlung des Mikroskops.

Das Mikroskop ist zunächst vor Stößen und Fallenlassen zu hüten. Beim Entnehmen aus dem Schrank oder Kasten fasse man es deshalb stets an der Säule oder Prismenhülse über dem Objekttisch oder am Objekttisch, niemals aber am Tubus an, weil dieser leicht aus seiner Führung gleiten kann. Außerdem würde dadurch der Tubus allmählich seine genaue Zentrierung mit der optischen Achse verlieren.

Des weiteren hüte man den Apparat vor der Berührung mit Säuren, ätzenden Flüssigkeiten und Gasen. Diese verderben das gute Aussehen des Instrumentes, verursachen Rosten der Eisenteile und Angreifen der Linsen.

Das Instrument ist ferner vor Staub zu schützen. Dieser gefährdet auf die Dauer den exakten Gang der Bewegungen und kann, da Staub häufig Quarzsplitterchen enthält, die Linsen zerkratzen. Das Mikroskop ist deshalb nach dem Gebrauch sofort in den Schrank oder Kasten zu schaffen oder mindestens mit einer auf der Unterlage dicht schließenden Glasglocke zu bedecken.

Von Zeit zu Zeit putzt man die Messingteile mit einem Leinen- oder Lederlappen ab und bringt einen Tropfen feinen Öles (kein Petroleum!) an die Reibflächen von Zahn und Trieb. Etwaiger Schmutzansatz ist vorher zu entfernen. Spiritus ist beim Reinigen zu vermeiden, da er den Lack der Messingteile löst.

Zum Reinigen der Linsen bedient man sich eines weichen Pinsels und eines feinen, nicht gekalkten Wildlederlappens. Leinewand ist hierzu weniger geeignet. Die Putzlappen sind vor Staub zu schützen. Beim Reinigen der Okularlinsen kann man die Fassungen derselben aus der Röhre schrauben, nur muß man sich das Rohrende, an dem sich Augenlinse bzw. Kollektiv befand, merken. Alles Schrauben muß mit leichter Hand geschehen, da die feinen Schraubengewinde zu leicht überdreht werden.

Im übrigen ist vor einem Auseinanderschrauben einzelner Teile des Stativs, namentlich der Trieb- und Mikrometervorrichtung sowie der Objektive, zu warnen. Die für Zentrierung und guten Gang der Bewegung vorgenommene Adjustierung u. a. wird dadurch leicht gestört. Man unterlasse deshalb beim Zutagetreten von Unregelmäßigkeiten jeden persönlichen Eingriff und überlasse dies lieber der Werkstätte, von der der Apparat stammt.

Bisweilen scheint die Mikrometerschraube zu versagen. Dies ist meist dadurch bedingt, daß sie vollständig herab- oder hinaufgeschraubt ist. Man muß also wieder für mittlere Stellung der Mikrometerschraube sorgen und dann das Objekt mit der groben Einstellung suchen.

Die Objekte für homogene Immersion müssen jedesmal nach dem Gebrauch vollständig von dem Öl befreit werden, damit es nicht festtrocknet. Man tupft erst mit Fließpapier ab und wischt dann schnell mit benzingetränktem Putzleder nach. Lösungsmittel wie Spiritus, Xylol usw. müssen streng vermieden werden, da die Frontlinsen mit Kanadabalsam gekittet sind und diese gelockert werden können.

Gebrauch des Mikroskops.

Aufstellung des Mikroskops, Einstellung und Betrachtung des Objektes.

Das Instrument wird auf einem kräftigen, mäßig hohen Tisch, der höchstens 1 m vom Fenster entfernt sein soll, aufgestellt, damit das Licht nicht allzu schräg auf den Spiegel auffällt. Das Fenster soll hinreichendes Licht liefern und helle, farblose (nicht gerippte o. ä.) Scheiben enthalten. Die vordere Objekttischkante soll der Fensterebene parallel laufen, der Spiegel soll nach dem Fenster gerichtet und so gedreht sein, daß er beim Hineinschauen in den leeren Tubus (nach Entfernung von Okular und Objektiv) gerade in der Mittellinie des Objekttisches sich befindet und volles Tageslicht in den Tubus hineinwirft. Direktes, grelles Sonnenlicht, Abbilder von Baumästen, Fensterkreuzen usw. sind schädlich. Bei Benutzung künstlichen Lichtes stellt man die Lampe ungefähr $3/4$ m von dem Mikroskop entfernt auf und läßt das Licht zweckmäßig durch eine blaue Glasscheibe, welche auf den Beleuchtungsapparat gelegt wird, oder durch eine Schicht Kupfersulfatlösung hindurchgehen.

Nach Anbringung von Objektiv und Okular wird das Präparat auf den Objekttisch gebracht und eingestellt. Hat man zunächst mittels der groben Einstellung das Objekt gefunden, so stellt man mit Hilfe der Mikrometerschraube das Bild genau ein. Bei den Einstellungsversuchen kann es vorkommen, daß man überhaupt nichts findet. In diesem Falle war man mit der Bewegung des Tubus entweder zu schnell vorgegangen und hatte das Auftreten des Bildes nicht beobachtet, weil es schnell wieder verschwand; oder es war überhaupt kein Bild in dem Gesichtsfeld und das Präparat muß entsprechend verrückt werden; oder die Beleuchtung war eine unzweckmäßige, zu schwache oder zu starke. Dann muß man entweder für besseres Licht sorgen oder entsprechend abblenden. Schließlich kann noch der Fall eintreten, daß man bei bestimmten Deckglasdicken und starken Vergrößerungen überhaupt kein Bild erhalten kann; dann muß das Deckglas durch ein dünneres von 0,15—0,18 mm Dicke ersetzt werden.

Zum Wiederauffinden einer bestimmten Stelle im mikroskopischen Präparat sind verschiedene Hilfseinrichtungen empfohlen worden (beweglicher Objekttisch, Finderteilungen, Markiervorrichtungen u. a. m.), von denen sich besonders der von Carl Zeiß in Jena seit längerer Zeit hergestellte Maltwoodfinder wegen seiner bequemen und verläßlichen Handhabung praktisch sehr bewährt hat. Er besteht aus einem Objektträger, auf dem ein feines Netz von sich rechtwinklig kreuzenden Linien photographiert ist. In den von diesen gebildeten kleinen Quadraten befinden sich die Nummern 1—900. Man braucht sich also nur die in der Mitte des Gesichtsfeldes erscheinende Zahl zu notieren, wenn man eine bestimmte Stelle, z. B. zum Zweck einer Nachprüfung oder einer photographischen Aufnahme schnell wiederfinden will[1]).

Bei richtiger Betrachtung des Bildes hat man insbesondere die günstigste Beleuchtung auszuprobieren. Allgemeine Regeln hierfür lassen sich nicht aufstellen. Durch Anwendung von Plan- und Hohlspiegel in verschiedenen Stellungen, Benutzung verschieden starker Abblendung, gerader oder schiefer Beleuchtung wird das Gewünschte bei einiger Erfahrung bald erreicht.

Alle mikroskopischen Bilder werden in Strukturbilder und Farbenbilder unterschieden. Das erstere kommt durch Licht und Schatten zustande; diese suchen wir durch Abblenden oder schiefe Beleuchtung hervorzurufen. Farbenbilder dagegen sollen nur die einfachen Umrisse und die Farbentöne zeigen. Hierfür sind die Strahlen der hellsten Beleuchtung um so besser geeignet, je genauer senkrecht sie das Objekt durchdringen. Mitunter ist es zweckmäßig, das auf dem Objekttisch von oben her auffallende Licht durch einen Schirm abzuhalten, damit man nur durchfallende Strahlen erhält.

Wenn man in das Okular blickt und das Präparat ein wenig schiebt, so beobachtet man, daß die Bilder immer von links nach rechts wandern, wenn man das Präparat von rechts nach links schiebt, und umgekehrt. Das Mikroskop dreht die Bilder also um.

Beim Beobachten hält man die rechte Hand stets an der Mikrometerschraube, um die verschiedenen Ebenen der Objekte sichtbar zu machen.

Da langes Sehen ins Mikroskop die Augen ermüdet, müssen von Zeit zu Zeit entsprechende Ruhepausen eingeschoben werden. Als dringend notwendig muß empfohlen werden, beim Mikroskopieren beide Augen offen zu halten und nicht etwa das eine unbeschäftigte Auge zu schließen; ebenso beide Augen an das Beobachten im Mikroskop zu gewöhnen.

Da die Gesamtheit des Bildes nur bei schwachen Vergrößerungen erscheint, bei starken aber nur Teile der Objekte sichtbar sind, durchmustere man das Präparat zunächst mit Hilfe eines schwächeren Systems und untersuche dann die Einzelheiten mit stärkerer Vergrößerung. Eine starke Vergrößerung stellt man besser durch starke Objektive und

---

[1]) Näheres s. A. Herzog: Textile Forschung 1920. S. 62.

schwächere Okulare her als umgekehrt. Eine 3—400fache Vergrößerung wird für die meisten Untersuchungen von Fasern ausreichen. Überhaupt wähle man stets nur eine so starke Vergrößerung, wie sie für den betreffenden Fall erforderlich ist und beachte, daß Bildschärfe, Lichtstärke und Ausdehnung der untersuchten Fläche bei schwächeren Linsen immer größer sind als bei starken.

Infolge der im Objekt eingeschlossenen oder dem Glase anhaftenden Luft bilden sich in der Einschlußflüssigkeit häufig Luftbläschen, welche man nicht als mikroskopische Objekte ansehen darf. Die Luftblasen sind durch ihre runde Form (Abb. 24) und die an ihnen stattfindende Lichtbrechung leicht kenntlich. Bei wechselnder Einstellung verschieden aussehend, ist ihr Rand bei mittlerer Einstellung durch seine tief dunkle Farbe und die scharfe Abgrenzung nach außen hin gekennzeichnet, während die Mitte vollkommen klar und sehr stark beleuchtet ist. Das Auftreten dieser Luftblasen ist oft sehr störend für die Betrachtung der Bilder. Durch vorheriges Einlegen des Präparates in Alkohol und Ersetzung des letzteren von der Seite des Deckglases her durch Wasser oder Glyzerin können die Luftblasen vermieden werden. Auch können Präparate durch vorheriges Auskochen mit Wasser von der Luft befreit werden. Das schonendste Mittel zu deren Entfernung ist die Luftpumpe.

Abb. 24. Vergrößerte Luftbläschen.

Für Beobachtungen bei erhöhten, gleichbleibenden Temperaturen ist von P. Krais[1]) eine besondere Vorrichtung ersonnen, die von der Firma C. Wiegand, Dresden N, Hauptstraße 32, vertrieben wird.

Die Herstellung von Präparaten.

Jedes für die mikroskopische Betrachtung zubereitete und bestimmte Objekt nennt man „Präparat". Das Präparat wird auf eine rechtwinklige Glasplatte, den Objektträger, gebracht. Das gebräuchlichste Format der Objektträger ist das englische (76 × 26 mm), neben diesem ist das Gießener oder Vereinsformat (48 × 28 mm) und das Leipziger Format (70 × 35 mm) im Gebrauch.

Zum Schutze vor äußeren Einflüssen und zur Vermeidung des Eintrocknens wird das Präparat mit einem Deckglas bedeckt. Auch diese sind in verschiedenen Formaten und Dicken vorhanden. Am gebräuchlichsten ist die quadratische Form. Ihre Größe schwankt zwischen 10 und 24 qmm; für die meisten Zwecke genügt die meist angewandte Größe von 18 qmm. Die beliebteste Dicke der Deckgläser beträgt 0,15 bis 0,18 mm. Zum Aufbewahren von Dauerpräparaten bedient man sich allgemein der Schutzleisten, d. i. rechteckiger Kartonstücke von etwa 2 mm Dicke, von denen je eines rechts und links vom Präparat aufgeklebt wird. Diese Schutzleisten dienen zugleich als Etiketten für die Bezeichnung des Präparates.

Da die Objekte in der Regel im durchfallenden Lichte untersucht werden und sehr dünn und eben sein müssen, bedürfen sie einer vorher-

---

[1]) Textile Forschung 1921. S. 200.

gehenden Vorbereitung, Zerkleinerung, Mazerierung, eines Schnittes. **Querschnitte** werden entweder vermittels eines guten Rasiermessers, Sicherheitsrasiermessers oder eines **Mikrotoms** hergestellt. Vermittels des letzteren ist man in der Lage, Schnitte von beliebiger, genau gewünschter Feinheit herzustellen. In selbsttätiger Weise wird durch eine Schraubenvorrichtung das zu schneidende Objekt nach jedem Schnitt um ein bestimmtes Maß in die Höhe gerückt, so daß das hobelartig darübergeführte Messer stets gleichstarke Lamellen abschneidet (Abb. 25).

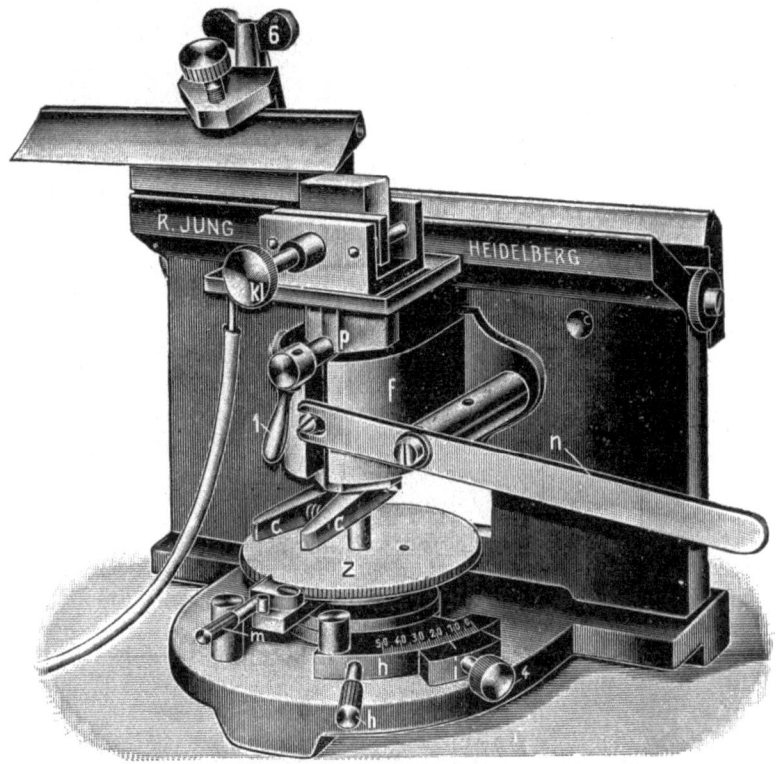

Abb. 25. Mikrotom H. 5 von R. Jung A.-G., Heidelberg.

Nur bei peinlicher Einhaltung aller Umstände (tadellos scharfe Messer, deren Schärfung nur von wenigen Spezialfirmen wirklich sachgemäß ausgeführt wird, richtige Einbettung der Fasern usw.) sind wirklich brauchbare Ergebnisse zu erzielen[1]). Durch eine besondere Einrichtung kann nach A. Herzog sowohl die besondere Einbettung und ein eigentliches Dünnschneiden überhaupt vermieden werden. Bei diesem Verfahren bedient sich A. Herzog als Hilfseinrichtung eines kleinen, auf dem Mikroskopiertisch aufsetzbaren Apparates, der im wesentlichen aus einem

---

[1]) A. Herzog: Textile Forschung 1921. S. 14.

als Spiegel wirkenden, totalreflektierenden dreiseitigen Glasprisma besteht, das die seitliche Betrachtung des vor ihm liegenden, mit einer scharfen Schnittfläche versehenen Fasermaterials im Mikroskop ermöglicht. Der besseren Reflexion wegen ist die als Spiegel wirkende Hypothenusenfläche des Prismas versilbert. Das Schneiden erfolgt mit Hilfe eines scharfen Rasiermessers auf einer harten, glatten Unterlage (Glas). Scheren sind wegen der Quetschungen gänzlich unbrauchbar. Besonders für die Untersuchungen der Querschnitte von Kunstseiden, aber auch von tierischen Seiden, Haaren, Borsten usw. eignet sich nach Herzog diese Vorrichtung sehr gut als Schnellmethode und ist in einer Minute auszuführen.

Nach Krais[1]) stellt man sich in Ermangelung des teuren Mikrotoms Querschnitte besser mit einem Sicherheitsrasiermesser her als mit einem gewöhnlichen Rasiermesser. Man bettet die zu prüfende Faser ein, indem man ein Bündelchen oder einen Faden zuerst in eben geschmolzenes Paraffin und dann in Eiswasser abwechselnd so oft eintaucht, bis sich um das Bündel eine Anzahl Paraffinschichten gebildet hat. Dieser Paraffinkörper wird mit dem Sicherheitsrasiermesser ohne weiteres von Hand in Rädchen geschnitten, die dann mikroskopisch untersucht, eventuell auch mit einem Tropfen Kanadabalsam auf dem Objektträger befestigt werden. Damit sich die Fasern besser vom Paraffin abheben, ist es vorteilhaft, sie vorher dunkel zu färben.

Abb. 26. Glas für Kanadabalsam.

Die Präparate können entweder trocken aufbewahrt (z. B. Haare, Federn, Schuppen u. a. m.) oder zwischen Objektträger und Deckglas eingebettet werden. Die Einschlußmassen müssen Fäulnis, Schrumpfen usw. verhindern. Bewährt haben sich hierfür z. B. folgende Einbettungsmassen: 1. Glyzerin als Universaleinschlußmittel für wasserhaltige Objekte (70 T. konz. Glyzerin, 28 T. destilliertes Wasser, 2 T. konz. Karbolsäure). 2. Glyzeringelatine als bequemste Form der Glyzerinverwendung (300 g feinste Gelatine werden 2 Stunden in 1000 ccm Wasser aufgeweicht, dann auf 50° C erwärmt, 10 ccm konz. Karbolsäure und 500 ccm Glyzerin zugesetzt, einige Zeit bei 50° gehalten und durch den Heißwassertrichter durch doppeltes Papierfilter oder durch Flanell o. ä. filtriert). 3. Chlorkalziumlösung, erhalten durch Lösen von 1 T. Chlorkalzium in 3 T. Wasser und Zusatz einiger Tropfen Salzsäure. 4. Kanadabalsam als Universalmittel für das Einbetten von wasserfreien Präparaten. Dieser wird heute gebrauchsfertig in Tuben in den Handel gebracht. Bei Selbstherstellung verwende man zum Lösen von Kanadabalsam Xylol oder Chloroform (nicht Terpentin), ersetze von Zeit zu Zeit das verflüchtigte Lösungsmittel und bewahre die Lösung in weithalsiger, mit Glaskappe versehener Flasche (Abb. 26) auf.

Zur Konservierung der Dauerpräparate wird um das Deckglas herum ein Lackrand gelegt. Für Kanadabalsampräparate ist dieser

---

[1]) Textile Forschung.

Abschluß nicht so notwendig wie für die wasserhaltigen Präparate. Die Qualität dieses, auch „Maskenlack"[1]) genannten Lackes ist sehr wichtig; er wird mit einem feinen Haarpinsel so aufgestrichen, daß er von Deckglas auf Objektträger übergreift.

Reagenzien. Man unterscheidet bei den in der Mikroskopie verwendeten Reagenzien Aufhellungsmittel und eigentliche Reagenzien. Erstere bezwecken, das Präparat tauglicher, besonders durchsichtiger zu gestalten; letztere, bestimmte Teile des Präparates kenntlich zu machen. Die Reagenzien werden in besonderen, luftdicht schließenden Fläschchen aufbewahrt, deren Einrichtung aus Abb. 27 ersichtlich ist.

Für Kupferoxydammoniaklösung sind besondere Flaschen konstruiert worden, die den Luftzutritt auch bei Entnahme von Lösung auf ein Mindestmaß herabsetzen. Eine einfache und zweckmäßige Einrichtung hat beispielsweise die Flasche von G. Herzog[2]) (Abb. 28). Eine kleine Spritzflasche aus braunem Glas von etwa 10 ccm Inhalt ist am Blasrohr mit einer durchlochten Gummikappe versehen; die Kupferoxydammoniaklösung befindet sich unter flüssigem Paraffin und nur die geringe Menge Flüssigkeit im Steigrohr a ist dauernd mit Luft in

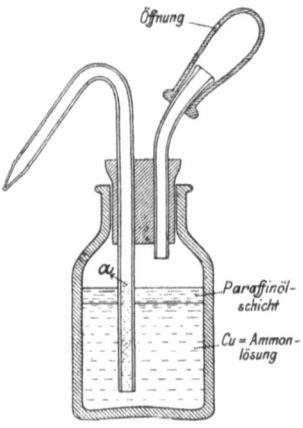

Abb. 27. Flaschen für Reagenzien und Farbstoffe.

Abb. 28. Flasche für Kupferoxydammoniaklösung.

Berührung. Die Spitze des Spritzrohres wird nach dem Gebrauch mit Wachs oder Zeresin verschlossen. Zur Entnahme von Lösung wird die kleine Öffnung in der Gummikappe zugehalten und die Gummikappe zusammengedrückt. In einer derartigen Flasche bleibt die sonst nur kurze Zeit haltbare Lösung viele Monate lang wirksam.

Die Aufhellungsmittel können physikalische oder chemische sein. Physikalische Aufhellungsmittel sind stark lichtbrechende indifferente Flüssigkeiten. Zu diesen gehört das Glyzerin und der Kanadabalsam. Ersteres wird für wasserhaltige, letzterer für wasserfreie Präparate verwendet. Chemische Aufhellungsmittel bezwecken die Zerstörung von Farbstoffen, Beseitigung von Stärke usw. und somit das klarere Hervortreten der Strukturen des Präparates. Zu diesen gehören das Kali- und Natronhydrat, die die Stärke verkleistern, die Eiweißstoffe auflösen und Fette verseifen. Die Wirkung ist eine langsame, sich oft erst in einigen Stunden abspielende; zugleich wirken diese Lösungen quellend. Ferner sind das unterchlorigsaure Natron und Kali (Eau de Labarraque und Eau de Javelle) zu erwähnen. Sie dienen hauptsächlich zum Entfärben der Objekte. Bei zarten Objekten kann auch das Chloralhydrat als milde entfärbendes Mittel

---

[1]) Der Maskenlack von Beseler & Co., Berlin, Schützenstraße, wird gerühmt. Brauchbar ist auch eine syrupdicke Lösung von Kanadabalsam in Terpentinöl oder Chloroform.

[2]) Zeitschr. f. wiss. Mikroskopie u. mikroskop. Technik 27. 2. S. 272 ff.

Verwendung finden. Auch Essigsäure (Eisessig) wirkt bei tierischen Objekten oft aufhellend.

Als eigentliche Reagenzien sind folgende zu nennen:
Äther als Reagens auf Fette, die darin löslich sind.
Alkohol (absoluter) als Reagens auf ätherische Öle und Harze. Die Fette bleiben in denselben ungelöst (freie Fettsäuren sind löslich).
Jod-Jodkalium- oder Jodlösung als Reagens auf Stärke, welche je nach vorhandenen Mengen durch Jod blau, blauschwarz und schwarz gefärbt wird. Eiweißstoffe werden durch Jod tief gelb oder gelbbraun gefärbt. Nach Herzberg[1]) wird die Jodlösung durch Lösen von 2 g Jodkalium und hierauf von 1,15 g Jod in 20 ccm Wasser und Zusatz von 2 ccm Glyzerin hergestellt. Nach Hager-Mez (a. a. O.) wird das Reagens bereitet, indem man 1,3 g Jodkalium in 100 ccm Wasser löst und 0,3 g Jod zufügt.

Chlorzink-Jodlösung als Reagens auf Zellulose, die violett gefärbt wird, als Reagens auf mercerisierte Baumwolle (s. d. S. 40). Nach Herzberg[1]) wird dieses Reagens wie folgt bereitet: Man stelle zunächst die Lösungen A und B her. Lösung A: 20 g trockenes Zinkchlorid, 10 ccm Wasser. Lösung B: 2,1 g Jodkalium, 0,1 g Jod, 5 ccm Wasser. Man vermische dann A mit B, lasse den entstandenen Niederschlag sich absetzen und gieße die überstehende klare Reaktionsflüssigkeit ab; in diese bringt man ein Blättchen Jod. Auf genaue Innehaltung der Mengenverhältnisse der einzelnen Bestandteile ist zu achten, da schon bei geringen Abweichungen die Wirkung der Lösung beeinträchtigt wird. Beide Lösungen, die vor Licht zu schützen sind, füllt man zum Gebrauch am vorteilhaftesten in braune Pipettenflaschen. Nach Hager-Mez bereitet man das Reagens, indem man 25 g Chlorzink und 8 g Jodkalium in 8,5 ccm Wasser löst und dann so viel Jod beifügt, als sich auflöst.

Jod-Schwefelsäurelösung als Reagens auf Zellulose. Das Objekt wird erst mit der angeführten Jod-Jodkaliumlösung von Hager-Mez getränkt und verdünnte Schwefelsäure (2 T. konz. Schwefelsäure und 1 T. Wasser) zugefügt. Bei dieser Behandlung bläuen sich Zellulosemembranen.

Nach Herzberg (a. a. O.) verhalten sich nachbenannte hauptsächlich für Papier in Frage kommende Fasern zu Jod-Jodkalium- und Chlorzink-Jodlösung wie folgt:

Fasern	Färbung in Jod-Jodkaliumlösung	Färbung in Chlorzink-Jodlösung.
Holzschliff, Rohe Jute, nicht ganz aufgeschlossene Zellstoffe	teils leuchtend gelbbraun, teils gelb, je nach Schichtendicke u. Verholzungsgrad	zitronengelb bis dunkelgelb
Strohstoff	teils gelbbraun, teils gelb, teils grau	teils gelb, teils blau, teils blauviolett
Holzzellstoff und Adansonia	grau bis braun	blau bis rotviolett

[1]) W. Herzberg: „Papierprüfung".

Masern	Färbung in Jod-Jodkaliumlösung	Färbung in Chlorzink-Jodlösung
Stroh- und Jutezellstoff	grau	blau bis blauviolett
Esparto	teils grau, teils braun	teils blau, teils weinrot
Manilahanf	teils grau, teils braun, teils gelbbraun	blau, blauviolett, rotviolett, schmutziggelb, grünlichgelb
Leinen, Hanf, Baumwolle	schwach bis dunkelbraun, dünne Lamellen fast farblos	schwach bis stark weinrot

Kupferoxyd-Ammoniak (Kuoxam) als Reagens auf Zellulose bei Untersuchungen von Textilstoffen und Papier. Das Reagens löst Zellulose auf, während verholzte und verkorkte Pflanzenmembranen sowie tierische Fasern nicht gelöst werden. Aus einer konzentrierten Lösung von Kupfersulfat wird mit Kalilauge Kupferhydroxyd gefällt, ausgewaschen, getrocknet und, vor Licht geschützt, aufbewahrt. Vor dem Gebrauch wird etwas von diesem Kupferhydroxyd mit konzentriertem Ammoniak übergossen. Dadurch entsteht das blau gefärbte Reagens, das sich in der beschriebenen Flasche (Abb. 28) mehrere Monate wirksam hält[1]).

Kupfersulfat in Verbindung mit Kalilauge als Reagens auf Traubenzucker. Die Reaktion tritt nur bei reduzierenden Zuckern ein.

Schultzesches Mazerationsgemisch als Lösungsmittel für Pektinstoffe und Zellulose. Es besteht aus gewöhnlicher Salpetersäure mit einigen Körnchen Kaliumchlorat, worin die zu mazerierenden Objekte gekocht werden.

Phloroglucin-Salzsäure als Reagens auf Holzsubstanz (Lignin). Man löst 2 g Phloroglucin in 100 ccm Alkohol und hält diese Lösung in Vorrat. Bei jedem Versuch setzt man auf 1 Vol. dieser Lösung 1 Vol. konz. Salzsäure zu und taucht das Versuchsobjekt in diese Lösung ein. Ligninhaltige Fasern färben sich alsdann, je nach dem Gehalt an Lignin, zartrosa bis dunkelviolett oder ziegelrot.

Eisenchlorid als Reagens auf Gerbsäure. Man wendet verdünnte (2—5 proz.) Lösungen an, mit denen Gerbstoff entweder tief grünschwarz oder tief blauschwarz gefärbt wird.

Schwefelsäure, konzentrierte, als Reagens auf verkorkte Membranen, wodurch diese nicht oder nicht wesentlich angegriffen werden, während alle anderen pflanzlichen Membranen zerstört werden; Schwefelsäure, verdünnt, als Reagens auf Kalksalze (außer Gips), welche in

---

[1]) Nach J. König wird käufliches reines Kupferhydroxyd (E. Merck) bis zur Sättigung in konz. (24 proz.) Ammoniak eingetragen. Je niedriger dabei die Temperatur gehalten wird (möglichst unter + 5° C), desto konzentrierter wird die Lösung (bis zu 40—50 g Cu in 1 l) und desto mehr Zellulose (bis zu 2 T. Zellulose auf 1 T. Cu) vermag sie alsdann aufzunehmen.

Gips übergeführt werden. Dieser ist durch seine nadelbüschelartige Kristallisation unter dem Mikroskop sofort zu erkennen.

Chinesische Tusche als Reagens auf Pflanzenschleim. Schleimhaltige Objekte in einer Verreibung mit chinesischer Tusche quellen und treiben die Kohlenflitterchen der Tusche vor sich her. Es entstehen dadurch im sonst dunklen Gesichtsfelde wasserhelle Stellen, welche leicht als Schleim erkannt werden.

Farbstoffe für die Mikroskopie.

Alkannin als Reagens auf Fette. Dieser Farbstoff färbt in allererster Linie die Fette (und Öle, Harze, Kautschuk) intensiv rot, während andere Körper viel schwächer oder gar nicht angefärbt werden. (Käufliches Alkannin wird in absolutem Alkohol gelöst, mit dem gleichen Volumen Wasser verdünnt und filtriert.)

Hämatoxylin färbt fast alle Körper schön violettblau an. (4 T. Hämatoxylin werden in 25 T. Alkohol gelöst, dann 400 T. konzentrierte wässerige Ammoniakalaunlösung zugefügt, 3—4 Tage an der Luft stehen gelassen, filtriert, 100 Teile Glyzerin und 100 T. Methylalkohol zugesetzt und nochmals filtriert. Die Lösung wird bei längerem Stehen immer besser.)

Methylenblau in konzentrierter wässeriger Lösung. Für manche Zwecke wird 1% Kalilauge zugesetzt.

Man wendet die Farbstoffe in der Regel so an, daß man sie dem fertigen Objekt zusetzt und ihre Wirkung sofort beobachtet. Ein Tropfen des Reagens wird hierzu an den Rand des Deckglases gebracht, um ihn dann unter dasselbe diffundieren zu lassen. Die Lösungen werden rasch angesaugt, wenn man auf der entgegengesetzten Seite des Deckglases ein Stück Filtrierpapier anlegt; soll das Reagens langsam zum Objekt treten, so verbindet man einen Tropfen der Farbstofflösung mit dem Objekt unter dem Deckglas durch einen leinenen oder baumwollenen Faden.

Mikroskopie textiler Faserstoffe[1]).

Bei der mikroskopischen Untersuchung der pflanzlichen Gespinstfasern sind die Begriffe Faser und Zelle (bzw. Elementarorgan) auseinanderzuhalten. Nur bei Pflanzenhaaren (Baumwolle, Kapok) ist jede unter dem Mikroskop sichtbare Faser zugleich eine Zelle. In allen anderen Fällen sind die Fasern **Bündel von Einzelzellen**, welche dauernd fest vereinigt bleiben und zwecks näherer Untersuchung der langgestreckten, dickwandigen Zellen erst durch **Mazeration** (in Kalilauge, Chromsäure, Salpetersäure, Chlor und chlorsaurem Kali u. ä.) voneinander getrennt werden müssen. Der Unterschied zwischen Faser und Zelle geht beispielsweise aus folgenden Längenangaben deutlich hervor: Flachsfaser ist bis 1,40 m lang, während die Einzelzelle des die Faser bildenden Zellbündels nur selten die Länge von 40 mm überschreitet. Man hüte sich deshalb,

---

[1]) Näheres s. v. Höhnel: „Die Mikroskopie der technisch verwendeten Faserstoffe", Hanausek usw., denen ich hier im wesentlichen folge.

die nachstehenden auf die Einzelzellen bezüglichen Merkmale von Flachs, Hanf, Jute usw. an unmazerierten Fasern suchen zu wollen.

Tierhaare und Wollen bestehen aus Einzelorganen und bedürfen nicht der Mazerierung. Naturseiden bestehen in rohem, basthaltigem Zustande aus je zwei Einzelfasern, die beim Abkochen oder Entbasten getrennt werden. Kunstseiden bilden lange Einzelfasern oder -fäden. Unter „Fasern" im weiteren Sinne sind nachstehend auch Haare, Asbest und fadenartige Gebilde (Kunstseide, Glas, Metallfäden usw) verstanden, die teilweise nicht als Fasern im engeren Sinne aufzufassen sind.

Bei der mikroskopischen Bestimmung von Rohfasern, Gespinsten, Geweben usw. kommt nicht nur die Feststellung der Art des Materials (die qualitative Bestimmung), sondern vielfach auch die Zusammensetzung und das Mengenverhältnis der Einzelbestandteile (quantitative Bestimmung) in Frage. Dieses Mischungsverhältnis wird in einwandfreiester Weise durch mechanische oder chemische Trennung der Einzelbestandteile und Wägung der letzteren, bzw. Wägung eines Teiles derselben ermittelt. In Fällen, wo eine Trennung nicht möglich ist, oder wo es nur auf ungefähre Zusammensetzung eines Gemisches ankommt, begnügt man sich vielfach mit der Schätzung auf Grund einer Reihe von mikroskopischen Bildern und unterstützt die Schätzung durch geeignete teilweise Anfärbung (s. w. u.). In letzterer Zeit ist auch ein mikroskopisches Zählverfahren ausgebildet worden (s. S. 119). Über die chemische Trennung der Gespinstfasern ist a. a. O. näher nachzulesen[1]).

Vor der Prüfung sind Rohfasern, Gespinste, Gewebe usw. eventuell mit Lupe oder Binokular auf fremde Beimengungen zu untersuchen, wie auf Kletten, Holz, Stroh, noppige Stellen u. dgl., ferner häufig in geeigneter Weise vorzubereiten. Hierzu gehören die Reinigung, Entfettung, Entschlichtung, Entfärbung, Entschwerung, Entappretierung, Abkochung usw. Die wichtigsten Reinigungsmittel sind: Wasser, Seifen-, Sodalösung; die wichtigsten Entfettungsmittel: Äther, Benzin, Alkohol u. dgl.; für die Entschlichtung und Entappretierung bedient man sich mit Vorteil des Diastafors, heißer wässeriger und schwach saurer Lösungen usw. Als Entfärbungsmittel kommen Säuren, Alkalien, Wasserstoffsuperoxyd, Hypochlorite (Chlorkalklösung, unterchlorigsaures Alkali), Hydrosulfit (darunter besonders die Marken Hydrosulfit AZ, Dekrolin lösl. konz. u. ä.) in Betracht. Die Entfärbung muß häufig dort vorgenommen werden, wo durch dunkle oder schwarze Färbung der Fasern die eigentümlichen Merkmale derselben verdeckt werden. Die Wahl des Entfärbungsmittel hat sich u. a. nach Art der Färbung und nach Herkunft des Fasermaterials zu richten. So wird man im allgemeinen bei tierischen Fasern stark alkalische, bei pflanzlichen Fasern stark saure Hilfsmittel zu vermeiden haben, um die Struktur der Faser nicht zu verändern und um keine teilweise Lösung der Faser zu verursachen. Ebenso ist darauf zu achten, daß die zu untersuchenden Fasern bei der Herstellung der Präparate auch nicht mechanisch (z. B. durch Präpariernadeln) verkürzt oder verletzt werden.

Bei Untersuchungen, die Anspruch auf Genauigkeit erheben, ist ganz besonderer Wert auf die richtigen Durchschnittsproben zu legen. Es muß also das gesamte in der Versuchsprobe vorliegende Material durchsucht und müssen auch Bestandteile aufgedeckt werden, die nur einen geringen Prozentsatz des Gesamtmaterials ausmachen, also unerhebliche Beimengungen darstellen. Deshalb müssen beispielsweise Garne

---

[1]) Z. B. Heermann: „Färberei- und textilchemische Untersuchungen". 4. Aufl. Berlin: Julius Springer 1923.

an verschiedenen Stellen und in ihrem ganzen Querschnitt geprüft werden; Zwirne müssen auseinandergedreht und in ihren Einzeldrähten, die ebenfalls sorgfältig aufzudrehen sind, untersucht werden usw. Bei der Untersuchung von Geweben schneidet man sich ein einige Quadratzentimeter großes quadratisches Stück ab und zerlegt es in seine Kett- und Schußfäden. Das Stück muß so groß sein, daß alle in dem betreffenden Gewebe enthaltenen Arten von Garn- und Zwirnfäden darin vorkommen, was besonders bei groß gemusterten Geweben zu beachten ist. Auch Effektfäden sind zu berücksichtigen, die Webkanten nur in besonderen Fällen. Kett- und Schußfäden werden alsdann einzeln untersucht. Bei genaueren Untersuchungen sind die Einzelfasern auch in ihrem ganzen Längsverlauf, von der Basis bis zur Spitze, zu durchmustern. Hierbei ergeben sich vielfach wichtige Beobachtungen, die für das Versuchsmaterial charakteristisch sind (Haarwurzeln, Markinhalt, Art der Spitzen oder Enden, Verlauf des Lumens, Verdickungen und Verengungen, Verletzungen, Quellungen usw.).

Schon bei ganz schwacher Vergrößerung (30—60facher) wird man sich ein ungefähres Bild der Zusammensetzung machen können. Bei stärkerer Vergrößerung wird man dann die Einzelheiten der Fasern weiter zu charakterisieren haben. Kommt man also beispielsweise bei schwacher Vergrößerung auf eine Faser oder eine Nebenerscheinung, welche nicht mit Sicherheit erkannt werden kann, dann wechselt man einfach das Objektivsystem aus, um die fragliche Faser bei stärkerer Vergrößerung näher zu betrachten und setzt dann die Untersuchung wieder mit dem schwächeren Linsensystem fort. Zu diesem Zwecke eignet sich ein Revolverobjektiv am besten. (Näheres s. a. u. Mikroskop, S. 6). Für besondere Untersuchungen (z. B. von Kunstseiden) ist die Untersuchung der Querschnitte oft von größter Wichtigkeit. Um die Feststellungen dokumentarisch zu belegen, sind gegebenenfalls Mikrophotographien oder Zeichnungen herzustellen (s. a. u. Kunstseiden).

Von wirtschaftlicher Bedeutung für die Textilindustrie sind etwa folgende Fasern im weiteren Sinne.

I. Pflanzliche oder vegetabilische Fasern.
   A. Bast- oder Stengelfasern (aus dem Bast dikotyler Pflanzen durch besondere Vorbereitung gewonnen).
      Flachs.   Jute.
      Hanf.   Nesselfasern (Chinagras, Ramie).
   B. Blattfasern (aus den Blättern monokotyler Pflanzen gewonnen).
      Manilahanf, Neuseelandflachs, Domingo-, Aloe-, Sisalhanf u. a. m.
   C. Fruchtfasern.
      Kokosfaser.
   D. Samenfasern (Samenhaare, aus dem Samen, bzw. der Samenhaut gewisser Pflanzen gewonnen).
      Baumwolle und einige untergeordnete Arten.
   E. Kunstfasern.
      Kunstseide (mit Ausnahme der tierischen Gelatinekunstseide).
II. Tierische oder animalische Fasern.
   A. Schafwolle oder kurzweg Wolle.

B. Wollen und Haare von Ziege, Kamel, Rind, Pferd usw.
C. Die natürlichen Seiden.
III. Mineralische Fasern.
Asbest, Glas-, Metallfäden (die beiden letzteren sind nicht als Fasern im engeren Sinne anzusehen).

Pflanzliche oder vegetabilische Fasern.

Flachs oder Lein (engl. Flax, frz. Lin).

Der Flachs ist die Bastfaser aus den Stengeln der Leinpflanze (Linum usitatissimum L.) und ist in Europa angebaut.

Die reine Flachsfaser, das sog. Flachshaar, ist ein feines Bastfasernbündel. Nur schlecht gerottete und gehechelte Sorten zeigen noch Gewebeelemente des Rindenparenchyms, Oberhautzellen, Bastmarkstrahlen usw. Im Rohflachs sind alle Gewebeschichten des Stengels zu finden. Das Elementalorgan der Flachsfaser, die Bastfaserzelle, besteht aus reiner Zellulose. Die Länge schwankt zwischen 4—66 mm, die Dicke zwischen 12—37 μ. Die Faser läuft spitz aus, ist glatt oder längsstreifig (meist durch mechanische Verletzungen bei der Zurichtung), mit quergestellten Wandverschiebungen und Rißlinien behaftet, englumig, im Querschnitt ziemlich scharf polygonal mit punktförmigem Lumen und Protoplasmainhalt. Die Zellulosereaktion ist scharf. Die Faser wird im allgemeinen als unverholzt angesehen. In Wirklichkeit ist sie aber knotenweise verholzt. Nach A. Herzog nimmt der Ligningehalt von der Wurzel gegen das obere Ende des Stengels zu deutlich ab. Bei der Röste verschwindet die unbedeutende Verholzung, so daß gute Flachssorten gänzlich unverholzt sind und keine Phloroglucinreaktion liefern.

Jodschwefelsäure färbt die Mittellamelle nicht gelb, den Querschnitt nicht mit gelbem Saum. Kupferoxydammoniak bringt die Zelle zur Tonnenquellung, der Innenschlauch ist dabei eng und gewunden; außen ist keine Kutikula zu sehen, aber Streifungen. Die Lösung ist keine vollkommene.

Die Bastzellen aus den Schichten der Stengel sind denen des Hanfes in der Form ähnlich (großlumig, Querschnitt abgerundet, relativ dünnwandig), durch die Reaktion und den Protoplasmainhalt aber verschieden (Abb. 29 und 30).

Unterscheidung von Baumwolle. Äußerlich unterscheidet sich die Flachsfaser von der gewöhnlichen Baumwollfaser durch höheren Glanz und längeren Stapel; unter dem Mikroskop erscheint die Baumwollfaser als eine bandförmige, plattgedrückte, korkzieherartig gedrehte Pflanzenzelle mit wulstartigen Rändern und mit schräg verlaufender, gekörnelter oder gestrichelter dunkler Zeichnung; das Ende läuft in einer feinen Spitze aus. Dagegen erscheinen die Bastzellen des Flachses unter dem Mikroskop als lange, an den Enden zugespitzte, röhrenartige Gebilde mit dicker Wandung, so daß der innere Hohlraum ganz klein ist und nur als dünne schwarze Linie erscheint. Außerdem sieht man feine Querrisse und knotenartige Anschwellungen; die Faser ist nie gewunden und plattgedrückt.

Kotonisierter Flachs und Hanf.

Aus Abfällen und Werg von Flachs und Hanf, aus Druschstrohflachs, Samenflachs, Niedermoorhanf kann heute ein nahezu weißes, leicht zu

Reinweiß bleichbares, wie Baumwolle färbbares Fasermaterial durch den sogenannten Kotonisierungsprozeß¹) hergestellt werden. Dieses kotonisierte Material läßt sich sowohl allein als auch mit Baumwolle oder Wolle gemischt zu gangbaren Nummern verspinnen. Das Fasermaterial hat im Rohzustande einen baumwollartigen (daher „Kotonisierung"), als Garn, Gewebe oder Wirkware einen halbleinenartigen Charakter. Zwischen den aus Flachs und aus Hanf nach dem Verfahren erhaltenen Fasern besteht kein wesentlicher Unterschied. Da sich das Verfahren

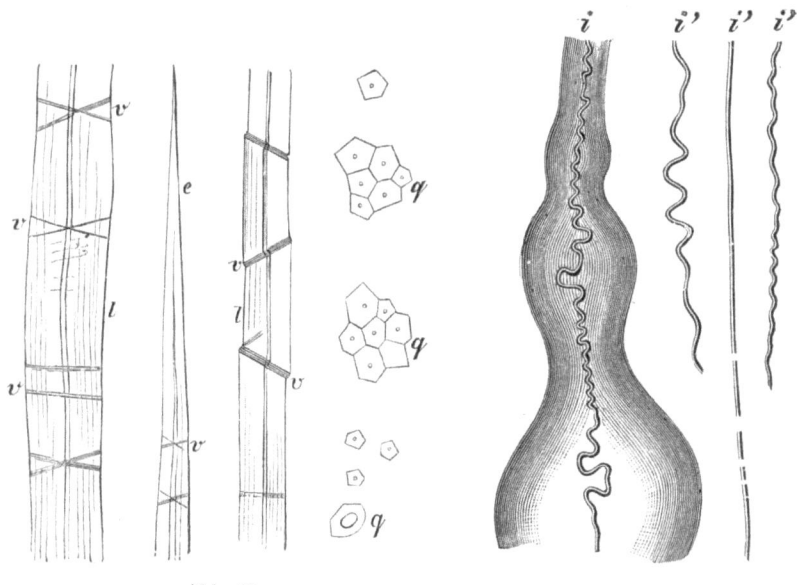

Abb. 29. Abb. 30.

Abb. 29. **Flachs- oder Leinfaser** (nach v. Höhnel). Vergr. 200 und 400. l Längsansichten; v Verschiebungen; q Querschnitte; e Spitze.

Abb. 30. **Fragment einer Leinenbastzelle** nach Behandlung mit Kupferoxydammoniak. i Innenhaut, i' nach Einwirkung von Kupferoxydammoniak zurückbleibende Reste der Innenhäute. Vergr. 400. (Nach Wiesner).

bereits im Fabrikationsbetrieb als zuverlässig erwiesen hat, wird sich das Prüfungswesen in Zukunft auch mit der Aufgabe zu befassen haben, in derartigen Mischgespinsten den Anteil an Baumwolle einerseits und an kotonisiertem Flachs oder Hanf andererseits zu bestimmen. Während die Trennung dieser Fasern von Wolle auf chemischem Wege leicht durchzuführen ist, haben sich bisher keine Verfahren finden lassen, sie von Baumwolle chemisch zu trennen. Die Bestimmung beider Anteile läßt sich dagegen nach einem neuen, von A. Herzog ausgearbeiteten Verfahren, dem mikroskopischen Zählverfahren, recht befriedigend ausführen (s. weiter unten S. 121).

---

¹) Hauptsächlich mit Hilfe von elementarem Chlor. Das Verfahren ist dem Deutschen Forschungsinstitut für Textilindustrie in Dresden patentiert. S. a. Textile Forschung 1922. 4. Heft.

Hanf (engl. Hemp, frz. Chanvre).

Hanf heißen die bastartigen, 1—2 m langen Fasern aus den Stengeln der **Hanfpflanze** (Cannabis sativa L.), die auf ähnliche Weise wie der Flachs gewonnen werden. Sie werden meist als Seilergut, aber auch zu Packleinwand, Segeltuch u. a. verarbeitet.

Das Elementarorgan der Hanffaser ist die Bastfaserzelle. Dieselbe ist 5—55 mm lang; sie ist verhältnismäßig dünn, 16—50 μ, und nicht gleichmäßig dick, oft mit verholzten Fragmenten der Mittellamelle versehen und zeigt Querrisse, Wandverschiebungen und Porenspalten. Das Lumen ist weit, nach der Spitze zu linienförmig, meist ohne Inhalt. Die dickwandigen Enden der Faserzelle sind stumpf abgerundet, auch mit Abzweigungen. Der Inhalt der Zelle ist Luft. Die Querschnitte erscheinen länglichrund; meist in Vereinigung, seltener isoliert; geschichtet und mit deutlicher Mittellamelle. Das Lumen im Querschnitt ist nicht punktförmig, sondern als einfache oder gegabelte Linie. Die Faserzelle ist schwach verholzt. Jodschwefelsäure färbt blau, grünlich oder gelblich; im Querschnitt ist eine gelbe Umrandung kenntlich. Phloroglucin-Salzsäure färbt nicht merklich rot; anhaftende Partien des Gefäßbündels werden tiefrot. Kupferoxydammoniak verursacht eine tonnenförmige Quellung, dann teilweise Lösung. Bei fehlender Mittellamelle, was oft bei gut gerösteten, sehr feinen Hanfsorten zutrifft, fehlt auch beim Behandeln mit Kupferoxydammoniak der äußere Schlauch und es bleibt nach dem Auflösen der Verdickungsschichten nur der breite und faltige, schraubig gestreifte Innenschlauch zurück.

In dem Parenchymgewebe des Hanfes, welches den Fasern meist noch anhaftet, finden sich oft gut erhaltene Kristalldrusen von Kalkoxalat und langgestreckte, mit rotbraunem Inhalt gefüllte Zellen.

Die Hauptunterscheidungsmerkmale zwischen Hanf und Flachs sind folgende[1]). 1. Länge und Dicke beider Fasern bieten keine Handhabe zur Unterscheidung. 2. Bei richtigem Mazerierungsgrade bieten die Enden beider Fasern sichere Unterscheidungsmerkmale: Hanf zeigt abgerundete, Flachs spitze Enden. 3. Die gabeligen Enden des Hanfes im Gegensatz zu den gabelfreien Spitzen der Flachsfaser bilden nur bedingungsweise ein Merkmal zur Unterscheidung. Die Ansichten der Mikroskopiker stehen sich hier gegenüber und scheinbar spielt die Herkunft des Hanfes dabei eine wichtige Rolle. 4. Die Querschnittsform des Hanfes ist abgerundet und zeigt linienförmiges Lumen, diejenige des Flachses scharfeckige Umrandung mit punktförmigem Lumen. Variationen kommen auch hier gelegentlich vor. 5. Die Weite des Lumens (bei Hanf breiter als bei Flachs) ist nach Wiesner entgegen v. Höhnel und Cramer kennzeichnend. 6. Die beim Hanf deutlicher als beim Flachs auftretende Schichtenbildung dürfte im allgemeinen nicht als sicheres Merkmal anzusehen sein. 7. Vermittels der Zellulose- und Holzstoffreagenzien kann nur unter strengster Einhaltung besonderer Bedingungen der Bereitung und Anwendung der Reagenzien Hanf von Flachs unterschieden werden (z. B. gelbe Umrandung des Hanfquerschnittes mit Jod - Schwefelsäure). 8. Kristall-

---
[1]) S. a. A. Herzog: Die Unterscheidung von Flachs und Hanf auf optischem Wege (Textile Forschung 1922. S. 58).

drusen von Kalkoxalat sind für das Parenchymgewebe des Hanfes charakteristisch. 9. Ferner weist das mikroskopische Bild der Hanfepidermis (z. B. sehr spärliche Spaltöffnungen) Unterschiede gegenüber

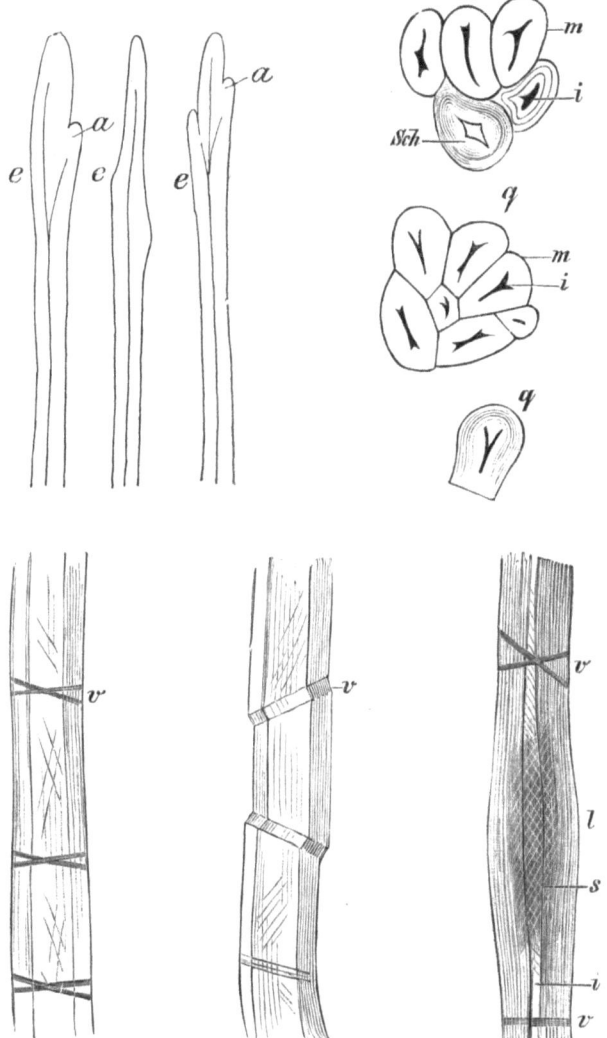

Abb. 31. Hanf (nach v. Höhnel). Bastfaserzellen des Hanfes. Vergr. 290 und 325. e Spitzen mit Abzweigungen a; q Querschnitte mit Mittellamellen m; Wandschichtung Sch; Lumina i; l Mittelteile der Fasern mit Verschiebungen v; s Streifungen; i Lumen.

der Leinepidermis (sehr zahlreiche Spaltöffnungen) auf (Abb. 31 und 32). 10. Schließlich sei noch auf das unterschiedliche Verhalten von Flachs- und Hanffasern hingewiesen, das auf den inneren Strukturverhältnissen

28   Mikroskopie textiler Faserstoffe.

dieser Fasern beruht und auf das in neuerer Zeit verschiedentlich hingewiesen worden ist[1]). Die mikroskopischen Untersuchungen der genannten Fasern haben ergeben, daß sie aus Fibrillen bestehen, welche bei Flachs und Ramie Linkswindung, bei Jute und Hanf Rechtswindung aufweisen. Beim Befeuchten der Fasern drehen sich die Fasern auf; läßt man sie an der Luft oder auf einer angewärmten Platte wieder trocknen, so drehen sie sich wieder zusammen, und man kann mit bloßem Auge erkennen, in welchem Sinne diese Drehung vor sich geht. Das dem Beobachter zugekehrte Faserende der Flachsfaser dreht sich beim Austrocknen im Sinne des Uhrzeigers, dasjenige der Hanffaser im umgekehrten Sinne. Diese Erscheinung soll sich ausnahmslos zeigen und zur sicheren Unterscheidung von Flachs und Hanf dienen können (s. a. unter Mikroskopische Bestimmung von Baumwoll-Flachsmischungen S. 24).

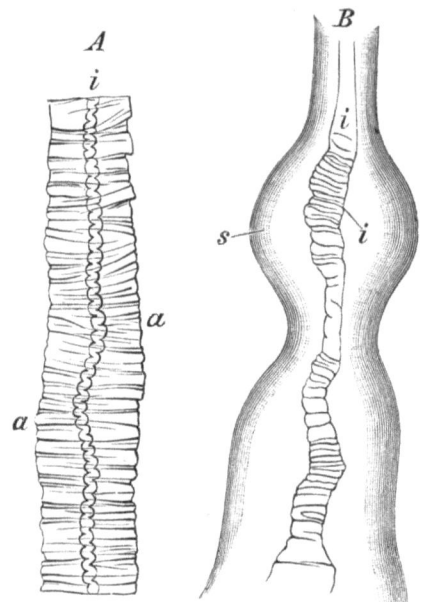

Abb. 32. A Hanffaserfragment aus einem rohen, stark verholzten Hanf nach Behandeln mit Kupferoxydammoniak. a a äußerste verholzte, infolge der Einwirkung des Reagens faltig gewordene Zellhautschicht. i Innenhaut. Vergr. 300. B Fragment einer Hanfbastzelle aus einem sehr gut gerösteten, von der Holzsubstanz völlig befreiten Hanf nach Behandlung mit Kupferoxydammoniak. i Innenhaut; s Verdickungsschichten. Vergr. 400. (Nach Wiesner).

Jute (engl. Jute oder Pauthemp, frz. Jute).

Die Jute (Bengalhanf, Kalkuttahanf, Dschut) ist die Bastfaser aus den Stengeln der bis 4,5 m langen Jutepflanze (Corchorus olitorius L., Corchorus capsularis L., Tiliaceen).

Das Elementarorgan der Faser, d. i. die Bastfaserzelle, ist 1,5—5, meist 2 mm lang, 20—25 μ breit, zylindrisch im Längsverlaufe, ohne Streifen und Wandverschiebungen, im Lumen wechselnd, an den Enden dünnwandig, spitz oder abgerundet auslaufend und läßt sich leicht anfärben. Der Querschnitt ist polygonal-rundlich, immer in Gruppen vorkommend. Das Lumen ist verschieden weit, in der Regel fast so breit oder breiter als die Wandung; die Mittellamelle ist schmal. Die Zelle ist stark verholzt (Phloroglucinreaktion); Jodschwefelsäure färbt gelb, die Holzstoffreaktion ist scharf. Kupferoxydammoniak ist ohne Einfluß. Die rohe Jute enthält im wesentlichen nur Bastfaserbündel (Abb. 33).

---

[1]) Reimers: Textilber. 1921. S. 381, Die innere Struktur der Bastfasern; Nodder: Journ. Text.-Inst. 1922. S. 161.

Ramie oder Chinagras (engl. Rhia fibre, frz. Ortie blanche).

Die Ramie- oder Chinagrasfaser (Kaukhura, Kaluihanf, Ramié, Ramieh, Rameh, Rhea, die Bezeichnung Ramie ist der malaiische Name für Chinagras) stammt von den Stengeln der nesselartigen Pflanze Böhmeria nivea L.

Der rohe, gelbbraune, grünlichgelbe Bast — sehr schmale bandartige Streifen — hat im wesentlichen Bastparenchym- und Bastfaserzellen. Diese sind durch ihre besondere Größe ausgezeichnet; sie sind 60—250 (meist 120) mm lang und bis 80 (meit 50) μ breit, ungleich im Längsverlaufe, reich an Wandverschiebungen, längs- und querspaltig, bandartig, weitlumig, an den natürlichen Enden abgerundet, mit linearem Lumen an der Spitze. Die Querschnitte sind groß, rundlich, länglich, geschichtet, isoliert, selten in Gruppen. „Kotonisierte", seidigglänzende

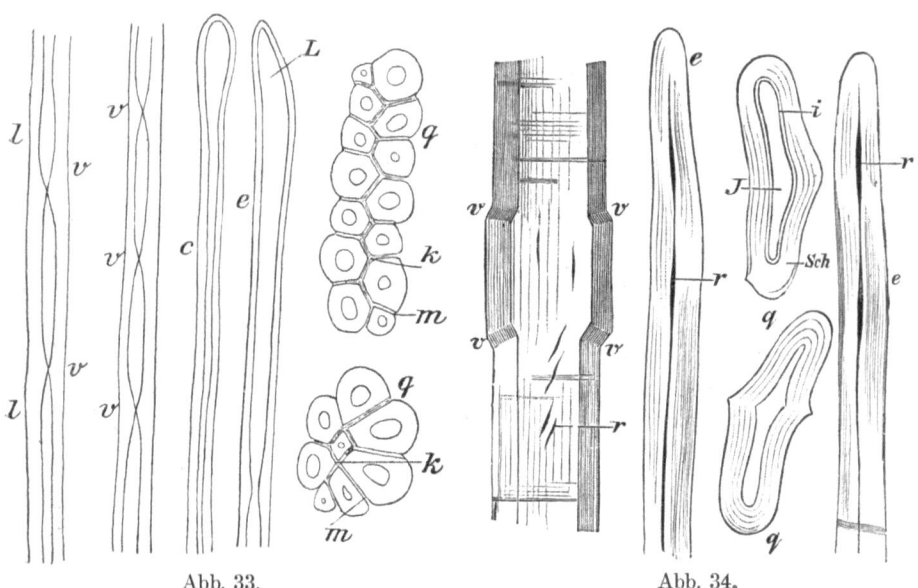

Abb. 33. Jute (nach v. Höhnel). Jutefaser. Vergr. 325. e Spitzen mit weitem Lumen L; l Längsabschnitte mit Verengerungen des Lumens bei v; q Querschnitte mit schmalen Mittellamellen m und knotenartigen Verdickungen an den Stellen, wo je drei Fasern zusammenstoßen.

Abb. 34. Ramie- oder Chinagrasbastfaser (nach v. Höhnel). Vergr. 340. q Querschnitte mit Innenschicht bei i; Lumen bei J; Schichtung bei Sch; v Verschiebungen; r Spalten in der Wandung; e stumpfe Spitzen mit Spalten bei r und fadenförmigem Lumen.

Ramiefaser besteht aus Bastfasern, welche etwas verändert sind. Die Faser besteht aus reiner Zellulose, die Zellulosereaktion ist deutlich und Kupferoxydammoniak verursacht starke Quellung (Abb. 34).

Die Ramiefaser hat die seines Glanzes wegen auf sie gesetzten Erwartungen nicht völlig erfüllt, doch ist sie gegenwärtig für die Herstellung von Glühstrümpfen für Gasglühlicht unentbehrlich.

Nesselfaser (engl. Nettle fibre, frz. Ortie.)

Die Nesselfaser wird dem Baste von Urtica dioïca L. (große Nessel) entnommen. Die Fasern sind 4—55 (meist 25—30) mm lang und 20—70 (meist 50) μ breit. Die Faser ist sehr unregelmäßig gebaut, stellenweise eigentümlich aufgetrieben, ungleichförmig gestreift, gefaltet und zum Teil bandartig. Das Lumen ist meist breit, in den Enden häufig linienförmig werdend und enthält fast immer reichliche Inhaltsmassen. Die Enden sind ausgezogen, abgerundet, manchmal quer abgeschnitten oder gabelförmig geteilt. Die Querschnitte sind oval, abgeplattet oder sogar mit einspringenden Wandungen versehen. Diese sind meist dünn (können aber auch sehr mächtig werden) und ausgesprochen geschichtet. Die inneren Verdickungsschichten sind manchmal radial gestreift. Die Faser wurde ehedem zu den Nesseltüchern verwendet.

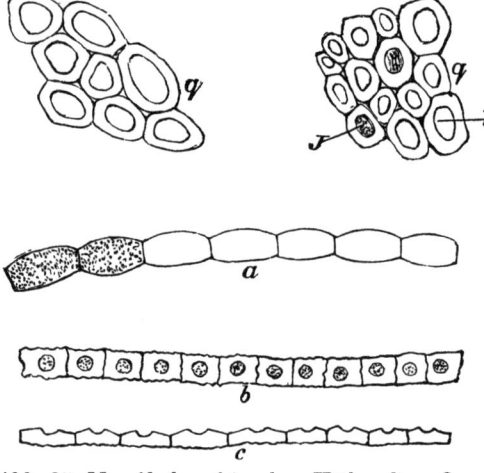

Abb. 35. Manilahanf (nach v. Höhnel). q Querschnitte, l Lumen ohne —, J Lumen mit Inhalt, a Kieselskelett der Stegmata, b Reihe Stegmata (Flächenansicht), c dasselbe (Seitenansicht). Vergr. 325.

Manilahanf (engl. Manillahemp oder Abaca, frz. Manilla).

Manilahanf (Pinasfaser, Avaka, Abacca, Siamhemp, Pisangfaser, Plantain fibre) ist eine 1—2 m lange, durch Hecheln verfeinerte, von der Musa textilis L., Musa paradisiaca L. u. a. Spezies gewonnene Faser; sie ist gelblichweiß bis braungelb, seidenglänzend, wetterfest, vorwiegend aus Bastfasern gebildet.

Die Bastfaserzelle ist 3 bis 12 mm lang, 16—32 μ breit, ganz verholzt, nicht dickwandig, mit deutlichem regelmäßigen Lumen, ohne Streifung, im Längsverlauf glatt und gleichmäßig dick. Der Querschnitt ist länglichrund, ringförmig in Gruppen. Die Enden sind sehr spitz und fein. An den Faserbündeln kommen verkieselte, in der Mitte grubig vertiefte, 30 μ lange Plättchen- („Stegmata") vor. Durch Veraschung der Faser nach Behandlung mit verdünnter Salpetersäure sind die Skelette in perlschnurförmigen Strängen oder in plattenförmigen, in Reihen gestellten Gliedern zu beobachten. Gefäße sind selten, doch sind Spiralbänder zu finden. Kristalle sind oft vorhanden. Die Faser wird zu Seilen, Tauen usw. verwertet (Abb. 35).

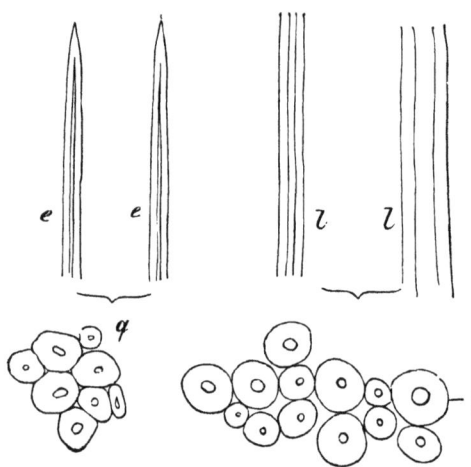

Abb. 36. Neuseeländischer Flachs (nach v. Höhnel). Vergr. 325. e Spitzen; l Längsstücke; q Querschnitte.

Neuseeländischer Flachs.

Der Neuseeländische Flachs (Korati, Korere) von den Fasern der Blätter der zähen Flachslilie, Phormium tenax L., ist bis 1 m lang, gelblichweiß, sehr fest, dauerhaft und kommt als Rohfaser und verfeinert, aber rauher als Hanf, in den Handel.

Die Bastbündel enthalten verholzte Bastfaserzellen, wenig Gefäße und anhaftende Oberhautzellen. Unveränderte Rohfaser wird fast immer mit rauchender Salpetersäure rot (Hanf blaßgelb, Flachs nicht gefärbt), mit Chlorwasser benetzt und mit Ammoniak abgespült violett (Hanf schwach rosenrot, Flachs nicht gefärbt). Die reine Faser ist vom Aloehanf und von der Sanseveriafaser oft kaum zu unterscheiden. Das Lumen ist gleichmäßig breit, Streifungen und Verschiebungen fehlen, die Enden sind scharf spitzig. Die kleinen Querschnitte schließen entweder polygonal aneinander (dann schwer von Aloe zu unterscheiden) oder sind fast rund und voneinander getrennt (dann von Aloe leicht unterscheidbar). Das Lumen im Querschnitt ist rundlich oder oval, inhaltslos. Mittellamelle ist nicht zu sehen, die Fasern sind vollständig verholzt. Verwendung: Seile, Bindfaden, Segeltuch u. ä. (Abb. 36).

Domingo- oder Pitahanf.

Domingo-, Pitahanf, Sisal, Pite, Izzle, Tampikohanf, Matamoros, Mexikangrass, Mexikanfibre, fälschlich Aloehanf. Die meist 1 m langen, gelblichweißen Fasern werden nach dem Röstprozeß auf mechanischem Wege aus den Blättern von Agavearten (Agave americana, Agave mexicana u. a.) gewonnen. Sie enthalten neben dem Bastfaserbündel auch Gefäße und parenchymatische Zellen, in denen oft große Kalkoxalatkristalle enthalten sind. Jodschwefelsäure färbt gelb. Verwendung: Seiler- und Flechtarbeiten, Läufer.

Die Sklerenchymfasern sind meist 2,5 mm lang und 24 μ breit; sie sind steif und gegen die Mitte oft auffallend breiter. Die Enden sind breit, das Lumen ist mehrmals breiter als die Wandung. Gegabelte Enden sind selten. Die Querschnitte sind polygonal, fest aneinanderschließend, manchmal mit abgerundeten Ecken. In der Asche werden große Scheinkristalle von kohlensaurem Kalk gefunden, die von Oxalatkristallen herrühren (Abb. 37).

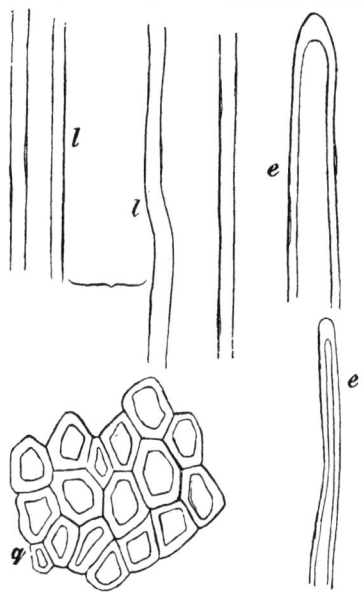

Abb. 37. Pitahanf (Agave americana) nach v. Höhnel. Vergr. 325. e Enden, l Längsansichten, q Querschnitt.

Sisalhanf.

Der Sisalhanf (Agave Sisalana) ist 70—90 cm lang, weiß, im Äußeren dem Domingohanf ähnlich. Holzstoffreaktion mit Phloroglucinsalzsäure deutlich. In der Asche kommen wetzsteinähnliche Scheinkristalle vor. Verwendung häufig als Ersatz für Jute.

Aloehanf.

Echter Aloehanf, Mauritiushanf, stammt von Aloearten (Aloe perfoliata L.), ist weiß, glänzend, 1,2 m lang. Oberhautreste mit Spaltzellen haften der Faser an. Die Faserzellen sind verholzt. Kristalle sind vorhanden. Feine Fasern werden zu Geweben verwendet. Der Aloefaser ähnlich ist die Sanseveriafaser. Faserlänge: 1,3—3,7 mm, Breite: 15—24 μ. Gleichmäßig breit und meist stark verdickt; Enden meist spitz, manchmal abgerundet; Querschnitte polygonal mit schwach abgerundeten Ecken. Lumen meist wenig breiter als Wandung, polygonal mit abgerundeten Ecken.

Kurz zu erwähnen sind noch: **Piassave** (Tikabahanf, Monkeygrass, Paragrass) von der Palme Attalea funifera L.; **Raphiabast** von der Raphiapalme; **Ananasfaser** (Silkgrass, Pinna) von der Bromelia Ananas L.; **Urena-** (Tup-Khadia) und **Abelmoschusfaser**; **Gambohanf** (Bombayhanf, Hibiskushanf) von Hibiscus cannabinus.

Kokosfaser.

Die Kokosfaser (Coïr, Coir, Kair) ist eine braune, 33 cm lange Faser aus der faserigen Fruchthülle der **Kokosnußpalme** (Cocos nucifera L.).

Die Faser ist sehr fest, zähe und zur Herstellung von Bürsten, Seilen, Treibriemen, Matten, Läufern verwendbar.

Die Kokosfaser besteht aus meist kreisrunden Sklerenchymfasern, Gefäßen und verkieselten Parenchymzellen. Letztere sind in der mit Salpetersäure behandelten Asche perlschnurartig vereinigt (Kieselskelett). Die Sklerenchymfasern sind meist 0,7 mm lang und 20 μ breit, dickwandig, mit unregelmäßigem Lumen (gezähnelt). Porenkanäle.

Baumwolle (engl. Cotton, frz. Coton).

Baumwolle nennt man die den Samen der **Gossypiumarten** (Malvaceen) umhüllenden Haare. Von den wichtigsten Spezies sind hervorzuheben: Gossypium barbadense L., Gossypium herbaceum L. (die krautartige Baumwollenpflanze); Gossypium arboreum L. (die baumartige Baumwollpflanze); Gossypium hirsutum L. (die zottige Baumwollstaude); Gossypium religiosum (der Nanking - Baumwollenstrauch) u. a. m. Die Frucht ist eine dreifächerige, walnußgroße, mit drei Klappen aufspringende dunkelbraune Kapsel, welche sehr viele bräunliche, mit langen weißen und sehr kurzen gelblichen (Grundwolle-) Samenhaaren umgebene, erbsengroße Samen enthält.

Die Baumwolle stammt ursprünglich aus Ostindien oder Arabien und Persien und wird hauptsächlich in Nordamerika, in Ost- und Westindien, in Südamerika, aber auch in Afrika, Australien und dem südlichen Europa angebaut. Gossypium religiosum (China und Ostindien) und Gossypium flavidum (Martinique) liefern eine gelbliche bis rostfarbene Baumwolle (Nanking). Die Grundwolle ist mehr oder weniger gelblich, nur diejenige von Gossypium hirsutum ist smaragdgrün.

Die Befreiung der Wolle von den Kapseln geschieht mit der Hand, die Absonderung der Samenkörner durch die Egreniermaschinen. Die zurückbleibenden Samenkörner werden zur Erzeugung der Linterbaumwolle (**Linters**), Ölbereitung, ferner als Futter- und Düngemittel verwendet.

Mikroskopie der Baumwolle.

Das Baumwollenhaar ist einzellig, von der Basis bis vor die Mitte verbreitert, dann bis zur Spitze in abnehmender Dicke, bandförmig, oft korkzieherartig gewunden, auf der Oberfläche feinkörnig, auch streifig, ohne Wandverschiebung, nur an einem Ende mit einer natürlichen, kegel-, spatel- oder kolbenförmigen Spitze versehen, an dem anderen Ende abgerissen. Die Länge oder der „Stapel" schwankt von 12 bis 50 mm; die Breite ist unter der Mitte (von der Basis an) am größten und beträgt 12—45 μ. Stapel und Dicke sind für die Spezies und Handelsware charakteristisch (s. u. Dicken- und Längenmessungen S. 124 u. 135). Die Haare von Gossypium barbadense sind durchschnittlich 25 μ dick und 40 mm lang; von Gossypium herbaceum bis 19 μ, und 10 (Bengalen) bis 19 mm (Mazedonien); von Gossypium arboreum (Indien) 30 μ und 25 mm; von Gossypium acuminatum Meyen (Indien) 29 μ und 28 mm; von Gossypium conglomeratum (Martinique) 26 μ und 35 mm und von Gossypium religiosum 33—40 μ dick und 30 mm lang. Die Farbe der

Haare ist weiß, rötlichweiß, grünlich oder gelblich; Nankingbaumwolle ist braun. Der Glanz ist seidig bis matt. Feinere Haare sind relativ dickwandig, das mit Plasmaresten und Luft gefüllte Lumen ist schmal. Die Haare sind zum Teil gerade gestreckt, dann fast zylindrisch. Der Querschnitt ist eiförmig, ovoid, seitlich stark gequetscht erscheinend. Die Festigkeit beträgt bei direkter Belastung 2—8 g.

Das Haar ist mit einer verschieden dicken, nicht meßbaren Kutikula umgeben, von der die Körnelung und Streifung herrührt. Die feineren Sorten haben eine schwächere, die gröberen Sorten eine rauhe Kutikula. Das Haar ist nicht verholzt, zeigt die Zellulosereaktion (Jodschwefelsäure blau, Chlorzinkjod violett) und quillt in frischem Kupferoxydammoniak blasig oder tonnenförmig an. Dabei trennt sich die nicht quellende Kutikula in fetzenförmigen Stücken ab, zeigt Streifungen und bildet an den Drehungsstellen des Haares Einschnürungen und wulstige Ringe. Die innere Wandschicht bildet mit den Innenresten einen faltigen Schlauch. Die Zellulose wird schließlich in Kupferoxydammoniak („Kuoxam") aufgelöst. Gebleichte, mercerisierte, stark mit Alkalien gewaschene Haare (in Garnen und Geweben) haben nur noch teilweise oder gar keine sichtbare Kutikula, je nach dem Grade der Behandlung[1]).

Die Hauptunterschiede der Baumwolle von der Leinenfaser bestehen in der Drehung und Abplattung der Faser, in dem Vorhandensein der Kutikula (Kupferoxydammoniakquellung), in den stumpfen Spitzen, in dem Fehlen von Verschiebungen und in der regelmäßigen Körnelung und Strichelung der Faser (Abb. 38, 39 und 40).

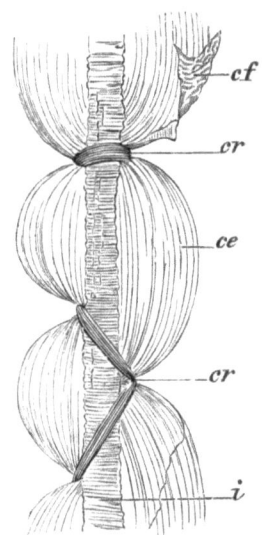

Abb. 38. Baumwolle (nach v. Höhnel). Vergr. 340. Baumwollfaser in Kupferoxydammoniak angequollen. cf Cuticularfetzen; cr Cuticularring; ce Zellulosebauch; i innere protoplasmatische Auskleidung des Lumens.

In bezug auf die verschiedenartige Ausbildung und Mächtigkeit der Zellwandung lassen sich folgende, leicht zu kennzeichnende Baumwollgruppen bilden: 1. Voll ausgebildete reife Haare, 2. halbreife Haare mit unvollständig ausgebildeten Verdickungsschichten, 3. unreife Haare mit auffallend dünnen Wandungen, 4. tote und andere anormal gestaltete (ungleichmäßig verdickte, verzweigte oder ausgebauchte) Haare der verschiedenen Reifegrade. Besonders Baumwolle geringerer Qualität besteht aus Haaren von sehr verschiedenen Formen und Reifegraden: Von der dünnsten bis zur dicksten Wandstärke finden sich alle erdenk-

---

[1]) Die Kutikula soll beim Mercerisieren nicht entfernt, sondern nur leichter löslich gemacht (Minajeff, Lindemann u. a.) werden. Nach Haller ist die Kutikula als Adsorptionsverbindung aufzufassen, wobei die äußerste, aus Zellulose bestehende Faserschicht als Adsorbent, die Kutinsubstanzen als Adsorbenden anzusehen sind (Textile Forschung 1921. S. 26).

lichen Übergänge vor. Bei guten Sorten kommen diese Abweichungen in der Form nur selten vor und sind fast nur in Querschnitten zu finden. In gefärbten Gespinsten fallen oft Knötchen durch ihre helle Farbe auf. Bis vor kurzem hat man die tote oder die unreife Baumwolle als Ursache dieser Erscheinung angesehen und beide für identisch gehalten. Nach neueren Untersuchungen sind beide mikroskopisch sicher voneinander zu unterscheiden[1]).

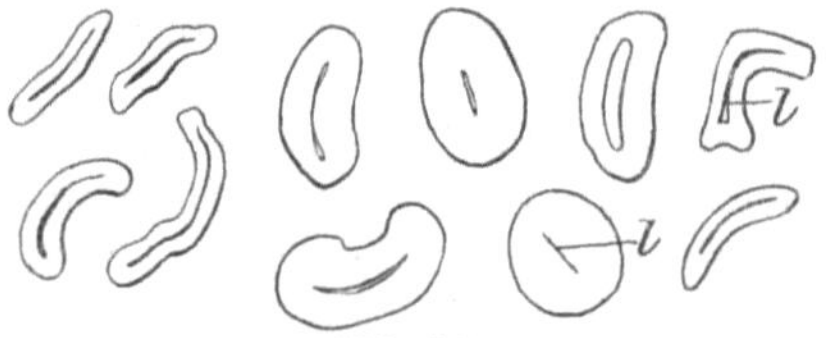

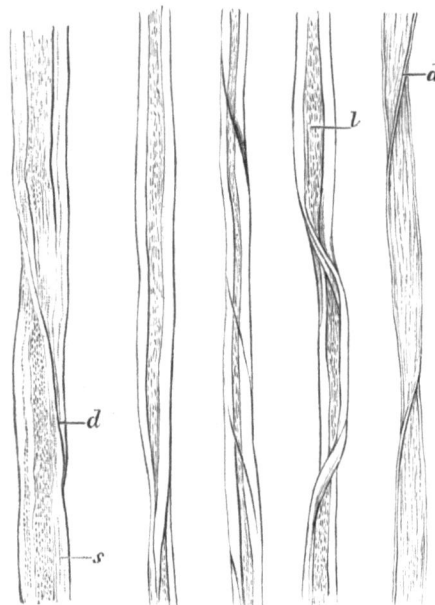

Abb. 39a.

Abb. 39b.

Abb. 39a u. b. Baumwolle und Querschnitte derselben (nach v. Höhnel). Vergr. 540 und 340.
l Lumen, d Drehungsstellen, s Rauhigkeiten der Oberfläche der Cuticula.

Tote Baumwolle. Die Einzelhaare sind so stark zusammengedrückt, daß sich die gegenüberliegenden Zellwände innig berühren. In der Längsrichtung sind sie häufig unregelmäßig gespalten. Die Zellwand ist vollkommen durchsichtig und außerordentlich dünn. Die durchschnittliche Dicke beträgt $0{,}5—0{,}6\,\mu$. Die Haarbreite ist größer als bei der halb- und vollausgereiften Faser; die beobachteten Unterschiede betragen 31—65% der maximalen Breite des vollreifen Haares. Im Innern des Haares sind nur geringe Spuren von eingetrocknetem Eiweiß vorhanden. Die äußersten Teile sind nur schwach kutinisiert. Die Wandstärke der Faser hat den weitaus größten Einfluß auf die Intensität der Färbung (nicht die spezifische Nichtanfärbbarkeit). Nach A. Herzog zeigten $1—2\,\mu$ dicke Schnitte vollausgereifter Haare und tote Haare der gleichen Dicke keinen Unterschied in der Farbintensität (Methylenblau); mit Jodjodkali, Chlorzinkjod und Jodschwefelsäure waren die toten Haare etwas weniger angefärbt als gleichdicke Schnitte vollausgereifter Haare.

Unreife Haare sind den toten in Form und im optischen Verhalten sehr ähnlich. Auch die technischen Eigenschaften sind die gleichen, so daß beide Fasern in der Praxis nicht weiter unterschieden werden. Die Wandung des Haares mißt mindestens $1\,\mu$. Die seitlichen Begrenzungen des Lumens sind schon bei schwachen mikroskopischen Vergrößerungen deutlich

Abb. 40. Querschnitte toter und unreifer Baumwolle.

---

[1]) Haller: Beiträge zur Kenntnis der Baumwolle. Chemiker-Ztg. 1908. S. 838; A. Herzog: Mikroskopische Studien über Baumwolle. Chemiker-Ztg. 1914. S. 1089.

wahrzunehmen. Die Kutikula ist, wie bei toter Baumwolle, nur schwach entwickelt. Dagegen ist das Innere der unreifen Faser sehr reich an protoplasmatischen Resten. Schrägstreifungen, wie bei toten Haaren, sind bei unreifen nicht vorhanden. Infolge des hohen Eiweißgehaltes zeigt die unreife Faser beim Färben mit substantiven Farbstoffen eine beträchtlich stärkere Färbung als die reife. Die Wandung beider Fasern bleibt jedoch fast völlig ungefärbt. In der Breite stimmen reifes und unreifes Haar nahezu überein; das Haar ist fast gar nicht gedreht. Kuoxam löst unreife ebenso wie tote Baumwolle. Der grundsätzliche Unterschied zwischen toter und unreifer Baumwolle ist hauptsächlich auf verschiedenartige Entwicklungen zurückzuführen. Auch in überreifen, ,,überständigen" Kapseln sind stets tote Haare zu finden, die aus unbekannten Gründen entartet sind.

Unreifes Haar nicht mercerisationsfähig. A. Herzog hat gefunden, daß geringe Mercerisationsfähigkeit von Baumwollgarnen fast ausschließlich auf das Vorhandensein von unvollständig ausgereiften oder aus anderen Gründen nicht mercerisierfähigen Haaren zurückzuführen ist. Zum Mercerisieren verwendet Herzog ein Gemenge von Kalilauge und Ammoniak (Molischs Lösung). Von jedem Rohfaden werden an zehn verschiedenen Stellen $1/2$ mm lange Stückchen abgeschnitten und in je zehn auf mehreren Objektträgern bereitgehaltene Tropfen der Molischschen Lösung verteilt. Bei der Auszählung (s. w. u.) werden stets 100 Einzelfasern ohne Wahl berücksichtigt, so daß insgesamt 1000 Einzelhaare bei jeder Probe ausgezählt werden. Unvollständig mercerisierte, d. h. nicht gleichmäßig walzenförmig angeschwollene Haarstränge werden als nicht mercerisiert in Rechnung gezogen. Bei guter Mercerisationsfähigkeit waren 93—98%, bei befriedigender 83—87%, bei schlechter 68—75% der geprüften Rohfasern walzenförmig angeschwollen (gut mercerisiert).

Stapel der Baumwolle.

Die Baumwolle wird um so höher geschätzt, je feiner, länger, elastischer, zerreißfester, dehnbarer und seidenartiger die Haare sind und je sorgfältiger sie von den Samen und anderen Unreinigkeiten befreit ist. Man unterscheidet je nach der Länge langstapelige, mittelstapelige und kurzstapelige Baumwolle. Die Herkunft der Baumwolle läßt sich aus dem Stapel nicht erkennen. Immerhin ist es möglich, die Baumwolle durch Längenbestimmungen einer bestimmten Längenklasse zuzuweisen, wodurch mitunter die Zugehörigkeit zu einer bestimmten Sorte oder die Mischung von verschiedenen Sorten als erwiesen oder ausgeschlossen bezeichnet werden kann. Die durch die Spinnerei und sonstige Verarbeitung eintretenden Verkürzungen der Fasern können hierbei nicht als feste Werte eingesetzt und müssen außer acht gelassen werden (s. a. unter Längenmessungen S. 124).

Handelsmarken.

Die verschiedenen Sorten der Baumwolle werden nach der Provenienz oder Herkunft unterschieden. Von jeder Sorte werden wieder verschiedene Qualitäten oder Klassen unterschieden, für deren Bezeichnung auf den Baumwollmärkten Amerikas, Ostindiens und Europas fast allgemein die englischen Ausdrücke nach der ,,Liverpool Cotton Association" (z. B. fine, good, fair, middling, ordinary und inferior mit den Zwischenstufen good fair, middling fair, good middling usw.) gebräuchlich sind. Die besten Qualitäten liefert das auf geeignetem Boden erzeugte Produkt der ersten Einsammlung von den Kapseln, welche sich nach erlangter Reife von selbst geöffnet haben. Solche Baumwolle ist rein, gleichmäßig und von kräftigem Haar. Die geringeren Qualitäten sind teils auf weniger geeignetem Boden erzeugt, teils aus gewaltsam geöffneten Kapseln gewonnen. Sie sind minder gleichmäßig, rotfleckig, von kürzerem Haar, häufig mit Samenschalen oder Knötchen (Finnen oder Graupen) vermischt, enthalten unreife und tote Haare.

1. Die nordamerikanischen Baumwollen (darunter besonders die Sea-Island-Baumwolle von Gossypium barbadense) gehören zu den besten und versehen vorzugsweise die europäischen Fabriken. Sie zeichnen sich durch sorgsame Behandlung, Reinheit und Weichheit aus. Ihr Ton spielt ins Gelbliche, und sie haben häufig eine Länge von 2,8—4,0 cm, mitunter von 5 cm und ein 14—25 μ dickes Haar. Nächst der Sea-Island-Baumwolle, der langen Georgia, kommt die Louisiana-Baumwolle; dann die Texas- und Alabama- oder Mobile-Baumwolle. Florida-Baumwolle steht diesen nach; Tennessee-Baumwolle gehört zu den geringsten nordamerikanischen Baumwollen (z. T. grob, kraftlos, finnig, weiß bis graublau, matt und glanzlos, bis 2,5 cm lang und 19 μ breit).

Kurze Georgia oder Upland werden die Baumwollen aus Nord- und Südkarolina genannt (weiß bis grau); ihr Stapel beträgt nur 2 cm.

2. Südamerikanische Baumwollen sind insbesondere durch die brasilianischen Sorten vertreten. Es sind im allgemeinen gute Sorten bis auf mangelhafte Behandlung und dadurch entstandene Unreinheit, so daß sie bedeutenden Abgang erleiden. Die beste Brasilwolle ist die Pernambuco-Baumwolle, welche den Rang der Sea-Island einnimmt. Das Haar ist 3—3,8 cm lang und 19 μ dick. Eine vorzügliche Sorte ist die Ceara (3 cm lang, 21 μ dick); weitere Sorten sind Alagoas, Bahia, Para-, Maçaio-, Maranham-, Paraiba-Baumwolle usw.

Die Kolonien Guayanas liefern die Surinam-, Demerary-, Berbice-, Essequibo- und Cayenne-Baumwollen.

Kolumbische Baumwollen sind die Varinas-, Barcelona-, Puerto Cabello-, Caracas-, Laguayra-, Cumana-, Valenzia- und Cartagena-Baumwollen. Die peruanischen Sorten (Lima, Payta, Piana) stehen den kolumbischen etwa gleich.

3. Die westindischen Baumwollen sind vorzüglich, meist lang und zart, aber schlecht gereinigt. Hierher gehören Domingo- oder Hayti-, Portorico-, Guayanilla-, Cuba-, Curaçao-, Jamaika-, Barbadoes-, Trinidad- und andere Baumwollen.

4. Die ostindischen Baumwollen, meist als Surate bezeichnet, sind beträchtlich kürzer (2—3 cm lang, 30 μ dick).

5. Afrikanische oder ägyptische Baumwolle wird hauptsächlich durch die Mako- oder Jümel- (Jumel-) Sorten vertreten. Sie ist gleichmäßig rötlichgelb, ungleich, oft finnig und besseren amerikanischen Sorten nachstehend. Die aus Samen von Sea-Island gezogene Sea-Island-Mako-Baumwolle ist besser. Eine geringere Sorte ist die Alexandriner.

6. Europäische Baumwolle. Die beste ist die spanische (Motril). Die neapolitanische (Castellamare), die sizilianische (Biancacella) und die römische sind gering. Untergeordnet sind die levantischen, in steter Zunahme die kaukasischen Sorten begriffen.

7. Australische Baumwollen werden in Neusüdwales-Queensland und im Norden von Neuseeland gebaut. Ohne große Bedeutung.

8. Caravonica-Baumwolle stellt eine verbesserte Peru-Baumwolle dar und stammt von einem perennierenden Baum von 3—6 m Höhe. Sie hat woll- oder seidenartigen Charakter. Nach Hanausek[1]) ist die Caravonica ein langstapeliger Baumwolltyp, nach den Breitenmaßen von der 2. und 3. Feinheitsklasse, ist ziemlich egal und kennzeichnet sich mikroskopisch durch eigenartige Struktureigentümlichkeiten der Kutikula, ferner durch abgerundete oder abgeplattete Spitzen, die je nach dem Verdickungsgrad das Lumen nur undeutlich oder sogar breit und deutlich erkennen lassen und endlich durch den noch anhaftenden verholzten Fuß der Basis, infolgedessen das Haar die ganze geschlossene Zelle darstellt. Die festgestellten morphologischen Eigenschaften deuten auf eine gute Qualität dieses Typs. In der Praxis ist die Caravonica-Baumwolle auch schon recht gut beurteilt worden.

---

[1]) Näheres s. Leipziger Monatschrift für Textilindustrie 1910. S. 186. T. F. Hanausek: „Über Caravonica-Baumwolle".

Die Unterscheidung der Baumwollsorten in Garnen und Geweben.

In Gespinsten und Geweben sind Baumwollsorten vorzufinden, die meist nicht jene Börsenartikel rein darstellen, deren Bezeichnungen nach dem Herkunftslande bzw. nach dem Ausfuhrhafen zugleich eine Kennzeichnung ihrer Qualität sind. Da außerdem die verschiedenen Baumwollsorten zu einem möglichst einheitlichen und gleichbleibenden Produkt gemischt werden, und die Verwertung der Abfälle derartige Fortschritte gemacht hat, daß die minderen Sorten durch Beimengung von Abfällen der feinen und feinsten Sorten verbessert werden, so ist es eine Unmöglichkeit, die Provenienz der Bauwolle aus den Gespinsten oder Geweben herauszufinden. Für die Kennzeichnung der Baumwollsorten in Gespinsten und Geweben haben sich demnach bloß wenige Bezeichnungen eingeführt[1]), wobei die mittlere Faserlänge eine wichtige Rolle spielt (s. w. u. Bestimmung der Faserlänge).

Man unterscheidet in diesem Sinne allgemein drei Sorten von Baumwolle: Mako, Amerika und Ostindien. Auch gibt es nur wenige Unterabteilungen dieser drei Sorten. So wird bei Mako unterschieden zwischen Mako kardiert und Mako peigniert, die sich nicht nur in bezug auf den Spinnprozeß, sondern auch auf die Qualität des Rohmaterials unterscheiden, da zum peignierten Garn eine feinere, glänzendere und langstapeligere Baumwolle verwendet wird. Neben Amerika unterscheidet man Halbamerika, d. i. eine Mittelsorte zwischen Amerika und Ostindien, bestehend aus mittelfeinen amerikanischen Sorten, die mit den besten ostindischen Baumwollen und mit Abfällen aus der Spinnerei (insbesondere von Kämmlingen der feinsten amerikanischen und ägyptischen Sorten) vermischt sind. Die ostindische Baumwolle wird auch nach denjenigen Sorten, die den größten Anteil derselben ausmachen, also z. B. als Surate oder Bengal bezeichnet. Diesen werden auch die geringsten amerikanischen Baumwollen, sowie die Abfälle beim Egrenieren, die sog. Linters, sowie Spinnereiabfälle, welche nicht für Halbamerika verarbeitet werden, beigemischt. Endlich gibt es noch Garne, die lediglich aus Abfällen gesponnen werden und daher Baumwollabfallgarne heißen.

Hieraus geht hervor, daß die Bezeichnungen Mako, Amerika und Ostindien die Bedeutung der Provenienzbezeichnung längst verloren haben und gegenwärtig ausschließlich als Qualitätsbezeichnungen anzusehen sind. Diese Begriffsbestimmung ist auch sachlich begründet: Beispielsweise ist die Makobaumwolle die feinste und beste Sorte; man nennt sie auch schlechtweg ägyptische Baumwolle. Außer Mako kommen aber auch noch andere, mindere ägyptische Baumwollen in den Handel, z. B. unter dem Namen Scart Mako, die (nochmals gereinigte Abfälle der Egreniermaschine) sehr unrein und kurzfaserig ist, so daß selbst die besseren Sorten, die Affritas, nur zur Erzeugung gröberer Nummern als Beimischung zu verwenden sind. Ebenso ist die Beimengung von toter, unreifer oder Grundwolle geeignet, die Qualität eines Garnes herabzu-

---
[1]) S. a. Marschik: Zeitschr. f. d. ges. Textilind. 1913. S. 53.

setzen. Trotzdem diese Garne nun zweifellos aus Baumwolle ägyptischen Ursprungs gesponnen sind, wäre es durchaus verfehlt, sie als Makogarne oder Garne aus ägyptischer Baumwolle zu bezeichnen, weil sie in ihrer Qualität sehr wesentlich von dem abweichen, was man üblicherweise unter Mako- oder ägyptischer Qualität versteht.

Die Unterscheidung und Qualitätsbestimmung der Baumwollen in Garnen und Gespinsten kann erfolgen:

1. Mit Hilfe des Mikroskops, wobei Faserfeinheit, Gleichmäßigkeit, Struktur sowie etwaige Fehler und Anomalien (tote, unreife Haare u. dgl.) zur Bestimmung gelangen. Dieses Verfahren ist, wie Marschik betont, als ein subjektives anzusehen und erfordert große Übung und Erfahrung; es hat aber den Vorzug, daß mit Hilfe des Mikroskops auch gefärbtes Material, meist sogar noch besser als ungefärbtes, beurteilt werden kann.

2. Auf Grund der Bestimmungen von technologischen Eigenschaften der Garne und Gewebe, z. B. der Festigkeit, Reißlänge, Dehnung im Vergleich mit Material bekannter Qualität oder im Vergleich zu bekannten oder verlangten Normzahlen. Da Feinheitsnummer und Drehung der Garne einen wesentlichen Einfluß auf die Festigkeit u. a. ausüben, so sind diese Momente besonders zu berücksichtigen (s. u. Festigkeit).

3. Mit Hilfe der Marschikschen „Torsionsprobe", die, möglichst in Verbindung mit der Festigkeitsprobe, zuverlässige Schlüsse auf die Qualität des Materials ergeben soll. Aus der „Torsionsfestigkeit" (d. i. der zusätzlichen Drehung, welche das Garn bei konstanter Einspannlänge zum Bruch bringt), der „Bruchdrehung" (d. i. der gesamten bei eintretendem Bruch im Garne vorhandenen Drehung) und dem „Torsionsverhältnis" (d. i. dem Verhältnis der dem Garne beim Spinnen erteilten Drehung, der Anfangsdrehung, zur Bruchdrehung) wird die Qualität des Garnmaterials abgeleitet (s. w. u. Drehung).

4. Die wichtigste Eigenschaft des Garnmaterials ist die Faserlänge (der Stapel) desselben. Man ermittelt entweder die mittlere Faserlänge im Querschnitt oder fertigt ein Stapeldiagramm an, aus dem zugleich die Anzahl der Fasern jeder Länge hervorgeht. Hierbei ist zu berücksichtigen, daß die ermittelte durchschnittliche Faserlänge oder die Stapellänge im Garn keineswegs der Stapellänge des unverarbeiteten Rohmaterials entspricht, da beim Spinnprozeß infolge des unvermeidlichen Zerreißens von Fasern eine größere oder geringere Verkürzung des Materials stattfindet. Immerhin gibt sowohl die mittlere Faserlänge, als auch die Sortierung der Fasern in Gruppen von bestimmten Längen einen guten Begriff über die Qualität der Baumwolle (Näheres s. u. Faserlängenbestimmungen).

Die Unterscheidung der ungebleichten Makobaumwolle von anderer Baumwolle.

Bisweilen wird Baumwolle künstlich der echten Makobaumwolle ähnlich gemacht, z. B. durch Färben mit Eisensalzen, Dämpfen usw. Solche „künstliche Mako" läßt sich von echter Mako durch verschiedene Reaktionen unterscheiden. Bei gebleichter Mako ist der Naturfarbstoff zerstört, so daß gebleichte echte Mako auf diesem Wege (1—2) nicht mehr nachweisbar ist.

1. Echte, ungebleichte Mako zeigt bei der mikroskopischen Untersuchung in Kaliammoniak (1 T. wässerige, konz. Kalilauge zu 1 T. Ammoniak konz.) auffallend viele gelbbraune Inhaltsbestandteile. Die Fasern zeigen große Gleichmäßigkeit in der Haarbreite (25 μ) und die typischen Mercerisationsformen (walzenförmige Gestalt, s. S. 35) in Kaliammoniak. Bei unechter Mako ist die Haarbreite ungleichmäßiger, der Mercerisationseffekt viel geringer, die gelbbraunen Inhaltsbestandteile nur vereinzelt vorhanden.

2. Bei vorübergehendem Kochen von echter Mako mit verdünnter Salpetersäure wird die bräunliche Naturfarbe in ein reines gelbstichiges Creme verändert; bei gleicher Behandlung von unechter Mako (Dämpfmako) entstehen viel sattere Chamoistöne.

3. Echte Mako gibt mit verdünnter Salzsäure und gelbem Blutlaugensalz kein Berlinerblau, unechte Mako (Eisenmako) gibt Blaufärbung.

4. Echte Mako liefert bei Behandlung mit Zinnsalz und Salzsäure keine Schwefelwasserstoffentwicklung (mit Bleiazetatpapier prüfen), mit Schwefelwasserstoffen künstlich erzeugte Mako liefert diese Reaktion häufig.

5. Konz. Schwefelsäure bewirkt mit echter Mako keine auffallende Farbenveränderung; unechte, mit substantiven Farbstoffen erzeugte Mako bewirkt oft mehr oder weniger bunte Farbenumschläge.

Mercerisierte Baumwolle.

Durch Mercerisierung der Baumwolle wird die mikroskopische Struktur der einzelnen Fasern verändert. In erster Linie wird durch den Prozeß der Mercerisation die Kutikula der Baumwolle verändert. Werden demnach mercerisierte Fasern mit Quellungsmitteln, z. B. Kupferoxydammoniak behandelt, so treten die charakteristischen Kutikulareinschnürungen der gequollenen Faser nicht mehr wie bei roher Baumwolle auf. Es wird vielmehr nur ein ganz gleichmäßiges Anquellen der Faser ohne Verkürzung derselben beobachtet; ebenso wird keine darmartige Windung und Faltenbildung des Innenschlauches beobachtet. Das mercerisierte Baumwollhaar ist an und für sich schon gestreckter und zeigt keine oder nur geringe Drehung; die Faser hat vielmehr die Form eines ziemlich geraden, runden, scheinbar massiven und glatten Stabes. Außerdem erscheint das mercerisierte Baumwollhaar an sich schon etwas gequollen, und die Breite desselben beträgt meist 20—35 μ. Manchmal können an ihr Eindrücke und Buckel wahrgenommen werden. Das Lumen ist meist dicklinienförmig, stellenweise auch wieder weiter und sehr verschieden, sowie in der Breite plötzlich wechselnd. Es kann auch stellenweise ganz fehlen oder punktförmig auftreten. Die Querschnitte sind meist rund und besitzen eine mehr oder weniger deutliche, runde, zentrale Öffnung. Ein körniger Inhalt ist fast immer anzutreffen. — Da die Einwirkung des Mercerisationsprozesses verschieden scharf sein kann, da ferner auch Bleichvorgänge und scharfe alkalische Eingriffe ähnliche Strukturveränderungen der Baumwollfaser verursachen können, ist es für den Mikroskopiker mitunter sehr schwer, ein endgültiges Urteil darüber abzugeben, ob mercerisierte oder nicht mercerisierte Baumwolle vorliegt. Das Urteil wird mitunter dahin gehen, daß das Versuchsobjekt mehr der rohen oder mehr der mercerisierten Baumwolle ähnelt.

Auch in chemischer Beziehung wird die Baumwollfaser durch die Mercerisation nachweislich geändert, aber auch hier gilt das soeben Gesagte, daß im Hinblick auf die mehr oder weniger scharfen Eingriffe und analogen Behandlungen Grenzfälle eintreten können, wo nicht mit Sicherheit gesagt werden kann, ob tatsächlich Mercerisation angenommen werden muß oder nicht. Mercerisierte Baumwolle hat beispielsweise größere Affinität zu sauren und basischen Farbstoffen (Methylenblau u. a.) als rohe Baumwolle. Ferner läßt sie sich mit Hilfe von Chlorzinkjodlösung und Jodjodkaliumlösung von roher Baumwolle unterscheiden. Legt man die Faser in eine dieser Lösungen während etwa 3 Minuten ein und spült dann in Wasser aus, so wird die rohe Baumwolle schnell entfärbt, während die mercerisierte Faser längere Zeit blau bleibt. Je länger die Faser blau bleibt, als desto stärker mercerisiert kann die Baumwolle angenommen werden.

Hübner bestimmt Mercerisation und Grad der Mercerisation wie folgt. 1 g Jod und 20 g Jodkalium werden in 10 ccm Wasser gelöst. Von dieser Auflösung werden 10—15 Tropfen zu 100 ccm einer Auflösung von 280 g Chlorzink in 300 ccm Wasser gegeben. Die mercerisierte Baumwolle färbt sich durch das Reagens um so tiefer, je vollständiger die Mercerisation vor sich gegangen ist. Unmercerisierte Baumwolle bleibt ungefärbt. Beim Ansengen mit einer Flamme unterscheidet sich die stark mercerisierte Baumwolle von der Rohbaumwolle dadurch, daß der Faden nicht nachglimmt, während Rohbaumwolle merklich nachglimmt (wie Zunder). Gebleichte Baumwolle verhält sich in dieser Richtung wie mercerisierte. Ferner ist gebleichte oder mercerisierte Baumwolle im allgemeinen leichter wassersaugend oder netzbar. Diese letzteren Unterscheidungsmerkmale dürften aber wohl gegenüber wissenschaftlichen chemisch-mikroskopischen Ermittelungen zurücktreten.

Kapok.

Unter den verschiedensten Namen (Kapok, Pflanzendunen, Édedron végétal, Paina limpa, Patte de lièvre, Ceiba-, Bombaxwolle usw.) kommen die Samen- und Fruchthaare verschiedener Wollbäume (der Bombaceen) als Ersatz für Baumwolle und mit ihr gemischt auf den Markt. Hauptsächlich wird Kapok als Polstermaterial verwendet; zum Verspinnen weniger, obwohl auch hierin große Anstrengungen und Erfolge zu verzeichnen sind.

Die Bombaxwollen stellen gelbliche bis braune, ohne Längsleisten, an der Basis mit Querleisten versehene oder netztüpfelige, 1—3 cm lange, 20—50 μ dicke, im Querschnitt

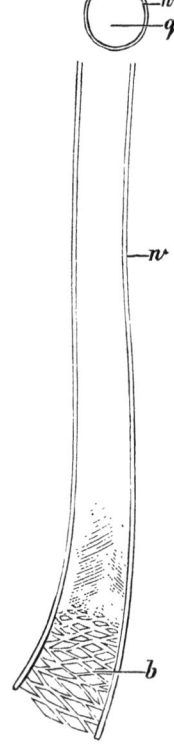

Abb. 41. Pflanzendune von Bombax Ceiba (nach v. Höhnel). Vergr. 340. b Basis, w Wandung, q Querschnitt. An der Basis eine netzförmige Verdickung.

runde, einzellige, konische Haare dar. Jodschwefelsäure färbt braun, Kupferoxydammoniak verursacht schwache Quellung, Inhalt ist Luft und Protoplasmarest; alle Pflanzendunen sind verholzt und zuweilen mit einer dünnen, glatten Kutikula überzogen.

Die Unterscheidung der verschiedenen Arten ist schwierig und meist ohne praktische Bedeutung. Die Hauptrepräsentanten sind: Bombaxhaare von Bombax Ceiba (Abb. 41), Bombax pentandrum, Ochroma Lagopus u. a. m.

Vegetabilische Seide (Pflanzenseide) ist das Produkt von verschiedenen Samenhaaren der Apocyneen und Asclepiadeen. Sie sind 1—6 cm lang, 35—60 μ dick, gelb oder rötlichgelb, im Querschnitt rund und verholzt, an der Basis manchmal angeschwollen. Netzförmige Verdickungsleisten. Jodschwefelsäure reagiert gelbbraun, Phloroglucin-Salzsäure färbt rot, Kupferoxydammoniak verursacht keine Quellung. Die Haare sind unelastisch, daher brüchig, zum Verspinnen kaum gebraucht, als Watte und Polstermaterial geeignet.

Kunstseiden.

Herstellung[1]).

Die Kunstseiden oder künstlichen Seiden sind künstlich erzeugte Fasern. Ihre Herstellung erfolgt im Grundsatze in der Weise, daß die in einem gummiähnlichen, dickflüssigen Zustande befindliche Masse durch Röhren mit sehr engen Ausflußöffnungen gepreßt und nach dem Austritte durch geeignete Fällbäder gefällt wird. Die Fäden werden bei der Kunstseide endlos gesponnen, d. h. nicht mit Absicht nach bestimmten Längen unterbrochen oder abgeschnitten. In dieser Beziehung unterscheidet man von Kunstseide die sog. ,,Stapelfaser", die sich von Kunstseide nur dadurch unterscheidet, daß sie in bestimmte Stapellängen (z. B. Baumwollstapel von 3—4 cm, Wollstapel von 5—6 cm usw.) geschnitten und dann regelrecht versponnen wird. Man erhält so Kunstseidengespinste nach Art der Schappeseiden. Besonders bekannt ist die Vistrafaser der Köln-Rottweiler A.-G.

Je nach der Grundsubstanz, aus der die Kunstseiden erzeugt werden, unterscheidet man folgende wichtigste Abarten:

1. Nitrozellulose- oder Kollodiumseiden werden aus Nitrozellulose oder Pyroxylin, bzw. Kollodium hergestellt. Hierher gehören die ältesten Kunstseiden, die Soie française von Chardonnet, die Soie artificielle, die Soie de France von du Viviers, Lehners Kunstseide, Artiseta, Cadorets Kunstseide, Besançonkunstseide, Frankfurter Kunstseide, die ohne jegliche Beize besondere Verwandtschaft zu basischen Farbstoffen haben.

2. Zelluloseseiden, Kupferoxydammoniakseide, Siriusseide, Elberfelder Glanzstoff, Jülicher Seide usw. enthalten die reine, nicht nitrierte Zellulose als Grundsubstanz. Hierher gehören die Verfahren von Langhans, Pauly (Zelluloseseide, Glanzstoff), Dreaper und Tompkins, Bronnert, Fremery und Urban u. a. m. Diese Kunstseiden haben ausgesprochene Verwandtschaft zu substantiven Baumwollfarbstoffen.

3. Viskoseseiden enthalten als Grundstoff die Viskose (Zellulosexanthogenat) und wurden zuerst nach dem Verfahren von Charles Henry Stearn hergestellt. Färberisch steht die Viskoseseide dem Glanzstoff nahe, zeigt aber stärkere Verwandtschaft zu basischen Farbstoffen.

4. Von untergeordneter Bedeutung war je die Gelatine- oder Vanduraseide von Millar und v. Hummel.

5. Die neuere Azetatseide (Zelluloseazetat) wird heute noch nicht in größerem Maßstabe zu Textilzwecken technisch verwendet.

---
[1]) S. a. Süvern: Die künstliche Seide. 4. Aufl. Berlin: Julius Springer 1921. Heermann: Technologie der Textilveredelung. Berlin: Julius Springer 1921.

Diese alten Bezeichnungen sind heute meistenteils fallen gelassen. Man bezeichnet die Kunstseiden heute 1. nach ihrer Art (Nitro- oder Kollodiumseide, Kupferseide, Viskoseseide), 2. nach der herstellenden Fabrik (Elberfeld, Sydowsaue, Kelsterbach, Bamberg, Küttner, Petersdorf, Köln-Rottweiler, Zehlendorfer, Hölken usw.), 3. nach ihren technischen Fertigungseigenschaften (Titer des Fadens, Feinheit des Einzelfadens usw.). Seit einer Reihe von Jahren wird aus Kunstseide auch die sog. Stapelfaser erzeugt; aus dieser werden schappe- und wollähnliche Gespinste, z. T. mit Wollzusatz, gefertigt und z. T. zu samtartigen Geweben verwebt (Ersatz für Schappesamt). Die Bedeutung der Kunstseide in der heimischen Textilindustrie steigt dauernd, ebenso ihre Verwendungsmöglichkeiten und Absatzgebiete.

Physikalische Eigenschaften.

Das Aussehen der Kunstseiden hängt sehr wesentlich von der Herstellungsweise ab. Im allgemeinen zeigen sie einen höheren Glanz als Naturseiden; dagegen besitzen sie nicht den krachenden Griff der letzteren. Das spezifische Gewicht der Kunstseiden wird verschieden angegeben (1,45—1,6); nach A. Herzog kann es im Durchschnitt zu 1,52 angenommen werden. Wenn das spezifische Gewicht der Naturseiden im Mittel zu 1,36 angenommen wird, so sind die Kunstseiden im Mittel um etwa 13% spezifisch schwerer. Der Wassergehalt der Kunstseiden ist demjenigen der Naturseiden sehr nahestehend; bei der Konditionierung (s. d.) wird deshalb sowohl den künstlichen wie den natürlichen Seiden der gleiche Feuchtigkeitszuschlag von 11% zum Trockengewicht zugerechnet. Die Festigkeit und Dehnbarkeit der Kunstseiden werden sehr verschieden angegeben; im allgemeinen sind beide Werte erheblich geringer als bei Naturseide. Im nassen Zustande büßt die Kunstseide einen sehr erheblichen Teil ihrer Trockenfestigkeit ein (Näheres s. weiter unten). Über die Dicke der Einzelfäden s. Näheres in den nachstehenden Tabellen, desgleichen über das Quellungsvermögen der Kunstseiden. Die Brennbarkeit der Kunstseiden ist im allgemeinen nicht größer als die von Baumwolle, aber größer als diejenige der tierischen Seide und der Wolle.

Von Naturseide lassen sich die Kunstseiden auf mikroskopischem Wege (s. weiter unten) und durch chemische Reaktionen unterscheiden. Erstere werden z. B. in heißer Ätzlauge gelöst, letztere unter geringer Lösung nur zum Quellen gebracht. Kollodium- oder Nitrokunstseide läßt sich von den übrigen Kunstseiden sicher dadurch unterscheiden, daß sie mit Diphenylamin-Schwefelsäure die bekannte Blaufärbung liefert, die auf vorhandene Reste von Salpetersäure zurückzuführen ist. Im übrigen sind die technisch wichtigen Kupfer- und Viskoseseiden durch chemische Reagenzien von einander nicht sicher zu unterscheiden. Die vielfach angewandten Farbenreaktionen mit Farbstoffen, konz. Schwefelsäure usw. sind nur als Hilfsreaktionen von Wert. Auf Grund eingehender mikroskopischer und optischer Prüfungen lassen sich die verschiedenen Kunstseiden am sichersten bestimmen (s. weiter unten). Nähere Angaben über die chemischen Reaktionen der Kunstseiden sind a. a. O. zu finden[1]).

---

[1]) Z. B. Heermann: Färberei- und textilchemische Untersuchungen.

Technologische Eigenschaften der Kunstseidengespinste.

Für Gewebe benutzt man meist Kunstseidengarne der Titres 80, 120, 180 den., wobei die Numerierung wie bei Naturseiden nach Deniers (Anzahl g in 9000 m) geschieht. Die Dicke der Einzelfasern ist sehr verschieden. Sie beträgt in der Regel 5—7 den., kann aber auch ganz erheblich feiner oder auch gröber sein. Eine der feinsten Handelsmarken ist die Adlerseide von J. P. Bemberg, die eine nach dem Streckspinnverfahren hergestellte Kupferseide darstellt und äußerlich der Naturseide täuschend ähnlich sieht. Sie ist als Schuß ein vorzüglicher Erastz für Edelseide und, unter dem Mikroskop betrachtet, fast so fein wie Maulbeerseide. Bei dem Fadentiter von 120 den. hat die Adlerseide 90 Einzelfasern, so daß die Einzelfaser = 1,33 den. dick ist, gegenüber 5—7 den. der sonstigen Kunstseidenfasern, die bei 120 den. nur 18—22 Fasern enthalten und außerdem glasglänzend, steif und spröde sind. Die Maulbeerseide hat in der Einzelfaser ($1/_2$ Kokon) im Mittel $1^1/_4$—$1^1/_3$ den. (roh.), entbastet etwa 1 den., 50% u. p. schwarz gefärbt etwa 1,8 den.

Im einfachen Faden schwankt der Titer der Kunstseide meist zwischen 10 und 50 den. Die im Faden vorkommenden Schwankungen werden nicht (wie dies bei Naturseiden geschieht) in Grenzwerten angegeben, sondern nur mit dem Mittelwert, z. B. 120 den. (und nicht etwa 115/125 oder 110/130). Dieser „nominelle Titer" gibt also nicht die Toleranz an, die im Handel mit Kunstseide zu begrüßen wäre. Da aber die Gleichmäßigkeit mitunter praktisch wichtig ist (z. B. bei Kunstseidenketten), so wird die Gleichmäßigkeit der Kunstseide bisweilen zu bestimmen sein. Nach Ullrich[1]) schwankt sie bei den besten Sorten um ± 3 bis $\pm 5\%$, bei den geringeren Sorten bis $\pm 25\%$.

Die normale Festigkeit, auf 1 den. berechnet (auch „Gütezahl" genannt), beträgt nach Ullrich bei den besten Sorten Kunstseide im trockenen Zustande etwa 1,7 g, ausnahmsweise bis zu 2 g (bei Maulbeerseide roh = 3—4 g und mehr, bei entbasteter Seide $2^1/_2$—$3^1/_2$ g und mehr pro Denier); bei minderen Kunstseiden sinkt die Gütezahl auf 1—1,3 g/den. Gute Kunstseide hat demnach eine Reißlänge von etwa 17 km (Maulbeerseide von 35 km). Die Kunstseide von 120 den. hat in bester Qualität, lufttrocken eine mittlere Festigkeit von 200 g, welche bei feuchtem Wetter auf 180—150 g und in nassem Zustande auf 75—100 g sinkt. Sie verliert also schon durch feuchtes Wetter $1/_{10}$—$1/_4$, angefeuchtet $1/_2$—$2/_3$ ihrer Festigkeit. Manche minderwertige, ausländische Kunstseiden verlieren sogar bis zu $3/_4$ ihrer Trockenfestigkeit. Es ist klar, daß solche Seiden beim Färben große Schwierigkeiten bereiten und im Gebrauch leicht Schaden leiden.

Die Bruchdehnung der trockenen Kunstseide beträgt bei 1 m Einspannlänge etwa 7—15% (gegen 14—22% bei Naturseide). Klemmt man den trockenen Kunstseidenfaden in die festgestellten Backen des Dynamometers ein und näßt den unbelasteten Faden vorsichtig mittels Pinsels, so verlängert er sich sofort um $1^1/_2$—$4^1/_2\%$ (Ullrich).

---

[1]) Ullrich: Textilber. 1921. S. 102, 119, 143.

Die übliche Drehung der Schußkunstseidengarne beträgt etwa 100 bis 120, der Kettfäden etwa 150—250 pro laufendes Meter. Zu schwach gedrehte Schußseide verwirrt sich leicht beim Färben, erschwert das Winden und verursacht große Garnverluste. Bei stärkerer Drehung (z. B. wie bei der Naturseide) würde die Ware zu steif ausfallen, weil dann auch die Kette dichter eingestellt werden müßte. Da die Widerstandsfähigkeit der Kunstseide beim Weben geringer ist als diejenige der

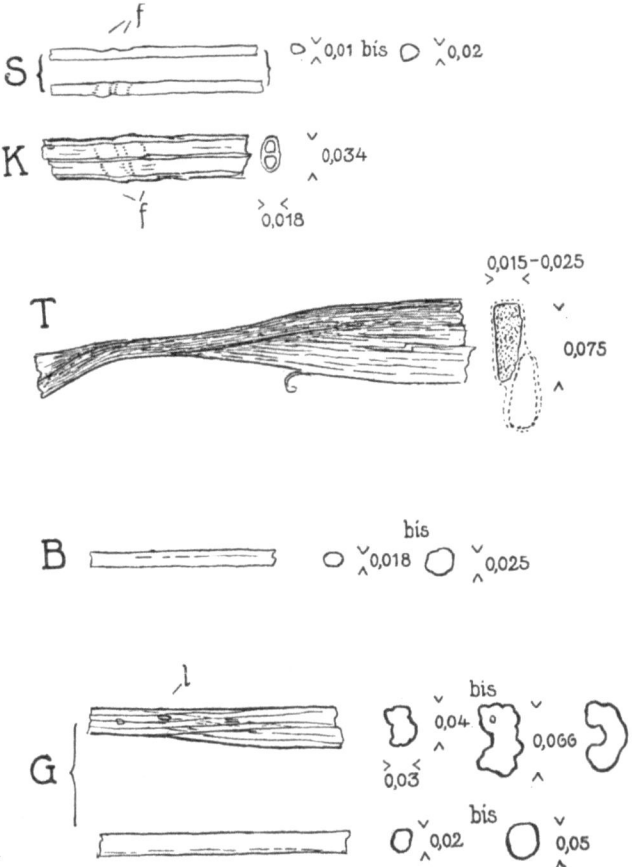

Abb. 42. Verschiedene Seidenarten in 150 facher Vergrößerung (nach Ullrich). S Entbastete Einzelfaser ($^1/_2$ Kokonfaden) vom Maulbeerspinner. K Kokonfaden, roh vom Maulbeerspinner. T Einzelfaser ($^1/_2$ Kokonfaden) der Tussahseide, entbastet. B Kunstseide, fein. G Kunstseide, grob.

Naturseide, so wählt man groben und nicht zu dicht eingestellten Schuß, z. B. 40 Schuß auf 1 cm, gegenüber 60 Schuß auf 1 cm bei feineren Seidenwaren.

Das Winden der Kunstseide geschieht mit etwas geringerer Geschwindigkeit als bei Naturseide, etwa mit 57—80 m pro Minute (= 50—70 Haspelumdrehungen pro Minute) auf 50 mm-Durchmesserbobinen oder

-spulen und mit 110 m pro Minute auf 30 mm-Durchmesserschärbobinen (Seide = 135 m/Min).

Die Kette erhält vielfach eine Art Schlichte oder Präparation, damit sie das Weben besser aushält. Dieses Präparieren oder Avivieren geschieht mit Hilfe von Kartoffelmehl, Glyzerin, Leim, Monopolbrillantöl, Olivenöl, Soda u. a. m. und erfordert Erfahrung und Vorsicht, um vor allem auch ein Verkleben der Fasern zu verhüten.

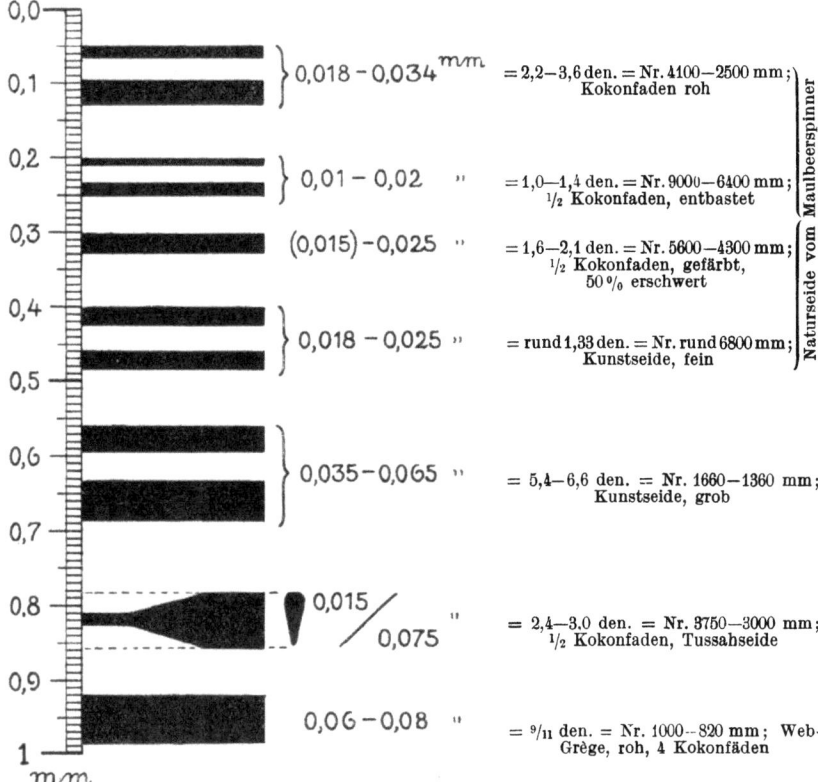

Abb. 43. Faserdicken verschiedener Seidenarten in 100facher Vergrößerung (nach Ullrich).

Die wichtigsten Eigenschaften der Kunstseide im Vergleich mit denjenigen der Naturseide hat Ullrich (a. a. O.) in einer Tabelle zusammengestellt (s. S. 46 und Abb. 42 und 43).

Sehr umfangreiche Untersuchungen über physikalische und technologische Eigenschaften verschiedener Kunstseiden und Naturseiden stellte in neuerer Zeit das Deutsche Forschungsinstitut für Textilindustrie in Dresden an[1]. Aus den zahlreichen Tabellen der Veröffentlichung sei nachfolgend eine kurze Zusammenstellung einiger Ergebnisse gegeben (s. Tabelle S. 48), aus der u. a. auch einige Abweichungen von der Tabelle

---

[1] Textile Forschung 1922. S. 126 (4. Heft).

Die Kunstseide im Vergleich zur Naturseide[1]).

		a	b	c	d	e	f
		Naturseiden				Kunstseiden	
		Maulbeerspinnerseide			Tussahseide entbastet	Bemberg „Adler"-Marke	Andere Marken
		roh	entbastet[3])	50% erschwert[4])			
I	Verwebbar aufwärts vom Titer in Deniers[2])	9/11	16/18	16/18	36/40		Schuß: 65 Kette: 80
II	Faserzahl auf Titer 100 den. (Nr. 90 metr.)	70—75—80—90	85—100	50—60	35—40	75	15—18
III	Gemessen: Faserdicke in mm	0,018—0,034	0,01—0,02	0,015—0,025	0,015—0,075[6])	0,018—0,025	0,035—0,065
IV	Gewogen: Titer in den.	1,1—1¼—1⅓—1,8	1,0—1,4	1,6—2,1	2,4—3,0	1⅓	5,4—6⅔
V	$\frac{9000}{\text{Titer}}$ = Nr. metr. Einzelfaser ½ Kokonfaden	8200—5000 Kokonfaden	9000—6400	5600—4300	3750—3000	6800	1660—1460
VI	Reißfestigkeit, Gütezahl { Für den Titer von 1 den. in g	3—4		2,5—3,5	2,7—3,5	trocken: 1,4—1,9 naß: 0,4—0,9	
VII	Für Nr. 1 . . g}[5]) Für Reißlänge m	27000—36000	22500—31500		24300—31500	12600—17100	
VIII	Reißdehnung in Prozenten	14—22	12—20		14—22	7—15	
IX	Drehungen auf 1 m	Grège, gesäubert: 6—10[7]) „ gedreht: 70—80 Organzin, gedreht: 350—650[8]) Grenadin, Krepp: bis 2500 Trame: 80—180			300—400	Schuß: 90—120 Kette: 150—250	
X	Gut verwebbare höchste Fadenzahl pro cm { Kette		220		80	60	70
XI	Schuß		60		40	40	
XII	Preis, Goldmark pro kg (1913)	40—50			22—26	11—13	

von Ullrich hervorgehen. Im besonderen ist ersichtlich, daß Kupferseide von noch größerer Feinheit gesponnen wird und daß die übrigen Kunstseiden auch mehr in den feineren Deniertiters hergestellt werden. Von großem Interesse sind u. a. auch noch folgende, aus der Tabelle hervorgehenden Erkenntnisse. Die Festigkeit ist bei allen Kunstseiden, mit Ausnahme der Azetatseide ziemlich gleich groß (etwa 3 g auf 100 qμ) und weniger als halb so groß als bei der Naturseide. In der Bruchdehnung steht die Kupferseide der Naturseide weitaus am nächsten; sie zeigt auch als einzige Kunstseide mit der Naturseide gemeinsam die Eigenschaft, daß die Dehnung im nassen Zustande zunimmt. Außerdem weist die Kupferseide im Vergleich zu den Viskoseseiden einen weit geringeren Festigkeitsverlust im nassen Zustande auf, der allerdings bei der Naturseide noch viel geringer ist. Jedenfalls steht die nach dem Streckspinnverfahren hergestellte äußerst feine Kupferkunstseide von allen geprüften Proben in den Eigenschaften der Einzelfaser denen der entbasteten Naturseide weitaus am nächsten (s. Tabelle S. 48).

Quellungserscheinungen bei Kunstseiden. Legt man Kunstseide in Wasser, so kann man beobachten, daß sie unter Freiwerden von

---

Anmerkungen zu der Tabelle S. 46.

[1]) Die Angaben in den Spalten II—IX gelten für Untermittel bis Obermittel der gangbarsten Sorten. Außergewöhnliche Grenzwerte wurden ausgeschieden.

[2]) Alle Seidentrocknungs- (Konditionier-) Anstalten bestimmen den legalen Titer, der das Gewicht von 450 m (1,125 m Haspelumfang × 400 Umdrehungen) in Deniers angibt. 1 Denier oder den. = $1/20$ = 0,05 g. Beispiel: Titer 120 den. heißt: 450 m wiegen 120 Deniers = 120 × 0,05 = 6 g. Auf ganze Gramme bezogen, bedeutet der Deniertiter die Anzahl Gramme, die eine Fadenlänge von 9000 m wiegt: 120 den. heißt: 20 × 450 = 9000 m = 120 g. — 120 den. = 9000/120 = Nr. 75 metrisch (75 m = 1 g). Titer 1 den. = Nr. 9000 metrisch. Nr. 1 metrisch = Titer 9000 den.

[3]) Der Titer der Seide, auch der entbasteten oder erschwerten Seide, wird immer auf das Gewicht der rohen, nicht entbasteten Seide bezogen; er wird in den. annähernd bestimmt: Titer = Anzahl der Einzelfasern × $1\frac{1}{4}$ für asiatische Seiden, oder Anzahl der Einzelfasern × $1\frac{1}{3}$ für italienische Seiden. Das Entbasten verringert das Rohseidengewicht um etwa 25%, so daß die entbastete Seidenfaser etwa den Titer von 1 den. hat. Diese Titeränderung durch das Entbasten oder Erschweren wird bei der Festigkeitsprüfung der entbasteten Seide meist nicht eingerechnet.

[4]) Die Erschwerungsangabe nennt nur das Gewicht über Rohgewicht (über pari) oder unter Rohgewicht (unter pari) in Prozenten des lufttrockenen Rohgewichtes. Bei entbasteter Seide ist die Erschwerung insgesamt = $33\frac{1}{3}$ + $1\frac{1}{3}$ × Erschwerungsangabe (über pari), z. B. entbastete, auf 50% erschwerte Seide hat $33\frac{1}{3}$ + $1\frac{1}{3}$ × 50 = 100% Erschwerung, auf die reine, entbastete Seide bezogen.

[5]) Die Reißlängenangaben sind unabhängig von Titer, Nummer, Gewebebreite, Drahtdicke usw. Die Reißlänge ist jene Fadenlänge, die der Faden bis zum Bruch tragen kann. Zum Vergleich dienen: Baumwolle: Schuß = 4000 m, Hartkette = 8000 m, Zwirn = 25 000 m (Johannsen), Leinen: Webgarn = 20 000 m, Wolle = 9000—12000 m (Karmarsch), Zellulose (Papierstoffgarn) = 9000 m, Papiergarn = 5000 m.

[6]) Tussah ist bandförmig.

[7]) Diese Drehung entsteht beim zweiten Putzen durch das Abziehen des Fadens in der Achse der feststehenden Spule.

[8]) Organzin, Krepp und Grenadin sind zwirnartig mit Vor- und Nachdrehung.

Mikroskopie textiler Faserstoffe.

Eigenschaften der Einzelfasern[1]	Kupferseide a, b	Viskoseseide IIa, a, b	Viskoseseide IIa, b, c	Viskoseseide Ia, a, b, c	Nitroseide T, a, b	Nitroseide T, c, d	Nitroseide T, e	Nitroseide SKZ	Azetatseide (Dreyfus)	Naturseide entbastet (ital. Trame)	Naturseide roh (ital. Trame)
Mittlere Feinheit der Faser in Deniers	1,4	5,3	8,1	6,6	8,2	5,9	10,2	3,0	5,0	1,27	1,46 (Einzelkokonfaden)
Mittlere Querschnittsfläche der Faser in qμ	105	387	596	498	584	424	728	225	447	103	118
Mittlerer Faserdurchmesser in μ	11,6	24,6	31,3	29,1	29,5	25,3	34,2	18,3	—	11,9	13,5
Faserdurchmesser in μ der näher untersuchten Fasern	10,6	29,4	41,7	29,5	37,0	31,1	36,7	19,8	33,5	11,8	—
Reißfestigkeit in g (trocken)	3,3	12,4	18,9	13,6	22,7	11,4	18,8	7,4	7,9	7,8	—
„ „ „ (naß)	2,4	6,1	9,3	6,2	12,9	6,0	12,6	5,2	6,6	7,3	—
Unterschied in %	−27,3	−50,8	−50,8	−54,4	−43,3	−47,3	−32,9	−29,7	−16,4	—	—
Bruchdehnung in % (trocken)	8,3	11,2	14,0	13,8	20,3	15,0	19,0	8,1	27,5	14,3	—
„ „ % (naß)	11,6	7,9	13,3	10,3	15,3	10,1	12,2	7,2	24,4	17,3	—
Unterschied in %	+39,8	−29,4	−5,0	−25,4	−24,6	−32,7	−35,8	−11,1	−11,3	+20,9	—
Reißfestigkeit in g pro 100 qμ Fläche (trocken)	3,1	3,2	3,1	2,7	3,9	2,7	2,6	3,3	1,8	7,1	—
Reißfestigkeit in g pro 100 qμ Fläche (naß)	2,3	1,8	1,5	1,2	2,2	1,4	1,7	2,3	1,5	6,7	—
Völligkeit des Querschnittes in %	82	39	35	53	64,5	54	55	59,6	29,4	62	68
Spezifisches Gewicht der Fasern (lufttrocken)	1,54	1,52	—	1,53	—	1,56	—	1,50	1,25	1,367	1,370
Eigenschaften der aus den Fasern gewonnenen Garne[2]											
Zahl der Einzelfasern im Faden	59	14	14	15	9	21	24	16	26	—	—
Dicke in mm	0,126	0,119	0,135	0,143	0,118	0,160	0,224	0,091	—	0,195	0,220
Reißlänge in km (trocken)	11,3	12,6	12,4	10,8	7,8	11,8	11,0	13,3	—	40,5	31,3
„ „ „ (naß)	6,35	6,55	6,52	5,2	3,9	5,0	4,8	4,8	—	33,2	27,5
Dehnung in % (trocken)	13,0	8,35	9,0	16,1	11,9	16,0	14,5	9,1	—	20,1	21,2
„ „ % (naß)	19,15	7,55	8,9	22,6	12,1	15,3	14,0	8,0	—	30,9	36,5
Völligkeitsgrad in %[3]	48,0	48,5	48,5	46,7	49,0	45,0	45,0	55,0	—	33,6	36,2
Porositätsgrad in %[4]	52,0	51,5	51,5	53,3	51,0	55,0	55,0	45,0	—	66,4	63,8
Glanz der Gewebe[5]	67	—	104	57,8	54,8	—	95	100	—	66—73	—

[1] Anmerkungen 1—5 s. S. 49. Die Querschnitte der in Spalten 1, 2, 4, 5, 6, 8, 9, 10, 11 angegebenen Materialien sind in Abb. 44 wiedergegeben.

Wärme beträchtliche Mengen von Wasser aufnimmt und dabei Änderungen ihrer Länge, Breite und Dicke erfährt. Diese Quellungen sind am besten mikroskopisch (Länge und Querschnittsfläche) zu messen. Nach dem Trocknen wird der ursprüngliche Zustand vollständig wiederhergestellt.

A. Herzog mißt die Volumenzunahme in der Weise, daß er ein etwa 2 cm langes Fadenstück auf einen Objektträger legt und vor und nach dem Befeuchten unter dem Mikroskop das Fadenstück mit Hilfe eines Zeichenapparates zeichnet[1]). Es genügt dabei, lediglich die Mittellinie jeder Faser in der Zeichnung genau zu markieren und nachher mit einem

---

[1]) A. Herzog, Textile Forschung 1921. S. 10.

Anmerkungen zu der Tabelle S. 48.

[1]) Die Herkunft (Fabrik) der Kunstseiden ist in der Veröffentlichung nicht angegeben, sondern nur mit den in der Tabelle angegebenen Zeichen versehen. Die in den Reihen 1—3 angegebenen Eigenschaften der Fasern sind Mittel aus zahlreichen Versuchen. Für die weiteren Untersuchungen die in Reihe 4 der Tabelle gekennzeichneten Fasern (= Mittel aus 40 Einzelversuchen) verwendet.

[2]) Die aus dem Versuchsmaterial hergestellten Garne haben folgende Feinheiten und Drehungszahlen auf 1 m:

Kupferseide	a =	80	den.	und	100	Drehungen.
„	b =	80	„	„	400	„
Viskoseseide IIa	a =	75	„	„	160—170	„
„	„ b =	75	„	„	280	„
„	„ c =	120	„	„	110—120	„
Viskoseseide Ia	a =	90	„	„	100	„
„	„ b =	90	„	„	400	„
„	„ c =	120	„	„	100	„
Nitroseide T.	a =	80	„	„	100	„
„	„ b =	80	„	„	400	„
„	„ c =	120	„	„	100	„
„	„ d =	120	„	„	300	„
„	„ e =	240	„	„	100	„
Nitroseide SKZ	=	50	„			

Naturseide = Mittelwerte aus Untersuchungen von italienischer Trame 100 den., 150 den. und 300 den. mit 100—400 Drehungen.

[3]) Der sogenannte Völligkeitsgrad der Garne wird durch das Verhältnis von scheinbarem spezifischem Gewicht zum wirklichen spezifischen Gewicht dargestellt:

$$\frac{\text{scheinbares spezifisches Gewicht}}{\text{wirkliches spezifisches Gewicht}}.$$

Hierbei ist das scheinbare spezifische Gewicht des Garnes als das eines zylindrischen Körpers aus der Feinheitsnummer und dem unter dem Mikroskop in Luft gemessenen Durchmesser berechnet worden. Der Völligkeitsgrad steht in einer festen Beziehung zum Porositätsgrad, in dem sich beide zu 1 ergänzen und er also auch ist:

1 minus Porositätsgrad.

Nicht zu verwechseln mit dem Völligkeitsgrad der Garne ist die Völligkeit oder der Völligkeitsgrad des Faserquerschnitts (s. S. 139) und die Völligkeitsziffer beim Arbeitsdiagramm (s. S. 173).

[4]) Der Porositätsgrad ist aus dem Völligkeitsgrad berechnet worden; er ist:

1 minus Völligkeitsgrad.

[5]) Der Glanz wurde an hergestellten Bandmustern im Ostwaldschen Halbschattenphotometer nach dem Verfahren von Douglas bestimmt. Danach ist, wenn W = dem Weißgehalt des Stoffes in normaler Lage ist, S = der Summe von Spiegelung und Weißgehalt und G = Glanz (Spiegelglanz):

$$G = S - W.$$

verläßlich geeichten Meßrädchen deren Länge zu bestimmen. Wesentlich schwieriger sind die Messungen der Quellung in der Breite und Dicke. A. Herzog empfiehlt auf Grund seiner Versuche folgenden Weg. Von in üblicher Weise in Paraffin eingebetteter Kunstseide wird mit Hilfe eines Mikrotoms eine Serie von Querschnitten, etwa 5—10 μ Schnittdicke, hergestellt. Je zwei aufeinander folgende Querschnitte dienen nun ohne weitere Vorbereitung zur Anfertigung von mikroskopischen Präparaten. Der eine Schnitt erhält nach Bedecken mit einem Deckgläschen einen Tropfen Xylol, der andere einen Tropfen Wasser als Zusatzflüssigkeit. Eine in beiden Schnittpräparaten enthaltene Faser wird nun in starker Vergrößerung (1500) mit Hilfe eines Zeichenapparates genau abgezeichnet, und die Zeichnungen werden mit einem sorgfältig geeichten Planimeter ihrer Fläche nach ausgemessen (bewährt hat sich z. B. der Präzisionsscheibenplanimeter von Coradi, Zürich). Die durch das Wasser bedingte Flächenzunahme wird schließlich in % der ursprünglichen Fläche berechnet. Bei jeder Probe sind mindestens zehn Schnitte auszumessen. Die so erhaltenen Werte wurden auch benutzt, um den Grad der Übereinstimmung mit den in der Längenansicht gemessenen Quellungswerten zu beurteilen. Geprüft wurden fünf Kunstseiden (Kupfer-, Kollodium-, Viskose-, Azetat- und Gelatineseide).

Die Untersuchungen von A. Herzog haben ergeben, 1. daß beim Einlegen der Kunstseide in Wasser stets eine deutlich nachweisbare Quellung eintritt (nachweisbar in Länge, Breite und Dicke); 2. daß die Kunstseiden untereinander erhebliche Unterschiede hinsichtlich ihres Quellungsvermögens zeigen, sowohl hinsichtlich der linearen, als auch der quadratischen und kubischen Quellung; 3. daß die Längsquellung verhältnismäßig gering ist, sie beträgt 0,14—7,36%, gegenüber der Quellung von 0,05—0,10% bei Pflanzenfasern (v. Höhnel), bzw. von 0,5—1% bei tierischen Fasern (v. Höhnel); 4. Viel beträchtlicher ist die Breiten- und Dickenquellung. Die Zunahme der Querschnittsfläche betrug 5,7—356,1%. Erstere Zahl entspricht der Azetatseide, letzter der Gelatineseide (die im feuchten Zustande keine Zugfestigkeit besitzt und deshalb für Textilzwecke nicht weiter in Frage kommt). Zwischen diesen Werten liegen die nicht besonders voneinander abweichenden, technisch wichtigen Kunstseiden (Kupfer-, Kollodium-, Viskoseseide). 5. Unterschiede der Quellung in der Breite und Dicke der Fasern sind nicht mit Sicherheit nachzuweisen. Aus diesem Grunde hält es A. Herzog nicht für angängig, die Quellung der Fasern durch bloße Messung des Unterschiedes in der Breite der Fasern vor und nach dem Befeuchten zu bestimmen, wie dies heute fast immer geschieht. Da sich große Unterschiede zwischen den auf den Querschnitten und in der Längsansicht gemessenen Quellungswerten (besonders bei Kunstseiden mit unregelmäßig geformten Querschnitten) zeigen, schlägt A. Herzog vor, die Quellung der Kunstseiden durch den Unterschied der Querschnittsflächen vor und nach der Benetzung mit Wasser auszudrücken. 6. Die kubische Quellungsgröße, d. h. die räumliche Zunahme der Faser weicht infolge der nur geringen Längenquellung nur wenig von der quadratischen ab, so daß im allgemeinen die letztere ein ausreichendes Bild über die durch die Quellung hervorgerufene Änderung ergibt. 7. Die Festigkeitsabnahme der benetzten Kunstseide verläuft annähernd parallel der quadratischen bzw. kubischen Quellung. 8. Beim Austrocknen der Faser wird der ursprüngliche Zustand vollständig wiederhergestellt. Nachfolgende Zahlentafel (s. S. 51) gibt die von A. Herzog ermittelten Quellungswerte wieder.

Eine weitere Veröffentlichung des Deutschen Forschungsinstitutes für Textilindustrie in Dresden[1]) bringt folgende Quellungszahlen, die auf Querschnitten in Kanadabalsam und Wasser bestimmt wurden.

---

[1]) Textile Forschung 1922. S. 127 (Heft 4), s. a. S. 52.

Kunstseiden. 51

Quellung verschiedener Kunstseiden in Wasser (nach A. Herzog).

	Querschnittsform	Völligkeit des trock. Querschnitts in %	Querschnittsfläche der Einzelfasern in qμ (trocken)	Querschnittsfläche der Einzelfasern in qμ (naß)	Spezifisches Gewicht in g	Metr.-Nr. der Einzelfasern	Feinheit der Einzelfasern in den.	Breite der Einzelfasern in μ (trocken)	Breite der Einzelfasern in μ (feucht)	Längenzunahme beim Einlegen in Wasser %	Lineare Quellung d. Breite in % d. urspr. Breite (auf Querschnitten gemessen)	Lineare Quellung d. Breite in % d. urspr. Breite (in der Längsansicht gemessen)	Quadratische Quellung in %	Kubische Quellung in %	Festigkeitsverlust durch Befeuchten in %	Elastizitätsänderung durch Befeuchten in %
Kupferseide	nahezu kreisrund	98,0	859	1390	1,606	725	10,5	33,4	44,0	3,65	31,7	38,5	61,8	67,8	73	+2,5
Kollodiumseide (Lehnerseide)	sehr unregelmäßig, grob gelappt	54,8	2087	3030	1,572	305	29,5	69,6	82,0	0,77	17,8	38,7	45,2	46,4	67	+7,1
Viskoseseide	größtenteils nierenförmig, mit zahlreichen Einkerbungen	50,9	627	1040	1,528	1216	8,6	39,6	51,0	4,80	28,8	53,2	65,9	73,9	68	+8,7
Azetatseide	elliptisch	72,3	1364	1442	1,251	586	15,4	49,0	59,3	0,14	0,6	0,0	5,7	6,0	21	0
Gelatineseide	nahezu kreisrund	96,5	1336	6093	1,392	538	16,7	89,1	42,0	0,41	112,1	108,3	356,1	357,9	100	?

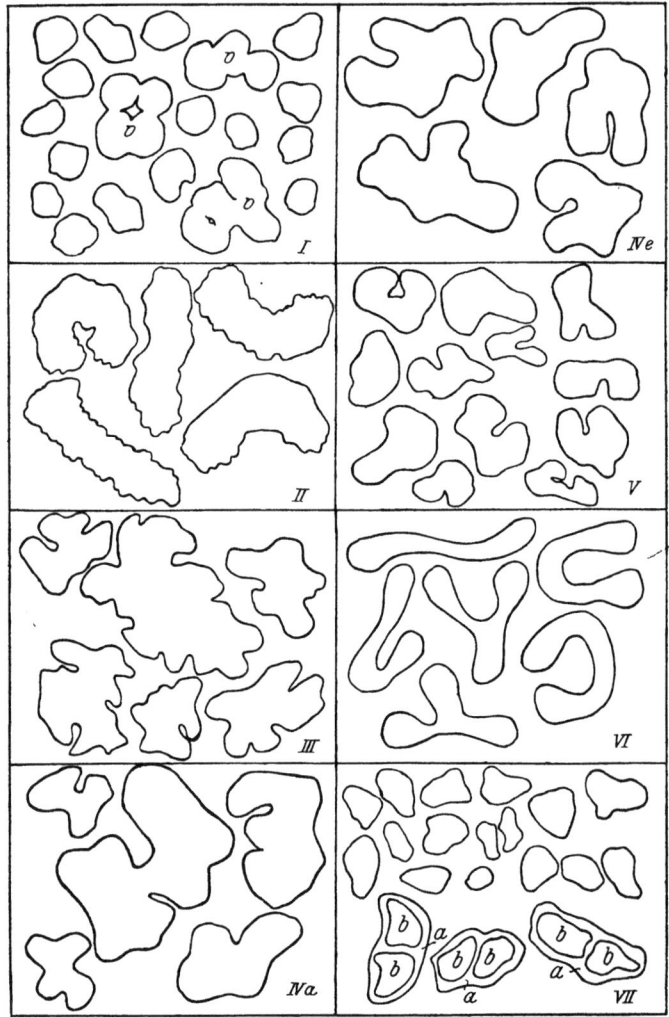

Abb. 44. (S. a. Tabelle S. 48.) Querschnittsformen von I. Kupferseide 1,4 den. II. Viskoseseide IIa 5,3 den. III: Viskoseseide Ia 6,6 den. IVa: Nitroseide 8,2 den. IVe: Nitroseide 5,9 den. V: Nitroseide 3,0 den. VI: Azetatseide 5,0 den. VII: oben entbastete Naturseide 1,27 den; unten rohe Seide (a Sericinschicht, b Fibroinfaden). Bei I große Schwankungen (a) im Durchmesser sichtbar (nach A. Herzog).

Breitenzunahme in Wasser:

Kupferseide: 46,5 % Nitroseide T: 55,1%
Viskoseseide IIa: 47,3 % Nitroseide SKZ: 58,4%
Viskoseseide Ia: 51,4% Azetatseide: 8,0%
Naturseide: 14,7% (sehr schwankend).

Struktur und Mikroskopie der Kunstseiden.

Die Kunstseiden sind strukturlose, mehr oder weniger zylindrische oder schlauchartige (mitunter bandartige) Gebilde, durchsichtig und doppelbrechend. Besonders charakteristisch sind die Querschnitte der Kunstseiden, die dem erfahrenen Mikroskopiker vielfach gestatten, die einzelnen

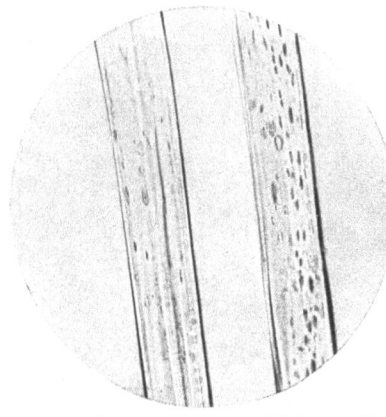

Abb. 45. Längsansicht von Viskoseseide. Die Hautdefekte sind durch Austritt von Gasen entstanden. Je weniger davon vorhanden, desto fester und glänzender ist der Faden.

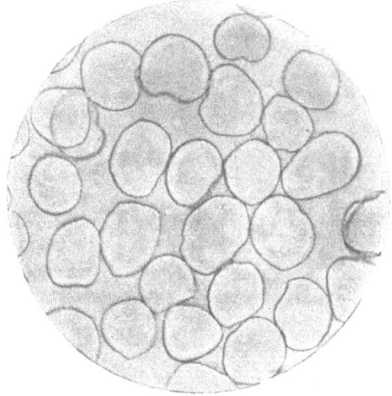

Abb. 46. Kupferseide, in Natronlauge mit Zuckerzusatz gesponnen. Querschnitte.

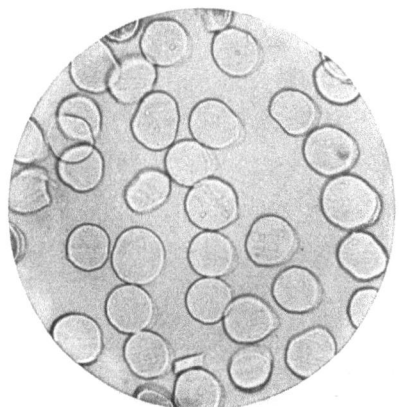

Abb. 47. Viskoseseide in Mineralsäure gesponnen. Querschnitt rundlich, Rand vielfach glatt.

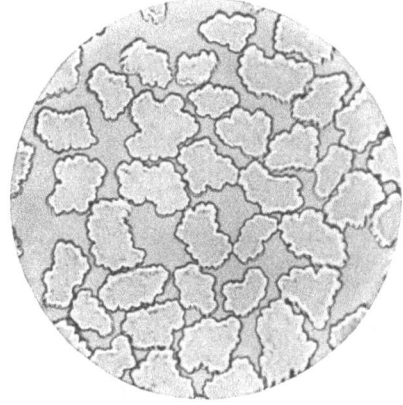

Abb. 48. Viskoseseide, in Mineralsäure und Salz gesponnen. Der Querschnitt zeigt starke Zähnelung des Randes und Einbuchtungen.

Sorten voneinander zu unterscheiden. Je nach Art und Zusammensetzung der Fällbäder sowie nach dem Mechanismus des Spinnverfahrens werden, sowohl was Form als auch Umrandung der Querschnitte betrifft, ganz verschiedene Querschnittsbilder erhalten. Bei Viskoseseiden werden z. B. 1. runde, fast kreisförmige, 2. bändchenartige (ovale), 3. stark oder

4. schwach geschrumpfte oder gefurchte, sowie 5. gezähnelte (gezackte) Ränder und Formen der Querschnitte beobachtet. Nachstehende Abbildungen geben einige Längsansichten und Querschnitte der heute wichtigsten technischen Kunstseiden wieder[1]) Abb. 45—52 und 44).

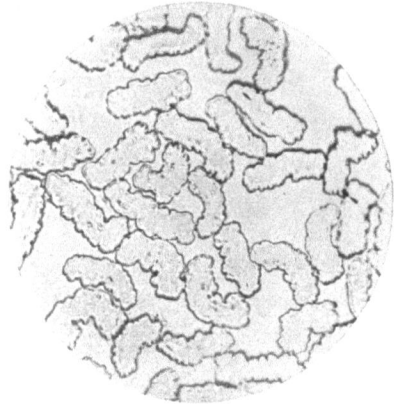 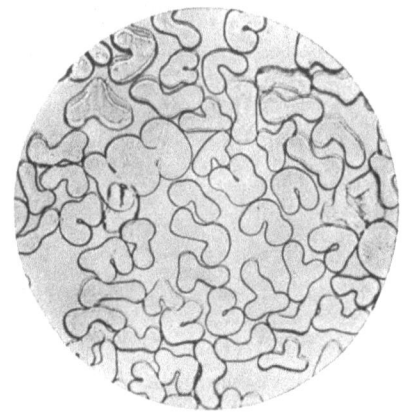

Abb. 49. Viskoseseide, in Mineralsäure mit Glykose- und Salzzusatz gesponnen. Querschnitte.

Abb. 50. Nitroseide, denitriert, Querschnitt mehr oder weniger zusammengeklappt, Rand glatt.

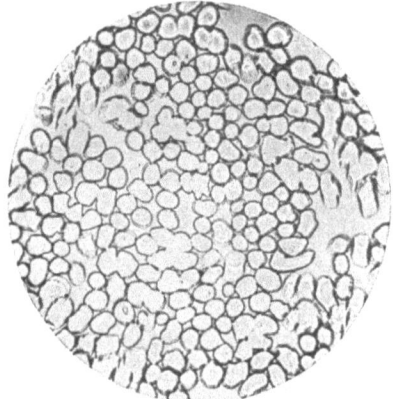 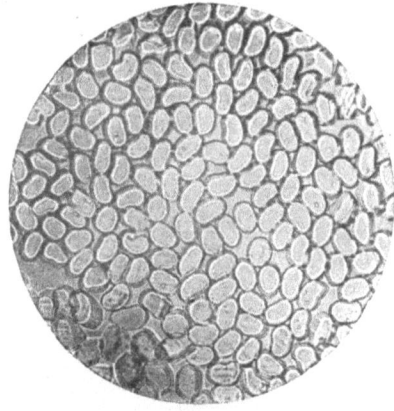

Abb. 51. Kupferseide von etwa 1 den. nach dem Streckspinnverfahren in Wasser gesponnen, dann abgesäuert. Querschnitt rundlich, Rand glatt.

Abb. 52. Feinste Viskoseseide von etwa 1 den., in genügend starker Säure gesponnen. Querschnitt rundlich-glatt.

Für feinsten Glanzstoff (Kupferseide, nach dem Streckspinnverfahren gesponnen) fand A. Herzog folgende Werte: Dicke in Luft gemessen = 9,5 μ; Dichte = 1,52; Quellung in Wasser = 57,9%; Reißlänge in km = 16,4; Dehnung = 22,5%. Johannsen fand für Elberfelder Viskoseseide u. a. folgende Werte: Spezifisches Gewicht = 1,45—1,48; Substanzfestigkeit (spezifische Festigkeit, Festigkeit auf 1 qmm) = 12—14 kg/qmm; Dehnung 9,6—26% (Mittel 17,8%); Quellung in Wasser = 30—40%; Feuchtigkeitsaufnahme absolut trockener Kunst-

---

[1]) Nach Süvern: Die künstliche Seide, ihre Herstellung, Eigenschaften und Verwendung. Berlin: Julius Springer.

seide bei 65% Luftfeuchtigkeit = 13,8% vom Trockengewicht; Festigkeitsabnahme durch Benetzen mit Wasser um rund 66%, also Rückgang auf $1/_3$ der Trockenfestigkeit. Die Substanzfestigkeit, spezifische Festigkeit oder Festigkeit auf 1 qmm (kg/qmm) berechnet Johannsen nach der Formel: $R_{km} \times s = $ kg/qmm, wobei R_{km} die Reißlänge in Kilometern, s das spezifische Gewicht (1,48) bedeutet, also: Die Festigkeit auf 1 qmm ist gleich der Reißlänge in Kilometern mal spezifisches Gewicht.

Unterscheidung von Viskose- und Kupferseide.

Während die Nitroseide durch die erwähnte Diphenylamin-Schwefelsäurereaktion leicht und sicher von der Viskose- und Kupferseide unterschieden werden kann, lassen sich die beiden letzteren nicht so einfach voneinander unterscheiden. Auch die mechanische und mechanisch-technische Prüfung (Verhalten beim Reißen, Quetschen, Reiben usw.) gibt keinen Anhaltspunkt für die Unterscheidung dieser beiden Kunstseiden. Auch die mikroskopische Unterscheidung dieser Kunstseiden (ausschließlich der Nitroseide) ist heute bei den zahlreichen ähnlichen Erzeugnissen trotz eingehender mikroskopischer, optischer und chemischer Prüfung nur bei großer Erfahrung möglich. Diese Verhältnisse lassen es berechtigt erscheinen, auf die Frage der Unterscheidung der Viskose- und Kupferseide, die heute die technisch wichtigsten sind, näher einzugehen, wobei die Forschungen A. Herzogs[1]) zugrunde gelegt sein mögen.

A. Mikroskopische Prüfung der Formverhältnisse. Die Prüfung der Längsansicht reicht bei weitem nicht aus, um beide Seiden voneinander zu unterscheiden. Beide Seiden sind, bis auf unvermeidliche feste und gasförmige Verunreinigungen, vollkommen durchsichtig. Manche Viskoseseiden, deren Querschnittsformen unregelmäßig gestaltet sind, lassen je nach Einstellung der Mikrometerschraube mehrere unter sich und zur Längsrichtung der Faser parallel verlaufende Lichtlinien erkennen, die der Kupferseide und solchen Viskosen, die eine langsame Fällung durchgemacht haben, fehlen. Häufig, aber durchaus nicht immer, zeigt die Kupferseide an ihrer Oberfläche eine außerordentlich zarte Längskannellierung, die Herzog bei Viskose nie wahrgenommen hat. Bei sorgfältiger Handhabung der Mikrometerschraube kann ferner im Innern des Kupferseidenfadens nicht selten eine außerordentlich zarte Querlamellierung wahrgenommen werden. Die durchschnittliche Breite beider Fasern zeigt keinerlei analytisch brauchbare Unterschiede. Etwas günstiger liegen die Verhältnisse bei den Abweichungen im Gleichmäßigkeitsgrade, obzwar auch ihnen (wie den vorgenannten, bisweilen vorkommenden Unterschieden) keine besondere Bedeutung in diagnostischer Hinsicht beizumessen ist.

Queransicht. Sehr wertvolle und z. T. entscheidende Anhaltspunkte liefert die Untersuchung der Querschnittsformen beider Fasern. Kupferseide zeigt kreisrunde oder etwas abgeplattete, sonst aber volle Querschnittsformen (s. Abb. 87); der Völligkeitsgrad (s. S. 140) dieser Seide beträgt nach A. Herzog etwa 93%. Die erwähnte Kannellierung der Faser in der Längsansicht kommt hier in Form einer sehr zarten Zähnelung der äußeren Begrenzung des Schnittes zum Ausdruck, die für

---

[1]) S. z. B. A. Herzog: Textile Forschung 1921. S. 1.

Kupferseide höchst charakteristisch ist. — Viel mannigfaltiger sind die Querschnittsbilder der im Handel befindlichen Viskoseseiden. In der Regel kommen sehr unregelmäßig gestaltete, d. h. stark gelappte oder gekerbte Formen vor, die für jedes Fabrikat als konstant, daher als charakteristisch angesehen werden können. So zeigt nach A. Herzog die Küttnersche Viskose einen mehr oder weniger bandartigen Charakter (Völligkeitswert der Querschnittsfläche etwa 50%) und zahlreiche feine Einkerbungen der z. T. nierenförmig gestalteten Querschnitte. Bei der Elberfelder Seide reichen die an sich in großer Zahl vertretenen Einkerbungen wesentlich tiefer als bei der vorerwähnten, so daß sie dem Schnitt ein gelapptes oder sternförmiges Aussehen verleihen. Auch die Viskose von Sydowsaue ist an den groben Lappen bzw. dem fast völligen Fehlen der feinen Einkerbungen zu erkennen. Nun können auch die Kollodium-(Nitro-)seide und die Azetatseide in vielen Fällen ähnliche, unregelmäßige Querschnittsformen aufweisen; indessen bereitet es erfahrungsgemäß keine Schwierigkeiten, die letztgenannten Seiden auf mikrochemischem und optischem Wege mit Sicherheit als solche zu erkennen.

Neben den erwähnten gelappten oder gekerbten Formen kommen aber bei solchen älteren Viskoseseiden, deren Ausfällung langsam erfolgt, auch mehr oder weniger rundliche oder deutlich abgekantete Formen vor. Liegen solche Sorten vor, so ist die Unterscheidung von Kupferseide nach der Querschnittsform allein nicht sicher. Eine eindeutige Unterscheidung zwischen Kupfer- und Viskoseseide auf mikroskopischem Wege ist also nur dann möglich, wenn letztere auffallend unregelmäßige, d. h. gelappte oder gekerbte Formen aufweist; in diesem Falle ist man berechtigt, auf Viskose zu schließen, vorausgesetzt, daß die Vorprüfung die Abwesenheit von Kollodium- und Azetatseide ergeben hat. Ein anderer Fall liegt vor, wenn die Querschnittsformen die erwähnte, charakteristische Zähnelung der Kupferseide aufweist; in diesem Falle ist man berechtigt, auf Kupferseide zu schließen. Liegt aber beides nicht vor, d. h. zeigen die Querschnitte Formen, wie sie beiden zukommen können, so versagt die mikroskopische Prüfung.

In solchen Fällen ist nach A. Herzog das ultramikroskopische Verhalten (und in geringerem Grade die spezifische Doppelbrechung) der Kunstseiden von größter diagnostischer Wichtigkeit, so daß die Ultrastruktur als wichtigster Anhaltspunkt zur sicheren Unterscheidung der Kupfer- und Viskoseseiden zu bezeichnen ist. Da für diese Untersuchungen besondere und äußerst kostspielige Einrichtungen und außerdem Erfahrungen gehören, die einem Textillaboratorium in der Regel nicht zur Verfügung stehen, kann auf dieses Untersuchungsverfahren hier nicht näher eingegangen werden.

Obwohl nicht in den Rahmen dieser Arbeit hineingehörend, seien nachstehend noch die wichtigsten, einfachen chemischen Reaktionen angegeben, in welchen sich die drei wichtigsten Kunstseiden voneinander unterscheiden. Es sei vorweggenommen, daß nur Nitro- oder Kollodiumseide die erwähnte Salpetersäurereaktion mit Diphenylamin-Schwefelsäure gibt. Tritt diese ein, so ist Nitroseide eindeutig gekennzeichnet. Die übrigen Reaktionen sind zwar nicht so eindeutig und klar, lassen dem Beobachter einen sehr großen Spielraum, können aber als Hilfsreaktionen manchmal wertvolle Dienste leisten. Nach A. Herzog sind diese Reaktionen folgende.

Reagens	Kupferseide	Viskoseseide
Kalte konzentrierte Schwefelsäure	Langsam gelöst, ab und zu Längsstreifung	Rasch gelöst
Methylenblau	Schwache Färbung	Starke Blaufärbung
Kristallgrün	,, ,,	Deutliche Grünfärbung
Kongorot	,, ,,	Deutliche Rotfärbung
Naphthylaminschwarz 4 B (Cassella)	Dunkelbau	Hellblau
Rutheniumrot (Beltzer)	Schwache Rosafärbung, nach 12 Std. unverändert	Deutliche Rosafärbung, nach 12 Std. noch verstärkt
Rutheniumrot u. Natronlauge (Beltzer)	Blaßrosafärbung, starke Quellung	Rosafärbung, starke Quellung
Fuchsinschweflige Säure	Fast farblos, höchstens schwache Rötung	Rötlich bis ausgesprochen rot
Kalte konz. Schwefelsäure (0,2 g Seide auf 0,2 g Schwefelsäure, Maschner)	Zunächst gelb, später wie bei Viskose	Bräunlich bis braun

Die Unterscheidung der Kupferseide von ungebleichter Viskoseseide gelingt ferner dadurch, daß letztere mikroskopische und submikroskopische Teilchen Schwefel enthält, die sowohl mikroskopisch und ultramikroskopisch, als auch mikrochemisch nachweisbar sind. Durch Einwirkung von Kuoxam geht die Viskoseseide in Lösung, und es hinterbleiben ungelöste Schwefelkörnchen, die bei Benutzung des Stereokulars besonders gut und plastisch in die Erscheinung treten. Mikrochemisch kann der Nachweis des Schwefels mit ammoniakalischer Silberlösung erfolgen: Eine etwa 10%ige Silbernitratlösung wird mit Ammoniak bis zum Wiederlösen des sich erst bildenden Niederschlages versetzt. Mit dieser Lösung wird die Viskose getränkt und mehrere Stunden dem Lichte ausgesetzt. Die Bildung von Schwefelsilber und kolloidalem Silber geht besonders gut vonstatten, wenn die oberflächlich angetrocknete Faser dem Lichte ausgesetzt wird. Bei der darauffolgenden mikroskopischen Untersuchung der Faser in Glyzerin erscheinen die dem Schwefelsilber entsprechenden Stellen dunkelbraun gefärbt, manchmal so stark, daß die ganze Faser undurchsichtig ist.

Stroh, Holz, Rohr, Kautschuk, Papier.

Außer den beschriebenen textilen Rohmaterialien, welche stets einen mehr oder minder mühevollen Spinnprozeß durchmachen müssen (Kunstseide ausgeschlossen), um in Garne für Zwecke der Weberei übergeführt zu werden, gibt es noch eine Reihe von pflanzlichen Rohstoffen, die in der Weberei vereinzelt Anwendung finden, die aber einem Spinnprozeß nicht unterliegen und die von der Gruppe der eigentlichen Spinnfasern zu trennen sind. Diese Rohstoffe sind: Das Stroh, das Holz, das Rohr und der Kautschuk. Sie seien nur kurz erwähnt.

Von Strohsorten wird hauptsächlich für Zwecke der Weberei das Weizenstroh, seltener Reis- und Maisstroh verwendet. Unter ersteren ist besonders das Marzolanostroh (ein Sommerweizenstroh Italiens) besonders geschätzt.

Die Streifen werden möglichst lang von einem Knoten zum andern (etwa 250—300 mm) und etwa 0,8—1,5 mm breit geschnitten. Die Hauptverwendung findet das Stroh als Schuß bei der Weberei von Matten und Tischdeckchen (Kette ist dann meist Leinen), für feinere Strohgewebe (mitunter mit Seide als Kette), für Strohhutgeflechte u. ä. Es ist schon makroskopisch leicht als Stroh zu erkennen.

Die für die Weberei brauchbaren Holzarten müssen weich, von feinem geradfaserigem Gefüge und möglichst weiß sein. Diesen Ansprüchen genügt am besten das Weiden-, Pappel- und Lindenholz. Die Streifen werden bis zu einer Länge von 1 m aus dem noch frischen (grünen) Holz geschnitten. Sie finden dann unmittelbar Verwendung als Schuß (bei Baumwoll- oder Seidenzwirnkette); weitere Artikel sind Rollvorhänge, Glashausdecken, und Tischdecken (Kette aus Leinen- oder Hanfzwirn).

Von den verschiedenen Rohrarten verwendet man hauptsächlich das spanische Rohr und das Bambusrohr. Beide Rohrarten werden in Streifen gespalten und so verarbeitet (z. B. zu Sesselgeflechten). Hier sei auch das in Spanien stark verbreitete Espartogras erwähnt, aus dessen Blättern und Halmen man Flechtwerke, Stricke und Taue verfertigt.

Der Kautschuk ist der erhärtete Milchsaft von Euphorbiaceen usw., zumal von der Siphonia elastica. Er stellt in reinem Zustande eine weiße amorphe Masse dar und ist durch Lösen in Chloroform und Ausfällen mit Alkohol rein darstellbar. Kautschuk ist auch künstlich vor einigen Jahren gewonnen worden. Seine wichtigsten und besonders geschätzten physikalischen Eigenschaften sind die Dehnbarkeit und Elastizität, sowie seine Biegsamkeit und Falzfähigkeit. Durch Schwefelbehandlung wird der Kautschuk „vulkanisiert" und in dieser Form als Kautschukfäden u. ä. in der Weberei zur Erzeugung von Hosenträgern, Strumpfbändern, Gummibändern, Sattelgurten usw. verarbeitet. Ferner findet der Kautschuk bei der Zubereitung wasserdichter Gewebe zur Imprägnierung bei der Herstellung luftundurchlässiger Stoffe (z. B. Ballonstoffe) Verwendung. Über die Bestimmung der Wasser- und Wasserstoffundurchlässigkeit s. S. 248 ff,; Näheres über die chemische und mechanische Prüfung des Kautschuks s. Hinrichsen und Memmler, der Kautschuk und seine Prüfung.

Zur Zeit der Absperrung Deutschlands während des Weltkrieges sah sich die deutsche Textilwirtschaft in die Zwangslage versetzt, sich nach Ersatzfasern umzusehen und die vorhandenen Vorräte an Edelfasern zu strecken. Als solche Ersatzfaser ist auch das Papiergarn anzusehen, das vorübergehend eine wichtige Rolle im Inlande spielte, aber auf die Dauer gegen die Edelfaser nicht aufkommen kann. Unter den verschiedensten Namen kamen derartige, nach besonderen Verfahren erzeugte Papiergarne in den Handel, von denen n. a. genannt seien: Textilose, Zellulongarn, Textilit, Silvalin, Xylolin. Einige dieser Erzeugnisse erhielten einen Zusatz von Edelfaser. Im Grundsatze werden diese Papiergarne so hergestellt, daß aus fein gemahlenem Papierstoff 3—10 mm breite Bändchen gebildet werden, aus denen erst ein Vorgarn erzeugt wird, das auf einer Zwirnmaschine eine feste Drehung erhält. Solche Garne kamen als Einschlaggarne bei Leinen- oder Baumwollkette (für Sackdrell) oder allein für sich verwebt, für geringere Artikel (Sandsäcke, Kordel usw.) zur Verwendung. Heute haben diese Erzeugnisse ihre während des Krieges errungene Bedeutung eingebüßt. Die Zusammensetzung der Papiergarne wird wie bei Papier[1]), ihre technologischen Eigenschaften werden nach den gleichen Grundsätzen ermittelt wie bei anderen Fasererzeugnissen (z. B. Festigkeit usw., s. a. unter Putzlappen).

Analytische Übersichtstabelle der wichtigsten pflanzlichen Textilfasern,
(Nach Hager-Mez).
(Sämtliche in basischem Zinkchlorid und 10proz. Natronlauge unlöslichen Textilfasern, also außer Seide und Tierhaaren, umfassend.)

---

[1]) S. a. W. Herzberg: Papierprüfung.

Kunstseiden. 59

A. Fasern außerordentlich lang und (meist) dick, gleichmäßig zylindrisch, mit starker Längsstreifung, ohne Innenraum (Lumen) und ohne Spitzen: Kunstseiden.
B. Fasern mit einfachem oder mehrfachem Lumen, mit Spitzen; natürliche Fasern.
  I. Durch Behandlung mit Kupferoxydammoniak ist eine Kutikula nachweisbar (Pflanzenhaare); niemals mehrere Zellen zu einer Faser vereinigt.
    a) Haarbasis mit netzförmiger Membranverdickung; Zellen nicht oder kaum gedreht: Kapok, Silk-Cotton (Ceiba, Eriodendron, Bombax).
    b) Ohne Membranverdickungen; gedrehte Fasern: Baumwolle (Gossypium).
  II. Zellen ohne Kutikula (Sklerenchymfasern); stets mehrere oder viele Zellen zu einer Faser vereinigt.
    a) Wenigstens die dicken Fasern (mit Kalilauge mazerieren!) enthalten (Spiral-) Gefäße (Fasern von monokotylen Pflanzen).
      1. Verascht Fasern zeigen sehr auffällige rundliche Kieselkörper: Manilahanf (Musa).
      2. Kieselkörper fehlen.
        α) In der Asche finden sich reichlich klumpenartige, nicht kristallinische Körner von (aus Kalziumoxalat entstandenem) Kalziumoxyd: Padang (Pandanus utilis).
        β) In der Asche keine oder deutlich kristallinische Kalziumoxydkörner.
          * Fasern enthalten stets Parenchymzellen mit großen, prismatischen Kalkoxalatkristallen: Pita, Sisalhanf (Agave), Mauritiushanf (Fourcroya).
          ** Fasern enthalten keine größeren Kristalle; in anhängendem Parenchym höchstens Rhaphiden.
            § Maximalbreite (Maximaldurchmesser oder Breite der dicksten Stellen der Sklerenchymfasern) der Zellen 8—19, meist 13 μ: Neuseeländischer Flachs (Phormium).
            §§ Maximalbreite der Zellen 27—42 μ: Karoà (Bromelia).
    b) Alle Fasern ohne Gefäße (Fasern von dikotylen Pflanzen).
      1. Lumen der Zellen sich nicht auffallend verengend und erweiternd.
        a) Querschnitte der Zellen polygonal oder rundlich.
          * Kupferoxydammoniak löst die Fasern momentan: Jercum-Fibre (Calotropis gigantea).
          ** Kupferoxydammoniak löst allmählich oder nicht.
            § Lumen eng, strichförmig, stets schmaler als $1/3$ der Zellbreite.
              † Maximaldurchmesser der Zellen 12—26, meist 15—17 μ: Flachs (Linum usitatissimum).
              †† Maximaldurchmesser der Zellen 20—35 μ: Nessel (Urtica dioica).
            §§ Lumen weiter, $1/3$ der Zellbreite oder mehr.
              † Zellquerschnitt mit Jodschwefelsäure blau oder grünlich gefärbt; Enden der Zellen nicht halbkugelig; Maximaldurchmesser 15—28 μ: Hanf (Cannabis).
              †† Zellquerschnitt mit Jodschwefelsäure kupferrot; Enden der Zellen halbkugelig; Maximaldurchmesser 20—42 μ: Sunn (Crotalaria juncea).
        β) Querschnitte der Faserzellen unregelmäßig, zusammengedrückt: Ramie (Böhmeria).
      2. Lumen der Zellen sich im Verlauf derselben Bastzelle wechselnd auffallend verengend und erweiternd.
        a) Die Außenkontur der Zellen geht mit der Innenkontur parallel; die Bastzellen zeigen auf ihrer Außenseite Einbuchtungen und Höcker: Chikan-Khadia (Sida retusa).
        β) Die Außenkontur der Bastzellen verläuft gerade; deswegen sind Außen- und Innenkontur nicht parallel.
          * Lumen der Bastzellen streckenweise vollständig, ohne auch nur als Linie sichtbar zu bleiben, verschwindend.

§ Querschnitt durch Jodschwefelsäure blau gefärbt: Gambohanf (Hibiscus cannabinus).
§§ Querschnitt mit Jodschwefelsäure rotbraun oder tief goldgelb gefärbt: Tup-Khadia (Urena sinuata).
** Lumen der Bastzellen überall, wenn auch stellenweise nur strichförmig, sichtbar.
§ Faserbündel ohne Kalkoxalat führendes Parenchym: Jute (Corchorus).
§§ Faserbündel, Reihen von Parenchymzellen enthaltend, welche je einen Kalkoxalatkristall einschließen: Raibhendá (Abelmoschus).

Wollen und Tierhaare.
Allgemeines.

Bei den meisten Säugetieren unterscheidet man zwei verschiedene Arten von Haaren, das Grannen-, Borsten- oder Stichelhaar und das Pelz-, Flaum- oder Wollhaar. Während das erstere beim Sommerkleid sehr im Übergewicht ist, entwickelt sich das Wollhaar in beträchtlicher Menge zum Winter, um im Sommer wieder abgestoßen zu werden. Bei einer Reihe von Tieren (Schafen, Kamelen) ist das Wollhaar fast ausschließlich entwickelt. Die Einzelelemente stehen bei ihm sehr dicht nebeneinander, sind fein, aber fest und stark gekräuselt und sehr elastisch. Die Kräuselung in Verbindung mit dem sogenannten Fettschweiß vereinigt die benachbarten Haare zu „Stapeln", und auch diese hängen untereinander so fest zusammen, daß beim Scheeren des Tieres die abgeschnittene Wolle zu einer gemeinsamen Masse, dem „Vließe", vereinigt bleibt.

Außer zahlreichen Schafrassen liefern noch Ziegen und Kamele brauchbare „Wolle"[1]. Von der Angoraziege, die besonders in Kleinasien gezüchtet wird, stammt die Mohairwolle oder Angorawolle, die sich durch seidenartigen Glanz auszeichnet. Sie ist in ihrem Bau der Schafwolle verwandt, unterscheidet sich aber leicht von ihr durch die Eigentümlichkeit, daß die Kutikularplättchen die Breite fast der ganzen Haaroberfläche einnehmen. Dementsprechend findet man die Mohairwolle fast nur mit großzackigen Querlinien überdeckt, während die bei der Schafwolle häufig vorkommenden schräg gestellten Längsverbindungslinien fehlen.

Das Vließ des zweihöckerigen Kamels sowie des Dromedars wird in gleicher Weise wie die Wolle der neuweltlichen Kamelarten, des Lamas und seiner Verwandten benutzt.

Nach der Entwicklung der Haare werden unterschieden: 1. Stichelhaare, gerade, straff, kurz, spröde, markführend, als Tast- oder Spürhaare (Wimperhaare, Lippenhaare) oder als Haarkleid (Pferd, die meisten Raubtiere); 2. Grannenhaare, länger als die Stichelhaare, gewellt, meist markführend (Zackelschaf, Newleicester Rasse); 3. Borstenhaare, sich durch besondere Dicke und Straffheit auszeichnend; 4. Flaum-, Pelz- oder Wollhaare, gekräuselt, schlicht, meist

---

[1] Wird von „Wolle" schlechtweg gesprochen, so wird darunter immer nur Schafwolle verstanden.

markfrei (Merinos, Elektoralschaf, Negrettischaf, Unterkleid vieler Säugetiere in der kalten Jahreszeit); 5. ein Gemenge von Grannen- und Wollhaaren (deutsches, australisches Schaf).

Schwefelsäure, Chromsäure, Kalilauge, Kupferoxydammoniak und Ammoniak mazerieren die Haare in die einzelnen Elemente. Zucker und Schwefelsäure färben die Tierhaare rosa, Millons Reagens färbt ziegelrot, kochende Pikrinsäure gelb, kochende Salzsäure löst nicht sofort, kochende Natron- oder Kalilauge dagegen leicht. Tierische Haare, in Kalilauge gelöst, geben mit Nitroprussidnatrium prächtige rote bis rotviolette Färbung. Alkalische Bleilösung färbt Tierhaare beim Erwärmen braun bis schwarz und gibt mit einer Lösung von Tierhaaren in Alkali Braun- bis Schwarzfärbung. Seide, da schwefelfrei, reagiert weder mit Nitroprussidnatrium noch mit alkalischer Bleilösung (Unterscheidung von Seide und Tierhaaren, Nachweis von Tierhaaren bzw. Wolle in Seide!). Die Hornsubstanz der Wolle (Keratin) enthält neben Kohlenstoff, Sauerstoff und Wasserstoff noch etwa 14% Stickstoff und schwankende Mengen Schwefel (1—5%). Der Aschengehalt der Wollen beträgt 0,5—3,5%; ihr spezifisches Gewicht beträgt bei 19° = 1,3—1,4.

Schafwolle.

Die Schafwolle des Handels kann aus dreierlei verschieden zusammengesetzten Hauptsorten bestehen.

1. Aus reinen Wollhaaren (eigentliche Schafwolle) besteht das Produkt, das von den Merinoschafen (und deren Abkömmlingen und Verwandten, wie sächsisches, Elektoral-, Negrettischaf), ferner von zwei englischen Rassen (dem Southdown- und Hampshiredownschaf) herrührt.

2. Aus reinen Grannenhaaren besteht die Schafwolle der Newleicesterrasse.

3. Aus einem Gemenge von Grannen- und Wollhaaren besteht das Produkt der ordinären Landrassen (deutsches Schaf, osteuropäische Rassen, australische, südamerikanische u. a.).

Morphologie der Wolle[1]).

Man unterscheidet dem Wachstum nach drei Hauptbestandteile des Wollhaars: 1. die Haarwurzel (mit der Basis des Haares, der Haarzwiebel), 2. den Haarschaft und 3. die Haarspitze. Sieht man von der Kräuselung ab, so bildet der Haarschaft einen stäbchenförmigen Körper von kreisrundem Querschnitt, wogegen die Haarwurzel eine keulenförmige Verdickung, die Haarspitze einen mehr oder weniger schlanken Kegel bildet. Nach Entfernen der Haarzwiebel und Haarspitze durch die Schur stellt der Haarschaft als geometrischer Zylinder eine vollkommen gleichmäßige, also ideale Figur vor, was der Zweck der Schafzucht ist und durch sorgfältige Pflege, Ernährung und Kreuzung erreicht werden soll. Umgekehrt beeinträchtigen Haarzwiebel und Spitze die Gleichmäßigkeit und den Spinnwert der Faser. In dieser Beziehung ist die Schurwolle der Rauf- oder Gerberwolle gegenüber mit ihren Haarzwiebeln von besserer Beschaffenheit. Die Spitze wächst bekanntlich nicht nach und deshalb ist auch die Erstlingsschur, die Lammwolle, von geringerer Qualität als die folgenden Schuren.

Dem Aufbau nach besteht das Haar aus einem inneren aus Zellen aufgebauten Kern, welcher unter Umständen die Gestalt einer Röhre

---
[1]) S. a. Marschik: Textilber. 1920. S. 134 u. 156.

besitzt und dann **Markstrang** heißt. Dieser Markstrang ist nur den gröbsten Haaren (**Grannenhaaren**) eigentümlich und erscheint bei feineren Haaren in einzelne **Markinseln** aufgelöst, wogegen er bei feinsten Wollen ganz fehlt. Sehr häufig zeigt ein Haar der Länge nach markfreie Stellen, Markinseln und Markstrang aufeinanderfolgend. Das Haar besitzt außerdem eine äußere **Hülle** oder **Haut** (**Epidermis, Kutikula, Oberhaut**), welche aus einzelnen Zellen (**Epithelzellen, Oberhautzellen**) besteht. Diese sind dachziegelförmig (oder nach Art der Fischschuppen oder Tannenzapfen) an- oder übereinandergelagert oder -gereiht und tragen den Namen **Oberhautschuppen, Hornschuppen** oder kurzweg **Schuppen**. Sie verleihen auch der Oberfläche ein unter dem Mikroskop sichtbares, geschupptes Aussehen und dem Rande eine sägeartig gezähnelte Randform. Der Zwischenraum zwischen Oberhaut und Markstrang ist mit länglichen einfachen Zellen ausgefüllt, die

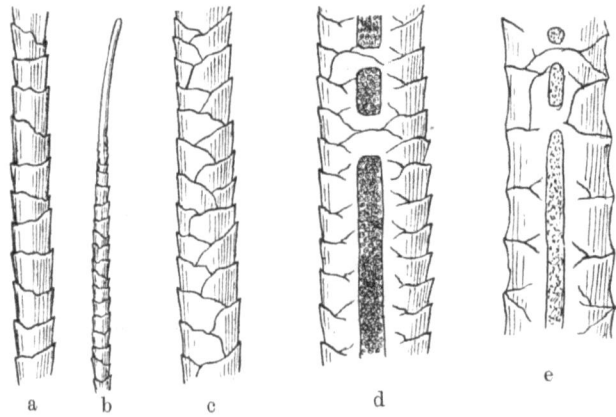

Abb. 53. a Merinowolle; b Lammspitze; c Landwolle; d Grannenhaar (Schielhaar) mit dachziegelförmigen Schuppen; e dasselbe mit hohlplättchenförmigen Schuppen (nach Marschik).

wegen ihrer Gestalt auch **Spindelzellen** genannt werden und die sogenannte **Längsstreifung** unter dem Mikroskop bedingen.

Das Haar besteht in der Hauptsache aus einer „**Keratin**" genannten Hornmasse und ist in einer säckchenartigen Ausstülpung der Hornschicht der Oberhaut des Tieres in der Talg- und Fettschicht eingebettet und nimmt daraus durch die zwiebelförmige Erweiterung (**Papille**) die zum Wachstum erforderliche Nahrung auf. Nach beendigtem Wachstum schnürt sich die Papille ab, worauf man das Haar ausraufen kann (**Raufwolle**), sofern es nicht von selbst abgestoßen wird (**Winterkleid**). Das Haarkleid erneuert sich stets, woraus sich der Wert und die wirtschaftliche Bedeutung der Raufwolle erklärt.

Die Oberhautschuppen bilden hornartige Plättchen, welche je nach der Färbung mehr oder weniger durchscheinend sind und die Spindelzellen durchschimmern lassen, wodurch die Wollfasern und die Haare die ihnen eigentümliche Längsstreifung erhalten (Abb. 53 und 54), die

Schafwolle. 63

von Unkundigen irrigerweise als Schattierung aufgefaßt wird. Vorhandensein, Form, Größe und Anzahl der Schuppen, Vorhandensein und Sichtbarkeit der Spindelzellen, sowie Vorhandensein und Form des Markinneren bedingen Wert und Beschaffenheit der Schafwolle. Von diesen drei Bestandteilen hängt auch die Dicke und Feinheit der Wolle ab (s. Abb. 53): a, b und c stellen in gewissem Sinne Wollfasern, d und e Wollhaare dar. Die Wollfasern (oder kurzweg die Wolle) sind markfrei, die Haare (Grannen-, Schiel-, Stichelhaare) enthalten Markinseln oder einen Markstrang bzw. Markzylinder (auch mehrreihige Zylinder kommen vor).

Auch die Form der Schuppen ist für die Unterscheidung der hauptsächlichsten Wollsorten maßgebend. Laufen die Schuppen um die ganze Oberfläche der Fasern und erscheinen wie Tüten ineinandergeschoben (Abb. 53a), so haben wir die feinste Wollsorte, die Merinowolle vor uns (markfrei). Abb. 53c zeigt Schuppen, die nicht mehr den ganzen Umfang der Faser einnehmen und sich plättchenförmig wie Dachziegel oder Fischschuppen überdecken. Sie sind einer gröberen Wollsorte, der Landwolle, eigen. In beiden Fällen erscheint der Rand sägeförmig gezähnelt; Längsstreifung ist sichtbar. (Die Abbildungen sind in gleicher Vergrößerung wiedergegeben und zeigen deshalb die Dickenunterschiede im richtigen Verhältnis.) Die Wolle des Negretti-(Infanto-)schafes hat hohe Schuppen mit schiefen Auszackungen; diejenige des Elektoralschafes hat niedrige Schuppen mit gleich scharfen Auszackungen; die des Zackelschafes hat deutlich hervortretende Auszackungen (den Tannenzapfenschuppen ähnlich); die Schuppen der Wolle des Leicesterschafes stoßen fast plattenförmig zusammen, ohne daß Auszackungen wahrnehmbar sind; bei ungarischer Landwolle (s. Abb. 58) stoßen die Schuppen ohne Auszackungen muschelartig-konkav aneinander usw.

Abb. 54.
Naturkranke Wolle (nach Marschik).

Abb. 53d und 53e zeigen markhaltige Haare; das Mark bildet oben Markinseln, unten den Markstrang oder -zylinder, welche von Markzellen erfüllt sind und an diesen Stellen das Haar undurchsichtig machen. Deshalb ist hier die Längsstreifung unterbrochen, die an den durchscheinenden Stellen wieder hervortritt. Der Rand erscheint je nach der Form der Schuppen sägezahnförmig (Abb. 53d) oder hohlzackig (Abb. 53e). Im ersteren Falle überdecken sich die Schuppen dachziegelartig, im zweiten stoßen sie als Hohlplättchen stumpf aneinander.

Die Form des Randes ist sehr wichtig, weil sie die Oberflächenbeschaffenheit der Faser erklärt. Die Fasern nach 53a—d haben eine rauhere, diejenigen nach 53e eine glattere Oberfläche, was für manche Verarbeitungsvorgänge, insbesondere das Walken, von größter Wichtigkeit ist. Es gibt auch Haarsorten (mit Mark), die feiner als manche Landwollen sind. So gehören die Zackelwollen und Zigayawollen zu den Landwollen von großer Faserdicke, die manche Haare von Landschafen überschreiten, so daß die Faserdicke allein keinen Maßstab für den Gebrauchswert und die Verarbeitungsfähigkeit einer Wollsorte abgeben kann.

In den Abb. 53a, 53c, 53d und 53e erscheint ein Teil des Haarschaftes von gleicher Faserdicke, eine Eigenschaft, welcher die Schafzüchter großen Wert beilegen und welche „Treue", „Ausgeglichenheit" oder „Gleichmäßigkeit" genannt wird. Durch Haarzwiebel und Spitze erfährt diese eine Beeinträchtigung, so daß Rauf-, Gerber- und Lammwolle in feinen Sorten streng verpönt sind, da sie die Herstellung gleichmäßiger Gespinste unmöglich machen.

Die beschriebenen von gesunden, gut genährten und gut ausgereiften Tieren stammenden Wollarten nennt man gesunde Wolle. Abb. 54 zeigt demgegenüber das Haar eines kranken Tieres, d. i. eine naturkranke, untreue Wolle, die keine Seltenheit darstellt, aber trotzdem in den weitesten Kreisen der Wollfachmänner unbekannt ist. Das aus solcher Wolle hergestellte Gespinst muß naturgemäß ungleichmäßig ausfallen.

Güteeigenschaften der Wolle.

Güte, Wert und Verwendbarkeit der Wollen hängen von einer ganzen Reihe von Eigenschaften ab, deren Bedeutung von Fall zu Fall wechseln kann. Als wichtigste Güteeigenschaften seien genannt:

1. **Reinheit.** Futterige Wolle ist solche mit Futterresten, Stroh usw. verunreinigte; minderwertig ist auch die durch Urin und Entleerungen gelbgebeizte oder gefärbte Wolle, stark kletten-, sandhaltige Wolle usw.

2. **Farbe.** Die Farbe der Wollen ist meist weiß, es kommen aber auch graue, rötliche, braune und schwarze Haare vor. Kapwollen sind meist schneeweiß, La Platawollen weiß oder gelblich (ebenso Buenos-Ayres und Montevideo), australische Wollen rötlich, bläulich und schokoladenfarbig.

Die Unterscheidung von Natur- und künstlicher Färbung geschieht durch chemische und mikroskopische Prüfung. Gegen Säuren, Alkalien, Reduktions- und Oxydationsmittel sind die Naturfärbungen im allgemeinen viel widerstandsfähiger als die künstlichen Färbungen. Der Naturfarbstoff ist hauptsächlich in den Fasern und Markzellen in körniger Form enthalten. In den letzteren sind die Körner meist gehäuft, in den Fasern stehen sie in Längsreihen. Schwach gefärbte Fasern zeigen die Wandung stets farblos, dunkel gefärbte Haare zeigen auch mit Farbstoff imprägnierte Wandungen der Zellen. Künstlich gefärbte Haare zeigen den Farbstoff stets in der Wandung, die meist gleichmäßig gefärbt erscheint. Bei künstlich gefärbten Fasern tritt daher das Lumen der Elemente zurück, während es bei den naturfarbigen Wollen und Haaren überhaupt durch den Farbstoff erst deutlich wird. Es erscheinen daher naturfarbige Wollen von den streifenförmig angeordneten Farbstoffkörnchen deutlich gestreift, was bei gefärbten Fasern nie der Fall ist (v. Höhnel).

3. **Glanz.** Der Glanz ist nicht eine Folge der Feinheit der Haare, sondern eine spezifische Eigenschaft derselben. Man unterscheidet bisweilen: „Silber-" oder „Edel-Glanz", „Seiden-" oder „Glas-Glanz" und „trüben Glanz" (letzteren bei glanzlosen Wollen).

4. **Milde (Weichheit).** Die Wolle ist mild (weich, sanft), wenn beim Anfühlen mit den Fingerspitzen ein Empfinden erweckt wird wie bei Baumwolle oder gezupfter Seide.

5. **Gleichmäßigkeit.** Die Wollfaser ist nicht an allen Körperteilen des Schafes von gleicher Beschaffenheit; man erkennt z. B. bis zu 14 und mehr Sorten. So sind z. B. Stichel- und Grannenhaare meist kurz, weiß, glänzend und ungekräuselt; „Hundehaare" oder „falsche" Haare sind ähnlich, aber gröber. Sie nehmen beim Färben keine oder nur wenig Farbe an und werden auch — wie die Wolle von kranken Schafen — auch „tote" Wolle genannt. Je weniger derartige Haare in der Wolle vorkommen, desto besser ist sie.

6. **Treue (Ausgeglichenheit, Gleichmäßigkeit).** Treu, ausgeglichen ist das Haar, wenn es in seiner ganzen Länge gleichen Durchmesser und gleiche Kräuselung hat. Umgekehrt ist es „untreu" (s. Abb. 54). Treue ist also Gleichmäßigkeit innerhalb des einzelnen Wollhaares, im Gegensatz zu 5, wo die Gleichmäßigkeit innerhalb einer Partie Wolle verstanden wurde.

7. **Elastizität** (im Gegensatz dazu: **Sprödigkeit**). Nimmt man ein größeres Stück eines Stapels in die Hand, drückt es fest zusammen und öffnet dann wieder die Hand schnell, so quillt die Wolle unter Umständen förmlich auf und sucht ihre ursprüngliche Form wiederherzustellen, und zwar entweder sehr schnell oder langsamer. Im 1. Falle zeigt die Wolle die geschätzte Eigenschaft der „Elastizität" oder „Biegungselastizität", im 2. Falle ist sie „spröde". Ist Wolle weich und elastisch, so hat sie meist auch gute Festigkeit. Der Begriff dieser „Elastizität" ist nicht zu verwechseln mit der Elastizität bei Zugbeanspruchung (s. d.).

8. **Geschmeidigkeit.** Geschmeidig ist ein Wollhaar, welches sich, an einem Ende zwischen den Fingern gehalten, von dem geringsten Hauche oder Luftzuge hin und her bewegen läßt.

9. **Kräuselung.** Eine der wichtigsten, auf die Qualitätsbestimmung Einfluß übenden Eigenschaften der Wolle ist die Kräuselung des Wollhaares. Die Kräuselung kann sein: eine normale, schmale, hohe oder große, eine starke, eine flache, eine gestreckte und eine glatte. Wollen mit den ersten vier Kräuselungsarten werden für Streichgarn verwendet, mit den letzten zu Kammgarnen versponnen. Im Handel genügen oft Bezeichnungen wie: schwach ausgesprochen, deutlich ausgesprochen, regelmäßig, verwaschen. Die Kräuselung korrespondiert mit der Feinheit und wird mit den Wollklassifikatoren bestimmt (s. weiter unten).

10. **Feinheit.** Die Feinheit wird durch Messung des Querschnittes des Wollhaares mit Hilfe von Wollmessern (Eriometern) oder des Mikroskops durch unmittelbare Messung bestimmt (s. weiter unten).

11. **Länge.** Die Länge des Haares ergibt sich aus der Messung eines vollständig ausgestreckten Haares (s. weiter unten unter Längenmessungen). In nahem Zusammenhange damit steht der

12. **Stapel oder die Höhe des Stapels,** d. i. des Maßes des Haares, so wie es sich auf dem Schafe befindet (s. weiter unten).

13. **Festigkeit und Dehnbarkeit.** Von größter Bedeutung sind ferner die Festigkeit und Dehnbarkeit, sowie die elastischen Eigenschaften eines Wollhaares. Im Gegensatz hierzu ist Wolle mürbe, wenn beim Zerreißen wenig Widerstand entgegengesetzt wird (s. unter Festigkeitsversuche).

Wenn die Wolle der Wollbüschel leicht aus der gleichlaufenden Lage gebracht wird, so heißt sie „kreppartig". Wenn die Wollbüschel getrennt sind, so heißt die Wolle „gesträngt". „Gezwirnt" heißt eine Wolle, die die Eigenschaft besitzt, sich zusammenzuwickeln und dadurch in ihren Spitzen derart zu verwirren, daß sie nur durch Abreißen entwirrt werden kann. Sind die einzelnen Wollbüschel fest unter sich verwickelt, so ist die Wolle „filzig" und „bodig". Dies ist die schlimmste und verlustreichste Form der Wolle.

Streich- und Kammwollen.

Je nach der Länge und der Kräuselung unterscheidet man Streichwollen und Kammwollen. Streichwollen sind Wollen von 36 bis 250 mm Länge, bald gröber, bald feiner, mehr oder weniger gekräuselt, welche die Höhen- oder Landschafe liefern (deutsches Landschaf, spanisches oder Merinoschaf und die Kreuzungsschafe dieser beiden; beim spanischen Schaf unterscheidet man die Elektoral- und die Infanto- oder Negrettirasse). Kammwollen sind glatte, langgewachsene, 170—550 mm lange, mehr oder minder weiche und zum Teil starkhaarige Wollen, die das Niederungsschaf liefert (englisches, langwolliges Schaf, z. B. die Leicester- oder Dishley-, die Lincoln-, Teeswater- und Romney-Marschrasse), ferner das Marschschaf (untere Weser und Elbe, „Weserwolle", „Rheinwolle"), das Heideschaf (Heideschnucke, Heidwolle), das Zackelschaf in Ungarn (Zackel- oder Zigayawolle). Die verschiedenen Wollen haben nach Literaturangaben folgende durchschnittliche Längen:

Leicesterwolle	335 mm	Französ. ord. Wolle	105 mm
Zackelwolle	320 mm	Russische Merinos	70 mm
Bayer. Landschaf	320 mm	Rambouilletwolle	65 mm
Kapländ. Wolle	140 mm	Kalifornische Wolle	55 mm
Deutsche Schafwolle	135 mm	Schlesische Super Elekta	50 mm
Dänische Wolle	130 mm	Elektawolle	50 mm
Nordamerik. Wolle	130 mm	Negrettiwolle	50 mm
Ostindische Wolle	130 mm	Kapmerino	50 mm
Oberbayer. Gebirgsw.	120 mm	Chinesische Wolle	45 mm

Die bedeutendste englische Wollindustrie, die Bradforder Industrie[1]), unterscheidet zunächst a) Kammwollen, das sind möglichst lange, gerade und glänzende Wollen, die durch Kämmen von den kürzeren Fasern und Verunreinigungen befreit sind, b) Streichwollen für Tuche, die möglichst walkfähig sein sollen und bei denen der Gleichmäßigkeit zurücktritt, c) Halbkammgarnwollen für billige Teppichgarne, bei denen das Kämmen fortfällt. Die Hauptpunkte bei der Beurteilung von Wollen für die Spinnerei in der Bradforder Industrie sind: 1. Länge der Wollen, 2. Qualität der Wollen, d. i. die Faserfeinheit und Gleichmäßigkeit. Die weiteren Eigenschaften, wie Sanftheit, Elastizität, Dehnbarkeit, Festigkeit, Filzbarkeit usw. werden fallweise berücksichtigt; sie sind für die Spinnerei selbst weniger bedeutungsvoll, wohl aber für die spätere, richtige praktische Verwendung mitbestimmend. Bei zu grober Qualität wird das Garn ungleichmäßig, die Tuche werden rauher und härter; bei zu feiner Qualität erscheint die Ware verschwommener und besitzt nicht den gewünschten Griff usw. Für den Bradforder Platz sind auf solche Weise zehn Hauptgruppen von Wollgarnen gebildet. 1. Feines Schußgarn (super botany). Beste australische Wollen. Geringere Qualitäten meist in den Nummern 60, 64 und 70, seltener 80

---

[1]) S. a. Freisler, Textilber. 1922. S. 340. Nach Priestmann: Grundzüge der Kammgarnspinnerei. London: Longmans, Green & Co.

und 90, ausnahmsweise 100; bessere Qualitäten um Nr. 100, seltener bis 120. 2. **Kaschmirschußgarn** und andere einfache Schußgarne. Meist ungewaschene, australische Marken. „Kaschmirgarn" ist in England ein Garn, das aus einer 60er Qualität Wolle zu Nr. 60—64 ausgesponnen ist, also nicht aus echter Kaschmirwolle von der Kaschmirziege (Kaschmirschals!). Es dient gewöhnlich zu Anzugstoffen. Als Wollen dienen Merino- und sog. „Botany"-Qualitäten. Dieser Gattungsname dient für alle feinhaarigen Wollqualitäten, die sich ähnlich wie Merino verwenden lassen, über der Qualität 50 stehen, nicht englischer Herkunft sind und nicht als Crossbred angesprochen werden können. 3. **Mantel-, Rockstoffkett-** und Schußgarn (Botany coating). Das Kettgarn soll ziemliche Festigkeit haben, doch nicht zu viel Draht bekommen; deshalb sind gesunde, nicht zu harte Wollen erforderlich. Die engeren Grenzen bestimmt der Charakter der Ware und die Appretur. 4. **Starke Mantelschußgarne** (Dick coating). Feinheit der Wolle nicht maßgebend. Häufigste Nrs. 21/1 und 24/2 Kettgarn. Die Bradforder Spinner mischen hierfür Qualitäten durcheinander, so daß man in den Garnen feinste längere Fasern neben gröberen und kürzeren findet. 5. **Strick- und Wirkwarengarne**. Hierzu werden Wollklassen der verschiedensten Herkunft und Länge verwendet, meist kurzstapeligere australische Wollsorten. Der Hauptwert wird auf Füllkraft des Garnes und genügende Weichheit, weniger auf Länge gelegt. 6. **Feines Crossbred-(Kett- und Schuß-)garn**. Verlangt wird möglichst gleichmäßige Länge der Faser, geringer Draht. Dient zu leichteren Mantelstoffen, Anzug- und Hosenstoffen. 7. **Mindere Crossbred, Kett- und Schußgarn**. Wollen von gut gezüchteten englischen Lincolnschafen und von australischen Crossbreds; die längsten zur Nr. 40/2, die kürzeren für stärkere Garne. In Bradford versteht man unter „australischen Crossbreds" Wollen von reingezüchteten Leicester- und Lincolnschafen aus Australien. Man will dadurch den Unterschied zwischen englischen (heimatlichen) und Kolonialwollen kennzeichnen. Stapel, Feinheit und Schuppenbildung sind am maßgebendsten. Wie weit die Schuppen im Walkprozesse mitwirken, ist noch nicht klar. Kapwollen zeigen z. B. gute und regelmäßige Schuppenbildung und lassen sich in der Praxis dennoch nur schwer und nie vollkommen verwalken. Dagegen wird erklärt, daß die Schuppenbildung vom Klima und der Witterung abhängt; es ist z. B. nachgewiesen, daß die Schafwollen nach trockenen Jahren (bei unregelmäßiger Ernährung) weniger gut sind. 8. **Lüster und Halblüster**. Lüster ist die glänzendste englische Leicesterwolle, die ihren Namen nach ihrem hohen Glanze erhielt. Früher wurde Halblüster („Demi", „Halb") zur Hälfte aus Lüster, zur anderen Hälfte aus Crossbred hergestellt. Heute erzeugt man Lüster und Halblüster aus verschiedenen Wollklassen. Viele Spinnereien nehmen nur Crossbredwolle, welche nach Qualität und Stapel der Leicesterwolle verwandt ist. 9. **Mohair- und Alpakagarne**. Sie unterscheiden sich in nichts von den bei uns bekannten üblichen Garnen. 10. **Teppichgarne**. Diese haben die gleichen Eigenschaften wie diejenigen unserer Teppichwaren; sie bestehen aus groben Fasern und sind offene Garne.

Merinowolle und ihre Verwandten.

Diese sind durch ihre Dünne (12—37 μ) charakterisiert, ferner durch die sich deutlich dachziegelförmig deckenden Epidermisschuppen. Das Mark fehlt stets. Etwaige Markinseln sind als Fehler zu betrachten. Die Faserschicht ist deutlich längsgestreift. Die Schuppen sind am Vorderrande deutlich verdickt; die Wolle erscheint stets deutlich gezackt oder gesägt. Als Typus hierfür dient die Merinoauszugswolle (Abb. 55). Dieser ähnlich ist die Wolle der Rambouilletrasse (Abb. 56). Die Faserschicht derselben ist grobstreifig, markfrei und das Haar deutlich gezähnt.

Die Wollsorten der edlen sächsischen Elektoralrasse und der österreichischen Imperialrassen sind im ganzen feiner, im übrigen von den Merinowollen mikroskopisch nicht zu unterscheiden. Mitunter fallen Wollen auch dann nicht unter den Begriff der „Merinowollen", wenn sie von einem Merinoschaf stammen[1]). Sie müssen vor allem die Bedingung der A-Feinheit erfüllen. In dieser Beziehung ist „Merino" als ein Qualitätsbegriff aufzufassen (vgl. auch das auf S. 37 unter „Mako" Gesagte).

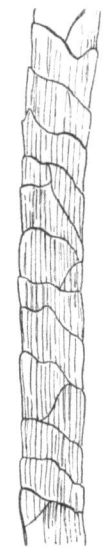

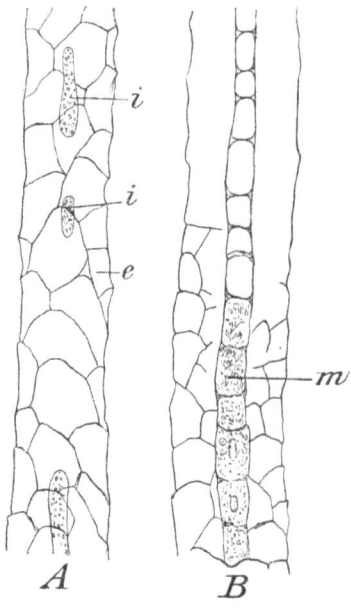

Abb. 55. Merino (nach v. Höhnel). Feinste Merinowolle. Vergr. 340. Man sieht die zylindrischen Schuppen und unten die Faserstreifung.

Abb. 56. Rambouillet (nach v. Höhnel). Rambouilletwolle. Vergr. 340.

Abb. 57. Leicetserwolle (nach v. Höhnel). Englische Leicester-Schafwolle. Vergr. 340. Sind Grannenhaare. A. Haarstück mit Markinseln i; B Haarstück mit Markzylinder m. Die Epidermisschuppen stoßen fast plattenförmig zusammen und sind etwas konkav.

Leicester- und Newleicesterwolle.

Diese bestehen nur aus Grannenhaaren von 30—60 μ Dicke. Die Haare sind sämtlich von fast gleicher Dicke, im äußersten Teil etwa 30 u, nach innen bis zu etwa 60 μ dick. Der äußerste Teil (3—4 cm) ist stets markfrei, mit deutlichen, zackigen und sich dachziegelförmig deckenden Schuppen. Weiter nach innen treten einzelne schmale und längliche Markzellen auf, teilweise auch kurze Markzylinder, die meist nur $1/4$—$1/5$ der Faserbreite besitzen und streckenweise fehlen. In der Mitte der Faser tritt mitunter ein undeutliches, plattenartig angeordnetes Schuppengewebe auf. Einige Zentimeter vor der Basis der Haare wird der Markzylinder kontinuierlich und nimmt schließlich die Hälfte der Haarbreite ein. Die Gesamtlänge der Haare schwankt in der Regel zwischen 10 bis 20 cm (Abb. 57).

---

[1]) Mitt. d. dtsch. Landwirtschafts-Ges. 1921. S. 36.

Gewöhnliche Landwollen.

Die gewöhnlichen Landwollen sind beispielsweise durch die **gemeine ungarische Landwolle** vertreten. Diese besteht erstens aus etwa 10—15 cm langen und 80 μ dicken Grannenhaaren, die einen breiten, kontinuierlichen Markzylinder aufweisen und ganz steif, fast borstenartig straff und schlicht sind (Abb. 58). Zweitens sind Wollhaare vorhanden, die nur 5—7 cm lang und etwa 30 μ dick sind. Letztere sind markfrei, grobbogig, sehr gleichmäßig und stellenweise ganz glatt und ungezähnt. Dadurch sind sie sofort von Merinowollhaaren zu unterscheiden, welche ungleichmäßige Dicke und starke Sägezähne besitzen. Andere Landwollen sind z. B. die **gemeine wallachische Schafwolle**, die **ungarische Zakkelwolle**, die **deutsche Landwolle**, die **gemeine böhmische Landwolle** u. a. m., welche z. T. recht verschiedene Struktur zeigen.

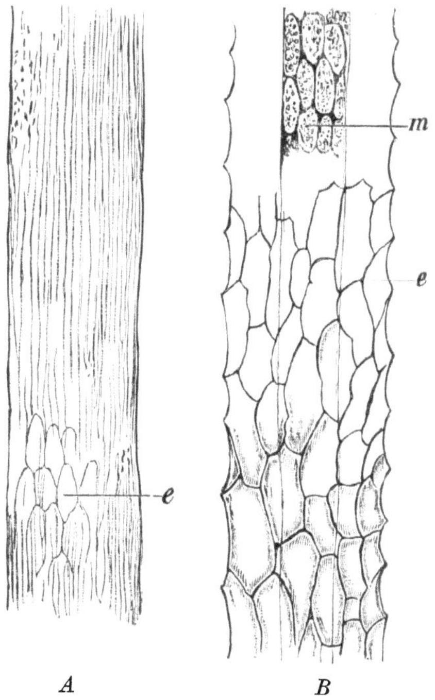

Gerberwolle, Sterblingswolle, Raufwolle.

Haarwurzeln oder -zwiebeln fehlen den normalen Wollen meist, da die Wollen in der Regel durch Schur gewonnen werden. Nur die sogenannte Gerberwolle, welche beim Enthaaren der vorher mit Kalkmilch o. ä. behandelten Felle gewonnen wird, ferner die Sterblingswolle, welche von abgezogenen Fellen durch Enthaaren (Ausraufen) gewonnen wird, sowie die Raufwolle zeigen Haarzwiebeln, welche stets leicht an ihrer Färbung und eiförmigen Gestalt zu erkennen sind.

Wolle, welche behufs Entfernung vom Felle gekalkt wurde, ist stets an ihrer Brüchigkeit, an dem Mangel an Fett und an dem Luftreichtum auch mikroskopisch zu erkennen.

Abb. 58 A u. B. **Ungarische Landwolle** (nach v. Höhnel.) Vergr. 340. Sind Grannenhaare. Dicke 55—65 μ. A nahe der Spitze, ohne oder bei e mit Andeutung der Epidermis, mit grober Faserstreifung. B Mitte eines Haares. m mehrreihiger Markzylinder, e muschelig konkave, plattenförmig aneinanderstoßende Epidermiszellen.

Kunstwolle.

Unter **Kunstwolle** versteht man dasjenige Erzeugnis, welches aus alten oder neuen Wollabfällen oder aus Lumpen wiedergewonnen ist. Allgemein unterscheidet man folgende Arten von Kunstwolle:

1. **Shoddy** ist diejenige Kunstwolle von größerer Länge (20 mm), die aus rein wollenen Wirkwaren, alten Strümpfen, ungewalkten Kammgarngeweben usw. wiedergewonnen und für sich allein zu Shoddygarn versponnen wird.

2. **Thybetwolle** oder **Thybet** (fälschlich oft „Tibet" geschrieben, s. d.) besteht aus aufgerissenen feinen, neuen Tuchlappen aus nur gutem Material.

3. **Mungo** ist kurzfaseriges Material (5—20 mm) aus gewalkten Stoffen, namentlich Tuchresten, das nur unter Zusatz von längerer Wolle oder auch von Baumwolle zu Garn versponnen wird. **Tuchscherwolle** kommt in schlechter Mungo vor.

4. **Extraktwolle** oder **Alpakka**[1]) nennt man diejenige Kunstwolle, die aus Abfallgeweben mit gemischten Fasern (Wolle und pflanzlichen Fasern) durch **Karbonisierung** (Salzsäure, Schwefelsäure, Chloraluminium, Chlormagnesium und Chlorzink) hergestellt wird. Die Faser ist meist kurzfaserig und erscheint unter dem Mikroskop häufig stark angegriffen.

Bei dem großen Wertunterschiede und der umfangreichen Erzeugung der Kunstwolle ist die Frage nach dem Vorhandensein von Kunstwolle außerordentlich wichtig. Während es nun aber an der Hand mikroskopischer und mikrochemischer Prüfung leicht ist, Pflanzenfasern und Seide nachzuweisen, so ist es doch mit erheblichen Schwierigkeiten verknüpft, zu entscheiden, ob und wieviel Kunstwolle in einem Garn oder Gewebe vorhanden ist.

Bei der Prüfung von Wolle auf Anwesenheit von Kunstwolle wird man zunächst zweckmäßig bei schwacher Vergrößerung auf Baumwolle, Seide, Leinen usw. untersuchen. Durch Zusatz von Kupferoxydammoniak wird man zuerst Quellung und Lösung von Seide und Baumwolle, später Quellung von Leinen und zuletzt von Wolle beobachten. Schließlich wird die Wollfaser selbst genauer geprüft. Durch Abkochen mit Natronlauge wird die Baumwolle (und andere pflanzliche Fasern) isoliert und ihrer Menge nach bestimmt.

Wichtige Verdachtsmomente für das Vorliegen von Kunstwolle sind folgende: 1. Die Anwesenheit verschiedenartig gefärbter (bzw. überfärbter) Fremdfasern, zumal Baumwolle. 2. Das Fehlen von Schuppen und Vorhandensein aufgesplissener, pinselartiger Enden der Wollhaare; Aufspleißungen des Wollhaares im Längsverlauf (Naturwollen haben meist scharf abschneidende Enden und nur selten Aufspleißungen im Längsverlauf). 3. Unregelmäßiger Durchmesser des Haares, plötzliche Verengungen und Erweiterungen.

Nach Marschik[2]) unterscheidet sich die Kunstwolle von der Natur- oder Schurwolle morphologisch sehr wesentlich, insbesondere wenn sie mit scharfen Chemikalien vorbehandelt ist. Da Kunstwolle gerissene, Schurwolle dagegen geschnittene Wolle ist, ergeben sich bei der mikro-

---

[1]) Nicht zu verwechseln mit Alpakawolle, dem Haar des Lamas, Auchenia Paco. Alpakkakunstwolle wird oft fälschlicherweise gleichfalls „Alpaka" geschrieben, was zu Verwechslungen Veranlassung geben kann.

[2]) Textilber. 1920. S. 156.

skopischen Untersuchung grundlegende Unterschiede an den Faserenden. Wir haben also bei der Prüfung der Faserenden zu untersuchen, ob die Haare geschnitten oder gerissen sind, ferner ob sie von gesunden (unverletzten) oder beschädigten Fasern herrühren. So zeigen die Abbildungen 59a und 59b geschnittene Enden von gesunden Fasern in schematischer Darstellung, d. h. mit Weglassung der Schuppen, Längsstreifen und des Markinhaltes. Denkt man sich die Fasern als zylindrische Stäbchen, so wurde der Schnitt entweder senkrecht zur Längsachse der Faser oder schiefgeführt; im ersten Falle ist die Schnittfläche kreisförmig, im zweiten Falle elliptisch, in beiden Fällen ist der Schnitt aber glatt, d. h. ganzrandig und geht ungeteilt über den ganzen Faserquerschnitt.

Anders jedoch beim Reißen. Abb. 59c und d zeigen einige kennzeichnende Fälle. Zunächst erkennt man an den ganzrandigen Endflächen, daß wir eine gesunde Wolle vor uns haben, die entweder stufenförmige (c) oder gespaltene Reißstellen (d) aufweist. Letzteres ist meist bei gröberen Wollen und Haaren der Fall, ersteres bei feinen. Marschik hält es für ausgeschlossen, daß der Schnitt bei Schurwollen in einer dieser Formen verläuft, während auch beim Reißen gesunder Wollen ausnahmsweise die Formen a und b vorkommen können.

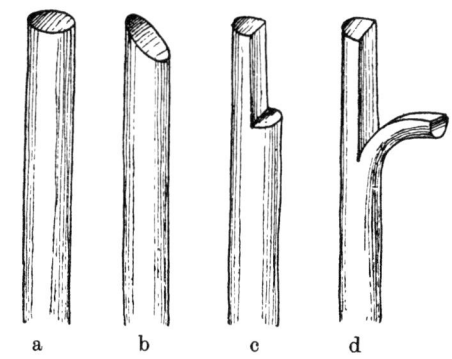

Abb. 59. Faserenden gesunder Wolle. a gerades Schnittende; b schiefes Schnittende; c ganzes Rißende; d gespaltenes oder geschlissenes Rißende (nach Marschik).

Viel mannigfaltiger gestaltet sich das Reißen beschädigter oder verletzter Fasern (Abb. 60a—d). Um dieses zu verstehen, muß man sich vor Augen halten, daß die Beschädigung der Fasern stets nur in einer chemischen Vorbehandlung ihre Ursache haben kann und daß gesunde Fasern durch keinerlei mechanische Verarbeitung der üblichen Art (Krempeln, Rauhen) eine derartige Beschädigung oder Verletzung erhalten, die sich auf Oberhautschuppen allein oder auch auf den Faserinhalt (Spindelzellen) in geringerem oder größerem Maße erstrecken. In Abb. 60a sehen wir eine Faser mit zerstörter Oberhaut, die beim Zerreißen der Faser von dieser wie ein Strumpf vom Fuß abgezogen wurde, ohne daß die Spindelzellen ihren Zusammenhalt verloren haben. In Abb. 60b ist die Zerstörung weiter fortgeschritten, indem die Einwirkung der chemischen Vorbehandlung die Spindelzellen voneinander losgelöst hat, die beim Zerreißen dem Faserende ein pinselförmiges Aussehen verleihen; aus dieser Abb. ist auch deutlich zu sehen, wie weit die Zerstörung reicht, da die unverletzten Stellen deutlich durch Schuppen, gezähnelten Rand und Längsstreifung zu erkennen sind. Abb. 60c zeigt ein Zerstörungsbild, das nach der chemischen Vorbehandlung einem mechanischen Quetschdruck zuzuschreiben ist, indem die zerstörte Oberhaut nicht mehr imstande war, den Zusammenhang der Spindelzellen gegen diesen Druck zu schützen, was eine Spaltung der Faser zur Folge hatte. Bei der darauf folgenden Bearbeitung in der Reißmaschine (Lumpenreißer) spleißt sich eine der beiden abgespaltenen Seiten auf (d) oder reißt vollständig durch (b). Auch kann die Spaltungsstelle d eine Knickung erfahren. Auf mechanischem Wege kann ein Auflösen gesunder Faser in die Spindelzellen (b) nur erhalten werden, wenn man sie in einer Reibschale mit Quarzsand reibt (was praktisch beim „Schleifen" der Gewebe für einen bestimmten Zweck geschieht), wodurch die grobfaserige Wolle sich wie ein feinwolliges Gewebe, unter Umständen wie feines Leder (dänisch Leder) anfühlt.

Eine besondere Form weist die Faser, Abb. 60e, auf, die eine längliche, dunkel gestreifte Stelle zeigt und einen beginnenden örtlichen Faserangriff, eine Art Anätzung der Oberhaut bildet. Während der-

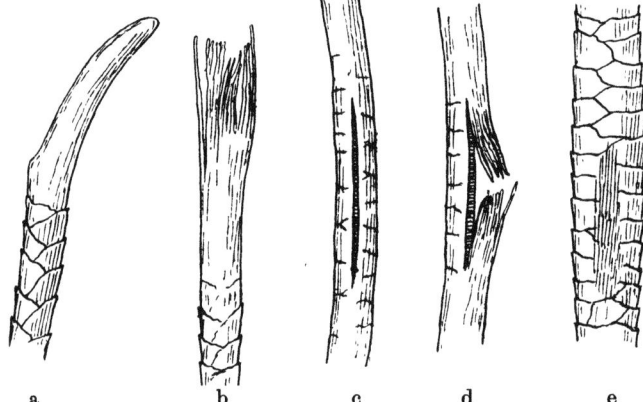

a b c d e
Abb. 60. Beschädigte und zerstörte Wollfasern; a Faser mit zerstörter Oberhaut und zusammenhängenden Spindelzellen; b zerstörte Faser mit pinselförmig ausgefranstem Ende; c gespaltene Faser; d gespaltene und teilweise zersplissene Faser; e Wollfaser mit teilweise zerstörter Oberhaut (Stock), die Spindelzellen treten durch deutliche Längsstreifung hervor (nach Marschik).

artige Erscheinungen von Pinagel[1]) auf eine mechanische Beschädigung der Haaroberfläche durch die hochfeinen spitzen Kardendisteln, die die Schuppen der Oberhaut angreifen und zerstören sollen, zurückgeführt werden, hält Marschik dies für eine Unmöglichkeit. Nach seiner Berechnung müßten in solchem Falle die Spitzen der Kardendisteln $2\,\mu$ (= 0,002 mm) betragen, wenn z. B. bei groben Wollen von $40\,\mu$ derartige von Pinagel beobachtete, etwa $2\,\mu$ breite Beschädigungen auftreten, was offenbar außerhalb jeder Möglichkeit liegt. Auch Heermann[2]) führt solche Beschädigungen auf chemische Einflüsse zurück; sie stellen nach ihm gewissermaßen die erste Stufe der chemischen Anätzung dar.

Erscheint hiernach die Frage geklärt, wie die Schnitt- und Reißenden, sowie die Beschädigungen der Epidermis, der Spindelzellen usw. ein-

---

[1]) Leipz. Monatsschr. f. Textilind. 1909. S. 125 und „Die Entwicklung der Konditionieranstalten" 1914. S. 54 ff.
[2]) Textilber. 1921. S. 106.

zuschätzen sind, so ist die Frage, ob es sich in dem einzelnen Falle tatsächlich um Kunstwolle (gerissene, zweit- oder mehrmalig verarbeitete Wolle) oder um Schurwolle (Natur-, Naturalwolle) handelt, noch nicht eindeutig gelöst. Auf chemische Behandlung zurückzuführende Wollfaserbeschädigungen beweisen noch nicht immer das Vorhandensein von „Kunstwolle" im Sinne der obigen Begriffsbestimmung, da auch Schurwolle in der chemischen Veredelung weitgehende Zerstörungen erleiden kann, z. B. in der alkalischen Küpe, in der Karbonisation u. dgl. Derartige Fälle sind an nachweisbar gesunder Schurwolle häufiger beobachtet worden und haben deshalb Pinagel vielleicht zu der irrtümlichen Annahme verleitet, daß die Beschädigungen auf mechanische

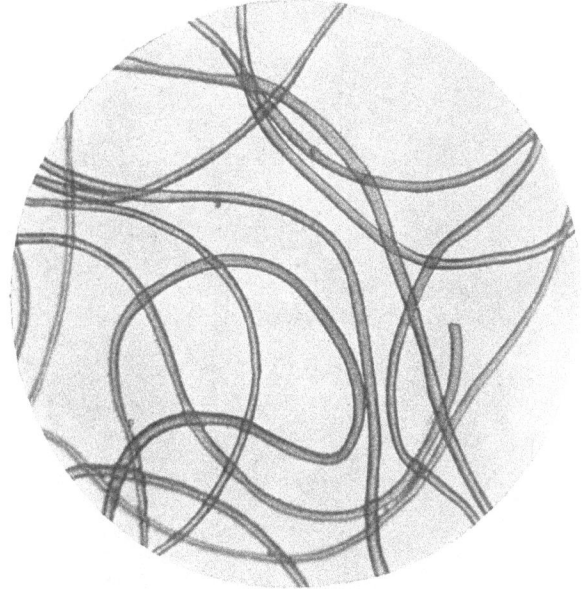

Abb. 61. Wollhaare aus einer unbeschädigten Stelle eines Schußfadens (nach Heermann).

Prozesse zurückzuführen sind. So beschreibt z. B. Heermann einen Fall, bei dem ein Stück karbonisierte, aus bester überseeischer Schurwolle hergestelltes Damentuch stellenweise in der Karbonisation stark beschädigt worden ist und an diesen Stellen die morphologischen Eigenschaften der Kunstwolle zeigt, eine Erscheinung, die in anbetracht der wesensgleichen Behandlung (Kunstwolle und Karbonisation von Schurwolle) durchaus nicht zu überraschen braucht. Abb. 61 und 62 zeigen Stellen desselben Schußfadens in der durch Karbonisation beschädigten und der daneben liegenden, unbeschädigten Wolle.

Läßt sich in solchen Fällen der einwandfreie Nachweis des Vorhandenseins von Kunstwolle im üblichen Sinne an einer Einzelstelle nicht erbringen, so wird es z. B. in Fällen wie in den vorliegenden, möglich sein, bei Berücksichtigung der ganzen Zusammenhänge (Art der Herstellung,

Veredelung, Färbung, örtliche Verletzung u. ä.) ein klares Urteil darüber zu gewinnen, ob Kunstwolle oder Kunstwollbeimischung vorliegt bzw. vorliegen kann oder nicht. Im übrigen gewinnt der Begriff „Kunstwolle" im Lichte dieser Erkenntnisse immer mehr den Charakter des Qualitätsbegriffes und nicht denjenigen des Herkunftbegriffes. In vielen Fällen wird deshalb zur Beurteilung von Wollerzeugnissen die Angabe genügen, ob Wolle von den Eigenschaften der Kunstwolle vorhanden ist. Allerdings wird eine derartige Begutachtung in formellrechtlichen Streitfragen mitunter ohne besondere Bedeutung sein. Dann werden aber meist die übrigen geschilderten Kennzeichen zur Klärung

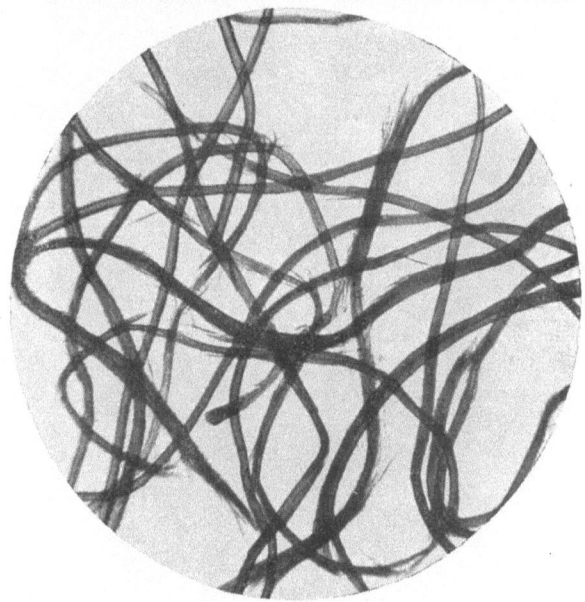

Abb. 62. Wollhaare aus einer beschädigten Stelle eines Schußfadens (nach Heermann).

der Frage beitragen können. Die von Pinagel geforderte Vorlage der Bücher ist in mehrfacher Beziehung nicht als restlose Lösung der Frage anzusehen.

Ziegenhaare.

Von den Ziegen (Capra hircus) stammen hauptsächlich vier verschiedene Haararten des Handels: 1. das gemeine Ziegenhaar, 2. das Geißbarthaar, 3. die sogenannte Mohair- oder Angorawolle und 4. die Tibet- oder Kaschmirwolle.

Gemeines Ziegenhaar.

Es besteht fast nur aus Grannenhaaren, ist weiß, gelblichbraun bis schwarz, 4—10 cm lang, hat als Raufwolle immer Haarzwiebeln (im

Schafte 80—100 μ dick), ein 80 μ breites Mark und nur dünne Faserschicht. Kurz vor der Spitze ist das Haar bis 130 μ breit, das Mark hat 6—10 Zellreihen. Es ist leicht knickend, die Kutikularschuppen sind hoch, querbreit und scharfrandig. An der Spitze ist es feingesägt; es zeigt Faserspalten (Abb. 63).

Geißbarthaar.

Die Geißhaare (Ziegenbarthaare) sind grannig, etwa 30 cm lang, steif; an der Basis 100 μ dick und ohne Mark. Weiße Ziegen-

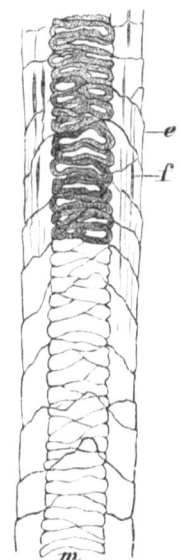

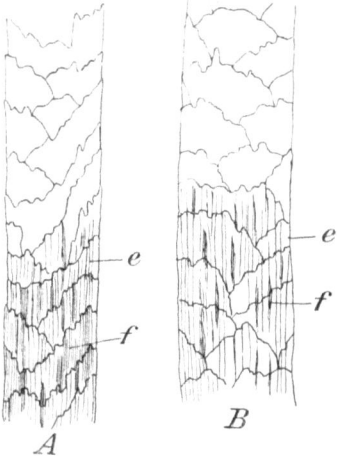

Abb. 63. Ziegenhaar (nach v. Höhnel). Mitte eines Grannenhaares. Vergr. 340. m Mark, f Faserspalten, e sich dachziegelförmig deckende Epidermisschuppen.

Abb. 64. Mohair- oder Angorawolle (nach v. Höhnel). Vergr. 340. Sind Grannenhaare. Markfrei. Epidermisschuppen e sehr dünn, dachziegelförmig sich deckend, mit gezähneltem Vorderrande. Grobstreifig, mit großen Faserspalten f. A Prima-, B Sekundasorte.

flaumhaare (Südrußland) und bräunlicher Ziegenflaum (Böhmen) sind Haare, die den im Freien lebenden Ziegen auch selbst ausfallen. Meist sind sie mit Haarzwiebeln versehen. Die Epidermiszellen an der Basis sind sehr schmal und feingezähnt, sich dachziegelförmig deckend.

Mohair- oder Angorawolle.

Diese stammt von der Angoraziege (Capra hircus angorensis, Kleinasien). Das Haar ist geschmeidig, weiß, grau oder schwarz, 12—18 cm lang, im Mittel 42 μ dick (vereinzelt bis 60—100—150 μ dick und den gemeinen Ziegenhaaren ähnlich), hat dünne, flache, halb- bis ganzzylindrische Schuppen mit grobzähnigem Rand, grobstreifige, nicht körnelige Oberfläche, kein Mark, keine Randsägung. Die Faserspalten sind regelmäßig und breit. Natürliche Enden (Abb. 64).

Tibet- oder Kaschmirwolle.

Diese stammt von der Tibet- oder Kaschmirziege (Capra hircus laniger), wird durch Ausrupfen gewonnen und bildet weiße, graue oder braune Rohwolle, welche nach der Reinigung nur 20% schöne, weiche spinnbare Wolle liefert. In der Rohwolle sind Grannen- und Flaumhaare enthalten. Das Wollhaar ist etwa 7 cm lang, oben etwa 7 μ dick, bis 26 μ nach unten zu wachsend, meist ohne natürliche Spitze (die abgebrochen ist), grobwellig, stielrund, mit hohen, halb- oder ganzzylindrischen Schuppen bedeckt, am Faserrand fein gesägt, grobstreifig und mit Faserspalten, markfrei, ohne Haarzwiebel. Die Grannenhaare sind etwa 12 cm lang, an der Basis 70—80 μ dick, markführend, im ganzen dem gemeinen Ziegenhaar ähnlich.

Vielfach werden die Bezeichnungen „Thybet" und „Tibet" miteinander verwechselt und geben zu Mißverständnissen Anlaß: 1. Unter „Tibetwolle" sind die Haare der in Tibet gezüchteten Tibet- oder Kaschmirziege zu verstehen; 2. „Thybet"- (oder manchmal auch „Thibet"- geschrieben) Wolle ist dagegen eine Art Kunstwolle (s. d.); 3. „Thybetgarne" sind aus „Thybetwolle" gesponnene Garne; 4. „Tibet" wird ein weicher, wollener Stoff ohne glänzende Appretur genannt, der in verschiedenen Färbungen hergestellt wird (z. B. Tibetschals) und entweder aus Tibet- d. i. Kaschmirwolle erzeugt ist oder dieser im Charakter sehr ähnlich ist.

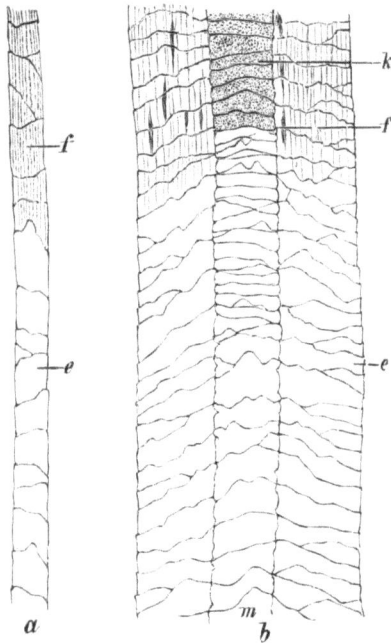

Abb. 65. Kamelhaar (nach v. Höhnel). Vergr. 340. a Wollhaar, b Grannenhaar. Das Wollhaar ist markfrei, zeigt zylindrisch ineinandergeschobene Epidermisschuppen (e) und eine feine Längsstreifung mit braunen Körnchenreihen (f); das Grannenhaar zeigt einen breiten Markzylinder (m), der aus einer Reihe flacher, dünnwandiger Zellen mit feinkörnigem Inhalt (k) besteht. Die Faserschicht zeigt Körnchenstreifen und grobe braune Farbstoffknoten (f). Die Epidermisschuppen (e) sind niedrig, dünn, sehr breit.

Kamelhaare.

Die echte Kamelwolle, vom Kamel stammend, besteht aus a) sehr feinen, welligen, grauen bis braunen, über 10 cm langen, 10—16 μ dicken, markfreien Wollhaaren und b) meist dunkelbraunen bis schwarzen Grannenhaaren. Das Wollhaar ist fein und regelmäßig längsstreifig, die Schuppen sind langzylindrisch; der Rand der Schuppen ist nicht gezähnelt. Die Grannenhaare sind meist nur 5—6 cm lang und bis 70—80 μ dick. Sie gleichen den Grannenhaaren des Kalbes, aber die Schuppen sind derber, daher der Faserrand deutlich gesägt. Der Markzylinder ist sehr groß und kontinuierlich. Der reichliche braune Farbstoff ist auch in Form von größeren Knoten vorhanden (nebst der Körnerform).

Die Grannenhaare der Kamelwolle unterscheiden sich von den Grannenhaaren des Rindes durch geringere Dicke, derbere Epidermis, schmälere Markzellen und derbe Querwände, meist dunklere Färbung mit Farbstoffknoten (Abb. 65).

Kamelziegenhaar.

Die Kamelziegen (Auchenia) liefern meist seidenartige Wollen; von ihnen stammen vier verschiedene Wollarten des Handels, die nur zum geringsten Teil von praktischer Bedeutung sind. 1. Huanaco (Auchenia Huanaco) ist von geringer Bedeutung; 2. von dem Lama (Auchenia Lama) kommt die ebenfalls unbedeutende Lamawolle; 3. die Alpakawolle (Auchenia Paco) ist meist schön rotbraun bis schwarz, seltener weiß und grau. Diese kommt gegenwärtig in Europa noch viel vor; 4. die Vicogne (Vicunna, Vicugnawolle von Auchenia Vicunna) kommt heute schon selten in Europa vor. Sie ist 5 cm lang, seidig, bräunlich bis schwarz. Die „Vigognegarne" des Handels bestehen aus Baumwolle, gemengt mit Schafwolle.

Alpakawolle.

Die Wolle hat Grannen- und Flaumhaare, welche 10—30 cm lang sind. Die braunen und schwarzen Haare sind am meisten geschätzt. Die Wollhaare sind 10—15 cm lang, 15—20 μ dick, markfrei, längsstreifig. Die Grannenhaare, die in geringem Maße vorkommen, sind 20—30 cm lang, unten 35 μ dick, haben volles Mark und grobkörnigen Inhalt; das Mark ist etwa 15 μ breit. Die Schuppen der Alpakahaare sind höchst fein, fehlen jedoch meist (Abb. 66). Vgl. auch das über „Alpakka" auf S. 70 Gesagte.

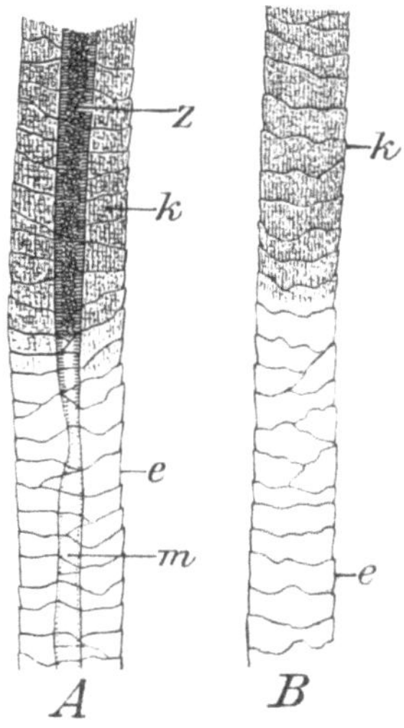

Abb. 66. Alpakawolle (nach v. Höhnel). Vergr. 340. A markhaltiges Grannenhaar, B markfreies Wollhaar. e Epidermisschuppen, sehr dünn und breit; Faserschicht mit Körnchenreihen k; m Markzylinder, am Rande wie fein gesägt, aus schmalen Zellen Z aufgebaut.

Kalb- und Kuhhaare.

Die Kalb- und Kuhhaare sind fast stets geäscherte oder gekalkte (mit Kalkmilch behandelte) Raufhaare und zeigen deshalb fast immer die Haarzwiebel. Diese Haare werden von Hand (z. B. zu groben Tierhaargarnen) versponnen und zu Fußabstreichern, groben Teppichen und Decken verarbeitet. Sie sind weiß, rötlich oder schwarz gefärbt und matt. Kalb- und Kuhhaare haben denselben anatomischen Bau (Abb. 67 und 68) und erscheinen in drei typischen Abstufungen entwickelt.

1. Dicke, steife, 5—10 cm lange Grannenhaare mit länglichen Haarzwiebeln. Der fast ebensolange Hals weist einen einreihigen Markzylinder oder Markinseln auf. Hier sind die Epidermisschuppen sehr dünn, gezähnelt, sich dachziegelförmig deckend. Die Dicke des Halses ist 120 μ,

von da ab langsam bis 130 μ wachsend, bei 75 μ breitem Markzylinder. Gegen die farblose Spitze des Haares treten deutlich Faserspalten auf; kurz vor der Spitze verschwindet der Markzylinder und die Faserspalten werden deutlicher.

2. Feinere Grannenhaare, im ganzen den ersten ähnlich; der Hals ist 75 μ breit und markfrei. Der Markzylinder wird rasch dicker und besteht aus dünnwandigen Zellen, stellenweise wie gefächert. Die Epidermiszellen decken sich dichtschuppig, sind fast zylindrisch, schmal, feingezähnelt. Der Markzylinder löst sich 1 cm über dem Grunde in Markinseln auf, die bis zur Mitte beobachtet werden; hier verschwinden sie völlig und treten gegen die Spitze wieder auf, wo sie wieder in einen kontinuierlichen Zylinder übergehen, der kurz vor der Spitze verschwindet.

3. Feinste, 1—4 cm lange, markfreie Wollhaare, oft nur 20 μ dick. Epidermiszellen sind grob, der Rand der Faser grob und deutlich gesägt. Meist mit Zwiebel, natürlicher Spitze und deutlichen Faserspalten. Daneben kommen ebenso feine Haare mit kontinuierlichem oder unterbrochenem Markzylinder vor, der nur an Spitze und Basis fehlt.

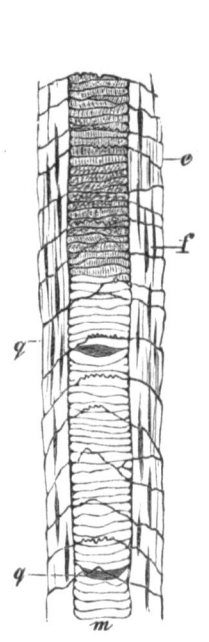
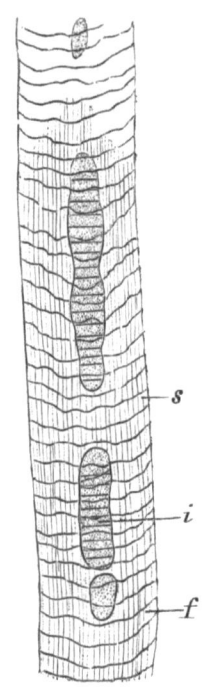

Abb. 67. Kuhhaar (nach v. Höhnel). Mitte eines Grannenhaares. Vergr. 340. m Mark, f Faserspalten, e sich dachziegelförmig deckende Epidermisschuppen, q charakteristische Querspalten.

Abb. 68. Mitte eines Kalbsgrannenhaares (nach v. Höhnel). Vergr. 340. Man sieht die sehr dünnwandigen Markzellen, welche die Markinseln (i) bilden, grobstreifige die Faserschicht f und die schmalen, dünnen, dachziegelförmig sich deckenden Epidermiszellen s.

Rehhaare.

Es sind 2—4 cm lange, dicke, spröde, unten weiße, oben braune Haare, meist mit Zwiebel und Spitze. Die Zwiebel ist klein (90 μ breit und 300 μ lang) und geht in einen etwa 250 μ langen Hals über, der nur 60 μ dick und markfrei ist (s. Abb. 69). Der Halsteil besteht aus körnchenfreien Fasern, mit häufigen, breiten Faserspalten und aus einer sehr zarten Epidermis. Von hier ab wird das Haar plötzlich kegelförmig dicker und schwillt bis zu einer Dicke von 360—400 μ an. Die zarte Epidermis ist kaum sichtbar; die ganze Breite des Haares wird von großen Markzellen erfüllt. Gegen die Spitze hin wird das Haar wieder dünner mit braunem Farbstoff. Weiter gegen die Spitze werden die Zellwände selbst braun und treten braune

Inhaltskörper auf. An der äußersten Spitze besteht das Haar nur aus der Faserschicht und der Epidermis.

Neben diesen dicken Haaren kommen auch dünne, ganz braune, kürzere Haare vor; sowie auch Übergänge beider Unterarten; die Dicke derselben geht bis 150 μ.

Schweinsborsten.

Die Schweinsborsten sind von Natur aus weiß, gelb, rosa, braun, schwarz oder grau oder beliebig künstlich gefärbt; sie sind unter dem Mikroskop streifig und von besonderer Dicke (500 μ). Der untere Teil ist marklos oder hat unterbrochenen Markzylinder; der obere Teil hat mächtiges Mark, das im Querschnitt sternförmig erscheint (s. Abb. 70 c). Die Epidermis ist mehrschichtig und besteht aus 3—4 und mehr Lagen von dünnen Schuppen, welche sich dachziegelförmig decken und deren dünne Ränder gezähnelt sind (Fig. 70).

Roßhaare.

Die Roßhaare sind sehr verschieden dick (80—400 μ) und sehr verschieden lang, außen meist ganz glatt und häufig künstlich schwarz gefärbt. Schwarze Haare sind undurchsichtig und strukturlos, müssen deshalb für die genaue mikroskopische Untersuchung tunlichst entfärbt werden. Weiße Haare geben bei 90facher Vergrößerung und vollständigem Eindringen der Zusatzflüssigkeit in das Mark das Bild wie Abb. 71. Man sieht eine äußerst zarte und glatte Epidermis, welche aus schmalen, gezähnelten Zellen besteht. Die Faserschicht zeigt zahlreiche kurze, breite Spalten und der starke Markzylinder besteht in der Längsansicht aus 1—2 Reihen von ganz schmalen, blättchenförmigen Zellen mit sehr dünnen Wänden und einem feinkörnigen Inhalt.

Die Seiden.

Die Seiden sind das Sekret gewisser Raupen oder Seidenspinner, also ein tierisches Produkt. Die „edle Seide" wird von der Raupe des Maulbeerspinners (Bombyx mori) erzeugt. Außer dem Maulbeerspinner gibt es noch eine größere Zahl von „wilden Spinnern", die die „wilde Seide" erzeugen. Von diesen sind die wichtigsten der Tussahspinner (Bombyx Mylitta, Bombyx Selene u. a.) und der Yamamay-Spinner, nach denen die wilden Seiden als „Tussah-Seide" oder „Tussur-Seide" und „Yamamay-Seide" bezeichnet werden. In Handel und Gewerbe ganz untergeordnete Seiden werden von der Fagararaupe (Bombyx Cynthia), von den

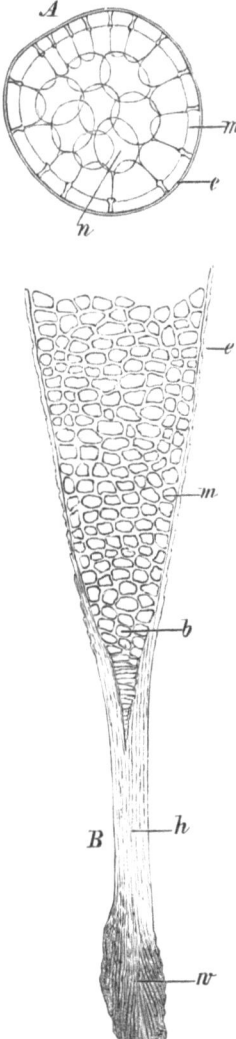

Abb. 69. Grobes Rehgrannenhaar (nach v. Höhnel). Vergr. 90. A Querschnitt in der Mitte des Haares. B Basis des Haares mit Hals h und Wurzel (Zwiebel) w. m derbwandige Markzellen der äußersten Schicht, n dünnwandige Markzellen des Innern, e Epidermis; im Halse h kurze Faserspalten.

Spinnern der Bombyx Pernyi, Bombyx Polyphemus, Bombyx platensis, Bombyx Faidherbii u. a. m. gesponnen.

Siehe auch Vergleichstabelle zwischen Natur- und Kunstseide S. 46. (Über gehaspelte und gesponnene Seiden s. weiter unten.)

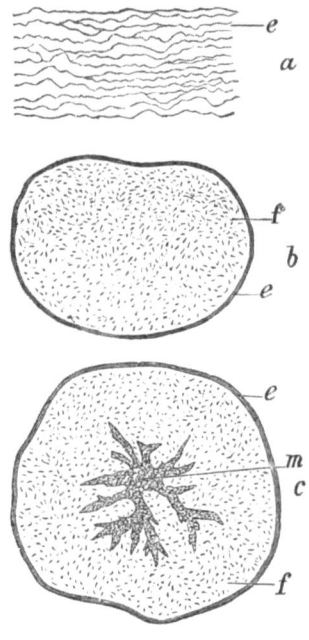
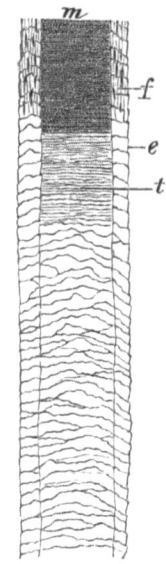

Abb. 70. Schweinsborste (nach v. Höhnel). a (Vergr. 340.) Stück der mehrschichtigen Epidermis, aus dünnen, sich dachziegelförmg deckenden Zellen e bestehend. b und c Querschnitte (Vergr. 90). b näher der Basis, c über der Mitte derselben Borste, e Epidermis, f derbwandige Faserschichten, m strahliger Markkörper.

Abb. 71. Weißes Roßhaar (nach v. Höhnel): Vergr. 90. Mächtiger Markzylinder m, aus ganz schmalen, dünnwandigen Zellen t bestehend, e Epidermis. Die Faserschicht enthält kurze, breite Faserspalten f.

Die edle Seide.

Der Maulbeerbaum- oder Morusspinner, der die edle Seide erzeugt, lebt von den Blättern des weißen Maulbeerbaumes (Morus alba). Die Raupe besitzt zur Bildung des Seidenfadens für die zwei Fibroinfäden unter dem Darmkanal zwei starke Seitendrüsen; in einem zweiten Paare von Drüsen ist das Sericin angesammelt. Bevor die zwei Fibroinfäden zum Austritt gelangen, werden dieselben von dem Sericin umhüllt, was zusammen die sogenannte Rohseide bildet. Aus dem Faden bildet die Raupe ein eiförmiges, 3—6 cm langes, dichtes Gehäuse, den Kokon. Im allgemeinen rechnet man auf 12—18 kg Kokons ein Kilogramm gehaspelte Rohseide. Die abgehaspelte, rohe Seide ist also von einem leimartigen Überzuge (Bast, Sericin) umhüllt und hat weiße, gelblich-

Die edle Seide.

weiße, gelbe, gelblichgrüne usw. Farbe. Dieser Überzug, der die Seide hart und steif macht, wird durch Kochen mit Seifenwasser oder Seifenschaum (das Degummieren, Entschälen, Entbasten, Abkochen, Abziehen der Seide) entfernt, worauf der Faden sein eigentlich schönes Aussehen, größere Weichheit, den nach ihm benannten Seidenglanz und Seidengriff (Krachen, Craquant, Seidenschrei, Knirschen) erhält. Dabei verliert die Seide je nach Art und Herkunft an Gewicht etwa 20—25%. Die Benennungen „Cuit", „Mi-cuit", „Souple" (halb entbastet) bezeichnen die Grade der Abkochung. Der äußere Flaum, welcher sich nicht abhaspeln läßt, sowie alle verwirrten Fäden, fehlerhaften Kokons und der Abfall beim Haspeln der Seide geben die Flockseide. Aus dieser wird die Floret- und Schappe-(Chappe-)seide gesponnen. Eine noch geringere Sorte aus den Abfällen der Schappeseide gesponnen, stellt die Bourette-seide dar.

Die Länge eines Kokonfadens beträgt bis 3000 m, hiervon sind etwa 900 m haspelbar, während Anfang und Ende der Kokons nicht abgehaspelt werden können, sondern als Ausschuß weiterverarbeitet werden. Zum Abhaspeln werden die Kokons in warmem Wasser aufgeweicht, mit Reisigbesen geschlagen und die an den Besenreisern haften bleibenden Enden der Haspel zugeführt. Die Dicke der Fäden ist am Anfang und am Ende, wie in der Mitte der Kokons nicht gleich, sondern differiert selbst bei besten Kokons um einige Deniers; auch bei den besten Haspelseiden sind Unterschiede von 2 den. in der Seide vorhanden. Beim Abhaspeln werden immer mehrere Kokonfäden zusammengenommen und zu einem Seidenfaden vereinigt. Dieses Ersterzeugnis der Haspelung kommt unter dem Namen Grege oder Grège in den Handel. Zwei bis vier solcher Gregefäden, die beim Haspeln nicht verzwirnt wurden, werden dann zu einem Faden mit 80 bis 100 Drehungen pro Meter verzwirnt. Der so entstandene Seidenfaden heißt „Trame". Werden die Gregefäden beim Haspeln scharf vorgedreht und dann miteinander scharf verzwirnt, so entsteht die „Organsin" oder „Organzin". Die glänzendere Trameseide wird als Schuß, die weniger glänzende Organsinseide als Kette verarbeitet. Die Grege wird entweder zu weiteren Gespinsten doubliert, mouliniert usw. oder roh verwebt, da sie nicht färbbar ist. Zu Organsin werden die besseren, zu Trame die mittleren bis niederen Kokons verwendet. Kokons schlechterer Qualität ergeben die sogenannte „Pelseide".

Die Feinheitsnummer des Seidenfadens, der sogenannte „Titer" wird ganz allgemein und international durch das Grammgewicht von 9000 m Seidenfadenlänge ausgedrückt (Anzahl Deniers = 0,05 g in 450 m); das ist der legale oder internationale Seidentiter (s. a. S. 113 und 47). Wegen der natürlichen Ungleichmäßigkeit des Seidenfadens und der Ungleichmäßigkeit der Haspelung usw. ist der Titer der Seide in seiner ganzen Länge nicht scharf einheitlich. Die Grenzwerte werden im Handel deshalb durch entsprechende Zahlen angegeben, z. B. Grege 9/11, Organzin 18/20, Trame 36/40 usw. Außerdem sind noch Toleranzabweichungen von ± 3% im Handel vielfach üblich (s. a. bei Kunstseide, S. 46).

Die Feinheitsnummer des Seidenfadens kann (außer nach dem üblichen Haspelverfahren, s. S. 114) annähernd durch Auszählen der Einzelkokons bestimmt werden. Der entbastete Seidenfaden wird angefeuchtet und in die verschiedenen Gregefäden zerlegt. Diese legt man noch feucht zwischen zwei Objektträger und reibt sie vorsichtig gegeneinander, bis sich die einzelnen Spinnfäden isoliert zeigen (ein Kokonfaden besteht aus zwei Spinnfäden). Schließlich werden diese Einzelfäden gezählt: die sich ergebende Zahl wird mit $1^1/_5$ multipliziert; das Produkt ist die Feinheitsnummer in Deniers. Beispiel: Ein Tramefaden besteht aus 4 Gregefäden, jeder davon aus 12 Einzelfäden. Der Titer ist dann: $4 \times 12 \times 1^1/_5 = 57{,}6$ oder 56/60 den.

Erschwerung. Durch Abkochen verliert die Seide im allgemeinen 20—25% ihres Gewichtes an Bast, der in der Färberei meist erheblich darüber hinaus wieder durch die Erschwerung eingebracht wird. Diese Erschwerung wird in % über oder unter Rohgewicht, bzw. über oder unter pari (ü. p. oder u. p.) angegeben. Auf 100% ü. p. erschwerte Seide bedeutet also, daß 100 kg Rohseide nach der Erschwerung lufttrocken 200 kg ergeben haben. Man nennt also das Gewicht, um welches der Faden das Roh- oder Parigewicht übersteigt „Erschwerung" oder „Charge". Wenn demnach eine Seide, die beim Abziehen 25% Bast verloren hatte, auf 50% ü. p. erschwert worden ist, so enthält die erschwerte Seide in Wirklichkeit nur 75 T. Reinfaser und 75 T. Erschwerung.

Infolge dieser in der Seidentechnik allgemein üblichen Bezeichnungsweise läßt sich der Rohtiter gefärbter bzw. erschwerter Seide nicht ohne weiteres durch Wägung bestimmter Längen ermitteln. Hierdurch würde nur der Titer der gefärbten und erschwerten Seide festgestellt werden, der von demjenigen der Rohseide oft sehr erheblich abweicht. Auf 50 bzw. 100% erschwerte Seide würde z. B. einen um 50 bzw. 100% höheren Titer ergeben als der Rohseide in Wirklichkeit zukommt.

Schätzung der Seidenerschwerung. Handelt es sich um genaue Bestimmungen der Seidenerschwerung, so wird diese nach speziellen chemischen Verfahren ermittelt[1]). Man kann aber auf Grund des Titers der gefärbten Seide und des nach der Faserzahlmethode geschätzten Rohtiters die Erschwerung annähernd berechnen. Man wägt eine bestimmte Fadenlänge, z. B. 450 m der gefärbten, lufttrockenen (möglichst bei 65% Luftfeuchtigkeit ausgelegten) Seide genauestens ab und rechnet das Gewicht auf 9000 m um (= Titer der gefärbten Seide). Anderseits wird der Rohtiter durch Auszählen der Einzelkokonfäden bestimmt (s. o. Einzelfaserzahl $\times 1^{1}/_{5}$ = Rohtiter). Man hat nun zwei Werte, aus denen die jeweilige Erschwerung in einfacher Weise berechnet werden kann. Beträgt z. B. der Rohtiter 19 den. und der Titer der gefärbten Seide 30,4 den., so beträgt die Erschwerung $= \left(\dfrac{30{,}4-19}{19}\right) \cdot 100 = 60\%$ ü. p.

Schappeseide (Florettseide, Filosellseide). Schappeseide oder Seidenschappeseide ist gesponnene Seide. Die Fäden von schlechten, nicht haspelbaren Kokons, Doppelkokons, durchbrochenen Kokons, Abfällen beim Haspeln (Strusi) usw. werden auf besonderen Spinnmaschinen nach eigenem Spinnverfahren (Schappespinnverfahren) zu einem Faden versponnen (Seidenabfallspinnerei). Dieser Faden besteht aus gerissenen kurzen Faserstücken und ist im Gegensatz zu Trame- oder Organsinseide faserig, während diese glatt sind. Die Schappe wird hauptsächlich zu Seidensamten verarbeitet. Die Feinheitsnummer der Schappe ist die metrische, sie gibt also die Anzahl Meter an, die ein Gramm erfüllt. Schappe Nr. 60 enthält also 60 000 m Faden im Kilogramm usw. (s. a. S. 114).

Der beim Spinnen von Schappe-, Florett- oder Filosellseide sich ergebende wertvolle Abfall wird zu einem weiteren Seidenabfallgarn von geringerer Güte, dem Bourettegarn, versponnen. Die Seidenabfallspinnerei umfaßt also a) die Schappe- und b) die Bourettespinnerei. Das Spinngut für die Bourettespinnerei (der Seidenkämmling oder die Stumba) besteht aus meist 40—60 mm

---

[1]) S. z. B. Heermann: Färberei- und textilchemische Untersuchungen. Berlin: Julius Springer.

langen, stark verwirrten und mit Schalenteilchen und feinen Knötchen stark verunreinigten Fasern, so daß die Bouretteseide meist schon nach dem Äußeren von der Schappe unterschieden werden kann. Ein weiteres Kennzeichen sind die kurzen Fasern.

Außer der Seidenschappe oder schlechtweg der „Schappe", die aus Maulbeerbaumseide hergestellt wird, kommt auch noch Tussahschappe vor, die entsprechend aus Abfällen und aus nicht haspelbaren Teilen der Tussahspinnerseide gesponnen wird. Sie wird hauptsächlich für Tussahplüschwaren (Pelz-, Sealskinimitationen) verwendet.

Mikroskopie.

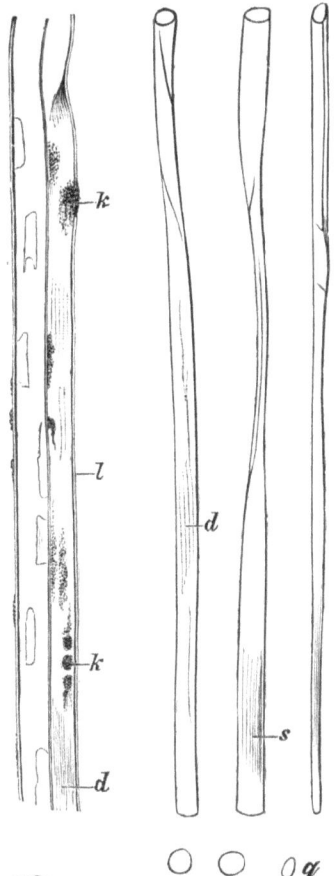

Die edle Seide des Maulbeerspinners zeigt unter dem Mikroskop entweder einen einfachen oder einen Doppelfaden ohne oder mit Sericinhülle. Letztere ist glatt, faltig, wulstig, ungleich dick und oft querspaltig. Die Fibroinfäden sind annähernd zylindrisch, dann im Längsverlauf auch bandartig (Abb. 72). Luftkanäle und Schuppen sind nie, Längsstreifen selten vorhanden. Die Fibroinfäden der äußeren und inneren Schicht des Kokons sind ungleich dick. Die abhaspelbare Seide ist gleichmäßiger, kann aber am Anfang und am Ende eines Kokons um etwa 10% differieren. Die Breite des einzelnen Kokonfadens im entbasteten Zustande schwankt zwischen 8—16 μ (im Mittel 12—14 μ), je nach Herkunft. China- und Kantonseiden sind feiner und etwa 8—10 μ dick, japanische und italienische Seiden dicker, etwa 12—16 μ.

In chemischer Beziehung sind die Seiden (auch wilde) Eiweißkörper. Die edle Seide löst sich allmählich in 10proz. heißer Kali- oder Natronlauge auf, wenngleich merklich schwerer als Wolle und Tierhaare; Kupferoxydammoniak löst schwer. Zucker und Schwefelsäure färben sie unter Auflösung rosenrot (Eiweißreaktion), Salzsäure unter allmählicher Auflösung rötlich bis violett. Die Seide verbrennt ähnlich wie Wolle und entwickelt einen ähnlichen Geruch. Sie ist schwefelfrei und gibt deshalb nicht (wie es Wolle tut) beim Erhitzen in alkalischer Bleilösung Schwärzung, ebenso beim Zusatz von Nitroprussidnatrium zu der alkalischen Auflösung keine Rot- bzw. Violettfärbung. Von Baumwolle und pflanzlichen Fasern aller Art

Abb. 72. Organzinseide (nach v. Höhnel). Vergr. 340. A ungekochte, B abgekochte Seide; k Körnerhäufchen auf der Sericinschicht l, welche den Fibroinfaden d überzieht; s zarte Längsstreifung, q Querschnitte der Rohseide und des Fibroinfadens.

kann sie durch Alkalien oder basisches Chlorzink, von Wolle durch ihre Löslichkeit in Schwefelsäure oder basischem Chlorzink getrennt werden. Der Stickstoffgehalt des Seidenfibroins beträgt 18,33%. Aus dem Stickstoffgehalt des

Materials kann auf solche Weise der Fibroingehalt berechnet werden[1]). Er schwerte Seide erscheint unter dem Mikroskop wie reine, unerschwerte Seide.

Tussahseide.

Die wilden Seiden, von denen die Tussahseide technisch die weitaus wichtigste ist, unterscheiden sich von der edlen Seide zunächst durch die merklich größere Faserdicke. Die Tussahseide von Bombyx Mylitta schwankt in der Dicke zwischen 14—75 μ und ist im Mittel etwa 40 μ dick, von Bombyx Selene (27—41 μ) im Mittel etwa 34 μ. Sie ist deutlich gelb bis braun gefärbt (Yamamayseide ist unter dem Mikroskop farblos); der Querschnitt ist dreiseitig; am Rande ist eine Rindenschicht von feineren Fibrillen sichtbar; die innere Schicht ist lockerer. Im Längsverlaufe ist sie fibrillös, streifig, teilweise flachgedrückt; Luftkanäle sind fast immer, stellenweise auch Kreuzungsstellen vorhanden (Abb. 73). In chemischer Beziehung verhält sich Tussahseide der edlen Seide ähnlich. Sie ist in Salzsäure schwerer, in kaustischen Alkalien nur teilweise löslich.

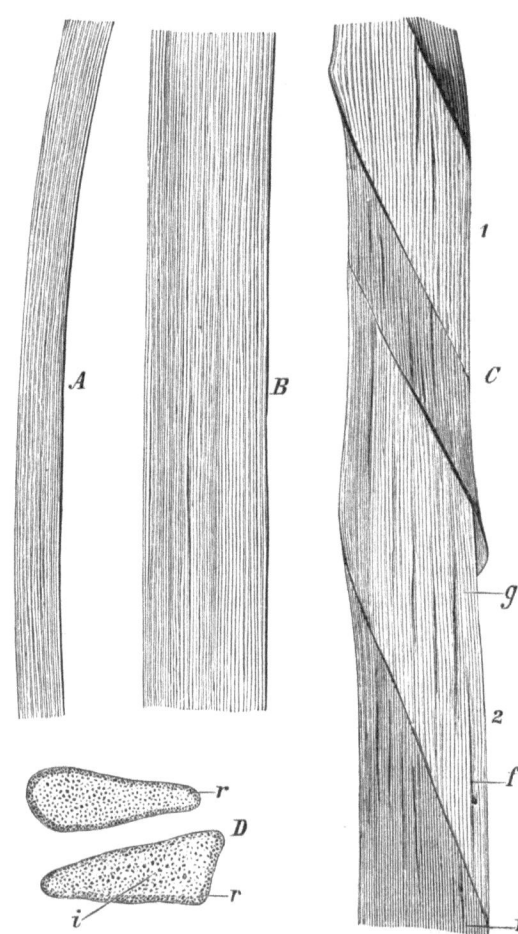

Abb. 73. Tussahseide von Bombyx Selene (nach v. Höhnel). A Seitenansicht, B und C Flächenansichten des einfachen Fibroinfadens, C 1, 2 dünne Kreuzungsstellen, r dichtere Rindenschicht der Faser, i lockere Innenschicht, f Luftkanäle, g Fibrillen.

Asbest.

Asbest (Hornblendenasbest, Serpentinasbest, Amianth, Bergflachs, Bergseide, Federalaun) ist eine Abart des Tremoliths und besteht aus sehr weichen und etwas elastischen, lose miteinander verbundenen, bis über $1/3$ m langen Fasern (Nadeln), welche meist gleichlaufend, leicht voneinander trennbar, durchscheinend

---

[1]) S. a. Heermann: „Färberei- und textilchemische Untersuchungen". Berlin: Julius Springer.

und grünlichweiß, selten gelblich oder rötlich sind. Er besitzt Perlmutterglanz, fühlt sich sanft und seidig an und hat ein spezifisches Gewicht von 1,9—3, die Härte von 5,5—6. Er besteht aus **Magnesia, Kalk** und **Kieselsäure** mit wechselnden Mengen von Wasser und Eisenverunreinigungen. In Säuren ist er z. T. löslich. Die Hauptfundorte sind: Kanada, Südafrika, Sibirien; kleinere Fundorte sind in Europa, einschließlich Deutschlands, zerstreut.

Man benutzt den Asbest vielfach zu feuerfesten Geweben, Seilen und als geschätztes Dichtungs- und Wärmeschutzmittel zu Platten, Zylindern usw. Der Rohasbest wird durch Reißmaschinen zerteilt oder durch Walzwerke gequetscht und in Kochkesseln vollkommen in seine faserigen Elemente zerlegt. Die Trennung der längeren von den kürzeren Fasern geschieht mit dem Reißwolf, die weitere Verarbeitung mit der Vorspinnkrempel. Das Feinspinnen erfolgt mit zwei- bis dreimaliger Streckung auf Spindelbänken. Das Asbestgarn wird gezwirnt, geflochten und verwebt wie andere Garne, mit oder ohne Verwendung anderer Fasern, z. B. Baumwolle.

Mikroskopisch läßt sich Asbest von sämtlichen pflanzlichen und tierischen Fasern durch seine mineralisch-kristallinische Struktur und seine Feinheit (Elementarfasern bis 0,5 μ breit) sofort unterscheiden. Chemisch und physikalisch unterscheiden sich die verschiedenen Asbeste in bezug auf Glühverlust, Säurelöslichkeit und chemische Zusammensetzung sehr wesentlich untereinander[1]).

Nach den **Begriffsbestimmungen** der Deutschen Asbestindustrie gelten Asbesterzeugnisse (Gespinste, Fäden, Schnüre, Seile, Gewebe, Geflechte, Kleidungsstücke usw.) als „chemisch rein", wenn sie keinerlei fremde Beimengungen enthalten. Ein Asbesterzeugnis mit Baumwollbeimengung ist also nicht mehr als „chemisch rein", sondern als „handelsrein" zu bezeichnen, auch wenn der Baumwollzusatz nur etwa 5% beträgt. Andere Bezeichnungen als „chemisch rein" und „handelsrein" (etwa „technisch rein") sind nicht handelsüblich und lassen den Verdacht einer Täuschungsabsicht aufkommen. Für Asbestplatten oder -pappen und die daraus hergestellten Fabrikate (z. B. Ringe, Kochhalter, Bügeleisenformen u. dgl.) ist zur Unterscheidung von Asbestgeflechten und -gespinsten nicht die Bezeichnung „chemisch rein" gebräuchlich, sondern die Bezeichnung „97/98% Asbestgehalt". So bezeichnete Asbestplatten u. ä. dürfen nur Asbest und das erforderliche **Bindemittel** enthalten, also außer dem Bindemittel keinerlei Zusätze, wie sie zu „handelsreinen" Waren zugefügt zu werden pflegen. Doch kann mit der handelsüblichen Bezeichnung „97/98%ig" keine Gewähr dafür übernommen werden, daß die Bindemittel höchstens 3% ausmachen, da es technisch unmöglich ist, das Verhältnis der Bindemittel zum Asbest im voraus mit solcher Genauigkeit einzuhalten. Die Bezeichnung ist deshalb gewählt, weil erfahrungsgemäß bei Asbestplatten, die nur Asbest und Bindemittel enthalten, der ungefähre durchschnittliche Gehalt der Bindemittel 2—3% beträgt (Mitt. d. Wirtschaftsvereins der Deutschen Asbestindustrie, E. V.).

Sehr häufig ist in Asbestgespinsten das Vorhandensein und die Menge von **Baumwolle** zu bestimmen. Das Vorhandsein von Baumwolle ist auf mikroskopischem Wege sehr einfach nachzuweisen. Auch läßt sich der Baumwollgehalt bei einiger Erfahrung auf Grund des mikroskopischen Bildes annähernd schätzen (innerhalb etwa 5—10%). Die genaue Bestimmung des Baumwollgehaltes ist nach den Untersuchungen von Heermann und Sommer (a. a. O.) am besten durch Herauslösen der Baumwolle mit Kupferoxydammoniak (Kuoxam) und Zurückwägen des baumwollfreien Asbestes zu bewerkstelligen. Auch läßt sich die gelöste Baumwolle wieder mit Säure ausfällen und direkt zur Wägung bringen. Dahingegen läßt sich der Baumwollgehalt nicht durch Ermittlung des Glühverlustes bestimmen, weil der Glühverlust der Asbeste innerhalb weiter Grenzen schwankt (zwischen 1 und 20%); ebensowenig läßt sich die Baumwolle (ohne einen Teil des Asbestes mit zu lösen) durch Herauslösen der Baumwolle mit konzentrierter Mineralsäure bestimmen, zumal die Löslichkeit der verschiedenen Asbeste in Säuren gleichfalls sehr verschieden ist.

---

[1]) S. a. Heermann und Sommer: Zur Kenntnis der Asbeste und die Bestimmung von Gemischen aus Asbest und Baumwolle. Textilber. 1922. S. 338 ff.

Glas.

Glas, ein Doppelsilikat des Kalziums mit einem Alkali (Kalium, Natrium) oder mit Bleioxyd, kann zu feinen Fäden bis zu der metrischen Nummer 5000 ausgezogen und zu Geweben als Schuß in Seidenstoffen, Phantasieartikeln usw. verwendet werden. Seine Anwendung ist aber eine sehr beschränkte und ohne Bedeutung.

Die Glasfäden werden ohne weiteres makro- und mikroskopisch, sowie auf chemischem Wege und durch die Glühprobe erkannt.

Metalle.

In der Textilindustrie werden zu Weberei- und ähnlichen Zwecken sowohl unedle als auch edle Metalle verwendet.

Von unedlen Metallen sind die wichtigsten: Eisen, Kupfer und Messing. Neben einfachen kommen auch gezwirnte Drähte vor.

Die wichtigsten Drähte aus edlem Metall sind: Silber- und Golddraht. Der echte Silberdraht besteht aus Feinsilber, der „echte Golddraht" aus vergoldetem Feinsilber. Die Vergoldung kann eine leichtere, galvanische, und eine dickere, Feuervergoldung sein. Erstere ist die meist angewendete. Im Gegensatz zu „echtem Golddraht" würde man Draht, der aus Feingold besteht, „massiven Golddraht" bezeichnen.

Der unechte Silberdraht besteht aus Kupfer mit Silberüberzug; unter unechtem Golddraht versteht man meist Messingdraht, mitunter auch — vergoldeten Kupferdraht. Unechten Golddraht bezeichnet man auch mit leonischem (oder lyonischem) Golddraht. Die Metallfäden aus edlen Metallen verwendet man meist in der durch Auswalzen entstandenen Bandform als sogenannten Lahn, der dann durch Zusammenzwirnen mit einem Seiden- oder Wollfaden (Brillantwolle) oder durch Umspinnen des letzteren in die Fadengestalt gebracht wird. Der Goldfaden in alten goldgewirkten Geweben, der sogenannte zyprische Faden, besteht aus einem Kernfaden von Leinen oder Seide, der mit einem vergoldeten Darmhäutchen umwickelt wurde.

Metalldrähte und Lahn verwendet man zu Borten, Tressen, Bändern, Schnüren sowie zu Posamentierarbeiten sonstiger Art, dann zu Gold- und Silberbrokaten, zu Gobelins für Gold- und Silberstickereien usw. Ein großer Nachteil der meisten Metallfäden ist, daß sie in Stickereien und Geweben leicht anlaufen, was in der Regel auf Rückstände in den Textilien oder auf atmosphärische Einflüsse zurückzuführen ist[1]).

Bei der Untersuchung der Metallfäden kommt in erster Linie die chemische Analyse zu Wort. Die Fäden haben bei edlen Metallen stets einen vorgeschriebenen Feinsilber- oder Feingoldgehalt zu erfüllen, der je nach dem Erzeugnis und der Bestimmung desselben sehr schwankend ist.

Messung und Regelung der Luftfeuchtigkeit.

Die atmosphärische Luft enthält stets eine bestimmte Menge Wasserdampf. Die Anzahl Gramme Wasserdampf in einem Kubikmeter Luft (g/cbm) nennt man den absoluten Feuchtigkeitsgehalt der Luft. Bei einer bestimmten Temperatur kann die Luft nur einen bestimmten Höchstgehalt an Wasserdampf aufnehmen; diesen Punkt nennt man den „Taupunkt". Jedes Mehr würde sich als Wasser, Tau, Nebel oder Regen niederschlagen. In der Regel enthält die Atmosphäre nun aber nicht den Höchstgehalt von Wasserdampf, ist also nicht „gesättigt". Das Verhältnis des tatsächlich vorhandenen Wassergehaltes in 1 cbm Luft zu dem bei der jeweiligen Temperatur möglichen Höchstgehalt in

---

[1]) Näheres s. Heermann: Färberei- und textilchemische Untersuchungen.

1 cbm Luft nennt man die „relative Feuchtigkeit" und drückt diese in Prozenten des möglichen Höchstgehaltes aus:

$$\frac{\text{jeweiliger Wassergehalt in g/cbm}}{\text{höchster Wassergehalt in g/cbm}} \cdot 100.$$

Ist beispielsweise der absolute Feuchtigkeitsgehalt der Luft bei 18 °C = 10 g in 1 cbm, so ergibt sich hieraus als relativer Feuchtigkeitsgehalt:

$$100 \cdot \frac{10}{15,3} \text{ oder} = 65,36\%.$$

Aus nachstehender Tabelle[1]) ist der absolute Feuchtigkeitsgehalt der mit Wasserdampf gesättigten Luft bei den Temperaturen zwischen 0 und 100 °C ersichtlich.

In 1 cbm Luft	In 1 cbm Luft
bei — 10° C = 2,3 g	bei + 17° C = 14,4 g
„ — 5° C = 3,4 g	„ + 18° C = 15,3 g
„ 0° C = 4,9 g	„ + 19° C = 16,2 g
„ + 1° C = 5,2 g	„ + 20° C = 17,2 g
„ + 2° C = 5,6 g	„ + 21° C = 18,2 g
„ + 3° C = 6,0 g	„ + 22° C = 19,3 g
„ + 4° C = 6,4 g	„ + 23° C = 20,4 g
„ + 5° C = 6,8 g	„ + 24° C = 21,6 g
„ + 6° C = 7,3 g	„ + 25° C = 22,9 g
„ + 7° C = 7,7 g	„ + 26° C = 24,2 g
„ + 8° C = 8,3 g	„ + 27° C = 25,6 g
„ + 9° C = 8,8 g	„ + 28° C = 27,0 g
„ + 10° C = 9,4 g	„ + 29° C = 28,5 g
„ + 11° C = 9,9 g	„ + 30° C = 30,1 g
„ + 12° C = 10,6 g	„ + 35° C = 39,3 g
„ + 13° C = 11,3 g	„ + 40° C = 50,8 g
„ + 14° C = 12,0 g	„ + 50° C = 82 g
„ + 15° C = 12,8 g	„ + 60° C = 130 g
„ + 16° C = 13,6 g	„ + 80° C = 294 g
	„ + 100° C = 589,6 g.

Bei der Prüfung von Textilien ist aber nicht der absolute, sondern der relative Luftfeuchtigkeitsgehalt ausschlaggebend, denn die Luft gibt ihr Wasser um so leichter an andere hydroskopische Gegenstände ab, je mehr sich ihr Wassergehalt demjenigen des Sättigungspunktes nähert.

Da nun einerseits alle Textilfasern bis zu einem gewissen Grade hydroskopisch sind, d. h. die Eigenschaft besitzen, aus der sie umgebenden Luft eine gewisse Menge Feuchtigkeit aufzunehmen[2]) (s. Konditionierung), andererseits aber der Feuchtigkeitsgehalt der Fasern z. T. einen größeren Einfluß auf deren physikalische Eigenschaften hat (s. Festigkeitsprüfungen), so ist es sowohl für industrielle Betriebe[3]) als

---
[1]) Kohlrausch: „Praktische Physik" und Rietschel: „Heizungs- und Lüftungsanlagen".

[2]) In trockener Luft aber wiederum bis zu einem gewissen Gleichgewichtszustand abzugeben.

[3]) Nach Literaturangaben soll z. B. die relative Luftfeuchtigkeit in technischen Arbeitsräumen etwa betragen: a) In Baumwollspinnereien, Vorbereitung 50—60%, Spinnerei 60—70%, in Leinenspinnereien, Vorbereitung 60—70%, Spinnerei 70—80%; in Jutespinnereien 70—80%; bei der Verarbeitung der Seide 70—80%; Wolle 80—90%; Ramie 80—90%. b) In Webereien: Baumwolle 80 bis 90%, Leinen 75—85%, Jute 70—80%, Seide 75—85%, Wolle 70—80%, Ramie 80—90%. Die Verarbeitung der Kunstseide verlangt dagegen trockene Räume.

auch für genaue Materialprüfungen erforderlich, unter stets gleichem relativen Feuchtigkeitsgehalt der Atmosphäre zu arbeiten. Dieses ist aber nur dann möglich, wenn die Untersuchungsstelle mit den nötigen Einrichtungen zum Messen und zum Regulieren der Luftfeuchtigkeit ausgestattet ist. In geringerem Maße spielt die Temperatur des Arbeitsraumes eine Rolle. Fälschlicherweise wird in Laienkreisen bisweilen angenommen, daß einer bestimmten Temperatur stets eine und dieselbe Feuchtigkeit entspricht.

Das Messen der Luftfeuchtigkeit[1]).

Am verbreitetsten sind der Feuchtigkeitsmesser von Koppe (bzw. Saussure) und derjenige von Lambrecht. Beide beruhen auf der Eigenschaft der Haare, sich bei zunehmender Feuchtigkeit zu längen, bei abnehmender zu verkürzen. Man hat insbesondere gefunden, daß sich ein sorgfältig entfettetes Menschenhaar bei einer bestimmten Feuchtigkeit mit großer Genauigkeit auf ein und dieselbe Länge einstellt.

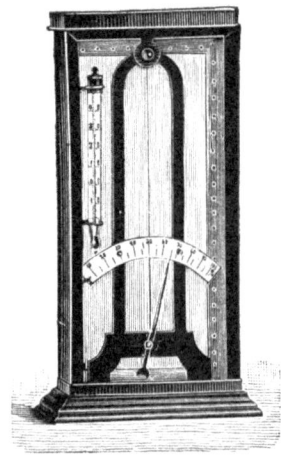

Abb. 74. Hygrometer (nach Koppe).

Koppe (System Saussure) verwendet ein einzelnes Haar (Frauenhaar), das über einen Rahmen gespannt ist. Es ist oben um einen Stift geschlungen, unten um ein am Gestell drehbar gelagertes Röllchen geführt, daran befestigt und mit einem Gewicht von etwa 0,5 g belastet. Das Gewicht kann auch durch eine Feder ersetzt werden. Auf der Achse der Rolle ist ferner ein Zeiger angebracht, welcher sich über einer Skala bewegt. Verkürzt sich nun das Haar, so schlägt der Zeiger nach links aus, wird es bei zunehmender Feuchtigkeit länger, so bewegt sich der Zeiger nach rechts. Die Skala ist so eingerichtet, daß sie unmittelbar die relative Feuchtigkeit ablesen läßt (Abb. 74).

Das Einstellen des Apparates ist sehr einfach. Man benetzt hierzu den beigegebenen mit Gaze bespannten Rahmen, bringt ihn in den Rahmen des Apparates ein und bedeckt letzteren. Die Luft wird sich nun bald mit Feuchtigkeit sättigen und der Zeiger auf 100 vorrücken. Rückt der Zeiger trotz einer leichten Erschütterung des Apparates nicht so weit oder zu weit vor, so wird vermittels des beigegebenen Schlüssels durch Drehung des oberen Stiftes der Zeiger auf 100 gebracht. Bleibt der Zeiger noch nach geraumer Zeit auf 100 stehen, so kann die Einstellung auf den Höchstpunkt als beendigt angesehen werden. Der Vollständigkeit halber wird in ähnlicher Weise der Nullpunkt kontrolliert bzw. eingestellt. Er wird gefunden, indem man den ganzen Apparat unter eine Glasglocke mit vollständig trockner Luft bringt und so lange beobachtet, bis der Zeiger seine Stellung nicht mehr ändert. Die Schwierigkeit liegt hier in der völligen Austrocknung der Luft, die sich durch Filtration der Luft durch Chlorkalzium, Schwefel-

---

[1]) S. z. B. G. Herzog: Über die Bedeutung der Luftfeuchtigkeit in der Textilindustrie und ihre Messung. Textilber. 1922. S. 453, 471.

säuremonohydrat, Phosphorpentoxyd oder ähnliche Hilfsmittel erreichen läßt, was aber weit mehr Mühe bereitet und Zeit beansprucht, als umgekehrt die Sättigung der Luft mit Wasserdampf.

Für genaue Untersuchungen reicht die erwähnte Kontrolle des Apparates übrigens nicht aus. Das Staatliche Materialprüfungsamt benutzt zu der Einstellung des Haarhygrometers das Aspirationshygrometer (s. weiter unten).

Das Hygrometer von Lambrecht (s. Abb. 75) beruht auf demselben Grundsatz, hat jedoch statt eines Haares einen Strang von mehreren Haaren. Die einzelnen Haare können sich allerdings nie ganz gleichmäßig ausdehnen; die Folge davon ist, daß der Zeiger meist um einen Punkt pendelt. Eine zweckmäßige Verbesserung gegenüber dem Saussureschen Haarhygrometer ist darin zu erblicken, daß der Haarstrang unten nicht über eine Rolle geführt ist, also auch nicht der Beanspruchung unterworfen ist, die durch das beständige Umbiegen und Strecken des Haares verursacht wird. Der Apparat hat ferner den Vorzug größerer Haltbarkeit und ist zum Aufhängen an die Wand eingerichtet. Das Polymeter von Lambrecht enthält außerdem auf der Feuchtigkeitsskala und einem beigegebenen Thermometer noch verschiedene Angaben über den Taupunkt und die größte Sättigungsspannung[1]) der betreffenden Temperatur.

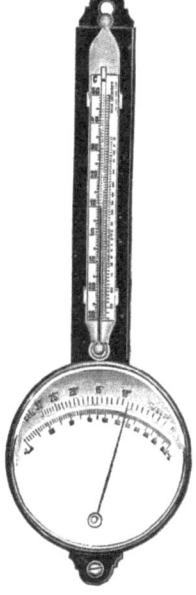

Abb. 75. Hygrometer (nach Lambrecht).

Selbstregistrierende Hygrometer. Um die Veränderung der Luftfeuchtigkeit über einen längeren Zeitraum beobachten zu können, hat man sogenannte selbstregistrierende Hygrometer gebaut, die mit einer Schreibvorrichtung ausgestattet sind und auf einer durch eine Uhr in Umdrehung versetzten Trommel dauernd die jeweilige Luftfeuchtigkeit in Gestalt einer Kurve aufzeichnen. Sehr wichtig sind diese Kontrollinstrumente in allen Betrieben, wo die Luftfeuchtigkeit eine wichtige Rolle spielt und dauernd in bestimmten Grenzen gehalten werden soll, ferner in Prüfungslaboratorien, wo häufig bei über

---

[1]) Auf der Feuchtigkeitsskala ist außer den Feuchtigkeitsgraden noch eine zweite Gradteilung so angebracht, daß man die zu einer Zeigerstellung gehörende Temperatur nur von der jeweiligen Lufttemperatur abzuziehen braucht, um den Taupunkt der vorhandenen Temperatur zu finden. Ferner besitzt das Thermometer rechts eine zweite Skala, welche die zu den linksstehenden Temperaturen erforderliche größte Sättigungsspannung und die ungefähre Sättigungsmenge des Dampfes in Grammen auf 1 cbm angibt. Aus diesen Ablesungen kann man annähernd die jeweilige Dampfspannung und den absoluten Feuchtigkeitsgehalt der Luft berechnen. Denn es ist bei f% relativer Sättigung der herrschende absolute Wassergehalt = $\frac{f}{100}$ multipliziert mit dem an dem Thermometer abgelesenen Höchstgehalt an Wasser, der bei dieser Temperatur möglich ist. Desgleichen findet man die vorhandene Spannung des in der Luft befindlichen Wasserdampfes, wenn man mit demselben Faktor die von dem Thermometer angezeigte, bei der betreffenden Temperatur mögliche Höchstspannung multipliziert.

längere Zeit sich erstreckenden Versuchen genaue Kenntnis der dabei herrschenden Luftfeuchtigkeit oder eine Kontrolle hinsichtlich der Luftfeuchtigkeit erforderlich ist. Bei dem Hydrographen von Lambrecht sind mehrere abgestimmte Haarbündel rahmenartig parallel zueinander angeordnet. Die Längenänderungen werden auf diese Weise nicht nur vergleichmäßigt, sondern auch so verstärkt, daß selbst bei sehr kleinen Änderungen der Schreibstift mit Sicherheit betätigt wird. Auch andere Firmen wie Fueß in Berlin-Steglitz und neuerdings auch C. P. Goerz in Berlin-Friedenau bauen derartige Registrier-Instrumente.

Hygrometer und Polymeter sind von Zeit zu Zeit auf die Richtigkeit ihrer Anzeigen zu prüfen. Brüggemann[1]) hängt zu diesem Zwecke den Apparat an die Wand und benetzt den Haarstrang am besten mit einem Zerstäuber so lange, bis das Wasser abtropft, wobei zu vermeiden ist, daß sich das Wasser an Hebel und Achse ansetzt oder der Haarstrang an der Gehäusewand festklebt. Das überschüssige Wasser ist dann mittels Löschpapier abzusaugen. Nach etwa einer

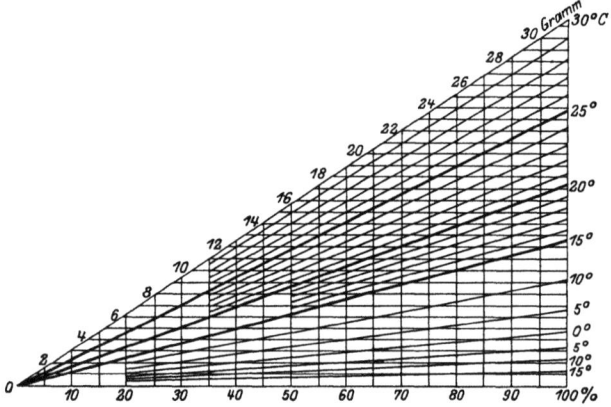

Abb. 76. Diagramm zur Reduktion der relativen Feuchtigkeit und der Temperatur in absolute Feuchtigkeit und zur Bestimmung des Taupunktes.

Stunde wird die Anfeuchtung wiederholt und nach weiteren 15—20 Minuten wird das Instrument — wenn es richtig anzeigt — 95% Feuchtigkeit angeben; andernfalls ist es auf 95% einzustellen. Nur in dichtem Nebel zeigt der Apparat auf 100%. Nach mindestens 24 Stunden kann der Apparat in Gebrauch genommen werden.

Vermittels des vorstehenden Diagramms (Abb. 76) können auf einfache Weise ohne Berechnung aus der am Hygrometer abgelesenen relativen Feuchtigkeit und aus der jeweilig herrschenden Temperatur die absolute Feuchtigkeit und der Taupunkt abgeleitet werden.

1. Beispiel. Ablesung am Hygrometer: 65%, Ablesung am Thermometer: 10° C. Geht man auf dem Diagramm vom Schnittpunkt der beiden Linien (65% rel. Feucht. und 10° C) in der Horizontalen nach links, so findet man 6 g, d. h. es sind in 1 cbm dieser Luft 6 g Wasserdampf enthalten (absolute Feuchtigkeit); verfolgt man die Horizontale nach rechts, so findet man den Taupunkt bei 3° C, d. h. die Luft kann von 10° bis auf 3°, also um 7° abgekühlt werden, bis Niederschlag oder Taubildung erfolgt.

2. Beispiel. Ablesung am Hygrometer: 65%, Ablesung am Thermometer: 25° C. Dann ist die absolute Feuchtigkeit = 15,3 g, der Taupunkt liegt bei 18° C.

---

[1]) „Die nötigen Eigenschaften der Gespinste und deren Prüfung."

Aspirations-Psychrometer (von August).

Es ist das genaueste physikalische Instrument zur Bestimmung der Luftfeuchtigkeit und Justierung der vorerwähnten Apparate. Es besteht aus einem Barometer und zwei nebeneinander angeordneten Thermometern, von denen das eine am Quecksilbergefäß mit einem feuchten Lappen umgeben ist. Ferner ist ein kleiner mit Uhrwerk betriebener Ventilator vorhanden, welcher die Luft nach dem feuchten Thermometer saugt. Um ein gegenseitiges Beeinflussen der beiden Thermometer zu verhüten, sind diese durch eine Wand getrennt. Während nun das trockene Thermometer die jeweilige Zimmertemperatur angibt, zeigt das feuchte Thermometer einen niedrigeren Stand, und zwar einen um so niedrigeren, je schneller die Wasserverdunstung an der Quecksilberkugel vor sich geht, also je trockener die Luft ist. In mit Wasserdampf gesättigter Luft zeigen dagegen beide Thermometer gleich hoch an. Aus diesem Grunde ist es wichtig, die zirkulierende Luft in möglichst innige Berührung mit dem feuchten Läppchen zu bringen, was Aufgabe des Ventilators ist. Aus dem Barometerstand, der Zimmertemperatur und dem Stand beider Thermometer (und der psychrometrischen Differenz) kann man nun den relativen Feuchtigkeitsgehalt des Arbeitsraumes berechnen. Ein Beispiel der Berechnung wird nachfolgend an Hand der abgekürzten Psychrometertabellen[1]) gegeben. Jedesmalige Umrechnung wird dadurch unnötig.

Beispiel der Benutzung der abgekürzten Psychrometertafeln[2]). Die Temperatur t des trockenen Thermometers sei 25,0° C. Die Temperatur t' des feuchten Thermometers sei 19,1° C. (Der Luftdruck sei 755 mm.)

Aus Tafel I erhält man mit der Temperatur t' (= 19,1) das Maximum e' der Spannkraft = 16,42 mm (durch Interpolation von 19° und 20° zu berechnen). In derselben Horizontalreihe findet man den Korrektionsfaktor — 0,019. Mit diesem Faktor ist die psychrometrische Differenz $t - t' = 5,9$ zu multiplizieren; das Produkt gibt $- 0,019 \times 5,9 = - 0,11$. Es ist e' = 16,42 um 0,11 zu verkleinern (16,42 — 0,11 — 16,31).

Das dritte Glied derselben Formel, die sogenannte Abzugszahl ergibt sich aus der Tafel II, und zwar findet man mit der psychrometrischen Differenz $t - t' = 5,9$ die Abzugszahl 3,51.

Es ist dann die Spannkraft des in der Atmosphäre vorhandenen Wasserdampfes

$$e'' = 16,31 - 3,51 = 12,80 \text{ mm.}$$

Will man die relative Feuchtigkeit berechnen, so hat man der Tafel I die der Temperatur t = 25,0 des trockenen Thermometers entsprechende höchste Spannkraft e = 23,52 zu entnehmen. Die relative Feuchtigkeit ist dann

$$F = 100 \cdot \frac{12,80}{23,52} = 54,4\% \text{ rel. Feuchtigkeit.}$$

Nachstehend werden die abgekürzten Tafeln I und II zur annähernden Berechnung wiedergegeben. Dieselben beziehen sich auf den Barometerstand von 755 mm. Die Korrektionen für Barometerstände befinden sich in ausführlichen Tafeln und können für technische Prüfungen vernachlässigt werden[3]).

---

[1]) Z. B. „Psychrometertabellen nach Wilds Tafeln" von C. Jelinek, Wien. Leipzig: Kommissionsverlag bei Wilhelm Engelmann.
[2]) Nach Jelinek (a. a. O.).
[3]) Nur in Höhepunkten, wo wesentlich niedrigere Barometerstände herrschen (etwa 600 mm und weniger) ist diese Korrektion notwendig.

Tafel I.
Druck gesättigten Wasserdampfes in Millimetern.

Temperatur Celsius	Druck in mm	Korrektionsfaktor für t—t'	Temperatur Celsius	Druck in mm	Korrektionsfaktor für t—t'
0	4,57	0,000	21	18,47	— 0,020
1	4,91	— 0,001	22	19,63	— 0,021
2	5,27	— 0,002	23	20,86	— 0,022
3	5,66	— 0,003	24	22,15	— 0,023
4	6,07	— 0,004	25	23,52	— 0,024
5	6,51	— 0,005	26	24,96	— 0,025
6	6,97	— 0,006	27	26,47	— 0,026
7	7,47	— 0,007	28	28,07	— 0,027
8	7,99	— 0,008	29	29,74	— 0,028
9	8,55	— 0,009	30	31,51	— 0,029
10	9,14	— 0,010	31	33,37	— 0,030
11	9,77	— 0,011	32	35,32	— 0,031
12	10,43	— 0,012	33	37,37	— 0,032
13	11,14	— 0,013	34	39,52	— 0,033
14	11,88	— 0,014	35	41,78	— 0,034
15	12,67	— 0,015	36	44,16	— 0,035
16	13,51	— 0,016	37	46,65	— 0,036
17	14,39	— 0,017	38	49,26	— 0,037
18	15,33	— 0,018	39	52,00	— 0,038
19	16,32	— 0,019	40	54,87	— 0,039
20	17,36	— 0,019			

Tafel II.
Abzugstafel.
Wenn das feuchte Thermometer über Null ist.
0,5941 (t—t').

Psychrometrische Differenz, t—t', in Graden Celsius	Abzugszahl, Grade Celsius	Psychrometrische Differenz, t—t', in Graden Celsius	Abzugszahl, Grade Celsius
0	0,00	13	7,72
1	0,59	14	8,32
2	1,19	15	8,91
3	1,78	16	9,51
4	2,38	17	10,10
5	2,97	18	10,69
6	3,56	19	11,29
7	4,16	20	11,88
8	4,75	21	12,48
9	5,35	22	13,07
10	5,94	23	13,66
11	6,54	24	14,26
12	7,13		

Draka-Hygrometer. Das Draka-Hygrometer (Dr. Katz, Waiblingen i. Württemb.) ist im wesentlichen die Vereinigung eines Psychrometers mit den psychrometrischen Tabellen, die in Kurven umgearbeitet sind. Auf einer Grundplatte sind die beiden Thermometer, das trockene und das nasse, angeordnet. Zwischen beiden Thermometern ist ein zweiarmiger Zeiger angebracht, der mit seiner oberen Spitze über einer Skala mit den psychrometrischen Differenzen und mit seiner unteren Spitze über der Kurventafel spielt. Diese ist auf die psychrometrischen Tabellen aufgebaut, indem die Tabellenwerte in ein Koordinatensystem eingetragen sind, so daß die Schnittpunkte der gleichen relativen Feuchtigkeit eine Kurve ergeben. Will man die Luftfeuchtigkeit eines Raumes bestimmen, so sucht man die psychrometrische Differenz auf und stellt auf diese Zahl die obere Zeigerspitze auf der oberen Skala. Hierauf verschiebt man den auf einem Schlitten angeordneten Zeiger so weit nach oben oder unten, bis die untere Spitze auf die Kurve einspielt, die der Temperatur des feuchten Thermometers entspricht; alsdann gibt die Zeigerstellung den relativen Feuchtigkeitsgehalt der Raumluft an. Die Kurven sind von 5 zu 5% geteilt und lassen eine Schätzung auf 1% zu. Das Draka-Hygrometer wird in zwei Ausführungen in den Handel gebracht, mit einem Meßbereich von 0—47° C und von 35—94° C.

Daqua-Hygrometer. Ganz ähnlich ist das Daqua-Hygrometer (Dannenberg und Quandt, Berlin); auch dieses benutzt die bekannte psychrometrische Differenz zur Bestimmung des Luftfeuchtigkeitsgehaltes und erspart durch eine Rechenscheibe die Rechnungsarbeit. Es enthält die Feuchtigkeitsprozente auf einer hinter den beiden Thermometern angeordneten, drehbaren, verdeckten Tafel, die nach der Thermometerdifferenz einstellbar ist und die dann an einem Schlitz die gesuchte Feuchtigkeit anzeigt. Die Daten erstrecken sich über ein Bereich von 2—80° (Temperaturen) und 1—25° (Temperaturdifferenzen).

Beide letztgenannten Hygrometer genügen den gewöhnlichen Anforderungen der Technik, sofern die Thermometer richtig anzeigen.

Hygrometer mit Fernanzeige. Erwähnt seien noch die Feuchtigkeitsmesser mit elektrischer Fernanzeige. Apparate dieser Art werden gebaut von Siemens und Halske (Konstruktion von C. Schmitz), von Hartmann und Braun (s. Torsionswage) und von Lambrecht. Die Hartmann-Braunsche Ausführung benutzt keine Thermometer, wie sonst üblich, sondern Thermoelemente; Siemens und Halske benutzen elektrische Quarzglas-Widerstandsthermometer.

Die Regelung der Luftfeuchtigkeit.

Das Staatliche Materialprüfungsamt hat als Normalluftfeuchtigkeit eine solche von 65% rel. angenommen und führt sämtliche Wägungen, Reiß-, Dehnungs-, Falzversuche u. ä. in einem Raume aus, der stets auf 65% rel. Feuchtigkeit gehalten ist. Alle zu prüfenden Versuchsstücke müssen vor Ausführung der Prüfung längere Zeit in diesem Raume zugebracht haben, um sich der Feuchtigkeit anzupassen, zu „akkomodieren". Die Festlegung dieser Anpassungszeit kann nicht allgemein geschehen; in der Regel läßt man das Versuchsmaterial mindestens 2—3 Stunden in dem Raume liegen; diese Zeit reicht aber für besonders trockene oder besonders feuchte Ware bei weitem nicht aus und bei genauen Bestimmungen sind dann 24 Stunden bis mehrere Tage notwendig.

Die Luftbefeuchtung in kleinen Räumen wird am einfachsten durch Besprengen des Fußbodens, durch Aushängen feuchter Tücher oder durch Aufstellung bzw. Verdampfung von Wasser in offenen Gefäßen bewerkstelligt. Für die kontinuierliche Luftbefeuchtung großer Versuchs- oder Arbeitsräume werden von verschiedenen Maschinenfabriken[1]) besondere Wasserzerstäubungsapparate hergestellt. Die Wirkung dieser Apparate besteht u. a. darin, daß kaltes Wasser in feinster, staubartiger Verteilung in die Räume geblasen, z. B. aus feinen Düsen gegen feine Siebe gespritzt wird. Die einzelnen Systeme unterscheiden sich durch Zuführung von Druckwasser, Preßluft, frischer Außenluft, direktem Dampf, Abdampf und a. m. Von einer guten Anlage muß verlangt werden, daß der Raum gleichmäßig befeuchtet wird und keine trockenen Zonen gebildet werden, daß Lufterneuerung, Abkühlung und Erwärmung leicht durchführbar sind, daß die Unkosten der Luftbefeuchtung möglichst geringe sind und keine erheblichen Bedienungs- und Wartungskosten entstehen.

Will man in einem Raume eine bestimmte Luftfeuchtigkeit erreichen, so stellt man zunächst die gerade herrschende Raum- und Außenluftfeuchtigkeit fest. Bei trockener Raum- und genügend feuchter Außenluft wird in vielen Fällen durch Öffnen der Fenster und Inbetriebsetzung der Ventilatoren der gewünschte Feuchtigkeitsgrad erreicht. Genügt dies nicht, so werden die Befeuchtungsapparate angestellt usw. Ungleich größere Schwierigkeiten bereitet es, bei zu feuchter Innenluft und gleichzeitig feuchter Außenluft den gewünschten Zweck zu erreichen. In solchem Falle muß man sich durch Heizen des Raumes, durch Aufstellen oder Aushängen Wasser anziehender Stoffe u. ä. zu helfen suchen. Besonders ist darauf zu achten, daß der Raum frische, reine Luft enthalte (da unreine Luft die Regelung der Feuchtigkeitsverhältnisse erschwert) und daß die Feuchtigkeit in dem ganzen Raume gleichmäßig ist.

Für besondere Versuche ist es manchmal erforderlich, eine von dem Versuchsraum abweichende bestimmte Feuchtigkeit zu erzeugen. Hierzu bedient man sich eines doppelwandigen, luftdicht schließenden Glaskastens, in welchem man die gewünschte Feuchtigkeit herstellt. Die Austrocknung der Luft bis zur absoluten oder annähernden Trockenheit erreicht man durch Aufstellen von Chlorkalzium, konzentrierter Schwefelsäure, Phosphorpentoxyd u. ä. hydroskopischen Mitteln, bzw. durch Filtration der Luft durch eines dieser Mittel. Mit Wasserdampf gesättigte Luft wird durch entsprechende Befeuchtung, Einblasen von Dampf u. dgl. erzeugt. Durch Aufstellen von Gefäßen mit Chlorkalziumlösung von bestimmter Konzentration (250 g Chlorkalzium in 755 ccm Wasser gelöst) wird die eingeschlossene Luft auf die relative Feuchtigkeit von 90—95% gebracht. Schwefelsäure von 37,7% hat nach Regnault eine Tension von 10,83 mm (bei 20° C), was einer relativen Feuchtigkeit von 62,4% entspricht. In den Glaskasten kann ein elektrisch betriebenes Flügelrad eingebaut werden, das die gleichmäßige Luftverteilung herbeiführt. Alle Einstellungen der Feuchtigkeit und der Temperatur können von außen bequem abgelesen werden. In Ermangelung einer solchen Vorrichtung genügt für kleinere Versuche bisweilen schon eine luftdicht schließende Glasglocke.

Die Temperaturen des Raumes werden in bekannter Weise vermittels des Thermometers reguliert.

---

[1]) Derartige Apparate bauen z. B. die Firmen: Gebr. Körting in Hannover, Hurling & Biedermann in Zittau, Dannenberg & Quandt in Berlin.

Die Konditionierung oder Trockengehaltsbestimmung.
Wasseraufnahme der Textilfasern aus der Luft.

Alle Textilfasern nehmen, wie vorstehend ausgeführt, mehr oder weniger Wasser aus der Atmosphäre auf, die tierischen Fasern im allgemeinen mehr als die pflanzlichen. Diese Aufsaugefähigkeit der Fasern an Wassergehalt, der in der Regel in Prozenten des Trockengewichtes angegeben wird, ändert sich mit der relativen Luftfeuchtigkeit. E. Müller[1]) hat hierüber grundlegende Versuche angestellt und den Wassergehalt der wichtigsten Textilfasern bei verschiedenen Luftfeuchtigkeiten (von 44—80% rel.) ermittelt. S. umstehende Tabelle.

Zu dieser Tabelle ist zu bemerken, daß die ermittelten Werte nur als Durchschnittswerte Geltung haben. Fasern desselben Materials, aber verschiedener Herkunft weichen bezüglich der Wasseraufnahmefähigkeit voneinander mehr oder weniger ab. Sehr umfangreiche Untersuchungen nach dieser Richtung hin sind mit Baumwollsorten verschiedener Herkunft gemacht worden[2]). Man hat ein ganzes Jahr hindurch jeden Monat eine große Anzahl Proben (bis zu 300) von jeder Baumwollart auf den Wassergehalt hin untersucht und die höchsten, niedrigsten und die Gesamtmittelwerte des Wassergehaltes von Baumwollen verschiedener Provenienz zusammengestellt. Bildet man für die Baumwollen der gleichen Landesherkunft die Gesamtmittelwerte, so findet sich, daß die amerikanische Baumwolle durchschnittlich

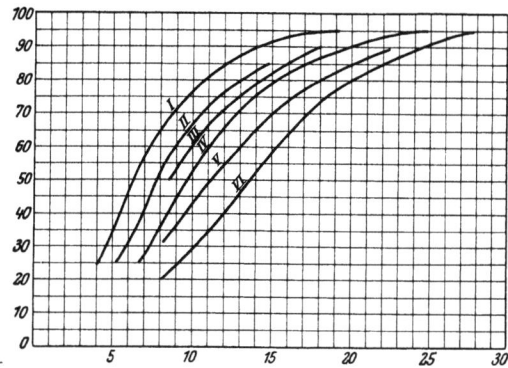

Abb. 77. Feuchtigkeitsaufnahme verschiedener Fasern (Wagerechte) bei verschiedenen Luftfeuchtigkeiten (Senkrechte). I Baumwolle, II Italienischer Hanf; III Russischer Flachs; IV Rohseide; V Jute; VI Wolle.

am meisten Wasser enthalten hat (9,5%); dann kommt die ägyptische Baumwolle mit 7,65% Wasser. Dabei zeigt besonders die amerikanische Baumwolle noch eine starke Verschiedenheit in den einzelnen Arten[3]).

Die Wasseraufnahme von 100 T. absolut trockener Spinnfasern in Abhängigkeit von der Luftfeuchtigkeit ist dann auch später von der Manchester Konditionieranstalt (Manchester Chamber of Commerce Testing House and Laboratory) ermittelt und graphisch dargestellt worden. Abb. 77 zeigt diese Feuchtigkeitsaufnahme durch verschiedene Fasern, auf Trockengewicht berechnet. Auf Grund dieser Schaubilder ist man in der Lage, den Feuchtigkeitsgehalt einer Faser bei einer gegebenen Luftfeuchtigkeit vorauszusagen bzw. fest einzusetzen.

---

[1]) E. Müller: Ziviling. 1882. S. 157 ff., Textile Forschung 1920. S. 1. S. a. Hönig: Forschungshefte des Dresdn. Forschungsinstituts für Textilind. 1919. N. 3/5.
[2]) Leipziger Monatschr. f. Textilind. 1901. Nr. 50.
[3]) J. Storhay: „L'industrie textile", Paris.

Die Konditionierung oder Trockengehaltsbestimmung.

Relativer Feuchtigkeitsgehalt der Luft		Absoluter Luftfeuchtigkeitsgehalt in g/cbm	Lufttemperatur t °C	Anzahl der Beobachtungen	Luft	Prozentualer Wassergehalt von										
Psychrometer von August %	Hygrometer von Klinkerfues %					Baumwolle		Flachs		Seide		Kammzug		gewasch. Wolle		ungew. Wolle
						beobachtet 1	berechnet 2	1	2	1	2	1	2	1	2	1	2
44,3	43,0	8,76	22,43	3	0,726	6,32	6,22	7,65	7,68	8,58	8,65	12,06	12,18	12,00	12,18	10,98	9,75
46,3	44,2	8,13	20,16	5	0,674	6,61	6,44	8,00	7,91	8,86	8,81	12,44	12,44	12,28	12,44	11,05	10,26
49,9	48,4	8,76	20,13	4	0,726	6,87	6,75	8,30	8,24	9,01	8,99	12,77	12,75	12,65	12,75	11,09	11,06
52,4	50,9	9,83	21,48	5	0,814	7,14	6,94	8,57	8,44	9,12	9,07	13,06	12,91	13,17	12,91	11,64	11,56
53,4	54,2	8,69	18,70	6	0,720	7,17	7,10	8,70	8,61	9,22	9,21	13,19	13,13	12,95	13,13	11,92	11,90
54,5	52,3	9,36	19,68	6	0,776	7,14	7,17	8,72	8,68	.9,20	9,23	13,18	13,13	12,97	13,13	11,87	12,10
55,4	52,2	10,33	21,38	5	0,857	7,21	7,21	8,73	8,71	9,23	9,22	13,23	13,19	13,21	13,19	12,02	12,23
56,4	56,0	9,45	19,40	5	0,783	7,36	7,34	8,59	8,96	9,17	9,33	13,26	13,50	13,97	13,36	12,10	12,53
57,5	57,4	9,26	18,31	3	0,768	7,42	7,46	8,92	9,08	9,36	9,41	13,46	13,36	13,41	13,50	12,54	12,81
58,5	60,3	7,90	15,44	9	0,655	7,48	7,61	9,12	9,24	9,47	9,54	13,64	13,70	13,30	13,70	13,03	13,15
59,4	60,1	8,29	15,75	7	0,687	7,57	7,69	9,21	9,35	9,52	9,58	13,72	13,77	13,26	13,77	13,23	13,34
60,6	61,6	8,29	15,40	6	0,687	7,62	7,80	9,25	9,42	9,58	9,65	13,76	13,90	13,56	13,90	13,33	13,63
61,3	61,4	11,54	19,54	8	0,957	7,61	7,76	9,20	9,30	9,58	9,56	13,72	13,78	13,55	13,78	13,32	13,61
62,2	60,3	12,88	22,14	12	1,067	7,75	7,77	9,28	9,31	9,57	9,53	13,77	13,75	13,88	13,75	13,53	13,69
63,9	63,2	12,12	20,83	5	1,004	7,93	7,96	9,53	9,50	9,70	9,65	13,99	13,96	13,98	13,96	14,35	14,13
64,3	62,2	12,66	22,24	6	1,049	8,22	7,96	9,66	9,50	9,76	9,63	14,04	13,93	14,60	13,93	14,43	14,16
65,5	63,8	13,31	22,80	5	1,103	8,17	8,04	9,74	9,59	9,79	9,67	14,16	14,01	14,41	14,01	14,65	14,39
66,3	66,0	14,07	23,60	4	1,167	8,10	8,09	9,71	9,64	9,74	9,68	14,16	14,04	14,27	14,04	14,78	14,53
67,2	66,4	14,32	23,53	3	1,187	8,17	8,17	9,77	9,72	9,78	9,73	14,22	14,12	14,43	14,12	14,98	14,73
68,6	68,6	13,31	22,08	4	1,103	8,55	8,33	10,10	9,89	10,00	9,84	14,52	14,31	15,02	14,31	15,75	15,11
70,0	70,0	15,89	24,70	1	1,317	8,26	8,38	9,98	9,94	9,96	9,83	14,38	14,31	14,25	14,31	14,94	15,29
79,3	78,0	11,32	16,85	2	0,938	9,47	9,41	11,04	11,04	10,30	10,53	15,37	15,49	16,23	15,49	17,34	17,75
Mittel: 59,0	58,6	10,38	19,67	109	0,824	7,56		9,09		9,45		13,57		13,56		13,10	

Kunstseide. Die Feuchtigkeitsaufnahme von Kunstseiden verschiedener Art und Titers ist später noch von Biltz[1]) speziell untersucht worden. Nachstehende Tabelle gibt die Ergebnisse dieser Untersuchungen wieder. Die mittlere Temperatur betrug 18,7° C.

Wasseraufnahme von Kunstseiden bei verschiedener Luftfeuchtigkeit.

Relative Luftfeuchtigkeit in % Mittel	Viskoseseide		Kupferseide		Nitroseide 8 den. %	Azetatseide 7 den. %	Naturseide entbastet[2])
	3 den. %	5 den. %	1 den. %	9 den. %			
30,97	5,72	6,09	5,57	5,92	7,00	1,88	6,4
45,38	8,10	8,04	8,30	8,15	10,97	2,92	7,5
53,86	10,46	10,13	10,56	10,22	13,30	3,52	8,1
62,08	11,55	11,26	11,62	11,34	14,70	4,40	8,5
70,25	14,20	14,05	14,43	14,32	16,38	5,23	9,0
81,93	17,01	17,07	17,05	17,21	21,35	7,08	12,61
90,86	26,04	26,07	26,40	26,30	30,23	9,26	—

Demnach hat Viskose- und Kupferseide, unabhängig von ihrer Denierzahl, praktisch die gleiche Feuchtigkeitsaufnahme; bei Nitroseide liegen die Werte erheblich höher. Die geringste Wasseraufnahme zeigt Azetatseide.

Bestimmung des Trockengehaltes und des Handelsgewichtes.

Der Wassergehalt der Textilfasern ist in verschiedener Beziehung von großer Wichtigkeit, und zwar sowohl für den Handel als auch für die Verarbeitung und die Prüfung der Textilmaterialien. Da nämlich die physikalischen Eigenschaften der Fasern, Gespinste und Gewebe sehr wesentlich von dem Feuchtigkeitsgehalt der Versuchsmaterialien abhängen, so ist seine Berücksichtigung bei der Beurteilung der Qualitätseigenschaften unbedingt erforderlich. Die Bedeutung des Wassergehaltes für den Handel liegt offen zutage. Werden beispielsweise 1000 kg Baumwolle gekauft, die insgesamt 100 kg Wasser enthalten, so werden diese 100 kg Wasser zum Preise der Baumwolle bezahlt. Wird dann dieser Posten Baumwolle später bei trockenem Wetter wieder weiter gehandelt und wiegt er dann nur noch 950 kg, indem sich die nun fehlenden 50 kg Wasser verflüchtigt haben, so müßte der Verkäufer die 50 kg auf sein Verlustkonto buchen.

Um diesen Mißständen nach Möglichkeit zu begegnen, hat man sich im Verkehr zwischen Erzeugern und Abnehmern auf einen bestimmten zulässigen und gesetzlich festgelegten Wassergehalt geeinigt, der etwa dem mittleren Feuchtigkeitsgehalte des jeweiligen Materials entspricht. Zur ständigen Überwachung dieses Feuchtigkeitsgehaltes sind die Konditionierungsanstalten ins Leben gerufen worden, deren Aufgabe es ist, das ihnen vorgelegte Material auf den Wassergehalt zu prüfen

---

[1]) Biltz: Textile Forschung 1921. S. 89.
[2]) Nach den Bestimmungen von Hönig, Forschungsarbeiten, Dresden 1918. N. 3—5. S. 98.

und das „legale Handelsgewicht" festzustellen und amtlich zu beglaubigen. Das Verfahren besteht im Grundsatze darin, daß eine größere Anzahl Proben entnommen wird und die Proben dann in besonderen Trockenöfen, den sogenannten Konditionierapparaten, bis zum gleichbleibenden Gewicht getrocknet werden. Auf Grund des so gefundenen Mittels wird dann das Trockengewicht der ganzen in Frage stehenden Partie berechnet. Dem ermittelten Trockengewicht rechnet man alsdann noch den erwähnten zulässigen Feuchtigkeitszuschlag (die „Reprise", engl. „regain") zu und erhält damit das legale „Handelsgewicht". Dieser Feuchtigkeitszuschlag für Garne beträgt heute nach Vereinbarung der beteiligten Kreise[1]):

Für Seide und Kunstseide 11%
Für Streichgarn und Kunstwollgarn 17%
Für Wolle, Plöcke in gewaschenem Zustande, Kämmlinge . 17%
Für alle anderen wollenen Garne, einschließlich Mohair,
  Genappe, Alpaka, Kammgarn sowie Kammzug . . . . 18$1/4$%
Für Baumwollgarn (Imitatgarn) . . . . 8$1/2$%
Für Leinen, Ramie und Hanfgespinst 12%
Für Jutegarn (s. weiter unten) . . . . 13$3/4$%
Für Mischgarne aus Wolle und Baumwolle (Halbwollgarn)
  (s. weiter unten) 10%
Für Mischgarn aus Wolle und Seide 16%
Für Papiergarn 15%

Nach den Versuchen von Krais[2]) ist die für Jute festgelegte Zuschlagszahl von 13$3/4$% zu niedrig. Krais fand als Mittel aus etwa 30 Versuchen mit Jutegarn (im Sommer und Winter entnommen) 16,47% Feuchtigkeitsgehalt (= 19,82% Feuchtigkeitszuschlag). Als niedrigste Zahl fand er 14,32% Wassergehalt (= 16,72% Wasserzuschlag), als höchste Zahl 20,31% Wassergehalt (= 25,48% Wasserzuschlag). Die mittlere Sommerzahl betrug 15,31%, die mittlere Winterzahl 17,68% Wassergehalt. Danach hält Krais die Aufstellung einer Normalfeuchtigkeit für Jutegarne als unzweckmäßig und empfiehlt den Handel hiermit auf Treu und Glauben.

Der Feuchtigkeitszuschlag zu Mischgarnen (Kunstwollgarnen, Streichgarnen mit Baumwollzusatz u. ä.) beträgt im allgemeinen 10%. Hiergegen haben die Streichgarnspinner Einspruch erhoben, da meist ein höherer Zuschlag gerechtfertigt erscheint. Es erscheint auch in der Tat angemessen[3]), einen Feuchtigkeitszuschlag im Verhältnis der Zusammensetzung der Mischgarne vorzunehmen, und zwar für den Wollgehalt 17%, für den Baumwollgehalt 8$1/2$%. In diesem Falle muß aber die Zusammensetzung der Mischgarne bekannt sein oder besonders ermittelt werden. Wird auf dieser Grundlage ein wechselnder Zuschlag gemacht, so läßt er sich je nach der Zusammensetzung nach folgender einfacher Formel berechnen: 8$1/2$% + Wollgehalt × 0,085.

Beispiele:

5% Wolle, 95% Baumwolle: 8,5 + 5·0,085 = 8,92% Zuschlag
25%   „   75%   „   8,5 + 25·0,085 = 10,62%   „
50%   „   50%   „   8,5 + 50·0,085 = 12,75%   „
75%   „   25%   „   8,5 + 75·0,085 = 14,87%   „
95%   „   5%   „   8,5 + 95·0,085 = 16,57%   „

---

[1]) Vgl. Satzungen der Krefelder, Elberfeld-Barmer, Aachener usw. Konditionierungsanstalten.
[2]) Textile Forschung 1922. S. 52.
[3]) S. a. Pinagel: Die Entwicklung der Konditionieranstalten S. 16.

Vorübergehend wurde für Kunstwollgarne eine einheitliche Reprise von 14% im Handel angewendet, die aber nicht als allgemein gültig vereinbart worden ist.

Fetthaltige Wollgarne müssen vor der Konditionierung erst entfettet und gewaschen, dann wieder getrocknet und um den Feuchtigkeitszuschlag vermehrt werden (Pinagel a. a. O.). Pinagel fand in einer Reihe von Kunstwollgarnen Waschverluste von 5,53—27,59%, bei Mischgarnen solche von 10,31 bis 17,61%.

Feuchtigkeitsgehalt und Feuchtigkeitszuschlag (Reprise, regain) sind scharf voneinander zu unterscheiden. Unter dem Feuchtigkeitsgehalt versteht man ganz allgemein den Feuchtigkeitsgehalt in 100 T. des Versuchsmaterials in dem Zustande, in dem es zur Prüfung gelangt. Der Feuchtigkeitszuschlag bezieht sich dagegen auf 100 T. der vorher getrockneten Ware (des absolut trockenen Versuchsmaterials). Die Umrechnung des einen Wertes in den andern sei am folgenden Beispiel erläutert. Eine Garnmenge möge lufttrocken (oder nach dem Auslegen bei 65% Luftfeuchtigkeit) 680 g wiegen, nach dem Trocknen möge sie nur noch 590 g wiegen (= Gewicht des absolut trockenen Garnes). Die Feuchtigkeitsmenge in den 680 g lufttrockenen Materials beträgt also 680—590 = 90 g, oder in Prozenten des lufttrockenen Garnes = 13,24% Feuchtigkeitsgehalt (680 : 90 = 100 : x; x = 13,24). Die Zuschlagsmenge beträgt gleichfalls 90 g Feuchtigkeit, aber nicht auf 680, sondern auf 590 g Trockensubstanz; d. h. = 15,25% Feuchtigkeitszuschlag (590 : 90 = 100 : x; x = 15,25). Einem Feuchtigkeitsgehalt von 13,24% entspricht also der Feuchtigkeitszuschlag von 15,25%. Da für Baumwollgarne ein Feuchtigkeitszuschlag von $8^{1}/_{2}$% festgelegt ist, so beträgt das „legale Handelsgewicht" = $590 + 8^{1}/_{2}$% = 640,15 g.

Die Berechnungen des Feuchtigkeitszuschlages, des Feuchtigkeitsgehaltes usw. nach allgemeinen Formeln geschehen wie folgt.

1. Der Feuchtigkeitsgehalt x in Prozenten der lufttrockenen (oder feuchten) Ware beträgt bei der Einwage a und dem Trockengewicht b:

$$x = \frac{(a-b)\,100}{a} = 100 - \frac{100\,b}{a}.$$

2. Der Feuchtigkeitszuschlag y in Prozenten der absolut trockenen Ware beträgt bei der Einwage a und dem Trockengewicht b:

$$y = \frac{(a-b)\,100}{b} = \frac{100\,a}{b} - 100.$$

3. Der gesuchte Feuchtigkeitszuschlag z bei dem bekannten Feuchtigkeitsgehalt von c beträgt:

$$z = \frac{100\,c}{100-c}\,\%.$$

4. Der gesuchte Feuchtigkeitsgehalt w bei dem bekannten Feuchtigkeitszuschlag von d beträgt:

$$w = \frac{100\,d}{100+d}\,\%.$$

Nach den Bestimmungen der Krefelder Konditionieranstalt vollzieht sich die Trocknung nach dem System Corti durch Einblasen heißer Luft, die beim Eintritt in die Seide eine Temperatur von 140° C, beim Eintritt in die Kunstseide 120° C und beim Eintritt in die übrigen Garne eine solche von 110° C zeigt. Die Elberfelder Konditionieranstalt trocknet nach ihren „Satzungen und Bestimmungen" in demselben Cortischen Apparat in einem Heißluftgebläse Seide und Kunstseide bei 140° C, sonstige Garne bei 105—110° C[1]). Die Probestränge aus Rohseide werden bei diesen Temperaturen 15 Minuten getrocknet und dann deren Gewicht notiert, ebenso nach einer weiteren 5 Minuten dauernden Einwirkung des Heißluftstromes. Alsdann ist bei unbeschwerten Seiden Gewichtsbeständigkeit eingetreten, so daß die Austrocknung als vollendet angenommen wird. Beschwerte Seiden zeigen bei längerer Erhitzung weitere Abnahmen, die aber nicht auf Feuchtigkeitsverlust, sondern auf Verdampfung oder Zersetzung der Beschwerung zurückzuführen sind. Diese Gewichtsabnahmen kommen bei Feststellung des Konditionsgewichts nicht in Betracht, so daß auch die Trocknung dieser Öl, Seife und dergleichen enthaltenden Seiden in 20 Minuten beendet ist. Garne sowie Kunstseide bedürfen einer längeren Austrocknung bis zu dem Zeitpunkte, wo dieselben weniger als 0,03% an Gewicht verlieren. Alsdann wird Gewichtskonstanz angenommen; Seiden müssen weniger als 0,02% Gewichtsabnahme nach erneuter Trocknung erleiden, wenn deren Gewicht als gleichbleibend angenommen werden soll.

Was die zu konditionierende Menge betrifft, so schreibt die Krefelder Anstalt vor, daß eine durch drei teilbare Anzahl Stränge ausgewählt wird, welche in drei Lose verteilt wird. Die Zahl dieser Stränge wird so bemessen, daß jedes Los nicht unter 250 und nicht über 500 g wiegt. Dabei ist nicht allein darauf zu sehen, daß Stränge aus allen Teilen des Ballens genommen, sondern auch, daß die aus den verschiedenen Teilen des Ballens herstammenden Stränge möglichst gleichmäßig auf die drei Lose verteilt werden. Die Elberfelder Anstalt bemißt die zu trocknenden Bündel auf 250—750 g bei sonst gleicher Arbeitsweise.

Der höchste zulässige Unterschied zwischen beiden ersten Austrocknungen wird für Seide auf $1/_3$ und für Kunstseide und Garn auf $1/_2$% festgesetzt. Ergibt sich demnach, daß der Gewichtsverlust von beiden Losen bis auf $1/_3$, bzw. $1/_2$% übereinstimmt, so wird die Austrocknung als genügend angesehen. Dem so ermittelten Trockengewicht wird dann der erwähnte, für jede Gattung des Materials festgelegte Feuchtigkeitsprozentsatz („die Reprise") zugerechnet und danach das Handelsgewicht des ganzen Ballens (nach Abzug des Taragewichtes vom Bruttogewicht) berechnet.

Wenn der Unterschied zwischen den Gewichtsverlusten der beiden Lose mehr als $1/_3$, bzw. $1/_2$% beträgt, aber weniger als 1%, so wird auch das dritte Los in gleicher Weise getrocknet. Überschreitet alsdann der größte Unterschied der drei Austrocknungen nicht 1%, so wird das Mittel derselben der Berechnung zugrunde gelegt. Andernfalls werden bei Rohseide neue Proben gezogen, während bei Kunstseide und Garn alle drei Lose nochmals getrocknet werden und das Durchschnittsergebnis der endgültigen Feststellung des Handelsgewichtes zugrunde gelegt wird.

Deutscher Baumwollgarnkontrakt. Das gesamte Konditionierungswesen der Baumwollgarne regelt der am 1. April 1913 in Kraft getretene „Deutsche Baumwollgarnkontrakt". Die wichtigsten technischen Grundlagen desselben seien nachfolgend in abgekürzter Form wiedergegeben. Maßgebend ist die englische bzw. metrische Numerierung, wobei hervorzuheben ist, daß im Sinne des Kontraktes unter metrischer Nummer die Anzahl 1000 Meter verstanden wird, die auf $1/_2$ kg gehen (nicht aber, wie bis dahin üblich, auf 1 kg). Demgemäß wird von Kuhn vorgeschlagen, die frühere metrische Nummer (Anzahl der Meter auf 1 g) als gramm-metrische zu bezeichnen. Das gepreßte Bündel von 10 Pfd. engl. rohen Baumwollgarnes soll netto (ohne Schnüre, Deckel und Papier) mindestens 4,48 kg, bei metrischer Numerierung mindestens 4,938 kg netto an Garn wiegen. Abweichungen im Gewicht der einzelnen Bündel sind bis zu ± 3% gestattet, die ganze Sendung zusammen soll aber volles Gewicht haben.

Als handelsüblicher Feuchtigkeitsgehalt gilt der Satz von $8^{1}/_2$% als Durchschnitt einer Serie. Das rechtmäßige Handelsgewicht ergibt sich also, indem auf

---

[1]) Besteht die Partie aus Cops, so wird eine Anzahl derselben abgewunden und wie bei Garn verfahren.

Bestimmung des Trockengehaltes und des Handelsgewichtes. 101

das bei 105—110° C ausgetrocknete Gewicht 8¹/₂% zugeschlagen werden. Auf Vereinbarung naßgezwirnte Garne fallen nicht unter diese Bestimmung. Für die Ermittelung des Feuchtigkeitsgehalts sind die öffentlichen, unter staatlicher Aufsicht (bzw. unter der Aufsicht einer Handelskammer) stehenden Konditionieranstalten maßgebend. Die Musterentnahme hat innerhalb 3 Werktage, vom Tage der Beanstandung an gerechnet, nach aufgestellten Normen zu erfolgen. Die Muster sind in luftdicht schließenden Blechbehältern der Prüfanstalt einzusenden (wenn nicht die ganze Partie angefahren wird).

Zur Feststellung der Nummer des Garnes werden der Partie Proben im Gewicht von etwa 1000 g an den verschiedenen Stellen entnommen, deren Fadenlänge festgestellt wird. Dann wird bei 105—110° C vollständig getrocknet und dem ermittelten Trockengewicht ist der festgestellte Feuchtigkeitsgehalt, oder falls derselbe mehr als 8¹/₂% ausmacht, der zulässige Feuchtigkeitsgehalt von 8¹/₂% zuzurechnen, wonach dann die Nummerberechnung erfolgt.

Zur Feststellung des Handelsgewichtes sind Proben aus allen Teilen der Partie zu entnehmen; die aus den verschiedenen Teilen der Partie entnommenen Proben sollen ferner möglichst gleichmäßig in drei Lose verteilt werden. Das Gewicht der Probe muß 1000 g betragen. Die drei Lose werden unmittelbar nach der Auswahl auf einer Wage gewogen, die bei einer Belastung von 750 g bis auf 0,01 g genau ist. (Tara- und Nettogewicht der übergebenen Bündelgarne, Kopse oder Kreuzspulen werden vorher genau ermittelt.) Zwei von den drei Losen werden in zwei Apparaten bei 105—110° C getrocknet. Der höchste zulässige Unterschied zwischen den beiden Austrocknungen wird für Garn auf ¹/₂% festgesetzt. Ist der Unterschied größer als ¹/₂%, so wird noch das dritte Los getrocknet. Überschreitet alsdann der größte Unterschied der drei Austrocknungen nicht 1%, so wird das Mittel der drei Austrocknungen der Berechnung des Handelsgewichtes zugrunde gelegt. Bei einer Feuchtigkeit von mehr als 11% ist die Ware als nicht lieferbar zu betrachten, andernfalls findet Verrechnung statt.

Kammgarne. Für die Konditionierung und Nummerbestimmung von Kammgarnen sind besondere Vereinbarungen zwischen den Verbänden der Webereien und dem Verein deutscher Wollkämmer und Kammgarnspinner getroffen worden. Danach beträgt der zulässige Feuchtigkeitszuschlag für Kammgarne 18,25%. Getrocknet wird bei 105—110° C, vorgetrocknet nicht über 100° C. Für jede Kiste oder jeden Ballen bis zu 100 kg brutto ist eine, über 100 kg sind zwei Austrocknungen vorzunehmen. Bei einem ermittelten Feuchtigkeitsgehaltsunterschied von über 0,5% ist noch eine dritte Austrocknung vorzunehmen. Die Vorschriften bestimmen noch die Art der Probeentnahme, die Größe der Trockenproben, die Feststellung des Hülsengewichtes usw. Besonders schwierig gestaltet sich die sachgemäße Probeentnahme, die möglichst in der Diagonalrichtung der Kiste zu geschehen hat, aber praktisch in diesem Sinne nicht immer durchführbar ist.

Konditionierung der für den Kleinhandel bestimmten Garne[1]).

Zur Bestimmung des Trockengewichtes wird das Garn unter sorgfältiger Sammlung etwaiger Abfälle aufgelockert, bzw. abgewickelt und nebst den Abfällen in einem Konditionierapparat bei einer Temperatur von 105—110° C getrocknet, die Austrocknung gilt als erreicht, wenn das Garn in den letzten 10 Minuten nach Angabe der mit dem Apparat verbundenen Wage weniger als 0,05% an Gewicht verloren hat.

Bei Mengen von 1—10 g einschließlich kann die Trocknung auch in einem Wägegläschen in einem doppelwandigen Lufttrockenschrank stattfinden. In diesem Falle werden zunächst das Wägegläschen und der zugehörige Glasstöpsel durch starke Anwärmung getrocknet. In diesem Zustande wird das Gläschen zugestöpselt und leer gewogen. Nachdem sodann das Garn in das Gläschen hineingetan worden ist, wird das letztere offen in den Lufttrockenschrank gestellt, welcher auf einer Temperatur von 105—110° C gehalten wird. Nach Verlauf von etwa 4 Stunden wird das Gläschen möglichst innerhalb des Schrankes mit dem

---

[1]) Bekanntmachung vom 20. Nov. 1900, Reichsgesetzblatt 1900. S. 1014.

Stöpsel, welcher sich ebenfalls während der Trocknung im Schrank befand, geschlossen, dann herausgenommen und gewogen. Das Trockengewicht ergibt sich dann als Differenz des zuletzt bestimmten Gewichtes des Gläschens mit dem Garn und des vorher ermittelten Gewichtes des leeren Gläschens. Bei den kleinsten Mengen von 1 und 5 g ist diese Methode besonders zu empfehlen.

Bei Mengen von 20 g und darüber kann das Trockengewicht in gleicher Weise an einer etwa 10 g betragenden Probe ermittelt werden. Diese Probe ist an möglichst vielen verschiedenen Stellen der Packung zu entnehmen. Vor der Trocknung ist in diesem Falle das Nettogewicht der Probe, sowie dasjenige der Gesamtmenge festzustellen. Das Entsprechende gilt für den Fall, daß nur ein Teil der Gesamtmenge im Konditionierapparat zur Trocknung gelangt.

Dem ermittelten Trockengewicht wird der im § 3 der Bekanntmachung des Bundesrats vom 20. Nov. 1900 angegebene Normalfeuchtigkeitszuschlag[1]) zugerechnet (s. oben).

Erlaubte Abweichungen vom Sollgewicht sind:

Bei Mengen über 50 g „Verkaufsgewicht" nicht mehr als 3%
„   „   von 10—50 g   „   „   „   5%
„   „   von 1 oder 5 g   „   „   „   10%.

Al sVerkaufsgewicht gilt das Nettotrockengewicht, zuzüglich des für die einzelnen Garne zulässigen Feuchtigkeitszuschlages, also das sogenannte konditionierte Handelsgewicht. Umhüllung, Einlage usw. sind als Tara in Abzug zu bringen.

Liegt Anlaß zur Vermutung vor, daß die Beschwerung des Garnes durch Schlichtung, Appretur, Ölung usw. das durch die Fabrikation bedingte Maß überschreitet, oder ist eine Feststellung nach dieser Richtung hin ausdrücklich beantragt, so wird die Untersuchung nach den einschlägigen Methoden durch vereidigte Sachverständige ausgeführt.

Beispiel 1. Ein Strang „Mischgarn" (Halbwolle) mit der Gewichtsangabe 5 g möge nach 4stündiger Trocknung im Trockenschrank mit dem Wägegläschen, dessen Gewicht mit Stöpsel 50,52 g beträgt, 54,80 g wiegen. Dann ist das Trockengewicht des Stranges 54,80 — 50,52 = 4,28 g, also das wahre Handelsgewicht: 4,28 + 4,28·10 : 100 = 4,71 g. Die Abweichung vom Sollgewicht beträgt sonach 0,29 g gegen 0,5 g gestattete Abweichung (§ 4 der Bekanntmachung); das Garn ist also nicht zu beanstanden.

Beispiel 2. Aus einem Päckchen „Mischgarn" (Halbwolle) mit der Gewichtsangabe 200 g, welches ohne Verpackung 201,54 g wiegt, wird eine Probe von 10,16 g entnommen. Letztere möge nach 4stündiger Trocknung im Trockenschrank mit dem Wägegläschen, dessen Gewicht mit Stöpsel 50,52 g beträgt, 59,22 g wiegen. Dann ist das Trockengewicht der Probe 59,22 — 50,52 = 8,70 g, also ihr wahres Handelsgewicht 8,70 + 8,70·10 : 100 = 9,57 g. Somit ergibt sich das wahre Handelsgewicht des ganzen Päckchens Garn zu 9,57·201,54 : 10,16 = 189,84 g oder abgerundet 189,8 g. Die Abweichung vom Sollgewicht beträgt also 10,2 g gegen 6 g gestattete Abweichung; das Garn ist also zu beanstanden.

Beispiel 3. Ein Päckchen Kammgarn mit der Gewichtsangabe 100 g möge nach längerer Trocknung im Konditionierapparat 84,22 g, 10 Minuten später 84,21 g wiegen. Da die Abnahme nur 0,01 g, also weniger als 0,05% = 0,04 g beträgt, kann die Trocknung als beendet angesehen werden. Das wahre Handelsgewicht ermittelt sich hiernach zu 84,21 + 84,21·18,25 : 100 = 99,58 g, also abgerundet 99,6 g. Die Abweichung vom Sollgewicht beträgt also nur 0,4 g gegen 3 g gestattete Abweichung; das Garn ist also nicht zu beanstanden.

Konditionierapparate.

Die Konditionierapparate oder Trockengehaltsprüfer zur Bestimmung des Trockengehaltes bzw. des Handelsgewichtes von Seide, Wolle, Baumwolle usw. als Garn oder loses Material, von Halbstoffen, Zellstoffen usw.

---

[1]) Für Kammgarn 18 1/4%, für Streichgarn 17%, für Mischgarne (halbwollene) 10%.

unterscheiden sich zunächst in dem System dadurch voneinander, daß das betreffende Material a) durch (in einem besonderen Calorifère auf bestimmte Temperaturen) vorerwärmte Luft getrocknet wird, b) daß die Luft in dem Apparate selbst vermittels Gas, Benzin, Wasserdampf, Elektrizität erhitzt wird.

Letztere Apparate sind die einfacheren und kommen meist dort zur Anwendung, wo kein kontinuierlicher Trocknungsbetrieb vorhanden ist; erstere finden sich besonders in den Trocknungsanstalten mit kontinuierlichem Betrieb (Seidentrocknungsanstalten).

Fig. 78 zeigt einen Schopperschen Trockengehaltsprüfer mit Gas- oder Benzinheizung.

Der Apparat ist mit feiner Präzisionswage in einem Glasgehäuse ausgestattet. Das Gehäuse kann auf Wunsch weggelassen werden, doch

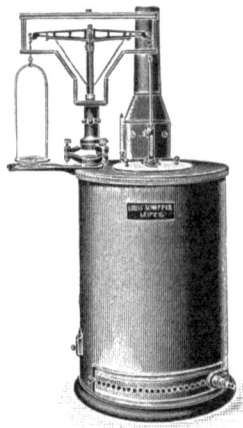

Abb. 78. Konditionierofen mit Gas- oder Benzinheizung (Schopper).

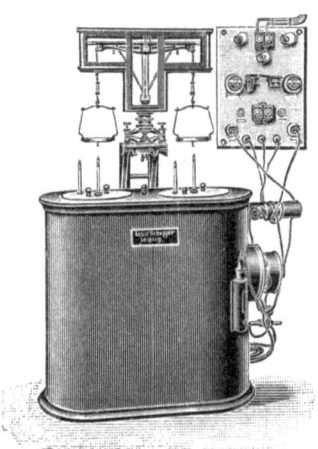

Abb. 79. Konditionierofen mit Dampf- und elektrischer Heizung (Schopper).

ist es immer ratsam, es mit zu benutzen, da die Wage dann vor schädlichen äußeren Einflüssen geschützt ist. Die Wage ist entweder auf den Apparat montiert oder so angeordnet, daß das Wägen der Probe im Trockenraum möglich ist. Der Gasbrenner ist in den Apparat eingebaut und der Gashahn als Feineinstellventil mit Skala konstruiert. Der Benzinbrenner wird besonders geliefert; er ist mit Manometer und Druckpumpe zur Flammen- und Temperaturregulierung versehen.

Ähnlich gebaut ist der Apparat für Dampfheizung. Dieser ist überall dort zu empfehlen, wo eine Dampfanlage vorhanden ist und wo Temperaturen bis zu 100° C ausreichen. In den meisten Fällen wird ein solcher Apparat aber wegen der verlangten höheren Temperaturen nur zum Vortrocknen zu verwenden sein.

Abb. 79 zeigt einen von der Firma L. Schopper in Leipzig für das Staatliche Materialprüfungsamt in Berlin-Dahlem gebauten Trockenprüfer. Er hat zwei Kammern und ist mit einem kräftigen, ins Abzugsrohr eingebauten Ventilator zum Durchdrücken von Luft durch das Trockengut versehen; die eine Kammer wird mit Dampf, die andere elektrisch geheizt. Bei dem Bau ist besonders auf geringe Wärmeausstrahlung und gute Wärmeausnützung Rücksicht genommen.

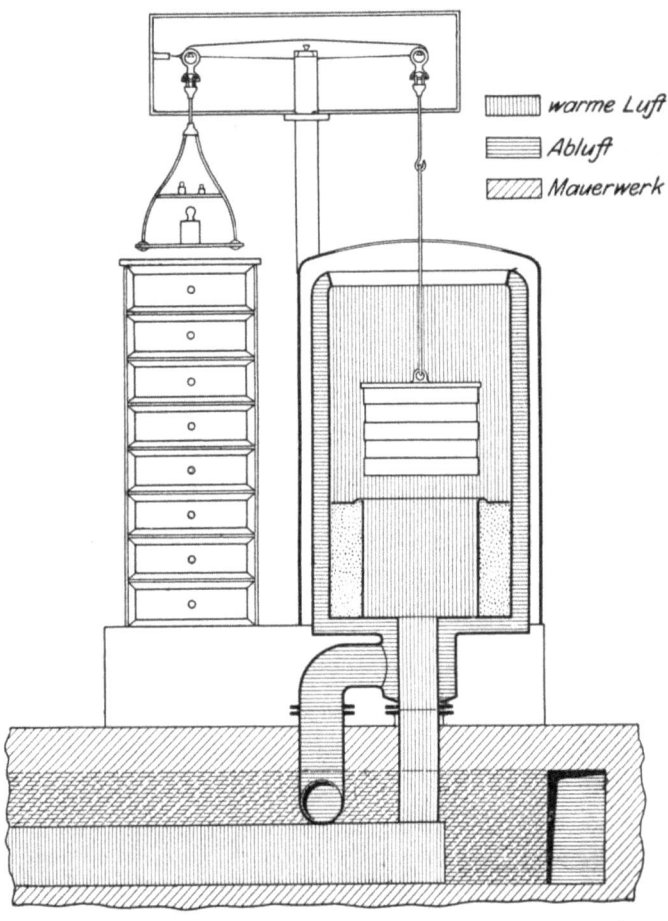

Abb. 80. Cortischer oder Verbands-Konditionier-Apparat.

Talabot konstruierte zuerst im Jahre 1841 einen Konditionierapparat mit Warmluftzuführung. Persoz und Rogeat verbesserten denselben später. Diese Apparate älterer Konstruktion sind später in fast sämtlichen Trocknungsanstalten einheitlich durch das Cortische System ersetzt worden. Die zum Trocknen bestimmten Stränge wurden früher an Krönchen in den Apparat gebracht. Die heiße Luft wurde durch den Zug des Schornsteins durch die Apparate gesogen und trocknete das Material, je nach der Natur desselben, in etwa 1—1 1/2 Stunden. Bei dem Cortischen Apparat wird das Trockengut in ein Aluminiumkörbchen gelegt, welches einen Boden aus Drahtgeflecht hat, so daß die Luft ungehindert hindurchstreichen kann. Das Körbchen wird, mit dem Trockengut gefüllt, in den Zylinder gelassen, in welchen es genau paßt, und zwar so, daß die heiße Luft nicht daran vorbei, sondern durch das Material hindurchstreichen muß. Hierbei gehen in der Minute $2^1/_2$ Kubikmeter Luft hindurch. Bis zur völligen Austrocknung sind auf solche Weise etwa nur 25 Minuten notwendig.

Abb. 80[1]) zeigt die innere Anordnung des Cortischen Apparates, den die Mailänder Konditionsanstalt (Società Anonima Cooperativa per la Stagionatura e l'Assaggio delle Sete ed Affini, Milano) bei sämtlichen europäischen Anstalten der Vereinigung zwecks einheitlicher Untersuchungsmethoden aufgestellt hat.

Die Numerierung der Garne.

Allgemeines.

Gleichzeitig mit der Konditionierung wird häufig auch die **Nummerbestimmung** der Garne vorgenommen. Die **Nummer** oder (bei Seide) der **Titer** bringt den Feinheitsgrad des Gespinstes zum Ausdruck, und zwar durch das Verhältnis einer bestimmten Fadenlänge zu deren Gewicht oder eines bestimmten Gewichtes zu seiner Fadenlänge.

Die Garnnummer kann also zweierlei bedeuten:

1. Die Anzahl von Längeneinheiten, welche auf ein bestimmtes Gewicht gehen. Die kleinere Fadenlänge, d. h. die niedrigere Nummer wird dann dem gröberen Gespinste entsprechen (= Längennumerierung bei allen Gespinsten außer Seide, Kunstseide und zum Teil Jute, also bei: Baumwolle, Wolle, Flachs, Schappe usw.).

2. Die Anzahl Gewichtseinheiten, welche auf eine bestimmte Garnlänge gehen. Das höhere Gewicht, d. h. die höhere Nummer entspricht in diesem Falle dem gröberen Faden (= Gewichtsnumerierung bei Seide, Kunstseide und zum Teil Jute).

Je nach den Maß- und Gewichtseinheiten, die dabei zugrunde gelegt werden, kommt man zu verschiedenen Numerierungssystemen[2]). Bei Anwendung des metrischen Maßes und Gewichtes (Meter, Gramm) bezeichnet man die Numerierungsart als „metrische Garnnumerierung". Hierbei kann man wieder unterscheiden zwischen grammmetrischer und halbgramm-metrischer Numerierung, je nachdem, ob die Anzahl Meter pro Gramm oder pro Halbgramm (= französische

---

[1]) Von der Elberfeld-Barmer Seiden-Trocknungs-Aktiengesellschaft frdl. zur Verfügung gestellt.

[2]) Alle vielversprechenden Anregungen und Anläufe zur Einführung einer einheitlichen, auf dekadischem Zahlensystem beruhenden Garnnumerierung für alle Garne verliefen ergebnislos. Bis zum heutigen Tage haben sich auch im Inlande die ungesetzlichen Maßsysteme, wie Yard, Zoll engl., Zoll franz., sächs., Wiener Zoll usw. erhalten. Vgl. auch die Aufsätze zu diesem Thema (Semlinger: Einführung der metrischen Garnnummer und Fadenzahl, Vortrag, Leipz. Monatschr. f. Textilind. 1916. S. 41. — Kuhn: Die gramm-metrische Garnnumerierung, Vortrag, Leipz. Monatschr. f. Textilind. 1916. S. 44. — Johannsen: Leipz. Monatschr. f. Textilind. 1915. S. 222. — Marschik: Textilber. 1921. S. 120. — Derselbe: Textilber. 1921. S. 244. — Rejtö: Textilber. 1922. S. 381 usw.).

Die Numerierung der Garne.

Numerierung, s. weiter unten) die Nummer ausdrücken. Diese Unterscheidung ist besonders von Wichtigkeit, seitdem im Baumwollkontrakt (s. S. 100) die halbgramm-metrische Nr. einfach als „metrische Nr." bezeichnet wird und dadurch Mißverständnisse entstehen können, weil bis dahin nur die gramm-metrische Nr. als „metrische" bezeichnet wurde. Bei Anwendung der englischen Maß- und Gewichtseinheiten erhält man das englische Numerierungssystem.

Zur praktischen Bestimmung der Längeneinheiten und zur Erreichung der mittleren Feinheit werden die Garne von einer bestimmten Anzahl Spulen in einer bestimmten Länge auf eine Haspel von bestimmtem Umfange gehaspelt und als Stränge abgenommen. Die Stränge teilen sich in so viele Gebinde als Spulen ablaufen. Jedes Gebinde besteht aus einer festgesetzten Zahl von Fäden, deren jeder dem Haspelumfang entspricht. Die Fadenlänge eines Stranges ist somit gleich der Zahl der Gebinde im Strang mal Anzahl der Fäden (d. h. Haspelumfängen im Gebinde) mal Haspelumfang.

Die Zahl der in Deutschland gebräuchlichen Numerierungssysteme für die verschiedenen Gespinstarten aus Baumwolle, Flachs und Wolle (als Kammgarn oder Streichgarn) ist sehr groß. Es sind z. B. im Gebrauch für:

		Längeneinheit.	Gewichtseinheit.
Baumwollgarne	die englische Nr.	840 Yards	1 engl. Pfd.
,,	,, französische Nr. (halbgramm-metrische)	1000 m	0,5 kg
Leinengarne	die englische Nr.	300 Yards	1 engl. Pfd.
Jutegarne	,, ,, ,,	300 Yards	1 engl. Pfd.
Woll-Kammgarne	,, gramm-metr. Nr.	1000 m	1 kg
Woll-Streichgarne	,, preußische Nr.	2200 Berl. Ellen	0,5 kg
,, ,,	,, sächsische Nr.	800 Leipz. Ellen	0,5 kg
,, ,,	,, berlinische Nr.	1500 m	0,5 kg
,, ,,	,, rheinländische Nr.	600 m	0,5 kg
,, ,,	,, französische Nr.	1500 m	1 kg
Schappegarne	,, gramm-metr. Nr.	1000 m	1 kg

		Gewichtseinheit.	Längeneinheit.
Gehaspelte Seidengarne der legale oder internationale Titer		$\begin{cases} \text{Deniers } (0,05 \text{ g}) \\ \text{g} \end{cases}$	450 m 9000 m
Kunstseidengarne der legale Titer		wie bei gehaspelten Seidengarnen	
Jutegarne	die schottische	1 engl. Pfd.	14400 Yards.

Über die Berücksichtigung der Luftfeuchtigkeit und ihren Einfluß auf die Prüfungsergebnisse s. weiter unten S. 115 und S. 181.

Die gramm-metrische oder internationale Garnnummer
(für alle Garne anwendbar)[1].

Die gramm-metrische Nummer oder Feinheitsnummer zeigt an, wie viele Längeneinheiten von 1000 Metern (d. h.

---

[1] Als einfachstes, natürliches System wird das gramm-metrische hier vorausgestellt. Wenngleich es trotz vielfacher Bestrebungen nicht zu den in der Praxis allgemein eingeführten gehört, so steht es heute doch in der Prüfungspraxis an erster Stelle.

Kilometern) ein Kilogramm erfüllen oder wieviel Meter auf ein Gramm gehen.

Nach dieser Begriffsbestimmung wird die gramm-metrische Nummer durch folgende Formel zum Ausdruck gebracht:

$$N_m = \frac{L_{km}}{G_{kg}} = \frac{L_m}{G_g} = \frac{\text{Meter}}{\text{Gramm}}.$$

Wenn z. B. 1000 m = 20 g wiegen, so ist die gramm-metrische Nr. (Nr_m) = 1000 : 20 = 50, oder — ganz allgemein — wenn a Meter = b Gramm wiegen, so ist die gramm-metrische Nummer = $\frac{a}{b}$.

Die Strangeinteilung beim metrischen System ist folgende. Es ist:
1 Gebinde (échevette) = 100 m
1 Strang (Strähn, Strähne, Schneller, Zahl, écheveau) = 10 Gebinde = 1000 m.

Nach den Beschlüssen des Internationalen Kongresses zu Paris 1900 hat diese metrische Nummer für alle Gespinste mit Ausnahme der einfachen und gezwirnten Seide, Geltung und ist somit — allerdings nur nominell — zur internationalen Nummer erhoben worden. Die Strähnlänge für alle Arten abgehaspelter Garne ist mit tausend Meter unter dezimalen Unterteilungen festgesetzt.

Jedes Weifensystem ist zulässig unter der Bedingung, daß es 1000 m auf den Strähn ergibt. Die gebräuchlichsten Weifenumfänge betragen 1 m, 1,25 m, 1,3716 m (= 1½ Yard), oder 1,4286 m. Bei Baumwollgarn sind in einem Gebinde meist 70 Fäden vereinigt, wonach sich der Haspelumfang zu 100 : 70 = 1,4286 m berechnet. Bei Einhaltung der englischen Weife (1½ Yard = 1,3716 m) würde das Gebinde 73 Fäden ergeben (1,3716 × 73 = 100,126). Statt 1000 m würde der Strang also 1001,26 m enthalten, was praktisch vernachlässigt werden dürfte.

Die englische Baumwollnummer.

Die englische Baumwollnummer gibt an, wie viele Längeneinheiten von 840 Yards ein Pfund engl. wiegen (oder im Verhältnis zur gramm-metrischen Nummer: wie viele Längen von 1,7 m das Gewicht von 1 g erfüllen).

Die Einheit des englischen Längenmaßes ist das Yard.
1 Yard = 0,9144 Meter (= 3 Fuß = 36 Zoll).
1 Meter = 1,09363 Yard = 3,2809 Fuß = 39,3708 Zoll.
Die Einheit des englischen Gewichtes ist das Pfund.
1 Pfund engl. (lb) = 453,598 Gramm (g) oder rund 453,6 g = 16 Unzen (ounces oder oz.) = 7000 grains (gr).
1 Kilogramm (kg) = 2 Pfund deutsch = 2,204 Pfund engl. = 1000 g.
Strangeinteilung:
1 hank (Zahl, Schneller, Strang) = 840 Yards = 768,096 m.
1 hank = 7 Gebinde (leas) zu 80 Fäden = 560 Fäden (threads).
1 Gebinde = 80 Fäden zu 1½ Yard = 120 Yards = 109,7 m.
1 Faden = 1,5 Yard = 1,3716 m (= Haspelumfang).

Bedeutet also L_e die englische Längeneinheit (in Schnellern oder hanks zu 840 Yards) und G_e die englische Gewichtseinheit (in englischen Pfunden), so lautet die Formel für die englische Nummer:

$$N_e = \frac{L_e}{G_e}.$$

Werden (statt der Schneller oder hanks) geringere Yardlängen (Ly) zugrunde gelegt, so rechnet sich die Formel (da Le = Ly : 840 ist) um in:

$$N_e = \frac{L_y}{840\, G_e} = 0{,}00119\, \frac{L_y}{G_e}.$$

Wiegen z. B. 42 Yards 0,1 Pfund engl., so ist die englische Nummer = $0{,}00119 \cdot \frac{42}{0{,}1}$ oder rund 0,5.

Wird die Länge in Metern und das Gewicht in Grammen ausgedrückt, so kommt man zu der Formel:

$$N_e = 0{,}59\, \frac{L_m}{G_g} \text{ oder } = 0{,}59\, N_m.$$

Mit anderen Worten: **Zur Umrechnung der metrischen Nummer in die englische Nummer wird erstere mit 0,59 multipliziert, umgekehrt durch 0,59 dividiert.**

Die halbgramm-metrische (französische) Baumwollnummer.

Die halbgramm-metrische (französische) Nummer zeigt an, wie viele Längeneinheiten von je 1000 Metern oder Kilometern ein halbes Kilogramm wiegen, bzw. wie viele Meter auf 0,5 g gehen.

Dieses durch den Baumwollgarnkontrakt von 1913 in Deutschland zu höherer Geltung gekommene System unterscheidet sich vom grammmetrischen nur durch die Gewichtseinheit des $^1/_2$ kg oder des deutschen Pfundes an Stelle des Kilogramms. **Die französische Nummer (Nf) ist also halb so groß wie die metrische, sie ist also halbgrammmetrisch.**

$$N_f = 0{,}5\, \frac{L_m}{G_g} \text{ oder } = 0{,}5\, N_m.$$

Strangeinteilung:
1 Strang (écheveau) = 1000 m.
1 Strang (écheveau) = 10 Gebinde (échevettes) = 700 Fäden (fils).
1 Gebinde = 100 m = 70 Fäden.
1 Faden = 1,4286 m (= Haspelumfang) (oder auch 1 m).

Da die halbgramm-metrische oder französische Nummer sich nur wenig von der englischen unterscheidet, ist ihre Einführung in Deutschland an Stelle der englischen viel leichter durchführbar, als diejenige der gramm-metrischen. Aus diesem Grunde ist diese Nummer durch den Baumwollgarnkontrakt neben der englischen offiziell eingeführt worden und wird dort schlechtweg „metrische" Nummer genannt.

Die österreichische Baumwollnummer.

Die österreichische Baumwollnummer zeigt an, wie viele Längeneinheiten von 1487,5 Wiener Ellen ein österreichisches Pfund (560 g) wiegen.
1 Schneller = 1487,5 Wiener Ellen.
1 Wiener Elle = 2,465 österreichische Fuß.
1 österreichischer Fuß = 0,31611 Meter.

Demnach ist:
1 Wiener Elle = 0,7792 Meter und
1487,5 Wiener Ellen = 1159 Meter = 1267,6 Yards.
1 Strang (Zahl) = 7 Gebinde.
1 Gebinde = 100 Faden.
1 Gebinde = 1487,5 : 7 = 212,5 Wiener Ellen.

Allgemeines.

Umfang des Haspels = 212,5 : 100 = 2,125 Wiener Ellen = 1,6558 m.
1 österreichisches Pfund = Go = 560 g = 0,56 kg.
Die österreichische Nummer wird also sein:

$$N_o = 0{,}483 \frac{L_m}{G_g} = 0{,}483 \, N_m.$$

Die niederländische Baumwollnummer.

Die niederländische Nummer zeigt an, wie viele Längeneinheiten von 840 Yards ein halbes Kilogramm wiegen.
Diese Numerierung enthält also Längen- und Gewichtseinheiten verschiedener Systeme.
Die niederländische Nummer steht in folgendem Verhältnis zu der metrischen:

$$N_n = 0{,}651 \, N_m.$$

Ein Schneller wird in 7 Gebinde à 80 Faden (wie englische hanks) eingeteilt.
Der Haspelumfang beträgt 1,5 Yard oder 54 englische Zoll = 1,3716 m.

Umwandlungstafel für Baumwollnummern.

Metrische Nr. Nm		Englische Nr. Ne		Französ. Nr. Nf		Österreich. Nr. No		Niederl. Nr. Nn
1	=	0,59	=	0,5	=	0,483	=	0,651
1,694	=	1	=	0,8475	=	0,818	=	1,103
2	=	1,18	=	1	=	0,966	=	1,302
2,07	=	1,222	=	1,035	=	1	=	1,3478
1,535	=	0,90629	=	0,768	=	0,74193	=	1

Bezeichnung der Zwirnnummern.

Die Nummer gezwirnter Garne gibt man durch die Nr. des einfachen Fadens unter Angabe der Fadenzahl an, aus welchem der Zwirn hergestellt ist. Nr. 40/2 fach oder 2/40 heißt also: Zwei einfache Fäden, von denen jeder die Nr. 40 hat, sind zusammengezwirnt.

Die Strähnlänge des Zwirns beträgt nicht wie des einfachen Fadens (z. B. bei dem englischen System) 768 m, vielmehr ist von derselben für das Einzwirnen im Mittel 1,5% (beim englischen System also etwa 12 m) abzurechnen, so daß ein Zwirnsträhn engl. im Durchschnitt 756 m mißt. Bei groben Garnen und fester Drehung beträgt diese Korrektur mehr, bei feinen Garnen und loser Drehung weniger. Werden Einzelfäden verschiedener Feinheitsnummer zusammen verzwirnt, so läßt sich die Nummer des Zwirnes (bei den Nummern der Einzelfäden von a und b) nach der Formel: $\dfrac{a\,b}{a+b}$ berechnen.

Beispiel: Ein Faden Nr. 25/1fach wird mit einem anderen von der Nr. 56/1fach zusammengezwirnt. Die Nummer des Zwirnes ist dann unfähr 17,28.

Die Flachs-, Werg- und Hanfgarn-Numerierung.

Die gebräuchlichste englisch-irische Nummer (Längennummer) zeigt an, wie viele Gebinde von je 300 Yards Länge ein Pfund engl. wiegen.

Haspelumfang = 2½ Yards (oder seltener 3 Yards).
Fadenzahl eines Gebindes = 120, also ist die
Gebindelänge = 120·2,5 = 300 Yards = 274,32 Meter.
1 Schock à 10 Bündel, à 5 Stück (hasp), à 4 Strähn (hank), à 12 Gebinde (lea) = 720 000 Yards oder 658 368 Meter[1]).

---

[1]) Oder auch: 1 Schock à 2 Pack, à 6 Bündel, à 5 Stück, à 4 Strähne, à 10 Gebinde, à 300 Yards = 720 000 Yards.

Da also die englische Baumwollnummer auf 840, die Leinennummer auf 300 Yards bezogen wird, so entspricht Nr. 1 engl. Baumwollnummer = Nr. 2,8 engl. Leinennummer.

Man unterscheidet bei Leinengarn nach der Art des Spinnens trocken gesponnenes und naß gesponnenes Garn. Das erstere besitzt in der Regel höhere Festigkeit, während durch Naßspinnen höhere Nummern erhalten werden können; beide Garne sind leicht durch ihr Äußeres zu erkennen. Die aus den Abfällen der Flachsspinnerei hergestellten Werggarne (und die Heedegarne, Tow-line) lassen sich ebenfalls sehr leicht von Flachsgarn unterscheiden. Der Werggarnfaden weist viele knotige Stellen, von mitversponnenen Schäberesten herrührend, auf, während der Flachsfaden solche nicht zeigt.

Man spinnt den Flachs in Deutschland trocken etwa von Nr. 10—30, naß bis Nr. 80, in Belgien und Schottland bis Nr. 200. Werg spinnt man trocken etwa von Nr. 6—20, naß bis Nr. 35. Die letzteren Garne dienen zu geringeren Geweben als Kette, mit loser Drehung und in gebleichtem Zustande als Schuß für Halbleinen.

Man unterscheidet ferner das Handgespinst vom Maschinengespinst dadurch, daß sich ersteres fetter und glatter anfühlt, elastischer, stellenweise schwächer und im Umfange weniger gerundet ist, sich auch nicht aufrollt, während Maschinengarn sich steifer und rauher anfühlt, von gleichförmiger Dicke und vollkommener Rundung ist.

Die österreichische Leinennummer zeigt an, wie viele Strähne (von 3600 Wiener Ellen) 10 Pfund engl. wiegen. 10 Pfund engl. = 8,1 Wiener Pfund.

1 Schock à 12 Bündel à 20 Strähne à 30 Gebinde à 40 Stück à 3 Wiener Ellen = 864 000 Wiener Ellen. Ein Strähn hat demnach 3600 Wiener Ellen (à 0,77921 Meter) oder 2805,156 Meter. Weifenumfang = 3 Wiener Ellen.

Die französische Nummer zeigt an, wieviel Kilometer $1/2$ Kilogramm wiegen. Sie ist also mit der französischen Baumwollnummer identisch und ist auch teilweise in Belgien im Gebrauch.

1 Schock à 12 Bündel à 50 000 Meter = 600 000 Meter. Der Weifenumfang beträgt $2 1/2$ Meter.

Deutsche (schlesische) Nr. s. Spalte 6 der Tabelle auf S. 111.

Bindegarne.

Bei Bindegarnen (Garbenbindegarnen) für die Getreidemäh- und Bindemaschinen hat sich der Handelsbrauch herausgebildet, die Feinheit durch die sogenannte Lauflänge pro Kilogramm und die Zahl der Einzeldrähte auszudrücken. Die Lauflänge gibt danach die Anzahl Meter an, die erforderlich ist, um das Gewicht von 1 kg zu erfüllen; sie ist also die 1000fache gramm-metrische Nummer.

Bindfaden.

Während man früher die Langhanfqualitäten als 2-, 4-, 6- usw. bis 20schnürig, die Werggqualitäten dagegen mit der englischen Leinengarn- Nr. bezeichnete, ging man später dazu über, auch für die Langhanfqualitäten die englischen Leinengarnnummern zu gebrauchen und so die Numerierung zu vereinheitlichen. Um nun aber Tow- und Langhanfqualitäten in der Bezeichnung auseinander zu halten, setzte man vor die Nummern der ersteren ein „T", vor diejenigen der letzteren ein „L". Ebenso wird heute die früher allgemein übliche Angabe der Farbe (hell, grau, dunkel, gefärbt usw.) nur ausnahmsweise angegeben.

Packkordel wurde früher mit der Nummer des einfachen Fadens, z. B. $2/3$, $3/4$, $1/2$ usw. beizeichnet, nicht entsprechend der englischen Nummer. Neuerdings werden alle Kordeln aus dem gleichen einfachen Garn hergestellt, und man bezeichnet sie nur nach der Anzahl der Einzeldrähte, z. B. 2fach, 3fach Kordel usw.

Die Jutegarnnumerierung.

Die gebräuchlichste englische Nummer zeigt an, wie viele Gebinde von je 300 Yards Länge ein Pfund engl. wiegen. Sie ist also mit der englischen Flachsnummer identisch.

Allgemeines. 111

Haspelumfang = $2^1/_2$ Yards.
1 Bündel à 16—20 Umfänge 20 Strähne à 5 Gebinde à 15—120 Fäden.
Diese englische Jutenumerierung, Längennumerierung, gilt im Handel, während in den Fabriken, die zugleich spinnen und weben, die sogenannte schottische Gewichtsnummer gebräuchlich ist.

Die schottische oder Belfaster Jutenummer zeigt an, wie viele Gewichtseinheiten von je 1 Pfund engl. eine Längeneinheit (Spyndle oder Spindel) von 14400 Yards oder rund 13167 Meter erfüllen.

Jute wird demnach sowohl nach dem Längen- als auch nach dem Gewichtssystem numeriert.

1 Spyndle à 8 Strähne à 6 Gebinde = 5760 Fäden à 2,5 Yards = 14400 Yards, oder 1 Spyndle à 8 Strähne à 6 Gebinde à 120 Fäden à $2^1/_2$ Yards = 14400 Yards.

Man unterscheidet wie bei Leinen Jute-line und Jute-tow (Werggarn). Bei ersterem kommen die Nummern 12—24 vor, während die gröberen Nummern von Nr. $^1/_4$ an in der Regel in Towgarn gesponnen werden.

In Holland wird die Feinheit der Jute auch durch die Zahl angegeben, die anzeigt, wie viel Hektogramm die Länge von 150 Meter erfüllen.

Die Ramiegarnnumerierung (Chinagras, Nessel).

Die Ramie wird entweder nach der englischen Flachsnummer oder nach der gramm-metrischen (internationalen) Nummer (Anzahl Kilometer in 1 Kilogramm) angegeben.

Umwandlungstafel für die gebräuchlichsten Numerierungen von Gespinsten aus Baumwolle, Leinen und Jute. (Nach E. Müller.)

1	2	3	4	5	6	7
Gramm-metrische oder internationale Nr. (Anzahl km in 1 kg)	Englische Baumwoll-Nr. (und Florettseide) (Anzahl von je 840 Yards in 1 Pfund engl.)	Halbgramm-metrische oder französ. Baumwoll- und Leinen-Nr. (Anzahl km in $^1/_2$ kg)	Englische Leinen- und Jute-Nr. (Anzahl von je 300 Yards in 1 Pfund engl.)	Österreich. Leinen-Nr. (Anzahl von je 3600 Wiener Ellen in 10 Pfd engl.)	Deutsche Leinen-Nr. (Anzahl von je 1152 Ellen in 2,4 Pfd.)	Schottische Gewichts-Nr. für Jute (Anzahl Pfd. engl. in 14400 Yards)
1	×0,590	×0,500	×1,65	×1,62	×1,67	29,0 :
×1,694	1	×0,847	×2,8	×2,74	×2,84	17,1 :
×2,00	×1,18	1	×3,30	×3,24	×3,34	14,5 :
×0,606	×0,358	×0,303	1	×0,982	×1,01	48,0 :
×0,617	×0,364	×0,309	×1,02	1	×1,03	47,0 :
×0,599	×0,353	×0,299	×0,988	×0,971	1	48,4 :
29,0 :	17,1 :	14,5 :	48,0 :	47,0 :	48,4 :	1

Anmerkung. Beim Gebrauch dieser Tabelle ist zu beachten, daß, um das Verhältnis zweier höheren Nummern der Gespinste zu finden, bei den Spalten 1—6 die Verhältniszahlen mit den Nummern zu vervielfältigen sind, während bei Spalte 7 (Jute, schottische Gewichts-Nr.) eine Division durch die Nummern stattzufinden hat. Beispiel: Nr. 1 metrisch = Nr. 1,65 Leinen engl.; Nr. 20 metrisch = Nr. 33 Leinen engl.; Nr. 1 Baumwolle engl. = Nr. 17,1 Jute schottisch; Nr. 50 Baumwolle engl. = Nr. 0,342 Jute schottisch (17,1 : 50 = 0,342).

Die Wollgarnnumerierung.

Die gramm-metrische Numerierung ist bisher nur bei Kammgarnen fast ganz allgemein durchgeführt worden, während bei Streichgarn noch immer verschiedene Numerierungen im Gebrauch sind. So unterscheidet man bei Streichgarn heute noch eine preußische, sächsische, rheinländische, berlinische, französische, englische Nummer usw.

Die gramm-metrische oder internationale Nummer zeigt an, wieviel Längen von 1 Kilometer das Gewicht eines Kilogramms erfüllen. Sie ist für Kammgarne im Gebrauch.

1 Strähn à 10 Gebinde = 730 Fäden = 1000 Meter; oder
1 Strähn à 10 Gebinde = 800 Fäden = 1000 Meter.
Haspelumfang also = 1,37 oder 1,25 Meter.

Die englische Wollnummer zeigt an, wieviel Längen von je 560 Yards („Conets") ein Pfund engl. erfüllen (s. a. unter Baumwolle).

1 Strähn (hank) = 7 Gebinde = 560 Fäden = 560 Yards = 512 m.
Haspelumfang = 1 Yard.

Die preußische oder Berliner Wollnummer zeigt an, wieviel Stück (à 2200 Berliner Ellen = 1467 Meter) auf ein Berliner Handelspfund (à 467,7 g) oder meist auf ein Zollpfund (à 500 g) gehen (stückig Streichgarnnumerierung).

Man spricht von 2-, 3-, 4- usw. stückigem Garn zu 2200 Berliner oder 2000 Brabanter Ellen usw.

Niederländische Haspelung in zwei Abarten:
a) 1 Stück à 4 Zahlen à 220 Fäden = 2200 Berliner Ellen = 1467 m.
Haspelumfang = 2½ Berliner Ellen oder 1,666 m.
b) 1 Stück à 20 Gebinde à 44 Fäden = 2150 Berliner Ellen = 1434 m.
c) Rheinische Haspelung:
1 Stück à 10 Gebinde = 1000 Fäden = 2000 Brabanter Ellen = 1390 m.
Haspelumfang = 2 Brabanter Ellen = 1,39 m.
d) Cockerillsche Weife, auch in Belgien gebräuchlich:
1 Stück à 2240 Berliner Ellen = 1494 m.

Die sächsische Wollnummer zeigt an, wieviel Stück (s. preußische Nummer) auf 500 g gehen.

a) 1 Stück à 5 Gebinde à 80 Fäden = 800 Leipziger Ellen = 452 m.
Haspelumfang = 2 Leipziger Ellen = 1,133 m.
b) 1 Zahl à 4 Gebinde à 80 Fäden = 800 Leipziger Ellen = 452 m.
Haspelumfang = 2½ Leipziger Ellen = 1,412 m.
c) 1 Strähn à 5 Gebinde à 80 Fäden = 1200 Leipziger Ellen = 678 m.
Haspelumfang = 3 Leipziger Ellen = 1,695 m.
d) 1 Stück à 4 Strähne à 3 Gebinde = 2400 Leipziger Ellen = 1356 m.
e) 1 Stück à 2200 Leipziger Ellen = 1243 m.

Die Wiener Wollnummer zeigt an, wieviel Strähne (à 1371 m) auf ein Wiener Pfund (560 g) gehen. In Österreich fast überall gebräuchlich.

1 Strähn à 20 Gebinde (Klapp) = 880 Fäden = 1760 Wiener Ellen = 1371 m.
Haspelumfang = 2 Wiener Ellen = 1,558 m.

In Böhmen haspelt man noch häufig 1 Strähn = 800 Leipziger Ellen und numeriert nach 1 Pfundengl. (453,6 g). Haspelumfang 2 Leipziger Ellen.

Die französische Wollnummer zeigt an, wieviele Strähne ½ kg wiegen (seltener Pariser Pfund von 489,5 g).

a) Sedan und Umgegend:
1 Strähn (écheveau) à 22 Gebinde (macques) = 968 Fäden = 1493,6 m.
Haspelumfang = 1,543 m. Einheitsgewicht 500 g, seltener das Pariser Pfund von 489,5 g.
b) Elboeuf:
1 Strähn = 3600 m. Haspelumfang = 2 m. Einheitsgewicht 500 g.

Allgemeines. 113

Umwandlungstabelle für Wollgarnnummern verschiedener Systeme.

Metrische Nr.	Preußische Nr.	Sächsische Nr.	Österreich. Nr.	Englische Nr.	Elboeufer Nr.	Sedaner Nr.
1	0,34	1,11	0,41	0,885	0,139	0,328
2,94	1	3,26	1,2	2,6	0,41	0,96
0,90	0,306	1	0,37	0,8	0,125	0,3
2,44	0,83	2,7	1	2,16	0,34	0,8
1,13	0,38	1,25	0,46	1	0,157	0,37
7,2	2,45	8,0	2,93	6,37	1	2,36
3,05	1,04	3,4	1,25	2,7	0,42	1

Die Kunstwollgarnnumerierung.
(Mungo, Shoddy usw.).

Das Kunstwollgarn wird fast überall, England ausgenommen, nach dem internationalen, gramm-metrischen System, in England meist wie Baumwollgarn (1 Strähn = 840 Yards), numeriert.

Die Titrierung der gehaspelten Seide.
(Edle Seiden und wilde Seiden.)

Die Numerierung oder wie es bei Seide heißt die „Titrierung" der gehaspelten Seide (Grège, Organzin, Trame usw.), die Bestimmung des „Titers", geschieht nach dem Gewichtsnumerierungssystem, also (außer der Kunstseide und der schottischen Jutenumerierung s. d.) entgegengesetzt zu allen anderen Fasern.

Der legale oder internationale Titer zeigt an, wieviel Gewichtseinheiten (von 0,05 g = 1 denier[1]) die Längeneinheit von 450 Meter, oder wieviel Gramm die Längeneinheit von 9000 m wiegt.

Haspelumfang = meist 1,125 m.

Der alte internationale Titer zeigte an, wieviel Gewichtseinheiten (Deniers à 0,05 g) die Längeneinheit von 500 Meter wog.

Umwandlungstafel für verschiedene Seidentiters.

Legaler oder internat. Titer	Alter internat. Titer	Alter Turiner Titer	Alter Mailänd. Titer	Alter französ. Titer	Alter Lyoner Titer
1	1,111	0,992	1,035	0,996	1,046

Verhältnis der metrischen Nummern zum legalen Seidentiter.

Metr. Nr.	Legale Denier-Titers	Metr. Nr.	Legale Denier-Titers	Metr. Nr.	Legale Denier-Titers
10	900	70	128,5	130	69,22
20	450	80	112,5	140	64,28
30	300	90	100	150	60
40	225	100	90	160	56,25
50	180	110	81,81	180	50
60	150	120	75	200	45

[1] 1 denier, italienisch „denaro", ist also 0,05 g; abgekürzt wird für deniers geschrieben: „d", oder „den." oder „drs".

Heermann, Textiluntersuchungen. 2. Aufl.

Die wichtigsten Seidentiters sind für Organzin 18/19—24/26, für Trame 20/22—36/38, für Grège 9/11—11/13 den.

Die Numerierung der gesponnenen Seide.
(Edle und wilde Seiden.)

Im Gegensatz zu der gehaspelten Seide wird die gesponnene Seide (Schappe-, Chappe-, Florett-, Bouretteseide[1]) usw.) nach dem gramm-metrischen System numeriert.

Die gramm-metrische Nummer gibt wiederum an, wie viele Schneller von je 500 Meter Länge $1/2$ Kilogramm wiegen, oder wieviel Kilometer ein Kilogramm, wieviel Meter ein Gramm erfüllen.

Haspelumfang = 1,25 m (auch 1 und 1,4286 m).
400 Fäden = 1 Schneller (Strähn, Masten, écheveau) von 500 m Länge.
1 Schneller = 4 Gebinde.

Die englische Nummer ist dieselbe wie bei Baumwolle; ebenso die Stranglänge und die Einteilung des Stranges (s. d.).

Die französische Schappennummer entspricht der französischen Baumwollnummer. Haspelumfang = 1,25 m.

Die Numerierung der Kunstseide.

Die Kunstseiden werden fast allgemein nach dem Denier-System der gehaspelten Naturseide (s. d.). numeriert. Der Titer gibt die Anzahl Gramm an, die eine Länge von 9000 m wiegt. Sehr vereinzelt wird noch der sogenannte Dezimaltiter geführt (alte internationale Seidentiter, s. d.) Derselbe gibt die Anzahl Gramm an, die eine Länge von 10 000 m wiegt.

Die Nummerbestimmung der Garne.

Die vorgeschriebene Zahl Garnkörper wird auf einer Wage genau gewogen und abgehaspelt[2]). Das Haspelsystem ist bis heute kein einheitliches; der Haspelumfang für Kammgarne beträgt in der Regel 1428 mm, für Baumwollgarne 1371,6 mm ($1^1/_2$ Yards), für Seiden- und Kunstseidengarne 1125 mm, für Schappegarne meist 1250 mm usw. An einem der Haspelarme soll eine Justiervorrichtung angebracht sein, damit der vorgeschriebene Haspelumfang stets genau eingehalten werden kann.

---

[1]) Die gesponnenen Seidengarne kommen unter mancherlei Namen in den Handel, so z. B. noch als Crescentin-, Galettam-, Fiorettino-, Sambatellagarne usw. und werden aus den Abfällen der Haspelseide gesponnen. Die Abgänge von Florettseide werden wiederum zu Bouretteseide (Bour de soie) verarbeitet.

[2]) Die einzelnen Operationen des Messens und Wägens und die dazu gebrauchten Geräte werden aus Zweckmäßigkeitsgründen in einem besonderen Kapitel über das „Messen und Wägen von Gespinsten" (s. S. 142) eingehend behandelt. S. a. Pinagel: Die Entwicklung der Konditionieranstalten. Die Garnnummerbestimmung in Geweben ist gleichfalls in einem besonderen Kapitel abgehandelt (s. S. 224). Über die graphische Methode der Nummerbestimmung s. a. Walz: Leipz. Monatschr. f. Textilind. 1916. S. 65; Beckers: Ebenda 1916. S. 97; Frenzel: Ebenda 1917. S. 50.

Die Fadenspannung muß eine derartige sein, daß sie dem Charakter des Garnes entsprechend bequem einzustellen ist; für lose gedrehte Garne schwächer als für hartgedrehte, und zwar so, daß die Hand elastisch auf dem abgehaspelten Strang ruht. Die Entfernung zwischen der Schiene des Hülsenstandes und der Fadenführung soll 15 cm nicht überschreiten. Die Konstruktion der Fadenführung ist richtig, wenn der Faden bei 1000 m Länge nicht mehr als zweifach übereinander liegt. Endlich soll der mechanisch angetriebene Haspel etwa 150—200 Touren in der Minute laufen. Dieses sind die Grundbedingungen für die Konditionieranstalten. Je nach der Garnschwere empfiehlt Pinagel, die Strähne pro 250, 500, 750 oder 1000 m zu unterbinden.

Die Länge der Strähne, geteilt durch deren Gewicht, ergibt die Längen-Garnnummer. Soll diese a) auf der Basis des normalen Luftfeuchtigkeitsgehaltes (65%) berechnet werden, so wird das Versuchsmaterial erst mehrere bis 24 Stunden bei 65% Luftfeuchtigkeit ausgelegt, bei der normalen Luftfeuchtigkeit gehaspelt, gewogen und die Nummer auf Grund dieses Gewichtes berechnet. Soll die Garnnummer dagegen — was meistens vorgeschrieben ist — b) auf Basis des legalen Feuchtigkeitsgehaltes berechnet werden, so wird das Garn vorschriftsmäßig getrocknet, dem

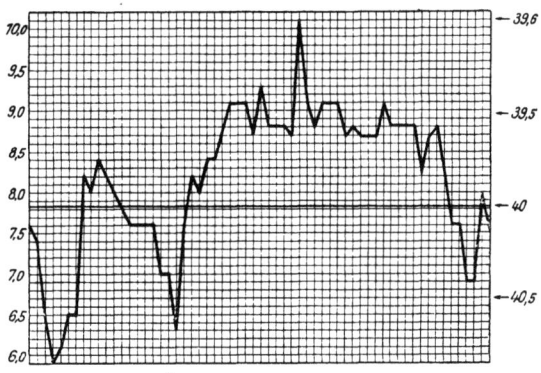

Abb. 81. Der Einfluß der Luftfeuchtigkeit auf die Garnnummer. Tägliche Nummerschwankungen innerhalb zweier Monate (nach Manchester Testing-House).

absoluten Trockengewicht der legale Feuchtigkeitszuschlag zugerechnet (s. unter Konditionierung, S. 95) und die Nummer auf Grund dieses legalen Handelsgewichtes berechnet (konditionierte Nummer).

Muß das Garn entfettet und gewaschen werden, so wird dasselbe hierauf wieder getrocknet und gleichfalls nach a) oder b) verfahren. Abb. 81 zeigt, in welchem Umfange die Garnnummer (rechts) von dem jeweiligen Feuchtigkeitsgehalt des Garnes (links) beeinflußt wird.

Indem man die Länge durch das ermittelte Gewicht der Länge (nach a oder b) dividiert, erhält man die Längen-Garnnummer. Beispiel: 15 975 m Kammgarn wiegen (absolut trocken) 365,950 g; hierzu kommt ein Zuschlag von $18\frac{1}{4}\% = 66{,}785$ g. Das konditionierte Gewicht beträgt demnach: 432,735 g und die konditionierte gramm-metrische Nummer: 15 975 : 432,7 = 36,92.

Oder allgemein ausgedrückt: Wenn a Meter b Gramm (Trockengewicht + Feuchtigkeitszuschlag) wiegen, so ist die gramm-metrische Nummer = $\frac{a}{b}$ und (bei Seide) der legale Seidentiter: $\frac{b \cdot 9000}{a}$.

Besteht ein Zwirn aus zwei Einzelfäden von verschiedenen Feinheitsnummern(a und b), so wendet man die Formel an: $\frac{a \times b}{a+b}$. Ist also ein Faden 25/1fach, der andere 56/1fach, so ist die Nummer $\frac{25 \times 56}{25+56} = 17{,}28/1$fach oder 34,56/2fach.

Die Abweichung der Garnnummer von der Sollnummer.

Es liegt in der Natur der Dinge, daß die tatsächliche Nummer (die Istnummer) fast immer von der vom Spinner gewollten, der bestellten, bzw. vereinbarten Nummer (der Sollnummer) mehr oder weniger abweicht. Größere Abweichungen machen sich bei der Verarbeitung der Garne in verschiedenster Weise unliebsam geltend; andernseits ist dem Spinner eine bestimmte Abweichung naturgemäß zuzubilligen. Im Handelsverkehr mit Garnen hat sich deshalb seit jeher das Bedürfnis fühlbar gemacht, klare und bündige Abmachungen zwischen dem Hersteller und Verbraucher der Garne über die sogenannte „Toleranz" zu treffen, d. h. darüber, welche Abweichungen jeweils noch als zulässig zu betrachten sind. Wenn diese Frage bis heute noch nicht bei allen Garnen geregelt ist, so liegt es vorzugsweise an dem Widerstreit der Interessen von Hersteller und Verbraucher. Nachstehend seien einige handelsübliche Abweichungen und Abmachungen zwischen den Parteien genannt, so weit sie in der Literatur bekannt geworden sind.

Baumwollgarne. § 11 des „deutschen Baumwollgarnkontraktes" (seit 1.4.1913 in Kraft getreten, s. a. u. Konditionierung S. 100) besagt folgendes:

Im Falle der Bemängelung der Nummer ist diese in der Weise zu ermitteln, daß bei Bündelgarnen mindestens 20 Stränge à 840 Yards oder 10 Doppelstränge à 1680 Yards abgemessen und gewogen werden und daraus die Nummer berechnet wird. Bei Kops und Spulen sind mindestens 20 Kops oder Spulen

bei Garnen unter Nr. 8 . . . . 10 Stränge ⎫
„ „ über Nr. 8 bis einschl. Nr. 11 . . 15 „ ⎬ zu 840 Yards
„ „ „ „ 11 . . . . 20 „ ⎭

abzuhaspeln, abzuwägen und auf die Nummer zu berechnen.

Der Durchschnitt der auf diese Weise von der Konditionieranstalt vorgenommenen Numerierung gilt als Nummer für den betreffenden Ballen (Bündel) oder die betreffende Kiste (Faß).

Alle vorhandenen Kolli müssen den Bestimmungen der § 7 und 8 (betrifft vorgeschriebene Musterentnahme und Konditionierung, s. d. S. 97) entsprechend der Numerierung unterzogen werden, und gilt sodann das Ergebnis als Durchschnitt der Numerierung für die ganze der Musterziehung unterzogene Menge der angefochtenen Garnsendung.

Ausgenommen von der Einbeziehung in diese Durchschnittsberechnung sind jedoch die Ergebnisse jener Ballen oder Kisten bzw. Fässer, deren Inhalt bei Garnen:

Die Nummerbestimmung der Garne.

bis einschließlich Nr. 5 . . . . mehr als 10%,
über Nr. 5 bis einschl. Nr. 10 . . . . „ „ 8%
„ „ 10 „ „ „ 14 . . . . „ „ 7%
„ „ 14 „ „ „ 22 . . . . „ „ 6%
„ „ 22 „ „ „ 30 . . . . „ „ 5%
„ „ 30 . . . . „ „ 4½%

nach oben oder unten von der zu liefernden Nummer abweicht. Der Käufer ist befugt, diese auszuscheidenden Ballen oder Kisten bzw. Fässer dem Verkäufer gegen Ersatz der darauf entfallenen Spesen zur Verfügung zu stellen. Dem Verkäufer steht das Recht einer Ersatzlieferung in den in § 3 erwähnten Fristen zu. Diese Ersatzleistung ist nur einmal zulässig.

§ 12. Bei feiner gelieferten Garnen findet eine Vergütung nicht statt. Die Grenze, innerhalb welcher in bezug auf zu grobe Numerierung eine Vergütung nicht stattfindet, wird mit 3% bestimmt. Beträgt der Nummernunterschied im Durchschnitt mehr als 3%, so ist das Plus über 2%, nach Maßgabe des Mehrverbrauchs bei Verarbeitung der Garne zu vergüten; doch braucht der Verkäufer eine Vergütung nicht zu leisten, wenn er die bemängelten Mengen innerhalb der im § 3 bedungenen Fristen spesenfrei gegen, im Sinne dieses Paragraphen, richtig numerierende Garne umtauscht.

§ 13. Die Kosten der Konditionierung hat der unterliegende Teil zu tragen.

Der Verein süddeutscher Baumwollindustrieller in Augsburg hat (demgegenüber etwas abweichende) folgende erlaubte Schwankungen bei Baumwollgarnen festgelegt[1]):

Engl. Nr. 5—10 = 8%, also 4% auf und abwärts,
„ „ 11—15 = 7%, „ 3½% „ „ „
„ „ 16—25 = 6%, „ 3% „ „ „
„ „ 26—35 = 5%, „ 2½% „ „ „
„ „ 36 und höher 4½%, also 2¼% auf und abwärts.

Kammgarne. § 8 der Vorschriften über die Konditionierung und Nummerbestimmung von Kammgarnen[2]) besagt u. a. folgendes: Ist lediglich die Garnnummer zu bestimmen, so sind mindestens 500 g Garn abzuhaspeln. Die mit Zählapparat versehene sechskantige Weife muß 1428 mm Haspelumfang haben und muß mit einer Fadenspanneinrichtung versehen sein, welche gestattet, die beim Spinnprozeß vorhandene Spannung einzustellen; außerdem muß die Weife eine Fadenführung haben, welche gestattet, die Fäden möglichst gut nebeneinander zu legen. Die Haspel ist mechanisch anzutreiben. Die Tourenzahl hat den Betriebsverhältnissen mechanischer Weifen zu entsprechen und 150 bis 200 Touren in einer Minute zu betragen. Aus der Summe der Einzellängen der Garnkörper wird die Gesamtlänge der Probe berechnet und

---
[1]) Holtzhausen: Leipz. Monatschr. f. Textilind. 1917. S. 1.
[2]) Im Jahre 1912 vereinbart zwischen den Verbänden sächsisch-thüringischer Webereien und elsässischer Wollwebereien einerseits und dem Verein deutscher Wollkämmer und Kammgarnspinner anderseits.

letztere dann (wenn nicht bereits die Untersuchung zur Feststellung des Handelsgewichtes vorausgegangen ist) nach eventueller Vortrocknung in den Konditionierapparat gebracht und bei 105—110° C so lange ausgetrocknet, bis die Gewichtsabnahme in 10 Minuten Trockenzeit weniger als 0,05% = 0,25 g bei 200 g Trockenprobe beträgt. Aus dem so ermittelten Trockengewicht, zu welchem 18,25% Feuchtigkeit addiert werden, wird die Nummer berechnet.

Bei Bündelgarnen werden die sämtlichen zur Handelsgewichtsfeststellung als Muster verwendeten Strähne aufgespult, deren Meterlänge bestimmt und auf Grund ihres Trockengewichts die Nummer berechnet.

Als erlaubte Abweichung von der bestellten Garnnummer gelten für weiße Kammgarne 2% nach oben und nach unten als handelsgebräuchlich; für farbige Kammgarne wird als zulässige Nummerabweichung anerkannt:

3% auf oder ab bei Dispositionen von 100 kg oder mehr pro Farbe, Qualität und Nummer,

4% auf oder ab bei Dispositionen von 50 bis 99 kg pro Farbe, Qualität und Nummer,

und entsprechend mehr bei Dispositionen unter 50 kg pro Farbe, Qualität und Nummer.

Etwaige Differenzen, die diese Fehlergrenze nach unten überschreiten, werden durch Vergütung am Gewicht ausgeglichen. Für zu fein gesponnene Garne tritt eine Vergütung nicht ein. Abweichungen innerhalb der Fehlergrenze sind nicht entschädigungsberechtigt. Die Überschreitung der Fehlergrenze muß außerdem im Garn selbst, aber nicht nach seiner Verarbeitung nachgewiesen sein.

Die Berechnung der Gewichtsvergütung für zu stark gesponnene Garne geschieht wie folgt:

Es wird zunächst die Abweichung der ermittelten Durchschnittsnummer von der bestellten Nummer in % berechnet und von diesem Prozentsatz die als Fehlergrenze zulässige Nummerabweichung in % abgezogen, wodurch sich die zu vergütende Abweichung in % ergibt. Letztere wird auf das Handelsgewicht in Kilogramm umgerechnet und so die dem Käufer zu gewährende Vergütung am Gewicht für zu stark gesponnene Garne festgestellt.

Außerhalb der vorstehenden offiziellen Vereinbarungen soll es nach einem Gutachten der Chemnitzer Handelskammer Handelsbrauch sein, 1. bei gezwirnten Garnen die Abweichung auf die Nr. des einfachen Fadens zu berechnen, 2. bei reinem Stapelfaser-Kammgarn und Stapelfasermischgarn die zulässige Nummerabweichung in allen Fällen um 1% zu erhöhen (gegenüber reinwollenen Kamgarnen). 3. Soll der Käufer berechtigt sein, die Abnahme des Garnes zu verweigern, wenn die Nummerabweichung das Doppelte des Zulässigen beträgt; jedoch soll der Verkäufer das Recht haben, innerhalb angemessener Frist Ersatz zu liefern. 4. Auf Crepon-, Voile- und ähnliche Spezialgarne finden die vorstehenden Bestimmungen keine Anwendung.

Streichgarne. Bei Streichgarnen besteht nach Vereinbarung des Tuch- und Wollwarenfabrikanten-Vereins und anderer Fabrikantenkreise die Vereinbarung[1]), daß die handelsübliche Toleranz in bezug auf die Garnnummer beträgt:
 a) bei weißen Streichgarnen:
  Bis Nr. 5 metrisch 6% nach oben und unten,
  von Nr. 5—10 metrisch 5% nach oben und unten,
  über Nr. 10 metrisch 4% nach oben und unten.
 b) bei melierten und gefärbten Streichgarnen:
  Bis Nr. 5 metrisch 7% nach oben und unten,
  von Nr. 5—10 metrisch 6% nach oben und unten,
  von Nr. 10—15 metrisch 5% nach oben und unten,
  über Nr. 15 metrisch 4% nach oben und unten.
Die Berechnung der Differenzen bei der Garnnummer geschieht auf Grund des ermittelten Netto-Garngewichtes in ungewaschenem Zustande.

Das Zählen von Fasern.

Auszählungen von im Querschnitt eines Gespinstes vorhandenen Einzelfasern kommen bei mikroskopischen Arbeiten recht häufig vor, so z. B., wenn in einem aus zwei oder mehr Faserrohstoffen bestehendem Gespinste das durchschnittliche Mischungsverhältnis bestimmt werden soll, oder bei Nummerbestimmungen von Fäden, deren Länge für das sonst übliche Verfahren der Wägung einer bestimmten Fadenlänge zu gering ist. Sehr häufig hat man auch bei Seiden und Kunstseiden die Zahl der den Faden bildenden Einzelfasern (Identitätsnachweis, Gleichmäßigkeitsprüfung usw.) auf mikroskopischem Wege festzustellen. Im letzteren Falle ist die Prüfung sehr einfach, weil die einzelnen Fasern fast parallel liegen und schon beim Einlegen des Fadens in Wasser die Einzelfasern infolge stattfindenden Quellens genügend auseinanderweichen, um mühelos gezählt zu werden. Größere Schwierigkeiten sind in solchen Fällen zu überwinden, wo zahlreiche neben- und übereinander liegende Fäserchen von zum Teil starker Kräuselung vorliegen, weil diese auch bei sorgfältigster Präparation nur ungenügend weit auseinander gebracht werden können, um eine sichere Auszählung zu gestatten. Hinzukommt, daß zahlreiche Garnstellen ausgezählt werden müssen, wenn das Ergebnis einigen Anspruch auf Genauigkeit machen will. Bei Mischgespinsten ist auch noch die Ungleichmäßigkeit in der Mischung selbst zu berücksichtigen. In anderen Fällen sind die Fasern noch zum Teil miteinander verklebt (z. B. bei ungebleichten oder unvollständig kotonisierten Flachs- und Hanffasern), so daß vor der Auszählung das Bindemittel entfernt werden muß.

1. Handelt es sich lediglich um das Auszählen der im Faserquerschnitt vorhandenen Fasern, so kann am einfachsten in der Weise vorgegangen werden, daß man ein Fadenende auf einem Objektträger anfeuchtet, mit Nadeln auflockert, unter Umständen mit einer Farb- oder

---

[1]) S. Pinagel: Die Entwicklung der Konditionieranstalten, S. 18.

Jodlösung tränkt und alsdann die Einzelfasern bei schwacher Vergrößerung unter dem Mikroskop sorgfältig auszählt. Für ein zuverlässiges Ergebnis soll man stets einige solcher Auszählungen vornehmen und daraus das Mittel berechnen.

2. Nach A. Herzogs Vorschlag wird das Auszählen dadurch sehr wesentlich vereinfacht, daß man (ohne Präparation eines Fadenendes mit Nadeln) ein kurzes Stück des Gespinstes mit einer scharfen Schere abschneidet, die kurzen Faserabschnitte mit einem Tropfen Wasser, Glyzerin, Chloralhydrat o. ä. gut verteilt und dann unmittelbar der systematischen mikroskopischen Auszählung unterwirft. Auch hier wird man naturgemäß eine größere Zahl von Fadenstellen prüfen müssen, um ein brauchbares Mittel zu erhalten.

3. Neuerdings beschreibt A. Herzog[1]) ein vereinfachtes und vollkommen sicheres Zählverfahren, das er in zahlreichen Fällen erprobt und als brauchbar erkannt hat, wobei gleichzeitig das Mischungsverhältnis in Mischgespinsten und die Ungleichmäßigkeit in der Fadendicke berücksichtigt werden können. Von dem zu prüfenden Faden werden an etwa 25—50 Stellen mit einer kleinen scharfen Schere kurze Stücke von nicht über 1 mm Länge in ein vorher genau gewogenes Wägegläschen mitsamt einem kleinen Glasstab[2]) abgeschnitten. Kommt nur die Feststellung des Zahlenverhältnisses von Fasern verschiedener Art in Frage, so findet keine Wägung statt. Je nach der Beschaffenheit der vorliegenden Fasern wird nun, wie folgt, weiter verfahren.

a) Bei im Faden isoliert vorliegenden Fasern wird in das Gläschen etwa 1 ccm Wasser gegeben, in dem die Fasern durch kräftiges Schütteln möglichst gut verteilt werden.

b) Bei Vorhandensein von unvollständig kotonisiertem Flachs oder Hanf versetzt man mit einigen Kubikzentimetern 10%iger Sodalösung, erhitzt einige Zeit zum Kochen und verteilt nach dem Erkalten durch kräftiges Schütteln.

c) Bei ungebleichtem Flachs oder Hanf wird etwa $1/2$ ccm halbgesättigte Kalilauge zugesetzt, einige Zeit in der Kälte stehen gelassen und sodann geschüttelt. Zuletzt wird mit Schwefelsäure annähernd neutralisiert, um die Erstarrungsfähigkeit der hinzukommenden Gelatinelösung nicht zu sehr zu beeinträchtigen.

Die weitere Behandlung ist in den drei Fällen a—c die gleiche: Zu den verteilten Fasern werden einige Kubikzentimeter der durch Erwärmen auf dem Wasserbade verflüssigten Gelatinelösung hinzugefügt, und nach dem Erkalten wird das Gläschen mitsamt der Fasergelatine genau wieder gewogen. Durch vorsichtiges Mischen (Schaumbildung ist peinlichst zu vermeiden) wird eine gleichmäßige Verteilung der Fasern in der Gelatine bewirkt und sodann der größte Teil des Inhalts des Gläschens auf einen vorher annähernd nivellierten großen Objektträger (etwa 100 × 50 mm) ausgegossen. Mit dem erwähnten Glasstäbchen wird die Gelatinelösung rasch über die Oberfläche des Objektträgers ausgebreitet und dann erstarren gelassen, während das Glasstäbchen mit dem Wäge-

---

[1]) Textile Forschung 1922. S. 52.
[2]) Der an seinem unteren Ende beinahe rechtwinklig umgebogen ist.

glas schnell zurückgewogen wird. (Naturgemäß bleibt das Glasstäbchen beim ursprünglichen Abwägen der Fasergelatine noch ungebraucht außerhalb des Wägegläschens, ebenso wie das Wägegläschen während des Verstreichens der Fasergelatine auf dem Objektträger geschlossen gehalten wird, um jede Verdunstung des Gemisches zu verhindern.) Der als Träger der Gelatine benutzte Objektträger ist mit einer einfachen Linienteilung versehen, die aus 1,5—2 mm voneinander abstehenden, unter sich und zur Längsrichtung des Objektträgers parallelen, mit einem Diamant eingeritzten Linien besteht und am linken und rechten Rande durch je eine senkrechte Linie begrenzt ist (s. Abb. 82). Genaue Abstände und völliger Parallelismus der Linien sind nicht erforderlich, nur muß immer ein Teil von je zwei benachbarten Linien gleichzeitig im mikroskopischen Gesichtsfelde übersehen werden können. Zweckmäßig sind die feinen Ritzlinien des Objektträgers noch mit einem weichen Bleistift zu überstreichen, um sie leichter sichtbar zu machen. Die horizontalen Linienreihen werden an den seitlichen Enden mit einem Schreibdiamanten fortlaufend numeriert. Über die seitlichen Begrenzungslinien hinaus darf die Fasergelatine nicht zu liegen kommen, da dieser Teil der Platte für die Zählung nicht in Frage kommt. Bei der Auszählung fängt man zweckmäßig mit der oberen Reihe links an und schreitet durch Verschiebung des Objektträgers bis zu dem rechts befindlichen vertikalen Begrenzungsstrich vor,

Abb. 82. Objektträger mit Linienteilung.

verschiebt um eine Streifenbreite nach unten und setzt die Zählung nach dem linken Ende des Objektträgers fort, bis man schließlich auf diese Weise zum untersten Streifen gekommen ist. Dabei wird man sich natürlich vorher für ein bestimmtes System der Zählung entscheiden müssen, z. B. solche Fasern, die eine eingeritzte Linie schneiden, immer dann zählen, wenn sie die untere Linie des auszuzählenden Streifens kreuzen.

Handelt es sich um die Bestimmung des Mischungsverhältnisses von Fasern, so genügt es, einige der vorhandenen Streifen auszuzählen, da es hier nur auf das gegenseitige Zahlenverhältnis ankommt. Es empfiehlt sich in diesem Falle aber, die Platte für jede Faserart gesondert abzusuchen. Es versteht sich von selbst, daß der Beobachter bei den nur schwachen Vergrößerungen, die bei der Auszählung in Frage kommen, mit den besonderen Kennzeichen der Fasern vertraut sein muß, während das Auszählen allein auch von einer Hilfskraft ausgeführt werden kann.

Das Zählverfahren zur Bestimmung von Flachs und Baumwolle in Mischgespinsten.

Bis vor kurzem wurden keine Mischgespinste aus Baumwolle und Flachs hergestellt. Erst durch die Wiederbelebung der Flachskotonisierung wird ein Teil der abfallenden Flachsfasern kotonisiert, d. h. in seine Elementarfasern zerlegt und in diesem Zustande zweckmäßig mit Baumwolle (meist in einfachen Gewichtsverhältnissen von etwa 1:1, 1:2, 1:3 u. ä.) versponnen, wodurch nach Johannsen ein brauchbarer Faden von ausreichender Feinheit und Festigkeit erhalten wird, während sich die Abfälle des kotonisierten Flachses allein nicht vorteilhaft verarbeiten lassen[1]). Dadurch gewann die Frage nach der quantitativen Baumwoll- bzw. Flachsbestimmung in solchen Mischgespinsten praktisches Interesse. Dieser Frage ist A. Herzog eingehend nachgegangen und hat folgendes Untersuchungsverfahren geschaffen[2]).

Die quantitative Trennung der Baumwolle vom Flachs auf chemischem Wege hat bisher, wie vorauszusehen war, keine brauchbaren Ergebnisse geliefert. Auch das mechanische Ausklaubeverfahren, kann von A. Herzog nicht empfohlen werden. Hierbei wird der Faden mittels Lupe und Pinzette in seine Faserkomponenten zerlegt, die auf einer sehr empfindlichen Wage (Mikro- oder Torsionswage, s. S. 142) ausgewogen werden. Besondere Erleichterungen beim Sortieren gewährt hierbei das binokulare Präpariermikroskop von Greenough. Das Verfahren ist aber selbst für einen geübten Beobachter nicht sicher, außerdem sehr mühsam und zeitraubend, namentlich im Hinblick darauf, daß infolge der technisch unvermeidlichen Ungleichmäßigkeit in der Mischung zahlreiche Fadenstellen geprüft werden müssen, um einen brauchbaren Mittelwert zu erhalten. Außerdem steht eine Mikrowage in den seltensten Fällen zur Verfügung.

Demgegenüber führt das vorbeschriebene mikroskopische Zählverfahren von A. Herzog (s. S. 120) viel einfacher und sicherer zum Ziel. Die Bestimmung kann nach zwei verschiedenen Arten ausgeführt werden.

a) Ohne Rücksicht auf die Feinheit des Fadens wird in einer beliebigen Menge des zu prüfenden Gespinstes der vorhandene Flachs- (n) und Baumwollanteil (m) bestimmt und unter Berücksichtigung des Gewichtsverhältnisses beider Fasern (etwa 5 Flachsfasern sind dem Gewichte nach bei gleicher Länge 4 Baumwollhaaren gleich) der Flachsgehalt (F) in Gewichtsprozenten des Fadens nach der Formel berechnet:

$$F = \frac{400\,n}{4\,n + 5\,m}.$$

b) Ohne Rücksicht auf die vorhandene Baumwolle wird die durchschnittliche Anzahl der im Querschnitt des Fadens befindlichen Flachsfasern (n) ermittelt und aus dieser und der dem Faden zukommenden Nummer (N) der Flachsgehalt (F) in Gewichtsprozenten des Fadens nach der Formel berechnet:

$$F = \frac{n \cdot N}{60}.$$

---

[1]) Johannsen: Verarbeitungsversuche mit Verwollungsstoffen, Mitt. Forsch. Inst. Reutlingen, Mai 1921. — v. Hoesslin, Thal und Brenger: Spinn- und Webversuche mit verwollter Flachsfaser. Mitt. Forsch. Inst. M.-Gladbach, November 1921.
[2]) A. Herzog: Textile Forschung 1922. S. 55.

(Hierbei ist die durchschnittliche metrische Nummer der gebleichten Bastzelle des Flachses zu 6000 eingesetzt.)
Der Arbeitsgang nach a) und b) gestaltet sich wie folgt.

Zählverfahren a)	Zählverfahren b)
1. Etwa 25—50 Fadenabschnitte von nicht über 1 mm Länge werden in ein gut schließendes Wägegläschen gebracht.	1. Falls nicht schon bekannt, wird die metrische Nummer des Fadens mittels Weife und Wage bestimmt. Wägegläschen und Präparierglasstab werden genau gewogen, die Zahl der in Untersuchung genommenen Fadenabschnitte wird genau vermerkt und im übrigen wie bei a 1 verfahren.
2. Es werden etwa 1—2 ccm Wasser zugesetzt und wird kräftig durchgeschüttelt.	2. Wie bei a 2.
3. Es werden einige Kubikzentimeter heißer 10%iger Gelatinelösung zugesetzt und wird bei Vermeidung von Schaumbildung vorsichtig gemischt.	3. Wie bei a 3. Dann wird nach dem Erkalten des Gläschens das Gewicht von Gläschen + Fasergelatine festgestellt.
4. Ein Teil der Fasergelatine wird auf einen vorher angewärmten, annähernd nivellierten, großen Objektträger (100 × 50 mm) mit Linienteilung ausgegossen, mit einem abgebogenen Glasstab gleichmäßig ausgebreitet und erstarren gelassen.	4. Die Fasergelatine wird auf dem Wasserbade verflüssigt und nochmals vorsichtig gemischt, dann wie bei a 4 verfahren. Das Wägegläschen mit dem Rest der Fasergelatine und dem benutzten (noch Fasergelatine enthaltenden) Präparierglasstäbchen wird zurückgewogen und daraus die Zahl der in der ausgegossenen Gelatinelösung enthaltenen Fadenabschnitte ermittelt.
5. Die vorhandenen Baumwoll-Flachsfasern werden in dem so bereiteten Präparat auf dem Objektträger bei schwacher mikroskopischer Vergrößerung (50—100) ausgezählt. Beweglicher Objekttisch, Dunkelfeldbeleuchtung oder polarisiertes Licht sind dabei sehr zu empfehlen.	5. Alle auf dem Objektträger befindlichen Flachsfasern werden gezählt (die Baumwolle bleibt unberücksichtigt), sonst wie bei a 5.
6. Die Berechnung des Flachsgehaltes in Gewichtsprozenten des Fadens erfolgt nach der Formel: $$\% \text{ Flachs} = \frac{400 \cdot n}{4n + 5m}.$$ (n = Anzahl der in einer beliebigen Fadenmenge vorhandenen Flachsfasern, m = Anzahl der Baumwollfasern.)	6. Die Berechnung des Flachsgehaltes in Gewichtsprozenten des Fadens erfolgt nach der Formel: $$\% \text{ Flachs} = \frac{N \cdot n}{60}.$$ (N = gramm-metrische Nr. des Fadens, n = Anzahl der im Faserquerschnitt durchschnittlich vorhandenen Flachseinzelfasern.

Da bei diesem Verfahren nur kleine Faserstücke bei schwacher Vergrößerung zur Untersuchung gelangen, so ist die Unterscheidung der Faserart naturgemäß weniger einfach als bei dem Mikroskopieren größerer Faserstücke bei stärkerer Vergrößerung. Herzog macht deshalb noch auf folgende Erkennungszeichen zur Unterscheidung von Flachs und Baumwolle nach diesem Verfahren aufmerksam.

1. **Baumwolle.** Das einzelne Haar ist bandartig flach, mehr oder weniger gekräuselt, z. T. um seine Längsachse gedreht und oberflächlich rauh.

2. **Flachs.** Die Bastzelle des Flachses stellt eine beiderseits geschlossene, dickwandige Röhre dar, deren Wandung an vielen Stellen etwas knotig aufgetrieben und von zarten quer- oder schief verlaufenden Bruch- oder Sprunglinien durchsetzt ist. Infolge der bedeutenden Wanddicke zeigt die Faser einen steifen Charakter.

In einzelnen Fällen ist es — besonders für den Anfänger — trotzdem nicht möglich, die Art der Faser mit voller Sicherheit festzustellen. Im polarisierten Licht, zwischen gekreuzten Nicols, treten dann aber die Unterschiede im Gefüge der Zellwand von Baumwolle und Flachs so deutlich hervor, daß ein Zweifel über die Art des fraglichen Faserstückes kaum aufkommen wird. Die Flachsfaser zeigt hierbei in ausgeprägter Weise die Verschiebungen und Querrisse, die der Baumwolle fehlen. Die ab und zu bei Baumwolle vorkommenden Zerklüftungen der Zellwand können wohl kaum zu Verwechslungen Anlaß geben, da fast stets auch noch andere morphologische Merkmale vorhanden sind, die eine sichere Unterscheidung möglich machen. Als Polarisationsmikroskop verwendet man zweckmäßig ein solches, bei welchem der Analysator in den Tubus ein- und ausgeschoben werden kann; es wird dadurch die Benutzung eines Okulars mit sehr weitem Gesichtsfeld ermöglicht. Wegen sonstiger Feinheiten bei dem Arbeiten nach diesem Verfahren (sowie der Berechnungsart des zugrunde gelegten Gewichtes von Flachs- und Baumwollfasern, 4 : 5) sei auf die Originalarbeit von A. Herzog verwiesen.

Bemerkt wird nur noch, daß mittelgute amerikanische Baumwolle angenommen wurde, weil die kurzstapeligen Baumwollen für die fraglichen Mischgespinste wenig geeignet sind und die besonders hochwertigen Sorten wegen ihres hohen Preises nicht in Frage kommen, da sie durch die Mischung mit der spinntechnisch geringwertigeren Flachsfaser einen Wertverlust erfahren würden.

Das Messen und Wägen.

Längenmessungen von Fasern.

Da die Maße (Länge, Breite, Dicke) und die Schwere von Fasern, Gespinsten und Geweben wichtige Eigenschaften derselben sind und in vielfacher Beziehung die Güte und den Wert des Materials bedingen, so stellen sie einen wichtigen Gegenstand der Prüfungstechnik dar.

Maßstäbe, Gewichtssätze und Wagen sind, wenn nicht geeicht, stets auf ihre Richtigkeit zu prüfen und von Zeit zu Zeit wieder nachzuprüfen, um von neuem geeicht zu werden.

Bei kurzen Fasern wird die Faserlänge vermittels eines mit Okularmikrometer ausgestatteten Mikroskops ermittelt (s. a. u. Mikroskop). Die Fasern werden zu diesem Zwecke zunächst von etwaig anhaftendem Schmutz und Fett mit indifferenten Mitteln (Benzin, Wasser, verdünnte neutrale Seifenlösung u. ä.) gereinigt und, falls sie noch zu Faserbündeln vereinigt sind, durch Schütteln in einer mit Schüttelgranaten und Mazerierflüssigkeit gefüllten Flasche in ihre Elementarfasern zerlegt, „mazeriert" (s. a. u. Mikroskop, Herstellung von Präparaten). Hierauf werden die Fasern getrocknet und entweder in trockenem Zustande oder unter Befeuchtung mit einem nicht quellenden Mittel wie Öl oder flüssigem Paraffin (Wasser und wässerige Lösungen bewirken in der Regel eine störende Quellung, die sich allerdings mehr bei Breiten- als Längenmessungen geltend macht) auf einen Objektträger gebracht und bei durchfallendem Licht gemessen. Man wählt in der Regel zweckmäßig eine nur schwache, etwa 30—50fache Vergrößerung. Die Fasern sollen möglichst einzeln und gerade gestreckt gelagert sein. Sind die Fasern länger als die Teilung des Mikrometers oder liegen sie nicht gestreckt, so muß man ihre Länge stückweise messen und die einzelnen Längenabschnitte addieren. Um eine Ermüdung des Auges, die auf die Dauer eintritt, zu vermeiden, kann man die Fasern entweder durch geeignete Farbstoffe (Methylenblau u. ä.) färben, oder man bedient sich einer Glasscheibe (Farbenfilters), die in den Tubus des Mikroskops eingelegt wird.

Bei längeren Fasern (z. B. Baumwollfasern), die man mit bloßem Auge oder mit der Lupe klar erkennt, kann man das Mikroskop entbehren. Solche Fasern werden durch Auflegen auf eine Glasplatte mit darunter befindlichem Maßstab ausgemessen. Man erfaßt die einzelnen Fasern mit einer feinen Druckpinzette und streckt sie auf der Glasplatte möglichst gerade. Um die Fasern in der gestreckten Lage zu erhalten, werden sie durch einen auf die Glasplatte gebrachten Öltropfen gezogen. Stehen ausreichend dünne Glasplatten zur Verfügung, so genügt zum Messen ein unter die Platte gelegter Papiermaßstab; andernfalls benutzt man einen in Glas eingeätzten Maßstab, den man zweckmäßig auf eine schwarze Unterlage bringt, bzw. auf eine Unterlage, deren Färbung sich von derjenigen des Versuchsobjektes deutlich genug abhebt. Der Maßstab soll Millimeterteilung haben und ist zweckmäßig mit einer dünnen Glasscheibe zu bedecken. Ferner wird über dem Maßstab ein Stativvergrößerungsglas angebracht und festgestellt, ob man eine Einzelfaser hat, oder ob nicht zwei oder mehr Fasern scheinbar zu einer Faser vereinigt sind. Schließlich wird die Länge der Faser nach dem Maßstab, mit oder ohne Zuhilfenahme der Lupe, unmittelbar abgelesen. Bei scharf gedrehten Garnen ist besonders darauf zu achten, daß die Fasern nicht verletzt werden. Zu diesem Zweck wird ein Faden völlig aufgedreht und lose auseinandergezogen.

Wollen und Tierhaare werden in derselben Weise gemessen wie Baumwollfasern, nur mit dem Unterschiede, daß das Öl zwecks Streckung des Haares fortgelassen wird. Das Haar wird lediglich mit den Fingerspitzen leicht gestreckt. Bei der großen Elastizität der tierischen Fasern ist es jedoch sehr wichtig, keine zu große Spannung anzuwenden.

Stapelmessungen.

Im Gegensatz zu obigen Einzelfasermessungen wird der „Stapel" eines Materials meist nach anderen Verfahren bestimmt. Unter „Stapel" versteht man die mittlere Länge des längsten Fasermaterials. Spricht man also von einer Stapellänge von 20 mm, so bedeutet das, daß die durchschnittliche Länge der längsten Fasern 20 mm beträgt, nicht aber, daß jede Faser die Länge von 20 mm hat. Kuhn[1]) definiert den Begriff „Handelsstapel" als „annähernde Höchstlänge der Fasern". Der Spinnerstapel ist einige Millimeter kürzer als der Handelsstapel. Frenzel[2]) gibt

---

[1]) Textilber. 1920. S. 87.
[2]) Leipz. Monatschr. f. Textilind. 1922. S. 3 ff.

für die „Handelsstapellänge" folgende zwei Begriffsbestimmungen: 1. Die Stapellänge des Handels ist diejenige Faserlänge, welche ungefähr von 10% aller Fasern überschritten (von 90% unterschritten) wird. 2. Mit Beziehung auf die Häufigkeit der Faserlängen: Die Handelsstapellänge ist diejenige den Mittelwert überschreitende Faserlänge, welche in einer Menge vertreten ist, die halb so groß ist wie die der am häufigsten vorkommenden Faserlänge. Man sieht, der Begriff „Stapel" ist nicht eindeutig umschrieben. Unter „Stapelware" versteht man eine Faser, z. B. Baumwolle, mit besonders langer, kräftiger Faser. Fasern, wie Wolle und Baumwolle, die einen Stapel besitzen, könnte man nach Kuhn unter dem Sammelnamen „Stapelfasern" zusammenfassen (vgl. a. u. „Stapelfaser").

Der Stapel oder die Stapellänge ist für den Spinner von allergrößter Bedeutung: jede um $1/2$ mm größere Länge erhöht in stark fortschreitendem Maße den Handels- und Spinnwert. Für gleiche Garnfestigkeit muß, je geringer das Haftvermögen ist, desto länger die Haftstrecke, also die Faserlänge, und desto größer die Pressung, also die Garndrehung sein. Für jedes Millimeter geringerer Faserlänge muß dem Garn rund 1% mehr Drehung gegeben werden (Kuhn). Trotzdem würde diese Mehrdrehung nicht genügen, um die gleich gute Verbindung der Faser im Garnverband zu erreichen. Hierfür wäre eine Steigerung der Drehung um rund 6—7% für jedes Millimeter fehlender Faserlänge nötig. Dadurch würde aber der Charakter des Garnes erheblich verändert werden: Das Garn wird mit zunehmendem Draht magerer und härter, d. h. die Festigkeit geht auf Kosten der den Raum füllenden Eigenschaft und des weichen Griffes. Statt 48 Fäden braucht man z. B. 54—60 für die gleiche Fläche; das Gewebe wird bei gleicher Dichte schwerer, dünner und steifer. Besonders spielt die Faserlänge bei Garnen von Nr. 30 engl. ab eine immer größere Rolle. In 1000facher Vergrößerung gleicht 1 mm Baumwollfaser in seinen Verhältnissen von Dicke zu Länge etwa den Maßen eines Spazierstockes.

Praktische Baumwollschätzung.

Ist die Klasse z. B. der Baumwolle nach der Erfahrung abgeschätzt, so entnimmt man (nach Kuhn) der Probe eine kleine Handvoll Fasermasse, die mit beiden Händen gefaßt und, die Daumen nach oben, auseinander gezogen wird[1]). Man wirft die eine Hälfte weg und klemmt die Enden der Fasern, welche beim anderen Stück vorstehen, zwischen den Daumen und ersten Finger der rechten Hand, während die linke mit dem Entfasern der kurzen Fasern und des Abfalls vom Büschel beschäftigt ist. Der Baumwollbüschel, nun im Umfange viel verringert, wird jetzt an den anderen Enden der Fasern durch die linke Hand gehalten, während die rechte die kurzen Fasern und den Abfall weiter entfernt. Durch diese wenigen, raschen Griffe hat ein erfahrener Baumwollschätzer einen kleinen Büschel parallel liegender Fasern erreicht, deren mittlere Länge gewöhnlich nach dem Augenmaß gemessen werden kann. Es gehört viel Übung dazu, ein Büschel Fasern, von denen kaum eine so lang ist wie die andere, auf $1/_2$ mm genaue Durchschnittslänge zu schätzen. Derselbe Büschel wird dann zwischen dem ersten Finger und Daumen jeder Hand, die Daumen nach oben, durch einen kurzen, starken Ruck zerrissen und dadurch die Faserfestigkeit gefühlsmäßig geschätzt. Beim Zerreißen entsteht außerdem ein knisterndes Geräusch, aus dem der Praktiker eben-

---

[1]) Textilber. 1920. S. 109.

falls auf die Festigkeitseigenschaften der Fasern Schlüsse zieht. Nimmt man immer die gleiche Menge Baumwolle auf einmal in die Hand und verringert diese zur gleichen Büschelgröße, so erhält der Baumwollfachmann für sich selbst einen Standard für Länge und Festigkeit, durch den er den Wert fast jeder Baumwollart bestimmen kann. Baumwollkenner sind sich untereinander klar, was 28 und was 28/30 mm Stapel ist. Im Zweifelsfalle entscheidet die Bremer Baumwollbörse. Für den Tagesgebrauch genügt dieses Verfahren zur Klassierung innerhalb derselben Fasergattung, z. B. Baumwolle. Schwieriger wird die Feststellung, wenn man zu spinnereitechnischen Untersuchungen oder beim Vergleich verschiedener Faserarten ein genaues Bild von der verhältnismäßigen Vertretung der Einzelfaserlängen in dem betreffenden Stapel gewinnen will. Hierfür ist die Aufstellung eines Faserschaubildes, die Berechnung der mittleren Stapellänge und des die Ungleichmäßigkeit angebenden Steigungsverhältnisses der auf eine bestimmte Diagrammlänge bezogenen Stapelkurve notwendig.

Bei Bestimmung der Stapellänge nach dem praktischen Schätzungsverfahren wird zugleich von gleichmäßigem, kräftigem, schwachem, mürbem Stapel, von weicher, rauher, feiner oder grober Faser, von reinem und unreinem Spinnstoff mit wenig oder viel Abgang (Flug, unreifen Fasern usw.) gesprochen.

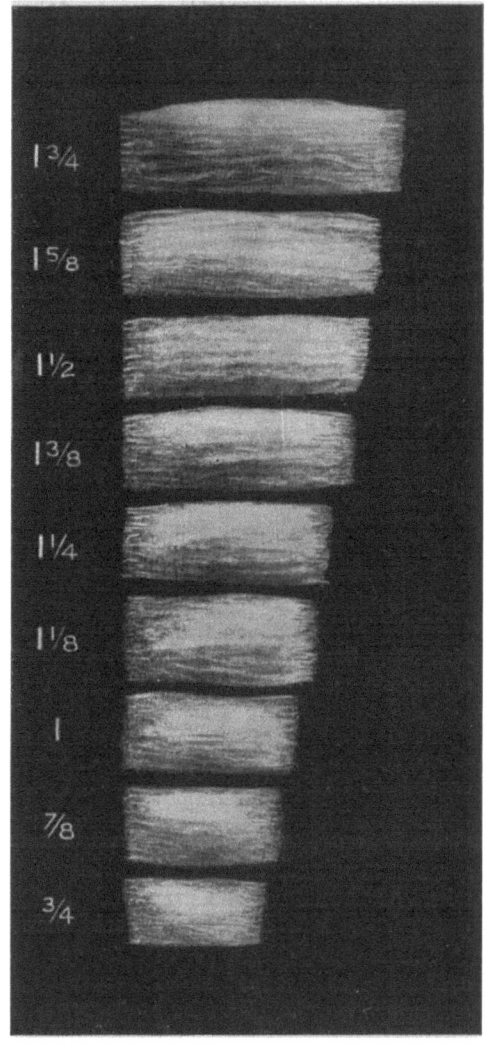

Abb. 83. Offizielle Baumwoll-Standards der Ver. Staaten von Nordamerika von solchen Stapellängen, für welche Typen für die Verteilung giltig sind (nach Kuhn). Längen in Zoll (1 Zoll = 25,4 mm) angegeben.

Abb. 83 zeigt die offiziellen amerikanischen Stapelstandards, die um $1/8$ Zoll = 3,17 mm voneinander verschieden sind.

Die methodische Stapelbestimmung geschieht nach 1. dem Handmeßverfahren von Kuhn, 2. dem Kämmverfahren von Johannsen (sog. Reutlinger Verfahren), 3. dem Wägeverfahren von Müller (sog. Müllersches Faserbartverfahren), 4. dem Einzelauszählverfahren im Querschnitt des Garnes. Auf Grund der genauen Stapelbestimmung kann ein schematisches Stapeldiagramm gezeichnet werden, das den wirklichen Stapel am ausdrucksvollsten wiedergibt. Von den vorgenannten Verfahren liefern das Wäge- und das Kämmverfahren dieselben Ergebnisse und um etwa 4% geringere als das Handmeßverfahren.

1. Bei dem Handmeßverfahren, das Kuhn[1]) bei seinen Versuchen angewendet hat, werden die Fasern einer bestimmten Versuchsmenge durch wiederholtes Ausziehen und Übereinanderlegen von Hand parallel zueinander gelegt und dem dadurch gebildeten Faserbart stets die gleiche Fasermenge entnommen, bis die ganze Versuchsmenge aufgearbeitet ist. Von jeder Fasergruppe wird durch Festlegung der Endpunkte auf Papier

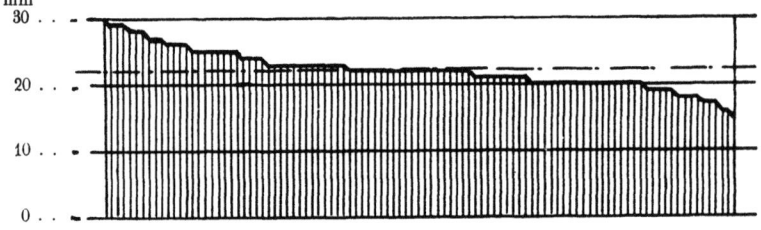

Abb. 84. Stapeldiagramm, 100 Einzelversuche. Amerik. Rohbaumwolle „barely good middling". Handstapel = 26/27 mm; mittlerer Stapel = 22,36 mm, Steigung = 10% (nach Kuhn).

die ausgestreckte Länge ermittelt. Die so gefundenen über 100 Einzelergebnisse werden auf 100 zusammengezogen, nach aufeinanderfolgenden Längen geordnet, in 1 mm Abstand als Senkrechte (Abb. 84) auf einer Grundlinie von 100 mm Länge aufgetragen und die Endpunkte zur Diagrammkurve verbunden (Stapeldiagramm). Die mittlere Faserlänge wird durch Zusammenzählen aller Einzelergebnisse und durch Teilung der Summe mit der Versuchszahl berechnet.

2. Bei dem Kämmverfahren von Johannsen[2]) wird die zu untersuchende Fasermenge im Nadelfeld mehrerer, in geringem Abstand hintereinander stehender Kämme so geordnet, daß alle Faserenden einer Seite auf gleicher Linie liegen. Dann werden von der anderen Seite die aus dem Kamm vorschauenden Fasern mittels einer Zange ausgezogen, der Kamm entfernt und mit den übrigen Kämmen auf gleiche Weise verfahren. Die einzelnen Risten werden nebeneinander auf einer Tuchunterlage zum Stapelbild zusammengefügt (Abb. 85).

Dieses Verfahren hat den Vorteil, die Fasern wohlgeordnet in Natur zu zeigen — allerdings nicht in gestrecktem Zustande —, und zwar hinab

---

[1]) Textilber. 1920. S. 133 ff.
[2]) Leipz. Monatschr. f. Textilind. 1914. Nr. 6 und 7.

bis zur kleinsten Faser. In den von Hand gezogenen, gestreckt gemessenen und dann zeichnerisch dargestellten Stapeldiagrammen des Handmeßverfahrens (1) sind die kurzen, meist verfilzten Fäserchen unberücksichtigt. Das Handverfahren zeitigt deshalb stets ein etwas besseres Durchschnittsergebnis; mit Recht, weil es die Fasern in gestrecktem Zustande mißt; mit Unrecht, weil es die ganz kurzen Fasern vernachlässigt. In der Praxis wird aber dieser in dem Kratzendeckel und dem Flug bleibende Teil bei der Beurteilung des Stapels nur insofern beachtet, als man eine Ware mit vielen ganz kurzen Fasern als flügig bezeichnet.

3. Das Wägeverfahren von E. Müller[1]) (Faserbartmethode) ist nur bei Gespinsten anwendbar. Man bestimmt die gramm-metrische Feinheitsnummer des zu untersuchenden Gespinstes, klemmt ein Stück,

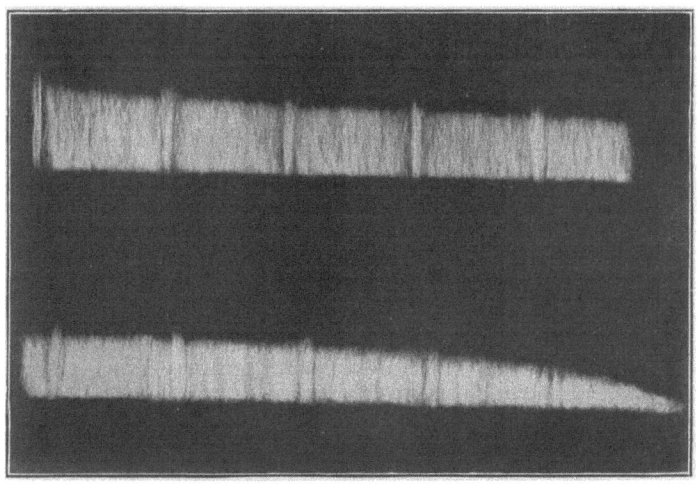

Abb. 85. Stapelbild nach dem Kämmverfahren (wegen der beschränkten Fläche des Kopierrahmens in 2 Teilen untereinander angeordnet). Nach Kuhn.

welches länger als die längste Faser ist, an einem Ende ein, kämmt es rein aus, schneidet den Bart mit einem scharfen Rasiermesser glatt ab und bestimmt das Gewicht G eines solchen Bartes. Die mittlere Faserlänge (l_m) m im Querschnitt (in mm) ist dann gleich dem doppelten Gewicht G des Bartes (in mg), multipliziert mit der metrischen Feinheitsnummer (N_m). Die Müllersche Formel $l_m = 2\,G \times N_m$ drückt also die mittlere Faserlänge im Querschnitt aus.

Die Entwicklung dieser Formel wurde schon 1900 von E. Müller (a. a. O.) veröffentlicht. In neuerer Zeit wurde das Verfahren von Colditz[2]) genau beschrieben. Es wird dort die Müllersche Methode angegeben, das Mengenverhältnis der Faserlängen eines Gespinstes im Quer-

---

[1]) Z. V. d. Ing. 1894. S. 997. — Leipz. Monatschr. f. Textilind. 1908. S. 171. — S. a. Gies: Einfluß des Spinnverfahrens auf die mittlere Haarlänge von Kammgarn. Diss. 1907. (Verlag für Textilindustrie.)
[2]) Textile Forschung 1920. Nr. 6.

schnitt zu bestimmen, aus den Gewichten der immer um eine bestimmte Länge (5—10 mm) gekürzten Faserbärte. Aus der so erhaltenen Faserbartkurve I für die eine Faserbarthälfte wird eine Faserbartkurve II für den ganzen, doppelt so schweren Faserbart entworfen und auf Grund eines aufgestellten Satzes: „Sind die Fasergattungen im Querschnitt eines Gespinstes in gleicher Menge — der Zahl nach — vorhanden, so verhalten sich ihre Mengen im Gespinste umgekehrt wie ihre Längen", eine Faserbartkurve III berechnet, die das Mengenverhältnis im Gespinst angibt. Die Faserbartkurve I läßt sich zeichnen, wenn man die Gewichte der auf eine bestimmte Länge gekürzten Bärte eines Gespinstes ermittelt und die Gewichtsdifferenzen für die einzelnen Längen graphisch aufträgt. Unter der Annahme, daß bei gleichmäßigem Gespinst die Faserbartkurve nach der anderen Hälfte die gleiche Form hat, wird zu der Faserbartkurve I die gleiche Kurve graphisch addiert, und man erhält so die graphische Darstellung der Kurve II. Hieraus läßt sich die Faserbartkurve III entwickeln, die das Mengenverhältnis im Gespinst angibt.

Man bestimmt das Gewicht eines Faserbastes (G) und mißt die längste Faser. Sie sei z. B. 50 mm lang. Nun bestimmt man das Gewicht eines auf 45 mm abgeschnittenen Bartes (G_1). Die Gewichtsdifferenz $G-G_1$ gibt an, in welcher Menge alle von 45—50 mm langen Fasern in dem Bart enthalten sind. Schneidet man den dritten Bart auf 40 mm ab und bestimmt sein Gewicht (G_2), so ist die Gewichtsdifferenz G_1-G_2 ein Maßstab für das Mengenverhältnis aller über 40 mm langen Fasern. Fährt man nun so fort, indem man die ausgekämmten Bärte immer um gleiche Längeneinheiten verkürzt, die Längeneinheiten der einzelnen Faserbartstücke auf der Ordinate, die Gewichtsdifferenzen der verschieden langen Bärte auf der Abszisse eines Koordinatensystems abträgt, so erhält man ein System von Rechtecken, welches das Mengenverhältnis aller Fasern in den einzelnen abgegrenzten Längen darstellt, und bildet so das Faserbartdiagramm. Dieses zeigt, wie sich das Längenverhältnis der Fasern im Querschnitt des Gespinstes, und zwar nach der einen Seite hin gestaltet. Der nach der anderen Seite der Einspannlinie sich erstreckende Faserbart wird, gehörig geordnet, dieselbe Form aufweisen. Im Mittel reichen also die Fasern nach beiden Seiten der Einspannlinie gleichweit hervor.

Mittlere Faserlänge des Gespinstes. Die mittlere Faserlänge im Querschnitt eines Gespinstes ist nicht gleichbedeutend mit der mittleren Faserlänge des Gespinstes. Man kann vielmehr beliebig viele Beispiele konstruieren, aus denen hervorgeht, daß die beiden Werte in keiner unmittelbaren Beziehung zueinander stehen. Denkt man sich z. B. ein Gespinst aus Fasern der gleichen Faserfeinheit, aber derart zusammengesetzt, daß auf je zwei Fasern von 5 cm eine Faser von 10 cm kommt, so wird die mittlere Faserlänge des Gespinstes sein: $\frac{10 + 5 + 5}{3} = 6\,^2/_3$ cm. Nach der Müllerschen Bartmethode würde dagegen (d. h. bei einer ausreichenden Zahl von Einzelversuchen) der Wert: $\frac{10 + 5}{2} = 7\,^1/_2$ cm erhalten werden. Da nun nach dem Müllerschen Verfahren (außer der mittleren Faserlänge im Querschnitt) auch das Mengenverhältnis der Faserlängen eines Gespinstes im Querschnitt bestimmt werden kann, so muß danach auch — wenn dieses Verhältnis festliegt — ein Rückschluß auf das Mengenverhältnis der Faserlängen im Gespinst rechnerisch möglich sein, und zwar nach dem Satz: „Sind zwei Fasergattungen im Querschnitt eines Gespinstes der Zahl nach in gleicher Menge vorhanden, so verhalten sich ihre Mengen im Gespinst umgekehrt wie ihre Längen." Die Berechnung ist aber weitläufig (s. Colditz a. a. O.). Man kann von ihr stets absehen und die mittlere Faserlänge im Gespinste viel einfacher durch graphische Behandlung aus der Faserbartkurve ermitteln.

4. a) Das Einzelauszählverfahren. Schließlich kann die mittlere Faserlänge im Querschnitt des Gespinstes durch das einzelne Messen und

Zählen der Fasern, die dann der Zahl und Länge nach in Schaubilder eingeordnet werden, bestimmt werden. Dieses Verfahren ist mühsam und zeitraubend und ist praktisch wohl nur bei Gespinsten durch Ausmessen aller Fasern eines Querschnitts anwendbar.

Nach Berndt[1]) wird die Zangenprobe (Doppelbart) in der Mitte mit einer ausgefütterten Flachzange erfaßt und erst auf der einen Seite ausgekämmt. Das Umspannen des Bartes nach der anderen Seite geschieht am besten durch Zuhilfenahme einer zweiten Zange, indem man mit ihr den bereits ausgekämmten Bart dicht am Maule der ersten Zange packt (oder den Bart zwischen zwei mit den Kanten aufeinander passenden Papierstreifen mit den Fingern faßt und samt den Papierstreifen in die Zange nach der anderen Seite wieder einspannt). Alsdann wird die andere Hälfte des Bartes ausgekämmt. Nun wird der Bart auf ein mit Samt bespanntes Brett gelegt und mit einem sauberen Objektträger bedeckt. Man schiebt alsdann den auf dem Faserbart ruhenden Objektträger so weit nach rechts, daß die längsten Fasern 1 mm hervorragen, schiebt eine geöffnete Zange (Maulbreite 25 mm), mit den ungefütterten scharfen Backen gegen die Unterlage drückend, an die Kante des Objektträgers heran, läßt sie zufallen (Federdruck) und kann eine oder mehrere Fasern aus dem Bart unter dem Objektglas herausziehen. Dann bedeckt man die in der Zange festgehaltenen Fasern mit einem Objektträger (der auf der Unterseite eine eingeätzte von der rechten Kante als Nullinie ausgehende Millimeterskala trägt), legt ihn mit der rechten Kante an das Zangenmaul an und führt beides, geschlossene Zange und durchsichtige Skala, gleitend nach rechts über die Samtunterlage hin. Dadurch strecken sich die Fasern und ihre Länge ist durch die Lage der freien Enden zum Maßstab, gegebenenfalls mit Lupe, ablesbar. Auf diese Weise löst man den ganzen Faserbart auf. In 4—5 Stunden ist ein Faserbart von 1000 bis 1500 Fasern aufgelöst, welche Zahl nötig ist, um ein von den Ungleichmäßigkeiten des Materials möglichst unabhängiges Stapeldiagramm zu geben.

4. b) Vielfach wird auch in der Weise vorgegangen, daß ein Faden aufgedreht wird und aus dem aufgedrehten Faden einzelne Fasern, Stück für Stück, vorsichtig herausgezogen und einzeln gemessen werden, wie dies auf S. 125 bei den Längenmessungen einzelner Fasern beschrieben worden ist. Man zieht Baumwollfasern hierbei zweckmäßig durch Öl, um die Kräuselung der Fasern in ungezwungener Weise aufzuheben. Kurze und lange Fasern werden, wie sie einander im Fadenstück folgen, gemessen und ihre Längenmaße verzeichnet. Nachdem auf solche Weise mindestens 100 Fasern aus mindestens zwei verschiedenen Fadenstücken isoliert und gemessen worden sind, kann entweder 1. ein regelrechtes Stapeldiagramm entworfen werden (s. o.), oder 2. die Fasern werden in bestimmte Längenklassen geordnet und prozentual berechnet, oder es kann 3. das wirkliche Mittel der Faserlänge berechnet werden. (Hierzu braucht man nur die Gesamtlänge aller gemessenen Fasern durch die Anzahl derselben zu dividieren.) Werden die Baumwollfasern in Längenklassen prozentual geordnet, so legt man z. B. folgende Längenklassen zugrunde:

---

[1]) Textile Forschung 1921. S. 197.

I. Klasse = über 26 mm
II. ,, = 18—26 mm
III. ,, = 12—17 mm.

Vereinzelte Fasern unter 12 mm Länge werden hierbei meist nicht mitgerechnet, da angenommen wird, daß die Verkürzungen durch die mechanische Bearbeitung des Materials in der Spinnerei entstanden sind.

Die in Gespinsten ermittelte Stapellänge oder mittlere Faserlänge ist selbstredend nicht mit der Stapellänge des Rohmaterials (Rohbaumwolle, Rohwolle) zu identifizieren, da die Stapellänge des letzteren bei der Verarbeitung stets eine mehr oder weniger erhebliche Verkürzung erfährt. Im allgemeinen soll die mittlere Länge der Baumwollfasern bis zum Selfaktorgarn insgesamt um rund 5% verkürzt werden, die meist vorkommende Faserlänge um rund $12\frac{1}{2}\%$. Durch Ausscheidung der extremen Längen gruppiert sich das Fasermaterial jedoch mehr um den Mittelwert[1]).

5. In Delft ist von Frenzel in jüngerer Zeit ein Verfahren ausgearbeitet worden, das die Vorzüge der Müllerschen und Johannsenschen Methoden vereinigen soll. Der Verfasser gibt in der Beschreibung verschiedene Handgriffe und Hilfsmittel für die praktische Durchführung des Verfahrens an, auf das hier aber nicht näher eingegangen werden kann[2]).

Bestimmung der Haarlänge von Kammgarnen.

Nach Nr. 420 und 421 des Deutschen Zolltarifs genießt „hartes Kammgarn aus Glanzwolle von über 20 cm Länge, auch gemischt mit anderen Tierhaaren, wenn das Garn nicht dadurch die Eigenschaft des harten Kammgarns verloren hat", eine besondere Zollvergünstigung gegenüber gewöhnlichem Kammgarn von geringerer Länge als 20 cm. Maßgebend für die Ausführung der notwendigen Prüfung ist die vom Reichsschatzamt herausgegebene „Anweisung für die Abfertigung harter Kammgarne" vom 1. Juli 1910[3]).

Anweisung für die Abfertigung harter Kammgarne der Nr. 420 und 421 des Zolltarifs (vom 1. Juli 1910 in Kraft).

1. Wird bei der Abfertigung von Garn aus Wolle oder anderen Tierhaaren die Verzollung nach Nr. 420 oder 421 des Zolltarifs in Anspruch genommen, so ist zunächst durch sorgfältige Prüfung, erforderlichenfalls unter Anwendung des Mikroskops festzustellen, ob in dem Garne andere Spinnstoffe als Tierhaare enthalten sind. Enthält das untersuchte Garn andere Spinnstoffe als Tierhaare, so ist es von der Verzollung als hartes Kammgarn zu den Sätzen der Nr. 420 oder 421 ohne weiteres auszuschließen.

---

[1]) Frenzel und Buskop: Leipz. Monatschr. f. Textilind. 1922. S. 229.
[2]) Frenzel: Leipz. Monatschr. f. Textilind. 1922. S. 3 ff.
[3]) Fünfter Nachtrag für die Anleitung der Zollabfertigung 1910. S. 80ff. S. a. E. Müller: Die Bestimmung der mittleren Haarlänge im Querschnitt des Garnes. Leipz. Monatschr. f. Textilind. 1908. Nr. 4, 5, 6.

2. Enthält das untersuchte Garn keine anderen Spinnstoffe als Tierhaare, so ist in der am Schlusse unter A angegebenen Weise seine **mittlere Haarlänge im Querschnitte** zu ermitteln.

3. Beträgt diese mittlere Haarlänge 130 mm oder darüber, und macht das Garn nach seiner äußeren Beschaffenheit (Griff, Glanz usw.) den Eindruck eines harten Kammgarnes aus Glanzwolle, so ist die Verzollung nach Nr. 420/421 vorzunehmen; beträgt die mittlere Haarlänge unter 110 mm, so ist diese Zollbehandlung zu versagen.

4. Macht bei einer mittleren Haarlänge von 130 mm oder darüber das Garn nach seiner äußeren Beschaffenheit (Griff, Glanz usw.) **nicht** den Eindruck eines harten Kammgarnes aus Glanzwolle, oder beträgt die mittlere Haarlänge zwar unter 130 mm, jedoch nicht unter 110 mm, so ist in der am Schlusse unter B angegebenen Weise die **Härte und der Glanz** des Garnes an der mittleren Feinheitsnummer des das Garn zusammensetzenden Wollhaares zu prüfen.

5. Beträgt die mittlere Feinheitsnummer 900 oder darunter, so ist das Garn nach Nr. 420/421 zu verzollen; andernfalls ist diese Verzollung ausgeschlossen.

6. Bestehen hinsichtlich der Richtigkeit des Ergebnisses der Feststellung der mittleren Haarlänge sowie der Härte und des Glanzes Zweifel, so sind beide Prüfungen zu wiederholen. Weichen die Ergebnisse der mehrmaligen Feststellung voneinander ab, so ist das durchschnittliche Ergebnis als maßgebend anzusehen.

7. Der Zollpflichtige ist in jedem Falle berechtigt, eine Nachprüfung der Feststellung durch das **Staatliche Materialprüfungsamt in Berlin-Dahlem** oder durch andere von den obersten Landesfinanzbehörden bestimmte Stellen zu beantragen; er hat aber die Kosten der Nachprüfung zu tragen, falls das Ergebnis zu seinen Ungunsten ausfällt.

Die Nachprüfungsstellen haben bei der Nachprüfung ebenfalls nach den in den vorstehenden Ziffern 1—6 angegebenen Grundsätzen zu verfahren; jedoch sind die Feinheitsnummern unter Berücksichtigung von 65% relativer Luftfeuchtigkeit bei Zimmerwärme festzustellen.

A. Ermittelung der mittleren Haarlänge im Querschnitt.

Aus der abzufertigenden Sendung ist ein ihrer Durchschnittsbeschaffenheit entsprechendes, etwa 2,20 m langes noppenfreies Stück auszuwählen. Die beiden Enden dieses Fadenstückes werden verknotet. Hierauf wird die so entstandene Schleife mit dem Knoten nach unten über einen Nagel gehängt, mit einem Gewicht belastet, das der angemeldeten, aus den Versandpapieren sich ergebenden oder abzuschätzenden metrischen Feinheitsnummer **für den Einzeldraht**[1]) dieses Garnes entspricht und bei einfachen Garnen beträgt:

Für eine metrische Feinheitsnummer von 40 oder höher . . 4 g
„ „ „ „ „ 28—39 . . . . . 6 g
„ „ „ „ „ 22—27 . . . . . 8 g
„ „ „ „ „ 16—21 . . . . . 10 g
„ „ „ „ „ 12—15 . . . . . 15 g
„ „ „ „ „ 8—11 . . . . . 20 g

---

[1]) Bei Behandlung des ganzen Fadens wird entsprechend verfahren und berechnet.

Bei Garnen von niedrigerer Feinheitsnummer ist das zur Belastung zu verwendende Gewicht in Gramm in der Weise zu berechnen, daß die Zahl 200 durch die metrische Feinheitsnummer geteilt wird. Für mehrdrähtige Garne ist die Belastung der Zahl der Drähte entsprechend zu erhöhen (für zweidrähtige auf das Doppelte, für dreidrähtige auf das Dreifache usw.). Das so belastete Garnstück wird genau auf 2 m Länge abgeschnitten und in fünf etwa 40 cm lange Teile geteilt, die zusammen auf einer genauen Präzisionswage gewogen werden. Mittels Teilung der Zahl 2000 durch das in Milligramm ausgedrückte Gewicht dieser fünf Fadenstücke ist sodann die metrische Feinheitsnummer für das einfache oder mehrfache Garn genau bis auf Hundertstel zu berechnen.

Von jedem der fünf Fadenstücke wird darauf zunächst an denjenigen Enden, die nicht im Zusammenhange gestanden hatten, ein etwa 5 mm langes Stück mit der Schere über der Mitte eines mit kurzem Baumwollsamt oder mit Tuch überzogenen Brettchens (es ist zweckmäßig, für helle Garne eine dunkelfarbige, für dunkle Garne eine hellfarbige Unterlage zu verwenden) abgeschnitten und nach Bedecken mit einem Uhrglase für die etwa erforderlich werdende Prüfung der Härte und des Glanzes aufbewahrt. Demnächst werden die fünf Fadenstücke oder — bei mehrdrähtigen Garnen — die sämtlichen Einzeldrähte dieser Stücke einzeln nacheinander mit einem Ende in einen mit Leder oder Papier ausgefütterten Feilkloben oder in eine in derselben Weise vorgerichtete breitmäulige Flachzange eingespannt. Das freie Ende wird dann unter Aufdrehen in der Drehungsrichtung des Garnfadens entgegengesetzten Richtung in die Einzelfasern aufgelöst und von den losen Fasern durch sorgfältiges Ausziehen mit den Fingern befreit. Jeder so entstandene Faserbart wird unmittelbar an der Vorderseite des Feilkloben- oder Zangenmauls mit einem Rasiermesser abgeschnitten, worauf sämtliche Bärte auf der Präzisionswage gewogen werden. Das Zweifache des erhaltenen Gesamtgewichtes in Milligramm, vervielfältigt mit der metrischen Feinheitsnummer und geteilt durch 5, stellt die mittlere Haarlänge des Garnes im Querschnitte dar.

B. Ermittelung der Härte und des Glanzes.

Die nach der Vorschrift für die Ermittelung der mittleren Haarlänge abgeschnittenen fünf Fadenenden von je 5 mm Länge sind unter Zuhilfenahme einer Präpariernadel oder dgl. in der Breitenrichtung vorsichtig auseinander zu streichen oder auseinander zu ziehen. Durch Fortnehmen der einzelnen Haarenden mit einer Pinzette oder durch Zählen der Teilstücke unter einer aufgelegten, mit aufgeätzten Teilstrichen versehenen Zählplatte wird dann die Gesamtfaserzahl der fünf Fadenenden ermittelt, die, mit der metrischen Feinheitsnummer des Garnes vervielfältigt und durch 5 geteilt, den Wert, der als Maßstab für die Härte und den Glanz des Garnes heranzuziehenden mittleren Feinheitsnummer des das Garn zusammensetzenden Wollhaares ergibt.

C. Prüfung auf künstliche Färbung.

Da gefärbte Garne einem anderen Zollsatz unterliegen als ungefärbte bzw. naturfarbige, so wird in Zweifelsfällen die Prüfung auf etwaige künstliche Färbung auszuführen sein. Die Zollbehörden schreiben hierfür folgendes Verfahren vor[1]). Ein kleines Strängchen des Garnes wird erst mit Benzin oder Äther entfettet und alsdann $1/4$ Stunde in 0,5%iger Sodalösung gekocht, aber nur so, daß die eine Stranghälfte benetzt wird, also das Strängchen nicht umgezogen wird. Dann wird mit Wasser gespült und $1/4$ Stunde in verdünnter Salzsäure (1 T. 25%ige Salzsäure mit 10 T. Wasser verdünnt) gekocht. Färbt sich die Sodalösung dunkelgelb bis braun an, die Salzsäurelösung rot bis braun, erscheint die mit Soda- und Salzsäurelösung behandelte Stranghälfte erheblich heller als die unbehandelte und zeigt sich schließlich an der Übergangsstelle der beiden Stranghälften eine Farbstoffanhäufung, so wird künstliche Färbung angenommen, im anderen Falle nicht.

---

[1]) Nachrichtenblatt für die Zollstellen 1909. Nr. 88. S. 111.

Breiten- und Dickenmessungen von Fasern.

Die Breite und Dicke der Fasern wird am sichersten mit Hilfe von Mikroskop und Okularmikrometer festgestellt (s. S. 8). Da die Breite der Fasern meist nicht überall gleich groß ist, mißt man zweckmäßig jede einzelne Faser nahe der Wurzel, dann in der Mitte und schließlich nahe der Spitze und bildet nötigenfalls das Mittel der drei Ergebnisse. Bei Fasern wie Seide und Kunstseide, die keine Wurzeln und Spitzen haben, fällt diese Mittelbildung fort. Je feiner ein Fasermaterial ist, desto höher ist im allgemeinen sein Wert, weil mit der Feinheit auch andere geschätzte Eigenschaften Hand in Hand gehen. Insbesondere bei Seiden, Kunstseiden und Wollen kommt der Feinheit der Fasern eine besondere Bedeutung zu. Besondere Ausbildung hat die Wollklassifikation nach der Faserdicke genommen. Bei zylindrischen Fasergebilden fällt der Wert für die Breite und die Dicke zusammen; bei flachgeformten Fasern unterscheidet man Breite von Dicke, die am sichersten an Hand von Querschnitten bestimmt werden (s. u. Querschnittsmessungen S. 137).

Wollklassifikation nach der Faserdicke.

1. Die direkte Meßmethode mit Mikroskop und Okularmikrometer (s. S. 8) stellt ein Universalverfahren dar, das für alle Arten von Wolle, Halb- und Ganzfabrikate, geeignet ist und eine unübertreffliche Zuverlässigkeit und Genauigkeit besitzt. Die gefundenen Werte werden in „Mikron" (= $1/1000$ mm = 1 mmm = 1 Mikromillimeter = 1 μ) angegeben und die so ermittelte Feinheit kann dann als „Mikronummer" oder „Mikronfeinheitsnummer" zum Ausdruck gelangen. Diese Wollklassifikation sollte deshalb nach den Vorschlägen von Marschik[1]) allgemein durchgeführt werden, und es brauchten nur die handelsüblichen Feinheiten und die gestatteten Abweichungen (Toleranz) von den festgelegten Feinheiten normiert zu werden.

Nach diesem Verfahren ausgeführte Feinheitsmessungen befinden sich bereits vielfach in der Literatur. Wie aus den nachstehend angegebenen Zahlenwerten hervorgeht, ist bereits ein festes Verhältnis zwischen der Mikronfeinheit einerseits und den Dollondgraden und der Kräuselungszahl anderseits ermittelt worden.

Nach Karmarsch-Fischer[2]) betragen die Mikrondicken für verschiedene Wollen:

Elektoralwolle	13—31 μ
Negrettiwolle	15—26 μ
Böhmische Mestizenwolle	17—36 μ
Schottische Tuchwolle	25—51 μ
Leicesterwolle vom Bocke	32—40 μ
„ „ Mutterschaf	28—44 μ
„ „ Lamme	23—39 μ
Ungarische Zackelwolle	20—68 μ

---
[1]) Leipz. Monatsschr. f. Textilind. 1912. S. 56. Einheitliche Wollklassifikation.
[2]) Mechanische Technologie. III. T.

Nach E. Müller[1]) ist das Verhältnis der Dollondgrade zu der Anzahl der Kräuselungsbögen:

4—5° Dollond durchschnittlich 28—32 Bögen auf 1 Zoll rhein.
6°   „   „   26—28 „   „ 1 „   „
7°   „   „   24—26 „   „ 1 „   „
8°   „   „   22—24 „   „ 1 „   „
9°   „   „   20—22 „   „ 1 „   „
10°   „   „   18—20 „   „ 1 „   „
10—11° „   „   16—18 „   „ 1 „   „
11—12° „   „   12—16 „   „ 1 „   „

Für Kammwollen gibt Marschik folgende, von ihm ermittelte Durchschnittswerte für verschiedene Wollqualitäten an:

AAA ... 18 Mikron C_2 ... 30,5 Mikron
AA ... 20,5 „ C_3 ... 33   „
A   ... 23   „ D_1 .. 35,5 „
B   ... 25,5 „ D_2 .. 38   „
C_1 ... 28 „ D_3 .. 40,5 „

Der für Streichwollen üblichen Klassifikation würden nach E. Müller folgende Mikrondicken entsprechen:

AAA oder S. E. (Superelekta), 32 Bögen .... 15—17 Mikron
AA   „   E. (Elekta),   28   „   .... 17—20   „
A   „   P. (Prima),   24   „   .... 20—23   „
B   „   S. (Sekunda),   20   „   .... 23—27   „
C   „   T. (Tertia),   16   „   .... 27—33   „
D   „   Q. (Quarta),   12   „   .... 33—40   „

Außerdem unterscheidet man noch E oder Quinta, F oder Sexta. Die ersten vier Sorten gelten als feine Wollen, die fünfte und sechste als Mittelwollen und die zwei letzten als ordinäre Wollen.

Die Feinheitsunterschiede der Wolle an einem und demselben Schafe (Leicesterschafbock), je nach dem Körperteil, werden durch folgende Mikrondicken charakterisiert (Marschik):

vom Blatte . 32—42 Mikron, vom Rücken ..... 25—36 Mikron,
„   Halse . 24—34   „   „   Bauche ..... 25—39   „
„   Scheitel 19—31   „   von den Füßen ... 25—36   „
„   Nacken . 26—35   „   „   der Schwanzwurzel 31—47 „

2. Der Wolldickenmesser von Kohl mißt die Dicke von Wollfasern und feinen Garnen wie folgt. Man bringt auf einen Objektträger eine kleine Anzahl der zu prüfenden Fasern (gereinigt und wieder getrocknet), präpariert sie mit Kanadabalsam, zieht sie glatt und bedeckt das Ganze mit einem Deckglas. Nun erwärmt man das Präparat mäßig und drückt das Deckglas zwecks Vertreibung der eingeschlossenen Luft fest auf. Dann legt man das Präparat unter das Mikroskop und stellt ein, bis die Fasern nebeneinander liegend im Gesichtsfeld erscheinen. Alsdann dreht man das Mikrometer am Okular so lange, bis ein Strich des Fadenkreuzes parallel zu den Fasern liegt, schließlich dreht man an der seitlich angebrachten Mikrometertrommel, bis das Strichkreuz sich mit den Kanten der zu messenden Fasern deckt, und liest ab. Hierauf dreht man, bis sich das Strichkreuz mit der andern Faserkante deckt, und liest wiederum ab. Die Differenz

---

[1]) Handbuch der Spinnerei.

ergibt die Dicke der Faser. Ein Strich der inneren Teilung entspricht 0,2 mm und ein Intervall der äußeren Trommel = 0,002 mm. Die Steuerbehörden verwenden einen solchen Apparat mit eingelegtem Okular- und Objektmikrometer, direkt 2 Mikron (0,002 mm) angebend. Für Dickenmessungen feiner Fasern ist der Apparat nicht zu empfehlen.

3. Ein ähnliches optisches Meßinstrument (indirekte Meßmethode) ist das Dollondsche Eriometer[1]). Es beruht darauf, daß ein Schieber um die Faserdicke mittels einer Mikrometerschraube verschoben wird; das Maß der Verschiebung kann an einem Nonius abgelesen werden. Die Einheit der Verschiebung wird 1° Dollond genannt. 1° Dollond ist $^1/_{10000}$ engl. Zoll = 0,00254 mm. Abgesehen davon, daß dieses Maß mit unserem metrischen Maß nicht im Einklang steht, ist diese Einheit für feine Differenzen zu groß, da man bei der Prüfung der Wollqualität nicht nur den Durchschnittswert, sondern auch die Gleichmäßigkeit, die Feinheitsschwankungen zu ermitteln hat.

4. In der Praxis schließt man auch aus der Anzahl der Kräuselungsbögen der Wollhaare auf die Feinheit. Die Anzahl derselben kann mit dem Wollklassifikator von Sorge[1]) bestimmt werden. Seine Anwendung ist aber nur auf die Streichwollen beschränkt, da er die Feinheit auf Grund der Kräuselungen bestimmt, die bei Kammwollen in feineren Qualitäten zwar auch vorhanden sind, aber während des Spinnprozesses z. T. beseitigt werden, so daß für die Bestimmung der Wollqualität in Gespinsten und Geweben die Kräuselung nicht als Maßstab für die Feinheit benutzt werden kann. Auch bei gewalkten Stoffen kann die Kräuselung nicht benutzt werden, da die Wollfasern während der Verarbeitung zu viele Veränderungen erfahren (Marschik). Der Klassifikator besteht aus einer sechsseitigen, drehbar gelagerten Scheibe von je 26 mm Seitenlänge. Jede dieser Seiten enthält regelmäßige Auszählungen, und zwar ist jedesmal die nächstfolgende Seite gröber geteilt als die vorhergehende. Ferner sind die Feinheitssorten und die entsprechenden Feinheitsgrade verzeichnet.

5. Nach Krais[2]) wird in neuerer Zeit in England ein optischer Apparat benutzt, der es ermöglicht, die Wollfasern auf einen Schirm zu projizieren, wodurch sie stark vergrößert werden und ohne Anstrengung der Augen bequem gemessen werden können. Zu diesem Zweck werden die Fasern einzeln nebeneinander gelegt und in Kanadabalsam eingebettet, welches keine irgend störende Quellung der Fasern verursacht und im Projektionsbild sehr scharfe, leicht und genau meßbare Ränder geben soll. In dieser Arbeit wird u. a. festgestellt, daß 1. die Beobachtung der Fasern in Luft wegen der starken schwarzen Ränder ungeeignet ist, 2. daß man die Wollfaser als rund annehmen kann, so daß der Durchmesser einen zuverlässigen Anhalt für die Faserdicke gibt, 3. daß man eine sehr große Anzahl von Fasern (wohl mindestens 500) messen muß, um eine Qualität zuverlässig zu charakterisieren, 4. daß die Messungen in trockener Luft, Glyzerin oder Kanadabalsam innerhalb der experimentellen Fehlergrenzen identisch sind. Nach Krais erhält man bei etwa 150 Messungen eine Genauigkeit von etwa ± 10%, nicht aber ein Bild von der Verteilung der verschieden dicken Fasern im ganzen Kammzug oder sonstigen Versuchsmaterial. Auch führte Krais die Messungen in Luft aus, bei 125facher Vergrößerung, die es gestattet, noch auf etwa 2 μ genau zu schätzen.

Querschnittsmessungen von Fasern.

Bestimmung des Titers von Kunstseiden[3]).

Der Titer einer Faser (z. B. auch bei Kunstseiden) wird in der Regel durch Bestimmung des Gewichtes einer Längeneinheit ermittelt (s. u. Garnnumerierung und Garnnummerbestimmung, S. 114). Dieses Verfahren ist aber nicht durchführbar, wenn man nur sehr kurze Fasern zur Verfügung hat. Man kann sich in solchen Fällen, sowie für sonstige wissen-

---

[1]) Näheres s. Zipser-Marschik: „Die textilen Rohmaterialien".
[2]) Textile Forschung 1922. S. 1 (Journ. Text. Instit. 1921. S. 334).
[3]) A. Herzog: Textile Forschung 1922. S. 7.

schaftliche Zwecke, eines mikroskopischen Verfahrens der Titerbestimmung bedienen, indem man die Querschnittsfläche bestimmt und unter Berücksichtigung des spezifischen Gewichtes des Versuchsmaterials den Titer berechnet. Bei Fasern wie Wolle begeht man im allgemeinen keinen merklichen Fehler, wenn man die Wollfaser als zylindrisches Gebilde mit rundem Querschnitt annimmt, also nur den mittleren Durchmesser zu bestimmen hat (s. S. 135); anders bei Kunstseiden mit ihren vielfach gelappten und gefurchten Querschnittsformen (s. S. 52). Für diese Fälle hat A. Herzog ein besonderes Querschnittsflächen-Meßverfahren ausgearbeitet.

Bedeutet F die wirkliche Querschnittsfläche der Einzelfaser in Quadratmikron (1 qμ oder qmmm = 0,000001 qmm) und s das spezifische Gewicht der Fasersubstanz in g und bedeutet in üblicher Weise die Denierzahl (Deniertiter) der Kunstseide die Anzahl g, die eine Fadenlänge von 9000 m wiegt (s. S. 113), so berechnet sich das Gewicht von 9000 m Fadenlänge in g, also die Feinheit der Einzelfaser in Deniers zu: 0,000001 × 9000 × F × s = 0,009 Fs. Da das spezifische Gewicht der Kunstseide durchschnittlich mit 1,52 g angenommen werden kann, so lautet die Formel auch: Feinheit in Deniers = 0,01368 F. Man braucht also für die Bestimmung des Feinheitsgrades der Einzelfaser nur ihre Querschnittsfläche F zu ermitteln und den so ermittelten Wert mit dem Faktor 0,01368 zu multiplizieren. (Naturseide hat im Mittel das spezifische Gewicht 1,36, der Faktor ändert sich hier also in 0,009·1,36 = 0,01224.)

Bei den unregelmäßig gestalteten Querschnittsformen der Viskose- und Nitroseiden läßt sich nun von einem geübten Beobachter bei den niedrigen Deniers (bis etwa 4 den.) die Schätzung der Fläche mit einem gewöhnlichen Okularmikrometer (s. S. 8) im Vergleich zu einer Seide von bekanntem Titer einigermaßen zuverlässig schätzen; in dem Maße aber, wie man zu den gröberen Titers übergeht, wird diese primitive Schätzung immer unsicherer.

Erheblich genauere Werte werden erhalten, wenn die Querschnittsflächen unmittelbar ausgemessen werden. A. Herzog verfährt in der Weise, daß er tadellos erhaltene Einzelfaserquerschnitte mit einem Zeichenapparat (s. S. 7) in starker mikroskopischer Vergrößerung (1500) zeichnet und die ihnen zukommenden Flächen mit einem Planimeter oder durch Auswägen der mit der Schere ausgeschnittenen Zeichnungen ermittelt. Wegen der Umständlichkeit dieser Arbeit, der erforderlichen größeren Zahl von Einzelversuchen zwecks Erlangung brauchbarer Durchschnittswerte und der erforderlichen, kostspieligen apparativen Erfordernisse ist dieses Verfahren aber verbesserungsbedürftig gewesen.

Das Deniermeter von A. Herzog weist in diesen Beziehungen erhebliche Vorzüge auf und gestattet eine direkte Bestimmung der Querschnittsfläche bzw. der Feinheit der Einzelfasern auf mikroskopischem Wege. Dieses „Deniermeter" besteht aus einem in Zehnteldeniers geteilten Netzmikrometer, das in einem gewöhnlichen Meßokular untergebracht werden kann (s. Abb. 86). Wählt man z. B. den Linienabstand = 2,704 μ, so beträgt die von jedem kleinen Quadrat begrenzte Fläche

= 7,31 qμ oder $^1/_{10}$ Denier[1]) (7,31 × 0,01368 = 0,1). Um nun die zu prüfende Kunstseide auf ihre Denierzahl zu prüfen, braucht man nur von (z. B. mit Safranin gefärbter) Kunstseide Querschnitte herzustellen (s. S. 15), in Kanadabalsam einzubetten und alsdann mikroskopisch mit dem Deniermeter auszumessen, d. h. die von jedem einzelnen Querschnitt gedeckten kleinen Quadrate auszuzählen und den gefundenen Mittelwert durch 10 zu dividieren. Die Auszählung wird noch dadurch erleichtert, daß jede fünfte Linie des Netzmikrometers etwas kräftiger gehalten bzw. doppelt ausgeführt ist. Für genauere Bestimmungen werden etwa 20 Querschnitte genau ausgezählt und der Mittelwert sowie der Gleichmäßigkeitsgrad berechnet. Werden z. B. von dem Faserquerschnitt im Mittel 82 Quadrate bedeckt, die einer Feinheit von je $^1/_{10}$ Denier entsprechen, so beträgt die Feinheit der Faser 8,2 Deniers. Die mit Hilfe des Deniermeters erhaltenen Werte stimmen nach A. Herzog mit denjenigen durch sorgfältiges Abweifen und Wägen erhaltenen sehr gut überein. Mit Hilfe dieser Vorrichtung können nicht nur die Querschnittsflächen von einzelnen Fasern, sondern auch von Fäden bestimmt werden.

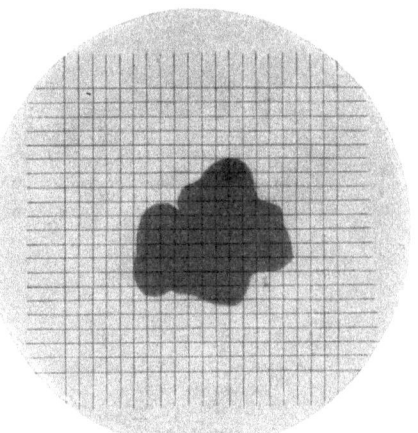

Abb. 86. Deniermeter oder Netzmikrometer nach A. Herzog.

In diesem Falle muß allerdings die Zahl der im Faden nebeneinander liegenden Einzelfasern bekannt sein oder besonders mikroskopisch bestimmt werden.

Dieses Netzmikrometer, das von der Firma E. Leitz in Wetzlar hergestellt wird, eignet sich ferner für andere quantitativ-mikroskopische Messungen und Zählungen, insbesondere auch als Ersatz für die teuren Zeichenapparate. Handelt es sich z. B. um die Zeichnung eines Kunstseidenquerschnitts in starker Vergrößerung, so läßt sich die Zeichnung auf karriertem Papier sehr rasch und verhältnismäßig genau ausführen.

Bestimmung des Völligkeitsgrades von Kunstseiden.

Die üblichen Bestimmungen der mittleren Faserbreite von Kunstseiden können nur einen sehr beschränkten Wert haben, da es sich bei Kunstseiden vielfach nicht um kreisrunde oder annähernd kreisrunde, vielmehr oft um stark gelappte und bändchenförmige Querschnitte handelt.

A. Herzog[2]) hat ein Verfahren gefunden, die Breite der Einzelfaser zu ihrer Querschnittsfläche in Beziehung zu bringen. Er berechnet

---
[1]) Bei Naturseide vom spez. Gew. 1,36 betrage der Linienabstand 2,858 μ. Der Fläche der kleinen Quadrate von 8,17 qμ entspricht alsdann $^1/_{10}$ Denier.
[2]) Textile Forschung 1922. S. 99.

(s. Abb. 87) aus der Fläche des dem Faserquerschnitt umschriebenen Kreises (dessen Durchmesser die Faserbreite B ist) und der Faserquerschnittfläche F (in qμ, die mit dem vorstehend beschriebenen Deniermeter ermittelt werden) den „Völligkeitsgrad" V in % wie folgt:
$$\frac{B^2 \pi}{4} : F = 100 : V.$$

Daraus ergibt sich: $V = \dfrac{400 \cdot F}{\pi \cdot B^2} = 127{,}32 \, \dfrac{F}{B^2}.$

Ist der Titer der Einzelfaser in Deniers (legaler Titer) bekannt, so läßt sich, da $F = \dfrac{\text{Legaler Titer}}{0{,}01368}$ (für Kunstseide vom spez. Gewicht 1,52) ist, der Völligkeitswert auch wie folgt ableiten:
$$V = \frac{127{,}32 \cdot \text{Legaler Titer}}{0{,}01368 \cdot B^2} = 9307 \cdot \frac{\text{Legaler Titer}}{B^2}.$$

In dem Maße, als der Völligkeitswert einer Faser abnimmt, wird diese immer flacher, d. h. bandartiger, und umgekehrt.

So geht aus den Untersuchungen von A. Herzog hervor, daß die Faser mit dem Völligkeitsgrad 16,3% mikroskopisch ein breites Band darstellt, während bei der Faser mit dem Völligkeitsgrad von 97,9% ein nahezu kreiszylindrisches Gebilde vorliegt.

Bis zu einem gewissen Grade gibt zwar auch das Verhältnis der Breite und Dicke einer Faser einen Maßstab für ihre Völligkeit; indessen kommen, namentlich bei stark gelappten Querschnittsformen, nicht selten Fälle vor, wo dieses Verhältnis zur Kennzeichnung der Völligkeit bei weitem nicht ausreicht. So ist aus den Abbildungen von A. Herzog und der von ihm gegebenen Zahlentafel zu ersehen, daß manche

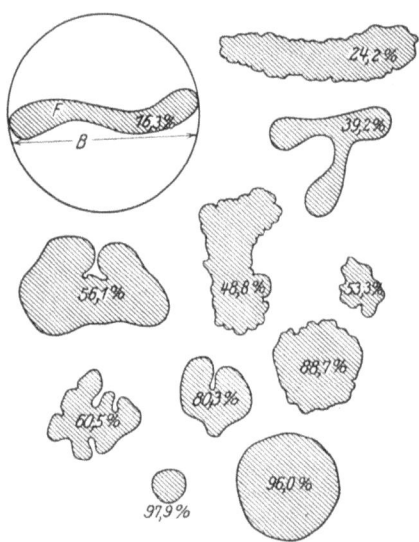

Abb. 87. Völligkeitsgrad von Kunstseiden.

Kunstseiden annähernd dasselbe Verhältnis von Breite und Dicke zeigen (1,31 bzw. 1,30), obwohl die tatsächlichen Völligkeitswerte wesentlich voneinander abweichen (39,2 bzw. 60,5%). Dabei ist es mehr oder weniger Willkür, was bei einer stark gelappten Faser als Dicke zu gelten hat.

Ohne Zweifel gibt der Herzogsche Völligkeitsgrad einen bequemen, ziffernmäßigen Anhaltspunkt bei der allgemeinen Beurteilung der Formverhältnisse einer Kunstseide; er ist in dieser Beziehung den gebräuchlichen Angaben über Querschnittsformen (flach, rundlich usw.) weit überlegen. Auch andere technische Eigenschaften der Kunstseide (Feinheit, Geschmeidigkeit, Biegsamkeit, Lichtundurchlässigkeit, Glanz, scheinbares spezifisches Gewicht von Gespinsten u. a. m.) stehen nach A. Herzog mit der Völligkeit der Einzelfaser fraglos in einem gewissen Zusammenhange, wenngleich diese Beziehungen nicht immer gesetzmäßig zu formulieren sind.

Auf Grund von umfangreichen Untersuchungen des Deutschen Forschungsinstitutes für Textilindustrie in Dresden[1]) sind für verschiedene Kunstseiden folgende Völligkeiten des Querschnitts ermittelt worden:

    Für Kupferseide a, b, c und d   = 82   (78—85)
    „ Viskoseseide IIa, a, b, c und d = 37   (31—46)
    „   „   Ia, a, b, c und d = 54,5 (50—60)
    „ Nitroseide T, a—e   = 58,5 (48—67)
    „   „   SKZ   = 59,6
    „ Azetatseide   = 29,4
    „ Naturseide, roh   = 68
    „   „   entbastet   = 62.

Als äußerste Werte sind von A. Herzog angegeben worden (s. a. S. 140) 16,3 (bändchenartige Faser) und 97,9% (fast kreisrunde Querschnittsfläche).

Das Wägen der Fasern.

Analytische Wage (chemische Wage). Das Wägen der Fasern geschieht in der Regel vermittels einer beliebigen, genügend genauen Balkenwage, einer sogenannten chemisch-analytischen Wage. Abb. 88 zeigt beispielsweise eine kurzarmige Wage mit kurzem, schnellschwingendem Balken und langer Zunge, gleichzeitiger Balken-, Gehänge- und Schalenarretierung und mit Vorrichtung zum Verschieben der Reitergewichte. Mittel- und Endachsen sind aus Achat und auf Achaten spielend, die Schalen sind platin-plattiert. Der Kasten ist von Mahagoniholz, hat Vorderschieber, 2 Seitentüren und ist auf tiefschwarzer Glasplatte montiert. Die Wage hat eine Empfindlichkeit von $1/10$ mg, die Tragkraft beträgt in der Regel 200 g. Abb. 89 zeigt einen Satz zugehöriger Präzisions-

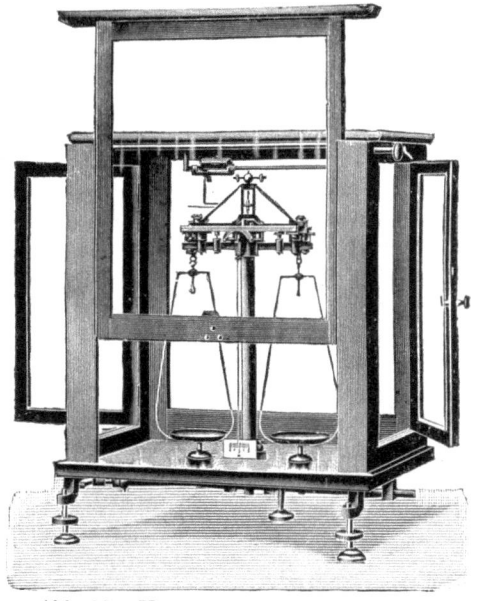

Abb. 88. Kurzarmige chemische Wage.

bruchgramme in Plattenform aus Platin, Neusilber oder Aluminium[2]).

Die Wage soll vor Ingebrauchnahme auf ihre Richtigkeit und Empfindlichkeit geprüft werden, desgleichen der Gewichtssatz. Sie ist in

---

[1]) Textile Forschung 1922. S. 126. H. 4. S. a. S. 52.
[2]) Die heutige Ausrüstung von Wage und Gewichtssätzen ist im allgemeinen bescheidener als früher.

einem Raum aufzustellen, der möglichst frei von sauren oder ätzenden Gasen ist und ist außer Gebrauch immer geschlossen zu halten. Während des Wägens ist Zugluft zu vermeiden. Die Gewichtssätze und Wagenteile sind stets sauber zu halten und die Wage von Zeit zu Zeit zu reinigen und von neuem auf ihre Richtigkeit zu prüfen.

Torsionswage (Mikrowage). In jüngerer Zeit ist eine noch feinere Wage, die sogenannte Torsionswage oder Mikrowage (z. B. von Hartmann & Braun, A.-G. Frankfurt a. M.) konstruiert worden. Sie dient zur raschen Bestimmung (daher auch „Schnellwage" genannt) kleiner und kleinster Gewichte (daher auch „Mikrowage" genannt) und zeichnet sich neben ihrer großen Genauigkeit besonders durch die sofortige, fast schwingungsfreie Einstellung des Wagebalkens, die Ablesbarkeit des gesuchten Gewichts an einer Skala und damit durch eine unerreichte Schnelligkeit der Wägungen aus. Sie kommt besonders da zur Verwendung, wo es sich um Massenwägungen oder wenigstens um häufige Wägungen handelt, insbesondere in chemischen Laboratorien, Prüfanstalten für Faser- und Webstoffe usw. Die Wage wird gewöhnlich mit einer Skala von 0 bis zum Höchstwert, z. B. von 0—100 mg ausgeführt, so daß nur

Abb. 89. Präzisionsbruchgramme.

ein Meßbereich vorhanden ist. Man kann aber auch den Nullpunkt der Skala unterdrücken, indem man der Feder eine gewisse Vorspannung gibt. Auf solche Weise erhält man eine Skala, welche beispielsweise mit der Hälfte des Höchstwertes beginnt, also z. B. von 50 bis zu 100 mg reicht usw. Bei den Wagen mit den Meßbereichen von 0—20 mg wird das Wägegut auf das Gelenkhäkchen aufgehängt. Bei den Wagen vom Meßbereich 0—30 mg ab werden zur Wägung von körnigem u. dgl. Wägegut kleine Tiegelchen oder Schälchen aus Neusilber, Aluminium oder Platin geliefert. Die äußere Ausstattung ist z. B. Metallfuß, Säule und Gehäuse schwarz emailliert, die der Abnutzung ausgesetzten Teile vernickelt. Das Gewicht der Wage, der eine Pinzette mit Elfenbeinschnabel beigegeben wird, beträgt etwa 3,7 kg. Die üblichsten Meßbereiche sind u. a.: 0—6 mg (kleinster), 0—12, 0—20, 0—30, 0—40, 0—60, 0—80, 0—100, 0—150, 0—200, 0—300, 0—400, 0—500, 0—600, 0—800 und 0—1000 mg (größter Meßbereich). Leider sind die Preise dieser Wage zur Zeit sehr hoch, so daß sie nicht die allgemeine Einführung finden kann, wie sie es verdiente.

Längenmessungen von Gespinsten.
Die Haspel oder die Weife.

Stehen nur geringere Fadenlängen zur Verfügung, so werden diese von Hand gemessen, indem die Fäden vorsichtig gerade gelegt und nicht zu stark gespannt werden. Auch bei ganz groben oder starren Garnen, z. B. bei Bindegarn aus Manilahanf, Bindfäden u. dgl. mißt man in Ermangelung geeigneter Vorrichtungen mit der Hand ab, indem man ein Bandmaß von etwa 10 m am Fußboden abrollt, eine größere Anzahl Meter des Versuchsmaterials auf einmal abmißt und dann zur Wägung bringt.

Stehen dagegen größere Mengen von Gespinsten zur Verfügung, so bedient man sich zur Feststellung der Längen — insbesondere für die Nummer- oder Titerbestimmung — besonderer mechanischer Apparate, der Weifen oder Häspel. Wie bereits ausgeführt (s. S. 105), wird die Feinheit der Gespinste durch die Nummer oder den Titer ausgedrückt. Die Bestimmung der Nummern erfolgt durch Wägung einer bestimmten Gespinstlänge. Hierbei kann man naturgemäß zweierlei Wege einschlagen. Man mißt entweder eine bestimmte Länge und wägt, oder man mißt so lange, bis ein bestimmtes Gewicht erfüllt ist. Das einfachste und in der Praxis meist gehandhabte Verfahren, zu „sortieren" oder zu „titrieren" ist das erstere, indem man eine stets gleiche Länge (100, 250, 500 m oder Yards, bei Seide 450 m oder ein Mehrfaches von 450) abhaspelt und auf einer die Garnnummer bzw. den Titer sofort anzeigenden Wage wägt. Zwecks Feststellung des Durchschnittswertes, unter Ausschaltung örtlicher Feinheitsschwankungen, mißt man grundsätzlich eine möglichst große Fadenlänge. Es würde nun zu zeitraubend sein, solche Fadenlängen von Hand mittels eines Maßstabes abzumessen. Ferner würde bei der natürlichen Elastizität der Gespinste die mit der Hand bewirkte Anspannung, durch verschiedene Personen ausgeführt, schwankende Werte ergeben. Aus diesen Gründen werden die Fadenlängen meist unter Zuhilfenahme von Präzisionsweifen mit selbsttätigen Fadenspannvorrichtungen abgemessen.

Die genaue gleichmäßige und möglichst schnelle Abmessung der erforderlichen Längen wird durch die Haspel (oder die Weife) bewerkstelligt. Diese besteht aus einer sechsarmigen Krone von verschiedenem Umfang. Die gebräuchlichsten Haspel- oder Strähnumfänge betragen u. a.: 1 Yard (914,4 mm, engl. Kammgarnnummer), $1^1/_2$ Yards (1371,6 mm, engl. Baumwollnummer), 1428 mm (metrische Kammgarnnummer), 1125 mm (Seiden- und Kunstseidengarne), 1250 mm (Schappegarne), $2^1/_2$ Yards (2286 mm, engl. Leinennummer) u. a. m. Der Faden wird vom Strähn aus unter mäßiger Spannung durch die Finger, oder besser durch einen Fadenführer nach der Krone geleitet und hier befestigt. Durch eine Kurbel wird die Weife in Drehungen versetzt (mit einer Abzugsgeschwindigkeit von etwa 150—200 m pro Minute), und diese werden durch ein Zählwerk mit Zifferblatt registriert. Nach einer bestimmten Anzahl von Umdrehungen (50 oder 100 m, oder 80 Yards = 1 Gebinde) wird durch das Zählwerk eine Glocke zum Ertönen gebracht. Um das Garn leichter abnehmen zu können, ist ein Arm beweglich gestaltet und kann zurückgeschlagen werden. (Bezüglich des Feuchtigkeitsgehaltes wird auf S. 115 verwiesen.) Von den zahlreichen Modellen und Bauarten seien nachstehend einige erläutert.

Abb. 90 zeigt eine einfache Garnweife für alle Gespinste mit Zählwerk und Glocke (Schlagwerk), Abb. 91 den dazu gehörenden verstellbaren Strähnhaspel oder die Rolle zum Abweifen des Originalsträhnes.

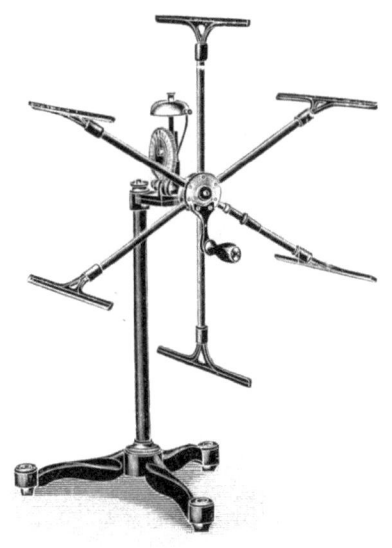

Abb. 90. Einfache Garnweife mit Zählwerk und Glocke.

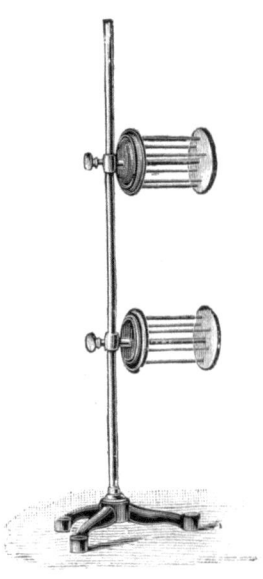

Abb. 91. Verstellbarer Strähnhaspel.

Abb. 92 zeigt eine Präzisionsweife für Leinen- und Jutegarn englischer Numerierung. Dieselbe besitzt Differentialantrieb. Eine Kurbelumdrehung gibt der Weifkrone zwei Umdrehungen. Außerdem besitzt die Weife ein Zählwerk, seitlich verschiebbare Fadenführer und verstellbare Strähnhaspel. Der Umfang der Krone beträgt $1^1/_2$ oder $2^1/_2$ Yards.

In Abb. 93 ist eine Präzisionsweife für Seidengespinste wiedergegeben. Sie ist mit Differentialantrieb (wie vorstehende Weife) und mit Reformhaspeln ausgestattet. Die Arme dieser Haspel sitzen in einer radial federnden, diametral leicht verstellbaren Nabe, wodurch es ermöglicht ist, durch einen Handgriff den Umfang der Haspel zu ändern. Von den Haspeln aus, die durch ein Schleifgewicht an ihrer Nabe gebremst werden, gehen die Fäden durch

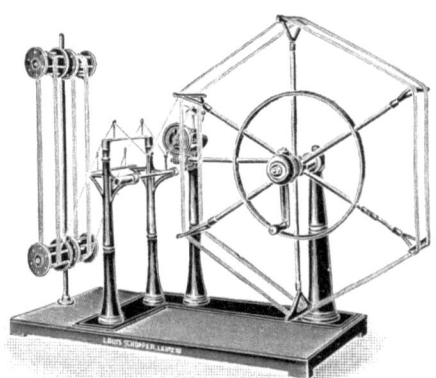

Abb. 92. Präzisionsweife für Leinen- und Jutegarn (Schopper).

feststehende Fadenführer über eine aus Glasstäben gebildete, drehbare Trommel. Diese soll den Fäden eine gleichmäßige Spannung verleihen. Alsdann gehen die Fäden durch seitlich verschiebbare Fadenführer nach der Weifkrone. Die Fadenführer werden vom Zählwerk aus zwangläufig um so viel seitlich verschoben, daß sich der Faden auf der Krone stets genau neben den benachbarten legt und er so in Schraubenwindungen um die Krone herumläuft. Andernfalls würde sich ein Faden auf den andern legen und der Weifumfang sich vergrößern, somit die Länge des Strähns größer ausfallen als beabsichtigt war. Der Umfang der Krone ist gemäß dem internationalen Seidentitriersystem auf 1,125 m bemessen und das Zählwerk zählt bis zu 4000 Umgängen, entsprechend 4500 m.

Außer den erwähnten, in der Praxis eingeführten und meist ausreichenden Weifen sind noch besondere Präzisionsweifen konstruiert worden, die möglichst alle Fehlerquellen zu vermeiden suchen und durch Ausschaltung des subjektiven Empfindens größtmögliche Genauigkeit anstreben.

Abb. 93. Präzisionsweife für Seidengespinste (Schopper).

Solche sind beispielsweise die Präzisionsgarnweife für öffentliche Institute mit Vorrichtung zum selbsttätigen Regeln der Fadenspannung nach Dalèn und mit Schreibapparat nach E. Müller; ferner die Normalgarnweife für öffentliche Institute nach S. Hartig. Diese beiden werden von L. Schopper in Leipzig gebaut. Erwähnt sei schließlich die selbsttätige Garnhaspel von Kolb und Quinkert in Mannheim.

Dickenmessungen von Gespinsten[1]).

Das Messen der Gespinstdicke kommt nur vereinzelt vor, da die Dicke oder die Feinheit bis zu einem gewissen Grade schon in der Garnnummer zum Ausdruck gelangt.

Bei feinen Gespinsten bedient man sich vorkommenden Falles der gleichen Apparate wie bei Faserdickenmessungen (s. S. 135), also der Lupe und des Mikroskops mit Okularmikrometer. Diese Dickenmessungen bieten aber keine so feste Grundlage wie bei Einzelfasern, weil der Fadendurchmesser, auch bei gleicher Nummer, nicht immer gleich sein wird, da er von der Fadendichte abhängig ist und sich mit dem Draht und der Erzeugungsart ändert. So sind Kammgarne z. B. immer dichter als Streichgarne derselben Nummer[2]).

Dickere Erzeugnisse, wie Manilabindegarn, Jutesackband, Bindfaden u. a. m. mißt man mit der Schublehre (Drahtlehre weniger geeignet) oder mit dem sogenannten Schraubenmikrometer.

Die Schublehre kann mit oder ohne Nonius, ferner als Präzisionsschublehre mit Zeiger und Zifferblatt usw. ausgestattet sein. Die Skala kann ferner nach dem metrischen System, in Pariser, Londoner, Leipziger, rheinische Zoll usw. geteilt sein; die Ausstattung kann eine einfachere

---

[1]) Auf die häufig zu Irrtümern Anlaß gebende Bezeichnung „Stärke" des Garnes oder Gespinstes wird ausdrücklich hingewiesen, da „Stärke" mehrsinnig verstanden werden kann, als Dicke, als Festigkeit und als Stärkemasse (Appretur- und Schlichtemittel).

[2]) Nähere Studien über die Beziehungen von Garndicken zu den Garnnummern s. a. Matthews: Journ. Text. Ind. 1921. S. 469.

und eine bessere sein. Abb. 94 zeigt eine einfache Schublehre aus Stahl. Das Versuchsstück wird zwischen die zwei Schnäbel gelegt, der verschiebbare Schnabel so weit herangeschoben, bis die Peripherie an drei Stellen anliegt, ohne dabei gedrückt zu werden und dann wird abgelesen.

Abb. 95 zeigt ein Schraubenmikrometer aus Neusilber mit Gefühlsschraube. Man legt das zu messende Gespinst o. ä. zwischen die beiden Backen und dreht die Gefühlsschraube so lange, bis die beiden Backen knapp an dem Versuchsstück anliegen, oder man stellt die Backenentfernung so ein, daß sich der Faden ohne Widerstand

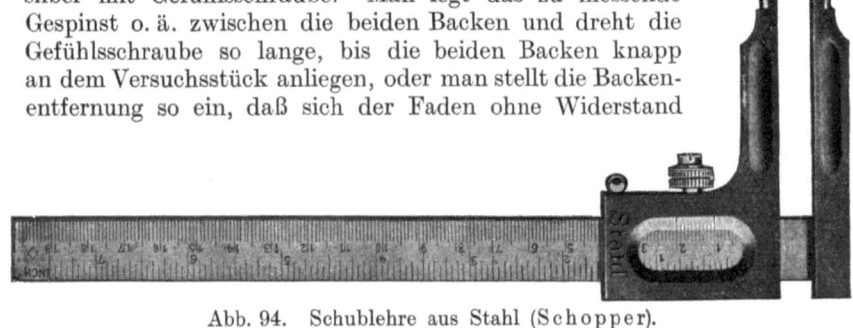

Abb. 94. Schublehre aus Stahl (Schopper).

eben noch glatt zwischen den Backen hindurchführen läßt. Die Teilung reicht von 0—10 mm und ist in $1/100$ mm ablesbar.

Zu erwähnen ist hier noch der Wollmesser von Paul Polikeit in Halle a. S. zum Messen von Gespinsten (Haaren, Fasern). Das Versuchsstück wird in Klemmen eingespannt und unter dem Mikroskop gemessen. Der Messer stellt einen modifizierten Wollmesser nach Bohm-Wasserlein dar. Vgl. auch Wollmesser von Kohl S. 136.

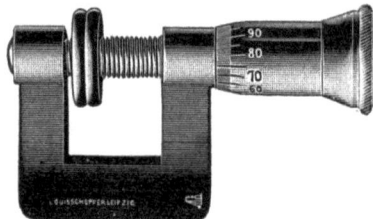

Abb. 95. Schraubenmikrometer (Schopper).

In neuerer Zeit ist noch ein besonderer Garndickenmesser konstruiert worden, der die Nummer des eingelegten Faserbündels unmittelbar angibt[1]). Er ähnelt in gewisser Beziehung dem auf S. 153 beschriebenen Automatik und unterscheidet sich von ihm vor allem dadurch, daß er für Garne bestimmt ist und die Dicke derselben sofort in Nr. engl. angibt (s. Abb. 96 und 97). Der Dickenmesser ist mit einem Tastermaul versehen, in das ein Faserbündel von z. B. 10 Fäden eingelegt wird. Infolge der Federwirkung drückt ein Taster das Faserbündel gegen den andern, ebenfalls unter Federwirkung stehenden Taster. Dieser bleibt an einer Stelle stehen, welche der Dicke der eingebrachten Fäden entspricht. Diese Bewegung wird auf einen Zeiger übertragen, der auf einer empirisch geteilten Skala spielt und die unmittelbare Ablesung der Garnnummer gestattet, die aus mehreren Einzelversuchen als Mittelwert berechnet wird. Man ist so in der Lage, bei einem Garnstrang oder einer Webekette die Nummer nachzuprüfen, ohne die Fäden zu verletzen. Für schnell auszuführende, orientierende Versuche dürfte der Apparat nützlich sein, auch zur Beur-

---

[1]) Wickardt: Textilber. 1920. S. 253.

Dickenmessungen von Gespinsten. 147

teilung der Gleichmäßigkeit der Garndicken. Über die Beziehungen der Garndicke zur Garnnummer s. weiter unten.

Will man sich nur schnell darüber unterrichten, ob zwischen mehreren Garnen bezüglich der Dicke überhaupt ein erheblicher Unterschied besteht, so fertigt man aus jeder Probe kleine Versuchssträhne von gleicher Fadenzahl an (bzw. zählt eine bestimmte Zahl loser Fäden ab), schlingt je zwei Vergleichsobjekte wie die Glieder einer Kette durcheinander und dreht das Ganze zusammen (siehe Abb. 98). Fühlt man nun mit den Fingerspitzen dem Draht entlang von einer Probe über die Verbindungsstelle hinweg zur andern, so wird man etwa vor-

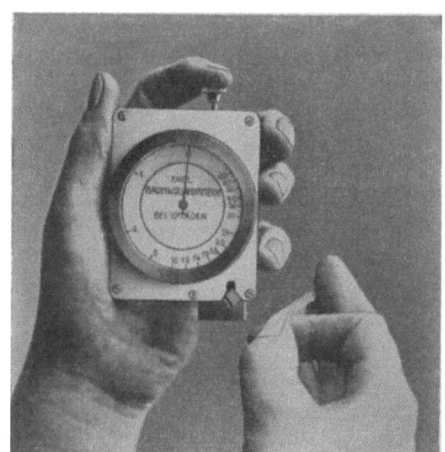

Abb. 96. Garndickenmesser bei geöffnetem Tastermaul (Einlegen des Fadenbündels).

Abb. 97. Garndickenmesser bei geschlossenem Tastermaul (zeigt die Nr. des eingelegten Faserbündels an).

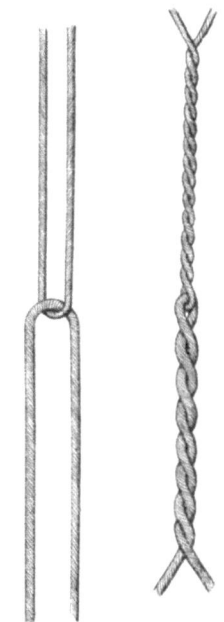

Abb. 98. Dickenvergleich zweier Garne.

handene Dickenunterschiede innerhalb gewisser Grenzen wahrnehmen. Außerdem werden bei erheblichen Unterschieden die Dickenverhältnisse mit bloßem Auge leicht beurteilt. Legt man dem Vergleich einen Faden von bekannter Feinheit zugrunde, so kann die Feinheitsnummer des zu prüfenden Fadens vergleichsweise ziemlich sicher abgeschätzt werden.

10*

(Bei allen derartigen Versuchen ist zu berücksichtigen, ob die Garne rein, d. h. frei von Appretur, Schlichte usw. sind. Gegegebenfalls sind die Garne vorher zu entappretieren oder zu entschlichten.) Hierzu ist jedoch zu bemerken, daß die Garndicken nicht in dem Maße äußerlich zum Ausdruck kommen, wie bei der Prüfung durch die Wage. Nach Marschik nehmen z. B. die Garndicken bei Baumwollgarnen zwischen den Nummern 20 und 40 engl. nur von 0,24—0,17 mm ab, und zwar entsprechen folgende Garndicken den nachstehend angeführten Nummern:

0,24 mm = 19,5 Nr. engl.　　0,20 mm = 27,5 Nr. engl.
0,23 ,, = 21,5 ,,　,,　　　　0,19 ,, = 31,0 ,,　,,
0,22 ,, = 23,5 ,,　,,　　　　0,18 ,, = 35,0 ,,　,,
0,21 ,, = 25,5 ,,　,,　　　　0,17 ,, = 39,0 ,,　,,

Das Wägen von Garnen und Zwirnen.

Garnsortierwagen.

Ebenso wie die Maße des Gespinstes in den verschiedenen Stufen der Entstehung kontrolliert werden, so werden auch die Gewichte des Rohmaterials, der Zwischenerzeugnisse und des fertigen Feingespinstes überwacht. Hierzu ist eine große Zahl von geeigneten Wagen konstruiert worden: Balkenwagen zum Abwägen roher Wolle, Baumwolle, Kämmlingswagen, Wagen für Batteurwickel, Vorgarnwagen für Strecken- oder Krempelband, Flyerlunte usw. Diese Wagen unterscheiden sich voneinander vielfach nur durch die geeignetere Anordnung, die Form der Schalen, durch das unmittelbare Ablesen der Nummern u. a. m.

Zum Wägen des Feingespinstes, also des fertigen Garnes oder des Zwirnes kann grundsätzlich jede Balkenwage (s. S. 141) Verwendung finden. Sie soll vor allem genügend empfindlich sein und bei einer Belastung von 200 g eine Genauigkeit von 0,005 g besitzen.

Da das Wägen, das besonders bei feinen Garnen äußerst gewissenhaft und unter Berücksichtigung der Luftfeuchtigkeit (s. S. 115) ausgeführt werden muß, hauptsächlich zu dem Zweck der Nummerbestimmung (s. S. 114) ausgeführt wird, hat man zur Beschleunigung der Arbeit Garnsortierwagen, auch Sektor- oder Quadrantenwagen genannt, konstruiert. Dieselben zeigen beim Anhängen der Längeneinheit die Garnnummer unmittelbar an, ohne daß man erst eine Wägung mit Hilfe von Gewichtssätzen und die Umrechnung auszuführen braucht. Sie haben eine für die meisten technischen Zwecke genügende Genauigkeit und sind in der Praxis allgemein eingeführt. Statt der Wägeschale, wie bei gewöhnlichen Balkenwagen, haben sie zur Aufnahme des Garnes einen Haken und statt der Gewichtsschale ein mit dem Zeigerhebel starr verbundenes Gegengewicht. Die Wagen sind auf einem Dreifuß montiert und mittels Stellschraube bei unbelasteter Wage auf den Nullpunkt der Skala einstellbar. Durch Belastung des Garnhakens schlägt der Zeiger aus und zeigt das Gewicht, bzw. die statt des Gewichtes auf der Skala verzeichnete, entsprechende Garnnummer unmittelbar an.

Die Genauigkeit der Wage ist u. a. von der Größe des Gradbogens und von dem Meßbereich (Nummernumfang) abhängig. Aus diesem Grunde ist es vorteilhaft, dem Gradbogen einen möglichst großen Radius zu geben und den Meßbereich zu beschränken, d. h. jede Wage oder jede Skala für eine beschränkte Gruppe von Garnnummern einzurichten. Man bedient sich also zweckmäßig für verschiedene Erzeugnisse verschiedener Spezialwagen oder bringt an einer und derselben Wage verschiedene übereinander angeordnete Skalen an. Für gröbere Garne wird im letzteren Falle eine entsprechend kürzere Fadenlänge gewählt, oder es wird der Zeigerarm mit einem weiteren, geeigneten Gewicht belastet.

Ferner werden Wagen gebaut, die die Garnnummern verschiedener Numerierungssysteme gleichzeitig anzeigen. Dies wird durch Anordnung verschiedener Skalen übereinander, von denen jede ein besonderes Nummersystem zeigt, erreicht.

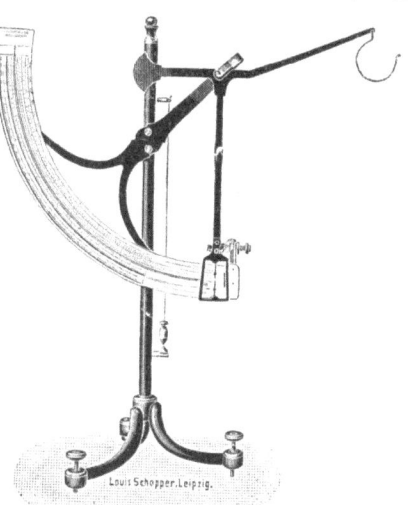

Abb. 99. Universal-Garnsortierwage.

Nachstehend seien einige solcher Garnwagen wiedergegeben.

Abb. 99 zeigt eine Universal-Garnsortierwage für die metrische Numerierung, englische Baumwollgarnnumerierung, englische Wollgarnnumerierung, englische Leinengarnnumerierung, sächsische Vigognegarnnumerierung, zählig sächsische Numerierung, stückig Streichgarnnumerierung.

Garnsortierwage nach Saladin. Dieselbe gibt die metrische Nummer beim Anhängen von 5, 25 und 50 m, oder in entsprechender Ausführung die englische Baumwollnummer beim Anhängen von 4, 20 und 40 Yards genau an. Das Abmessen der Fadenlängen geschieht mittels eines der Wage beigegebenen $1/2$-Yardmaßstabes. Die Fäden müssen auch hier beim Abmessen genau neben- und nicht übereinander liegen.

Seidelsche Präzisionsgarnwage. Die Seidelsche Präzisionsgarnwage stellt nach Marschik[1]) eine bedeutsame Neuerung dar. Die Wage besteht aus einem sehr leichten und empfindlichen Wagebalken, der mittels Stahlschneide im Aufhängungspunkt unterstützt ist. Der Wagebalken ist ferner an beiden Enden in Bügeln geführt. Dies ist zwar auch bei der Stübchen-Kirchner-Garnwage der Fall, doch sind die Bügel hier nicht so hoch. Ein Adjustierlot ist bei der Wage entbehrlich, und es genügt, den Wagebalken mittels der Adjustierschraube parallel zur Skalentafel einzustellen. Der Wagebalken besitzt auf jedem Hebelarm je ein Laufgewichtchen, welches als Garnhaken ausgebildet ist. Der rechtsseitige Haken wird immer am Ende in einen eigens dazu vorhandenen Einschnitt im Wagebalken eingehängt, so daß er bei dem dahinter auf der Skalentafel eingravierten Pfeil einspielt. Der linksseitige Haken dient zur Aufnahme des Garnes und auch zum Ausbalancieren bzw. Adjustieren des Wagebalkens. Letzteres erfolgt dadurch, daß man das linksseitige Laufgewicht in einen ebenfalls zu diesem Zweck vorhandenen Einschnitt des Wagebalkens einhängt, so daß er auch auf einen dahinter

---

[1]) Leipz. Monatsschr. f. Textilind. 1911. S. 324. Die Garnwage wird in Wien von der Firma Josef Florenz (Wagenfabrik) hergestellt.

auf der Skalentafel eingravierten Pfeil einspielt. Das Adjustieren der Wage erfolgt demnach in der Weise, daß bei der angegebenen Stellung der beiden Laufgewichtchen die Adjustierschraube so eingestellt wird, daß der Wagebalken zwischen den beiden Bügeln frei schwingt (Abb. 100).

Das Abwägen des Garnes geschieht mit einer Probelänge von 1 m. Das rechte Laufgewicht bleibt in seinem Einschnitt, während das linke Laufgewicht mit der Probelänge bis zur Horizontallage des Wagebalkens verschoben wird. Ist diese erreicht, so spielt der Garnhaken unmittelbar auf der Garnnummer ein. Die Probelänge von 1 m genügt, wenn mehrere Wägungen ausgeführt werden, von denen das Mittel gezogen wird. Führt man die Wägungen mit einem Vielfachen (2-, 3-, 4fachen) der Probelänge von 1 m aus, so hat man die Ablesung mit dem Vielfachen (2, 3, 4) zu multiplizieren. Wählt man einen Bruchteil der Probelänge ($^1/_2$, $^1/_3$, $^1/_4$ m), so ist die Ablesung entsprechend zu dividieren (durch 2, 3, 4). Ersteres wird bei sehr feinen, letzteres bei sehr groben Garnen angewendet. Die Baumwollskala geht von Nr. 1 bis Nr. 200, die Leinenskala von Nr. 3 bis Nr. 130, die Weftskala (Wolle engl.) von Nr. 2 bis Nr. 100 und die metrische Skala von Nr. 2 bis Nr. 140.

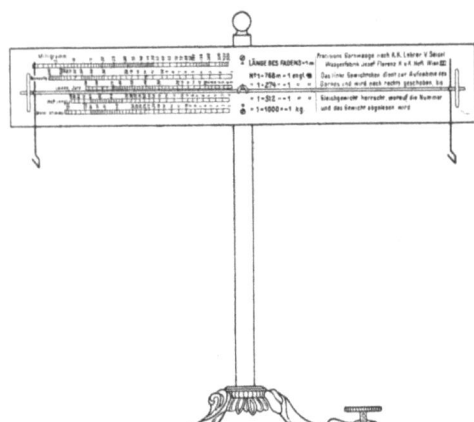

Abb. 100. Präzisionsgarnwage nach Seidel.

Zur Ermittelung des Seidentiters dient die Milligrammskala[1]) über den Nummernskalen. 0,9 m der zu untersuchenden Seide werden durch Einhängen in das linke Laufgewichtchen und Ausbalancieren des Wagebalkens in Milligramm gewogen. Für den legalen Seidentiter ist der Probesträhn 450 m, die Gewichtseinheit 0,05 g (= 1 Denier); für 9 m Probelänge wäre sonach die Gewichtseinheit 0,001 g oder 1 mg, d. h. die Anzahl Milligramme von 9 m Probelänge würde unmittelbar den Seidentiter wiedergeben oder die Anzahl der Milligramme von 0,9 m Probelänge muß mit 10 multipliziert werden, um den Seidentiter zu erhalten. Bei feinen Haspelseiden dürfte es sich wohl empfehlen, ein Mehrfaches von 0,9 m zur Wägung zu bringen.

Auch größere Garnmengen können gewogen werden, wenn man auf den rechtsseitigen Haken ein Gewicht von 1 g anhängt, ferner auf den linksseitigen Haken, welcher in diesem Falle beim Pfeil stehen muß, so viel Wert Garn anhängt, bis Gleichgewicht herrscht. Die gefundene Garnlänge wird für englische Numerierung mit 453,6 (= 1 Pfund engl.) multipliziert und durch die Schnellerlänge in Metern (z. B. für Baumwollgarne durch 768) dividiert. Für die metrische Numerierung gibt die gefundene Garnlänge in Metern unmittelbar die Feinheitsnummer an.

Soll die Länge eines Strähns bestimmt werden, wozu die Meßhaspel dienen, so kann dies in der Weise ausgeführt werden, daß 1 m des betreffenden Garnes auf der Seidelschen Garnwage gewogen wird und das auf einer gewöhnlichen Wage bestimmte Totalgewicht des Strähns durch das Metergewicht dividiert wird. Der Quotient ist die Länge des Strähns. Auch bei Copsen kann dieses Verfahren angewendet werden, nur muß das Hülsengewicht von dem Copsgewicht abgezogen werden. Die Ungleichheit des Garnes beeinflußt bei diesen Messungen wesentlich die Ergebnisse.

Das Quadratmetergewicht eines Stoffes wird vermittels dieser Wage bestimmt, indem eine genau ausgestanzte Stofffläche von 1 qcm vermittels der Milligrammskala gewogen wird. Dieses Milligrammgewicht eines Quadratzentimeters Stoff,

---

[1]) Diese ist durch geeichte Gewichte auf ihre Richtigkeit zu prüfen.

Das Wägen von Garnen und Gespinsten. 151

mit 10 multipliziert, ergibt das Gewicht eines Quadratmeters in Gramm. Diese Bestimmung dürfte wegen der Ungleichheit der meisten Stoffe nicht sehr genau sein.

Mikrometrische Garnwage von Staub (s. Abb. 101). Die Wage ist eine Balkenwage mit ungleicharmigem Wagebalken. Am kürzeren Arme ist der Garnhaken angebracht, an welchem das zu prüfende Garn aufgehängt wird; am längeren Arm befindet sich ein verschiebbares Laufgewicht, welches über die ganze Skalentafel reicht, so daß die Feinheitsnummer in allen auf dieser Tafel befindlichen Numerierungsarten mit einem Male abgelesen werden kann, ohne die Skalentafel versetzen zu müssen. Durch den angebrachten Spiegel hat man ein genaues Visier zum Ablesen.

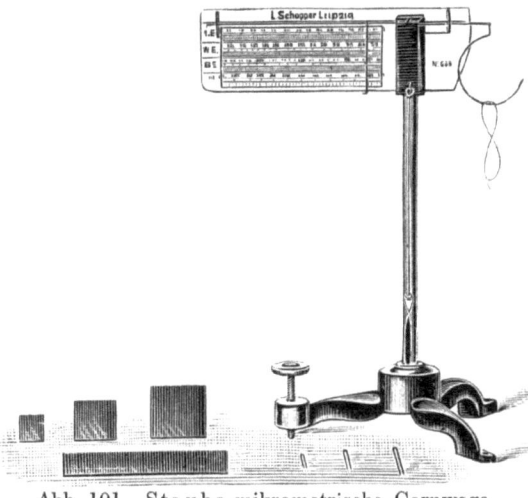

Abb. 101. Staubs mikrometrische Garnwage.

Am unteren Ende des Laufgewichtes werden die für das fünf oder zehnfache usw. Gewicht bestimmten Hilfsgewichte einfach aufgehängt.

Die Tafel enthält verschiedene Skalen: Für die englisch-deutsche und österreichische Leinen- und Jutegarntitrierung, die englische Kammgarntitrierung, die englisch-deutsche-österreichische Baumwollgarnnumerierung usw.

Hat man beispielsweise eine Fadenlänge von 120 m zu wägen, so stellt man zuerst auf der rechtsseitigen Skala den Garnhaken auf 120 ein; auf der linken Seite stellt man ebenfalls eines der beiden Laufgewichte auf 120 ein, während man das zweite so lange verschiebt, bis der Wagebalken in die Horizontale einspielt. Der Stand des zweiten Läufers zeigt dann die betreffende Nummer des Garnes in verschiedenen Systemen an.

Erwähnt seien ferner die Universalwage von Stübchen-Kirchner und die Reziprokwage nach Amsler-Laffon[1]).

Hervorgehoben sei schließlich Schoppers Präzisionszeigerwage, auf Schneide spielend (siehe Abb. 102), die mit und ohne Glaskasten geliefert wird und zur schnellen Bestimmung kleinster Gewichtsmengen bis auf $^1/_2$ mg geeignet ist. Der Gradbogen besitzt vier Einteilungen. Die Wage ist von außerordentlicher Empfindlichkeit.

Abb. 102. Schoppers Präzisionszeigerwage.

---

[1]) Brüggemann: „Die nötigen Eigenschaften der Garne und Gespinste." — Johannsen: Handbuch der Spinnerei.

Das Messen der Gewebe.

Messen der Gewebelänge. Die Feststellung der Gewebelänge kann entweder von Hand aus oder maschinell geschehen. Ersteres Verfahren ist das älteste und wird heute noch oft angetroffen, besonders bei der Fabrikation abgepaßter Erzeugnisse (Decken, Gardinen usw.) und im Einzelverkauf. Das Gewebe wird mit dem Maßstab meterweise abgemessen, wobei besonders auf gleichmäßiges Ausstrecken unter Vermeidung von Überstreckung und Faltenbildung zu achten ist. Bei größeren Längen ist dies Verfahren zeitraubend. Aus diesem Grunde bedient man sich vielfach maschineller Vorrichtungen.

Das sogenannte Rektometer oder der Zählplättchenmeßapparat ist besonders für leichte und mittelschwere Ware geeignet. Auf einer Grundplatte sind senkrecht zu derselben zwei Arme, von denen der rechte verschiebbar ist, angeordnet, ferner ist ein Metermaßstab angebracht. Auf jedem der beiden Arme ist eine Anzahl rechteckiger Metallplättchen, mit fortlaufenden Nummern und auswärts gerichteter Spitze versehen, aufgereiht. Der eine Arm trägt die geraden, der andere die ungeraden Nummern. Das Gewebe wird am Anfang bei Plättchen Nr. 0 am Stachel befestigt, dann nach Plättchen Nr. 1, 2 usw. geführt und so bis zum Ende hin und her geleitet. An der Zahl der behängten Plättchen wird dann die Zahl der vollen Längeneinheiten (z. B. vollen Meter) und am Maßstabe der Grundplatte diejenige der überschießenden Bruchteile (z. B. Zentimeter) abgelesen. Gleichzeitig kann die Ware „geschaut", d. i. auf Webarbeit und Qualität geprüft werden. Durch Umlegen des verschiebbaren Armes treten die Spitzen des betreffenden Armes heraus und das Gewebe kann leicht abgehoben werden.

In Fabrikbetrieben werden Meßräder verschiedener Konstruktionen verwendet. Diese Apparate werden mittels Gelenk über dem Schau-, Lege- oder Wickeltisch so angebracht, daß die Laufrädchen durch das Gewicht des Apparates auf dem darunter befindlichen Gewebe aufliegen. Je nach Art der zu messenden Stoffe sind die Laufrädchen gerifft oder mit Fischhaut oder Nadelspitzen versehen. Beim Fortbewegen des Gewebes werden die Laufräder in Bewegung gesetzt und letztere wird auf das Zählwerk übertragen. Das Spannen des Gewebes erfolgt durch vorgeordnete Führungswalzen oder Schienen. Nach ähnlichen Grundsätzen werden auch Meßapparate für besondere Warengattungen gebaut, so z. B. zum Messen von gewebten Schläuchen, Gurten, Bändern, Borten usw.

Messen der Gewebelängen von Hand. In Ermangelung von Meßapparaten kann auch zuverlässig aber zeitraubend von Hand aus gemessen werden. Die Ware wird zunächst einige Zeit in einem normalfeuchten Raume ausgelegt und dann ohne jede Spannung oder Führung glatt über einen (z. B. genau 5 m langen) Meßtisch von bestimmter Länge gezogen, so daß zunächst der Anfang des Stückes mit einem Ende des Tisches glatt abschneidet. Alsdann wird die Ware genau am Ende des Tisches mit einer Strichmarke versehen, wieder über den Tisch hinweg bis zur ersten Kante gezogen, am andern Ende des Tisches abermals eine Strichmarke aufgetragen usw. Der überschießende, einen Bruchteil der Tischlänge betragende Teil wird schließlich durch Auflegen eines Maßstabes unmittelbar gemessen. In gleicher Weise werden auch kleinere Abschnitte sowie die Breite der Gewebe durch Auflegen des Maßstabes gemessen. Bei Breitenmessungen bildet man das Mittel aus Messungen an verschiedenen Stellen.

Messen der Gewebedicken. Die Dicke der Gewebe kann man entweder mit dem bereits beschriebenen (S. 146) Schraubenmikrometer oder mit automatischen Dickenmessern ermitteln. Letztere sind wegen des stets gleichen Druckes vorzuziehen, weil sie gleichmäßiger anzeigen als die Schraubenmikrometer mit Gefühlsschraube.

Abb. 103 zeigt einen gut eingeführten Dickenmesser für Gewebe, Papier, Pappe, Gummi usw. Das zu messende Gewebe wird auf die Grundplatte gelegt und hierauf der Stempel eingeschaltet, der durch eine Feder elastisch niedergedrückt wird. Die Dicke wird unmittelbar auf dem Zifferblatt bis zu $1/100$ mm (ohne Nonius) oder bis zu $1/1000$ mm (mit Nonius) abgelesen.

Das Wägen der Gewebe.

Das Wägen der Gewebe erfolgt auf Wagen verschiedenster Konstruktion entweder im lufttrockenen Zustande nach dem Auslegen etwa bei 65% rel. Feuchtigkeit oder nach dem Trocknen (konditioniertes Gewicht). Aus dem ermittelten Gewicht einer bestimmten Länge läßt sich das Gewicht für die Längeneinheit, z. B. ein laufendes Meter, und aus dem Gewicht einer bestimmten Stofffläche das Gewicht

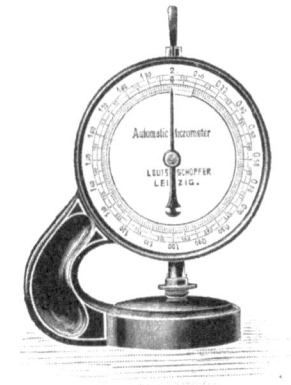

Abb. 103. Dickenmesser „Automatik" (Schopper).

der Flächeneinheit, also z. B. des Quadratmeters (Geviertmeters) berechnen. Das Metergewicht (in Grammen) wird durch Division des Gesamtgewichts, ausgedrückt in Grammen, durch die Meterzahl ermittelt, wenn die volle Breite vorliegt. Multipliziert man das Metergewicht mit der Breite, in Metern ausgedrückt, oder dividiert das Gesamtgewicht des Versuchsstückes durch die Gesamtfläche (in Quadratmetern), so erhält man das Quadratmetergewicht. Das Ergebnis wird bei den meisten Stoffen auf ganze, bei leichten Warengattungen (z. B. Nessel und Seidenstoffen) auf $1/10$ g abgerundet.

Durch das Abwägen kleiner, nach Schablonen geschnittener oder ausgestanzter Stücke von etwa 100 qcm auf der analytischen Wage oder der Quadrantenwage wird das Quadratmetergewicht in abgekürzter Weise schnell ermittelt. Auch sind besondere Wagen konstruiert worden, die durch Anhängen bestimmter, kleinerer Flächen unmittelbar das Quadratmetergewicht angeben oder in einfacher Weise berechnen lassen (s. z. B. Seidels Präzisionsgarnwage, S. 150).

Die Drehung der Garne und Zwirne (Drall, Draht).

Begriffsbestimmungen.

Jedes Garn (einfacher Faden) besteht aus einer Anzahl einzelner, verschieden langer Fasern. Bei der Verfertigung des Gespinstes werden zunächst die wirr durcheinander liegenden Fasern maschinell parallel geordnet. Ein solches Fasergebilde (Vließ, Lunte) würde aber nur sehr geringen Widerstand leisten und für Webereizwecke ungeeignet sein. Zur Erreichung größeren Widerstandes, also größerer Festigkeit, werden die Fasern aus ihrer geraden Lage in eine schraubenförmige übergeführt, sie werden mehr oder weniger umeinander „gedreht". Diesen Vorgang nennt man Spinnen und die Drehung selbst Drall, Draht oder Torsion. Man unterscheidet Hartdraht, wenn der Faden so scharf oder so hart gedreht ist, daß er sich beim Lockerwerden zusammenringelt (Drosselwater), und Weichdraht, wenn der Faden eine lose oder weiche Drehung hat. Im allgemeinen kann man sagen, daß ein Gespinst unter sonst gleichen Verhältnissen um so mehr Drehung erhält, je feiner er ist und je feiner, glatter und kürzer die Fasern sind.

Rechts- und Linksdraht. Im allgemeinen dreht man den Faden nach rechts und nennt diese Drehung Rechtsdraht. Im entgegengesetzten Falle hat man Linksdraht. So einfach diese Bezeichnungen sind, so herrscht doch in Fachkreisen vielfach Unklarheit darüber, welcher Drehung des Garnes die eine oder die andere Bezeichnung zuerkannt werden muß. In den Spinnereien, Webereien und Garnhandlungen wird die gebräuchliche Garndrehung, wie sie mit der Einführung des mechanischen Spinnens auf dem Kontinent, von England herkommend, übernommen wurde und noch heute in weitaus überwiegender Menge zur Anwendung kommt, als Rechtsdraht bezeichnet. Diese Drehungsrichtung war auch von Natur aus für die Baumwolle gegeben, da die Baumwolle eine spiralartige Kräuselung besitzt, deren Windungen mit der üblichen Drehungsrichtung der Garne übereinstimmen. Erst später ist für bestimmte Ansprüche auch noch Linksdraht eingeführt worden, bei dem die natürliche Faserwindung zwangsweise eine Rückwärtsdrehung erhält, die diesem Gespinst ein rauheres, mehr schnurartiges Aussehen gibt.

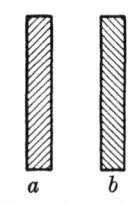

Abb. 104. Rechts- und Linksdraht.

Abb. 104 zeigt Rechts- bzw. Linksdraht. Bei a (Rechtsdraht) laufen die Windungen der dem Beobachter zugewandten Seite des senkrecht gehaltenen Gespinstes von links unten nach rechts oben, also wie beim Korkenzieher und der rechtsläufigen normalen Schraube; bei b (Linksdraht) umgekehrt von rechts unten nach links oben. Dieselbe Bezeichnung gilt auch für die Zwirndrehung. Rechtsdrähtige Garne werden aber naturgemäß linksdrähtig, linksdrähtige Garne rechtsdrähtig verzwirnt. Zu bemerken ist, daß (bei wenigen Spinnereien) in der Botanik die umgekehrte Bezeichnung gilt. Botanisch wird unter einer rechtsläufigen Streifung eine solche verstanden, die auf der zugewandten Seite des aufrecht stehenden Objektes von rechts unten nach links oben verläuft, also umgekehrt wie bei der rechtsläufigen Schraube in der Technik und bei Garnen und Zwirnen (s. a. Unterscheidung von Flachs und Hanf S. 26).

Grad der Drehung. Den Grad der Drehung drückt man durch die Zahl der Windungen aus, welche der Faden in der Längeneinheit aufweist, und zwar wird sie in der Technik und im Handel bei Baumwollgarnen meist nach englischem Gebrauch auf die Längeneinheit pro Zoll engl. = 25,4 mm, in Untersuchungsämtern meist für alle Garne nach dem metrischen System auf 10 ccm angegeben.

Die Drahtzahl oder der Steigungswinkel der Garndrehung richtet sich nach der Garnnummer und der Bestimmung des Garnes. Die Anzahl Drehungen pro 1 Zoll engl. für Garn Nr. 1 heißt die **Drehungskonstante** oder der **Drehungskoeffizient** und liegt bei Baumwolle im allgemeinen zwischen 2 und 4 (bei Bastfasern meist zwischen 1,5 und 2,8, je nach Material, Faserlänge und Verwendungszweck). Die Drehung T berechnet sich bei der englischen Nummer N aus dem Drehungskoeffizienten a pro Zoll engl. nach der Köchlinschen Formel: $T = a\sqrt{N}$ oder auf 1 cm: $T = \dfrac{a}{25,4}\sqrt{N}$, bzw. auf 1 m: $T = \dfrac{a \cdot 100}{25,4}\sqrt{N}$.

Je nach der Bestimmung des Feingespinstes unterscheidet man nach Johannsen in der Baumwollspinnerei allgemein folgende Garne und Drehungskoeffizienten a für 1 Zoll engl. und die englische Baumwollnummer:

1. Ketten- oder Zettelgarne hart gesponnen (Watertwist) von Nr. 6—50 . . . . $a = 4$
2. Ketten- oder Zettelgarne (Muletwist) für alle Nummern . $a = 3,75$
3. Schuß- oder Einschlaggarne (Wefttwist) für alle Nummern $a = 3,25$
4. Strumpf- und Trikotgarne (bis Nr. 100). . . . . $a = 2,5$
5. Docht- und weiche Abfallgarne, äußerst weich gesponnen $a = 2$
6. Garne für Strickerei und Zwirnerei . . . . $a = 2,75$

Diese Werte für a deuten auch an, in welchem Verhältnis die **Güte der Festigkeit** (soweit sie vom Draht abhängig ist) bei verschiedenen Gespinsten steht. Man bezeichnet deshalb den Drehungskoeffizienten a auch als „Güteverhältnis" (Johannsen).

Bei **verschiedenen Nummern** verhalten sich die Drehungen zweier Garne wie die Quadratwurzeln ihrer Nummern. Hat z. B. Garn Nr. 36 auf 1 Zoll engl. 24 Drehungen, so sind für Garn 100 (bei sonst gleichen Verhältnissen) etwa 40 Drehungen anzunehmen: $24 : x = \sqrt{36} : \sqrt{100}$; $x = 40$.

Je kleiner der **Steigungswinkel** der Garndrehung, je stärker also die Drehung ist, desto größer wird bis zu einem bestimmten Grenzpunkt die **Fadenfestigkeit** sein. (Der Reibungswiderstand steht zum Steigungswinkel im umgekehrten Verhältnis.) Der „kritische Drehungsgrad", d. h. derjenige Draht, bei dem die Festigkeit wieder abzunehmen beginnt, ist von E. Müller für Baumwolle in metrischer Nummer berechnet worden zu: $T = 183\sqrt{Nm}$ (pro Meter) oder auf die englische Nummer und den englischen Zoll berechnet rund: $T = 6\sqrt{Ne}$ (pro Zoll engl.). Dieser Drehung entspricht ein Fasersteigungswinkel von 57—58°.

Bedeutung der Drehung. Unter allen Eigenschaften der Gespinste spielt die Drehung oder Torsion (außer den natürlichen Fasereigenschaften selbst) die allergrößte Rolle[1]. Sie ist mitbestimmend für: Feinheit, Dehnbarkeit, Gleichmäßigkeit, spezifisches Gewicht des Gespinstes, Elastizität, Weichheit, Biegsamkeit, Geschmeidigkeit und Zähigkeit. Die Festigkeit wächst bei allen Materialien mit der Drehung bis zu einem bestimmten Punkt (s. o.); die Dehnbarkeit nimmt mit der Garndrehung ab; die Feinheit (im Sinne der Garndicke oder des Garndurchmessers) wächst mit der Drehung. Damit im Zusammen-

---
[1] S. a. Marschik: Die Torsion der Garne und Zwirne. Leipz. Monatschr. f. Textilind. 1910. S. 275.

hang wächst auch das spezifische Gewicht des Garnes. Die Gleichmäßigkeit ist zwar von der Drehung unabhängig; die Untersuchungen ergeben aber, daß stärker gedrehte Garne, namentlich von feinerer Feinheitsnummer, auch gleichmäßiger sind. Auch die Elastizität ist an und für sich von der Drehung unabhängig und wird von der Elastizität des Fasermaterials bestimmt, allein die natürliche Elastizität kommt, sowie die natürliche Festigkeit der Faser, nur bei stärkerem Drehungsgrade zur Geltung, so daß bei weich gesponnenen Garnen die Elastizität sehr gering ist, da bei der Zugbeanspruchung die Fasern aneinander gleiten und sonach eine dauernde Längenveränderung erfahren. Anderseits ist die Weichheit unbestritten von der Garndrehung abhängig, was schon aus der Bezeichnung „hart" und „weich" gedrehtes Garn, für stark und schwach gedrehtes Garn, hervorgeht. Mit der Weichheit in unmittelbarem Zusammenhang steht aber die Biegsamkeit, welche sonach ebenfalls von der Drehung abhängig ist. Bezüglich der Zähigkeit des Fasermaterials gilt das über Elastizität Gesagte, indem auch hier die natürliche Zähigkeit des Fasermaterials erst bei einem gewissen Drehungsgrade zur Wirkung kommt. Die Drehung verleiht also den Gespinsten die notwendigen Eigenschaften und hebt die natürlichen Eigenschaften der Fasermaterialien hervor.

Bestimmung der Drehung von Garnen und Zwirnen.

I. Drehungsprüfer. Zur Bestimmung des Drehungsgrades von Garnen und Zwirnen dienen im allgemeinen die Drehungsprüfer, Drallapparate oder Torsiometer.

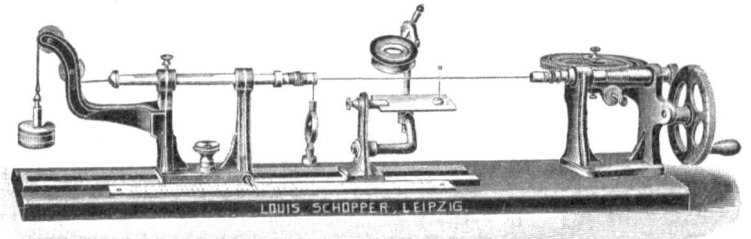

Abb. 105. Drehungsprüfer mit Dehnungsmesser und konstanter Fadenspannung (Schopper).

Abb. 105 zeigt einen Drallapparat mit Dehnungsmesser und konstanter Fadenspannung. Die rechte Einspannklemme wird durch ein Zahnradgetriebe gedreht, wobei die Anzahl der Umdrehungen (Touren) durch ein ausrückbares Zählwerk angezeigt wird. Die linke, nicht drehbare Einspannklemme ist auf einem Schlitten angebracht und kann von der rechten festen Klemme 0—30 cm entfernt eingestellt werden. Der Apparat ist ferner mit Einspanngewicht, verschiebbarem Böckchen mit Lupe, drehbarer schwarz-weißer Fixierplatte und Nadel ausgestattet. Die Dehnungsskala ist in Millimeter und Zoll engl. geteilt.

Bezüglich der zu wählenden Einspannlänge (Klemmenentfernung) bestehen zur Zeit keine einheitlichen Grundsätze; man wird aber zweckmäßig immer die größtmögliche Länge wählen, bei welcher es bei dem gegebenen Fasermaterial noch möglich ist, den Faden mit Sicherheit aufzudrehen. Ein feines Gespinst aus kurzen Fasern (etwa Baumwollwater) wird z. B. bereits bei 5 cm Einspannlänge Mühe beim Aufdrehen bereiten, während sich ein hartes Kammgarn selbst bei 30 cm Länge noch leicht aufdrehen läßt. In Zweifelsfällen sind deshalb Vorversuche auszuführen.

Bei der Drallbestimmung stellt man zunächst das Zählwerk auf Null ein, befestigt dann den Faden in der rechten Klemme und legt das andere Ende lose in die linke offene Klemme ein. Um die Fäden bei verschiedenen Gespinstnummern und Einzelversuchen unter stets gleichmäßigen Grundsätzen zu spannen, belastet man das aus der linken Klemme heraushängende Fadenende mit einem Gewicht, welches dem bei 65% rel. Feuchtigkeit ermittelten Eigengewicht von 100 m Garn entspricht (s. a. Anfangsbelastung bei Zerreißversuchen S. 194). Jetzt erst schließt man auch die linke Klemme und dreht die Kurbel so lange, bis die Fasern annähernd parallel liegen, sticht dann mit einer Nadel unmittelbar an der linken Klemme in das Gespinst ein und sucht es, nach rechtshin fahrend, wenn nötig unter Fortsetzung des Aufdrehens, aufzuteilen. Hierbei bedient man sich der dem Apparat beigegebenen Lupe und der schwarzweißen Fixierplatte, die beide nach Bedarf verschoben werden. Ist man auf solche Weise mit der Nadel an der rechten Klemme angelangt und ist der Faden in seiner ganzen Länge aufgedreht, so liest man am Zeiger die Anzahl Drehungen unmittelbar ab.

In der Regel werden 10—20 Einzelversuche ausgeführt, aus deren Ergebnissen das Mittel gebildet und die Drehungszahl auf 1 m oder 10 cm Fadenlänge berechnet wird. Die für die Einzelversuche nötigen Fadenstücke werden dem Versuchsstück aneinanderschließend entnommen.

Zwirnung.

Durch abermaliges Zusammendrehen von zwei oder mehreren einfachen (gedrehten) Fäden oder Garnen entsteht ein Zwirn. Durch solches Zusammenzwirnen einer Anzahl feiner Fäden zu einem starken Zwirn wird ein wesentlich gleichmäßigerer und festerer Faden erreicht, als durch direktes Ausspinnen der betreffenden Nummer möglich ist. Gewöhnlich werden zwei bis drei, selten mehr, zuweilen bis 16 einfache Fäden zusammengezwirnt. Die Herstellung der vielfachen Zwirne erfolgt in der Weise, daß man erst zwei bis vier einfache Fäden zusammenzwirnt und dann die so erhaltenen Zwirnfäden wiederum durch Drehung miteinander vereinigt usw. Solche Zwirne nennt man Cordonnet, Kordel oder Litze. Zuweilen nennt man die Zwirne dennoch Garne, z. B. Strickgarn, d. i. ein zwei- oder mehrfacher Kammwollzwirn — oder Eisengarn, d. i. ein besonders appretierter Baumwollzwirn. Anderseits werden wieder die jaspierten Garne oft als Zwirne angesprochen; mit Unrecht, weil bei einem Zwirn schon die Einzelfäden gedreht sein müssen, während bei jaspierten Garnen meist nur verschiedenfarbige Verzüge oder Kammzüge (also noch ungedrehte Faserkomplexe) zusammengelegt und dann erst gedreht werden. Dies ist besonders bei der Zollabfertigung zu beachten.

Damit der Zwirn seine Drehung nicht verliert, muß der Zwirndraht entgegengesetzt zum Spinndraht und der Draht des Kordels wieder entgegengesetzt zum Zwirndraht verlaufen.

Als zwei-, drei-, vier- oder mehrdrähtiges Garn aus Wolle oder anderen Tierhaaren oder aus anderen pflanzlichen Spinnstoffen als Baumwolle wird nach dem Deutschen Zolltarif[1]) solches Garn angesehen, welches aus zwei, drei, vier oder mehr selbständig gesponnenen Fäden (auch Vorgespinstfäden) besteht, die durch besondere einfache oder mehrfache Drehung zu einem Faden vereinigt (zusammengezwirnt) sind.

Einmal gezwirntes zwei- oder mehrdrähtiges Baumwollgarn besteht aus zwei, drei, vier oder mehr durch einmaliges Zwirnen zu einem Zwirnfaden zusammengedrehten Fäden eindrähtigen Garnes. Durch Zusammendrehen von zwei

---

[1]) Warenverzeichnis zum Deutschen Zolltarif, S. 222, Anm. 1 der allgemeinen Anmerkungen zu 2—4.

oder mehr Fäden einmal gezwirnten zwei- oder mehrdrähtigen Garnes entsteht **wiederholt gezwirntes zwei- oder mehrdrähtiges Baumwollgarn**. Durch Aufdrehen von wiederholt gezwirntem Garn erhält man daher zunächst Zwirnfäden, welche sich sodann in zwei oder mehr einfache Fäden auflösen lassen.

Einmal gezwirntes zwei- oder mehrdrähtiges Baumwollgarn, das mit einem Faden eindrähtigen Garnes zusammengedreht ist, wird wie wiederholt gezwirntes zwei- oder mehrdrähtiges Garn verzollt. Als wiederholt gezwirntes Garn ist auch solches Baumwollgarn zu verzollen, das mehr als zweimal gezwirnt ist.

Das Verfahren zur Bestimmung der Anzahl der Zwirndrehungen ist im wesentlichen das gleiche wie beim Spinndraht; nur wird beim Zwirndraht noch die Einzwirnung bzw. der Längenrückgang gegenüber der ursprünglichen Länge der Einzelfäden ermittelt. Hat man den Zwirn vollständig aufgedreht, so lockert man die Schraube der linken Klemme des Drallprüfers und bewegt die Klemme so weit zurück, bis die eingespannten Fäden unter dem Einfluß der Gewichtsbelastung straff zu liegen kommen. Am Schafte der linken Klemme ist eine Skala angebracht, welche die Verlängerung der Fäden in Millimetern und in Zoll engl. angibt.

Ist bei einem Zwirn der Grad des Zwirn- und derjenige des Spinndrahtes gleichzeitig zu ermitteln, so wählt man eine Einspannlänge, bei der sich auch der einfache Faden noch mit Sicherheit aufdrehen läßt. Alsdann spannt man den Zwirnfaden in der geschilderten Weise ein, ermittelt seine Drehungszahl und Einzwirnung und notiert diese. Nun stellt man das Zählwerk auf Null zurück, arretiert die linke Klemme wieder, um den Einzelfaden beim Aufdrehen nicht auseinander zu ziehen, und schneidet die einfachen Fäden bis auf **einen** dicht an den beiden Klemmen ab. An diesem verbleibenden Einzelfaden wird nun die Drehungszahl des einfachen Fadens in der üblichen Weise festgestellt. Aus den Ergebnissen von 10—20 Versuchen wird wiederum das Mittel gebildet.

Die Bezeichnung der Zwirne geschieht in verschiedener Weise. Die meist gebrauchte Bezeichnungsweise ist die, daß

1. der Zwirn mit der Nummer des einfachen Garnes und der Anzahl der Drähte, aus denen der Zwirn besteht, bezeichnet wird. Z. B. $60/2$ oder $2/60$ (sprich: sechziger zweifach) bedeutet, daß 2 einfache Fäden der Nummer 60 zusammengezwirnt sind.

2. Seltener wird der Zwirn mit der Nummer des Zwirnes und der Nummer des einfachen Garnes bezeichnet. Z. B. $30/60$ bedeutet, daß einfache Fäden der Nummer 60 einen Zwirn der Nummer 30 bilden. Die Zahl der Einzelfäden ergibt sich aus dem Verhältnis $60/30$.

3. Bisweilen wird der Zwirn auch mit der Zwirnnummer bezeichnet. Die Nummern der Einzelfäden ergeben sich hierbei durch Multiplikation der Zahl der Einzeldrähte mit der Zwirnnummer.

Geschleifte Garne.

Der Deutsche Zolltarif[1]) unterscheidet gezwirnte und **geschleifte** Garne. Bei geschleiften Garnen findet das Zusammenlegen von zwei oder mehr Einzelfäden bei so schwacher Drehung statt, daß auf 1 m **nicht mehr als 20 Drehungen** kommen; solche Garne werden **nicht** als gezwirnte behandelt. Demnach ist nach dem Zolltarif Garn aus Wolle oder anderen Tierhaaren und Garn aus anderen pflanzlichen Spinnstoffen als Baumwolle, bei dem zwei oder mehr Fäden ein-, zwei- oder mehrdrähtigen Garnes durch Schleifung zusammengelegt sind, als ein-, zwei- oder mehrdrähtiges Garn, und Baumwollgarn, bei dem zwei oder mehr

---

[1]) Warenverzeichnis zum Deutschen Zolltarif S. 222. Allgemeine Anmerkungen zu 2—4, Anm. 2.

Fäden eindrähtigen Garnes oder einmal gezwirnten Garnes durch Schleifung zusammengelegt sind, als eindrähtiges oder einmal gezwirntes Garn anzusehen.

Zur Ermittelung der Drehungszahl eines solchen lose gedrehten Garnes benutzt man den gleichen Drehungszähler, wie ihn Abb. 105 zeigt.

In der Regel wird aus zehn Einzelversuchen das Mittel gebildet; ergibt dieses einen an 20 sehr nahe herankommenden Wert, so werden weitere zehn Versuche ausgeführt und es wird das Mittel aus sämtlichen 20 Einzelversuchen berechnet. Da erfahrungsgemäß oft Drehungsanhäufungen und in der Nähe derselben wiederum loser gedrehte Stellen im Garn vorkommen, so sind zweckmäßig mindestens je fünf Versuche an einem fortlaufenden Fadenstück anzustellen, d. h. die Drehungszahl ist an etwa 5, besser noch an 2×5 oder 4×5 laufenden Metern in 5—20 Einzelversuchen zu ermitteln.

In Ermangelung besonderer Apparate stellt man die Zwirndrehung in folgender einfacher Weise angenähert fest. Zwirne mit glatter Oberfläche z. B. Perlzwirne, mercerisierte, gasierte u. ä. Zwirne legt man glatt auf einen Maßstab, belastet sie an beiden Enden mit einem Gewicht und zählt unter der Lupe unter Zuhilfenahme einer Nadel die Anzahl der Schraubenwindungen. Bei geschleiften Garnen grenzt man sich in obiger Weise erst die Länge von 1 m ab, drängt dann mit der Nadel die Drehungen von einem Endpunkt her zum andern auf einen möglichst kleinen Raum zusammen und zählt dann unmittelbar die Windungen.

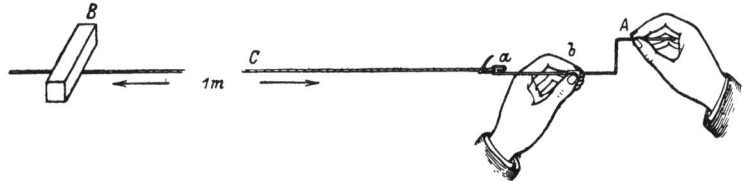

Abb. 106. Zolltechnische Prüfung auf Zwirnung.

Ferner kann man sich noch behelfen, indem man einen 1 m langen Faden an einem Ende befestigt (z. B. an einer Haarnadel), am anderen mit einem Gewicht beschwert und dann unter Aufdrehung des Fadens die Drehungen zählt. Jede Umdrehung entspricht einer Zwirndrehung.

Nach der Anleitung für die Zollabfertigung läßt sich bei Garnen die Zahl der Drehungen durch folgende Vorrichtung ermitteln (Abb. 106).

Aus einem Stückchen Draht oder einer Haarnadel fertigt man eine Kurbel A, deren ein Ende durch Umbiegen des Drahtes mit einer kleinen Öse versehen wird (a). In letztere wird ein Faden des zu untersuchenden Garnes (C) mit einem Ende eingeknotet und alsdann auf 1 m Länge auf der Kante eines Ziegelsteines (B) oder einer sonstigen brauchbaren Unterlage durch eine starke Auflage (Gewicht, Stein oder dergleichen) festgehalten. Das die Achse bildende Ende b der Drehkurbel A brenne man vor dem Anbiegen der Öse a in einen Kork ein und gebe so durch Halten des Korks mit der fest aufgestützten linken Hand der ganzen Drehvorrichtung eine sichere Führung. Nunmehr beginnt das Aufdrehen des Fadens mittels der Kurbel, welche an dem mit der Öse versehenen, die Achse bildenden Ende mit der linken Hand gehalten wird (b). Jede Kurbelumdrehung ist gleich einer Garndrehung. Die Aufdrehung wird so lange fortgesetzt, bis keine Garndrehung mehr wahrnehmbar ist.

II. **Torsionsverfahren von Marschik.** Nach Marschik[1]) läßt sich die Drehungszahl einfacher Garne in der Weise bestimmen, daß man das Garn nach beiden Richtungen bis zum eintretenden Bruch dreht und aus den so ermittelten Drehzahlen die gesuchte Drehung ermittelt. Man dreht das Garn zuerst im entgegengesetzten Sinne der Garndrehung

---

[1]) Leipz. Monatschr. f. Textilind. 1910. S. 332. Zeitschr. f. d. ges. Textilind. 1911. S. 62.

(Rückdrehung) bis zum eintretenden Bruch (= N_r) und alsdann eine neue Probe des Garnes im Sinne der Garndrehung (Vorwärtsdrehung) gleichfalls bis zum eintretenden Bruch (= N_f). Die gesuchte Drehung des einfachen Garnes ist alsdann: $N_o = 1/2\,(N_r - N_f)$. Beispiel: Im Mittel aus zehn Versuchen betrug bei einem Fadenstück von 25 cm die Drehungszahl bis zum Bruch im entgegengesetzten Sinne (Rückdrehung) = 476,3; diejenige im Sinne der Garndrehung (Vorwärtsdrehung) = 244,5. Die Drehung des zu prüfenden Garnes beträgt alsdann: $1/2\,(476,3 - 244,5)$ = 115,9 pro 25 cm = 463,6 Drehungen oder Touren pro Meter. Nach Pinagel[1]) ist das Verfahren nur bei ausreichenden Längen, am besten von 1 m, einwandfrei.

Die Vorteile dieses Torsionsverfahrens bestehen nach Marschik darin, daß 1. bei dem üblichen Drallprüfer sich einfache Garne vor dem völligen Aufdrehen vielfach zerziehen (auch unter ganz kleiner Belastung von etwa 2 g) und ein ganz unsicheres Ergebnis liefern; 2. die völlige Aufdrehung bei dem Drallprüfer schwer zu erkennen ist. Die Methode ist also bis zu einem gewissen Grade eine subjektive, und verschiedene Beobachter gelangen deshalb vielfach zu verschiedenen Ergebnissen; 3. können mit dem Drehungsprüfer leicht Brüche eintreten, während andere Stellen noch deutlich sichtbare Drehung zeigen. 4. Demgegenüber ist das Torsionsverfahren ein rein objektives und in seinen Ergebnissen sehr zuverlässig.

Torsionsfestigkeit, Bruchdrehung.

Nach Marschik[2]) ist es nicht immer ausreichend, die Qualität der Gespinste durch die Zugfestigkeit zu kennzeichnen; er unterwirft deshalb Garne und Zwirne noch einer weiteren Prüfung, der Torsionsprobe und ermittelt auf solche Weise die Torsionsfestigkeit, indem er das Material bei bestimmter, konstanter Einspannlänge im Sinne der ursprünglichen Drehungsrichtung so lange weiter dreht, bis Bruch erfolgt. Bezeichnet man die im Garn oder Zwirn im Anfangszustande vorhandene Drehung als Anfangsdrehung (Spinndrehung und evtl. Zwirndrehung), so bedeutet die bis zum Bruch hinzukommende Drehung „Torsionsfestigkeit". Beim Bruch besitzt der Faden also eine Gesamtdrehung, welche gleich ist der Anfangsdrehung plus zusätzliche Drehung. Diese Gesamtdrehung bezeichnet Marschik als „Bruchdrehung".

Wenn N_o = Anfangsdrehung (Anzahl Windungen pro 100 mm),
N_f = Torsionsfestigkeit (zusätzliche Drehung pro 100 mm),
N = Bruchdrehung (Anfangsdrehung + Torsionsfestigkeit),
so $N = N_o + N_f$.

Die Torsionsfestigkeit wird (bei sonst gleichen Bedingungen) um so größer sein, je geringer die Anfangsdrehung ist, während die Zugfestigkeit in diesem Falle geringer sein wird. Ferner wird die Torsionsfestigkeit (bei sonst gleichen Bedingungen) um so größer sein, je größer die Faserfestigkeit ist; während die Zugfestigkeit nicht immer mit der Faserfestigkeit wachsen muß, sondern bei nicht

---
[1]) Zeitschr. f. d. ges. Textilind. 1912. S. 583.
[2]) Leipz. Monatschr. f. Textilind. 1910. S. 275 ff. und Marschik: Physikalisch-technische Untersuchungen von Gespinsten und Geweben.

zu großer Drehung für kräftiges und schwaches Material gleich sein kann. Marschik hat gefunden, daß die Torsionsfestigkeit wesentlich vom Garndurchmesser bzw. der Garnnummer abhängt, ferner, daß Garne aus langfaserigem Material eine geringere Torsionsfestigkeit aufweisen als aus kürzeren Fasern, weil die ersteren bei gleicher Drehung einen größeren Gleitungswiderstand haben, daher der Verkürzung einen größeren Widerstand entgegensetzen und somit früher zum Bruch kommen. Langfaserige Materialien müssen deshalb bei der Torsionsprobe länger eingespannt werden, weil sonst das Gleiten der Fasern verhindert wird. Ist die Einspannlänge größer als die Faserlänge, so gestattet die Prüfung des Gespinstes ein Urteil über Herstellung sowie über Material des Gespinstes; wählt man die Einspannlänge kleiner als die Faserlänge, so kann nur ein Schluß auf das Material gezogen werden. Hieraus geht hervor, daß die gesamte Bruchdrehung aus drei Werten zusammengesetzt ist, 1. der Anfangsdrehung, 2. der Gleitungsdrehung (während welcher die Faser noch gleiten kann) und 3. der Spannungsdrehung (bei welcher die Fasern bloß angespannt werden). Die Summe der beiden ersten gestattet einen Schluß auf die Oberflächenbeschaffenheit (Rauhigkeit) des Materials, die erstere einen auch die Herstellung des Gespinstes und die dritte auf die Festigkeit des Fasermaterials. Nach Marschik eignet sich die Zugprobe für die Beurteilung der Materialfestigkeit weniger (selbst wenn die Einspannlänge kleiner als die Faserlänge ist) als die Torsionsprobe, weil bei ersterer die gleichzeitige Beanspruchung aller Fasern nicht so gut erreicht werden kann wie bei der Torsionsprobe, bei welcher infolge des kräftigen Umschlusses ein Gleiten der Fasern verhindert wird. Durch direkte Torsionsproben konnte Marschik folgende Werte ermitteln:

Torsionsfestigkeit von Baumwollgarnen.

Nummer	2,8	8	10	14	18	20	24	30	42	50	60
Torsionsfestigkeit	48,1	52,0	56,1	54,8	65,5	66,0	73,8	75,9	111,3	130	125,9

Torsionsfestigkeit von Flachsgarnen.

Nummer	14	28	40	60	80	100
Torsionsfestigkeit	13,0	17,5	19,8	22,2	35,3	33,4

Torsionsverhältnis. Einen brauchbaren Wert für die Beurteilung der Qualität von Gespinsten ergibt nach Marschik besonders das „Torsionsverhältnis", d. i. das Verhältnis zwischen Anfangsdrehung und Bruchdrehung in Prozenten:

$$\text{Torsionsverhältnis} = \frac{\text{Anfangsdrehung}}{\text{Bruchdrehung}} \times 100.$$

Die Zusammenstellung der Torsionsverhältnisse für Baumwollgarne zu einem Diagramm ergibt eine eigenartige Kurve, welche von Nr. 2,8 bis 20 aufsteigt und für die feinen Nummern langsam abfällt. Diese Kurve zeigt, daß das Torsionsverhältnis allein kein absolutes Maß für die Qualität des Garnes und Rohmaterials liefert. Dagegen liefert das Torsionsverhältnis in Gemeinschaft mit der Reißlänge ein hinreichendes Maß für die Charakterisierung der Eigenschaften eines Garnes. Die Beobachtungen Marschiks lassen sich zu folgenden Sätzen zusammenfassen:

1. Von zwei Garnen der gleichen Feinheitsnummer, welche die gleiche Reißlänge, aber verschiedene Torsionsverhältnisse aufweisen, stellt das weicher gedrehte, d. i. das Garn von kleinerem Torsionsverhältnis, eine bessere Qualität dar.

2. Von zwei Garnen der gleichen Feinheitsnummer, welche ein gleiches Torsionsverhältnis, aber verschiedene Reißlängen aufweisen, stellt das Garn von größerer Reißlänge eine bessere Qualität dar.

Das Torsionsverhältnis kann auch über **Weichheit** und **Biegsamkeit** des Garnes Aufschluß geben. Marschik definiert diese Begriffe wie folgt: „Weichheit" ist der Widerstand eines Materials gegen äußeren Druck. „Biegsamkeit" ist der Widerstand gegen die Ablenkung aus der geraden Lage. Die Weichheit steht mit der Garndicke in geradem, mit der Drehung in umgekehrtem Verhältnis. Die Biegsamkeit nimmt bei fortgesetzter Drehung ab, bis das Gleiten bei Erreichung der Gleitungsdrehung eine Grenze findet, so daß das Verhältnis der Anfangsdrehung zu derjenigen Drehung, die die Gleitungsgrenze bedeutet, auch zugleich ein Maß für die Biegsamkeit des Gespinstes darbietet.

Krais[1]) bestimmt ähnlich die „Drehfestigkeit", indem er Einzelfasern von Wolle, Seide, Kunstseide und Baumwolle von 1 cm Länge mit 0,5—5 g belastet und nun an einem Ende festhält und am andern dreht. Diese Werte entsprechen der Marschikschen Bruchdrehung von Garnen. Bei vier Wollfasern aus Wollkammzügen fand Krais (bei einer Gegenbelastung von 2—5 g) folgende mittlere Drehfestigkeiten (Anzahl von Drehungen bis zum erfolgenden Bruch): 116; 107; $107\frac{1}{2}$; 107,7. Nach Krais läßt sich die Drehfestigkeit vielleicht dazu benutzen, bei Kunstwollen Faserverletzungen nachzuweisen.

Festigkeit und Dehnung.

Allgemeine Begriffsbestimmungen und Ableitungen.

Unter „**Festigkeit**" eines Materials versteht man den Widerstand, der sich der Trennung der einzelnen Teile des Versuchskörpers entgegensetzt. Je nach Art dieses Trennungsvorganges unterscheidet man u. a.: **Zug- oder Zerreißfestigkeit, Druck- oder Quetschfestigkeit, Biege-, Falz- oder Knitterungsfestigkeit, Drehungs- oder Torsionsfestigkeit, Zerplatz- oder Berstfestigkeit, Haftfestigkeit, Einreißfestigkeit, Knickfestigkeit, Schubfestigkeit** usw.

Bei Textilrohstoffen und -erzeugnissen kommt von verschiedenen Arten der Festigkeit vor allem der Zug- oder Zerreißfestigkeit die größte Bedeutung zu. Wird also in der Textilprüfung schlechtweg von „Festigkeit" gesprochen, so ist damit, wenn nichts anderes dem Zusammenhange nach verstanden werden muß, immer die Zugfestigkeit gemeint.

Im besonderen unterscheidet man bei der Zugfestigkeit von Textilstoffen noch die **Stoff-** oder, besser, die **Materialfestigkeit**[2]) von der Festigkeit der Gespinste, Gewebe usw., d. h. der Festigkeit der Textilerzeugnisse. Letztere ist die sich aus der unmittelbaren Prüfung der Gespinste, Gewebe usw. ergebende, praktisch ermittelte Festigkeit; die Stoff- oder Materialfestigkeit ist die aus der Festigkeit der Einzelelemente errechnete Festigkeit, bei Gespinsten also die Summe der Festigkeiten der Einzelfasern, bei Geweben, Seilen u. ä. die Summe der Festigkeit der Einzelfäden (Garne oder Zwirne). Diese Materialfestigkeit ist fast immer erheblich höher als die Garn- oder Gewebefestigkeit, weil bei der Zugbeanspruchung des zusammengesetzten Körpers niemals alle Einzelelemente gleichmäßig in Anspruch genommen werden können. Wegen der besonderen Anordnung der Fasern kommt ein Teil der Fasern nicht zum Bruch (das „Schlüpfen" oder „Auseinanderschleichen" der Fasern), was man an den Bruchstellen an der Anzahl der ungebrochenen

---

[1]) Textile Forschung 1921. S. 86; 1922. S. 4.
[2]) S. a. „Substanzfestigkeit" weiter unten.

Faserenden erkennen kann. Feste Beziehungen zwischen der Material- und Warenfestigkeit bestehen nicht und können auch wegen der Verschiedenheit der Rohmaterialien und Verarbeitungsarten nicht bestehen. Bei den besten Baumwollgarnen rechnet man z. B. nur mit einer etwa 44%, im allgemeinen bei Baumwollgarnen nur mit einer etwa 20—25% von der Materialfestigkeit betragenden Garnfestigkeit[1]). Nach Taggart[2]) sollte es bei sorgfältiger Beobachtung des Spinnprozesses möglich sein, den Verlust unter 35% zu bringen, was aber praktisch nicht durchführbar ist. In besonderen Fällen wird es von Interesse sein, im Vergleich zur Warenfestigkeit auch die Materialfestigkeit, oder auch nur diese allein zu ermitteln; in der Regel begnügt man sich damit, die Festigkeit in dem Zustande zu bestimmen, in dem die Materialien jeweils beansprucht werden (also bei Garnen im Garnzustand, bei Geweben im Gewebezustand); es dürfte sogar in der Regel technologisch falsch sein, ein Gewebe nach der Festigkeit der Garne, ein Garn nach der Festigkeit der Einzelfasern zu beurteilen.

Festigkeit (Reiß-, Zerreiß-, Zug-, Bruchfestigkeit, Bruchlast, Bruchbelastung, Reißbelastung).

Als Maß der Festigkeit, im Sinne der Zugfestigkeit, gilt die in Gewichtsteilen ausgedrückte Zugbeanspruchung, unter deren Einwirkung ein Körper zerreißt oder bricht. Im Grundsatz erfolgt die Feststellung der Festigkeit derart, daß das Versuchsmaterial an einem Ende in geeigneter Weise durch Festklemmen oder Festbinden gehalten und am andern Ende so lange durch Gewicht (oder Federzug) belastet wird, bis der Bruch erfolgt. Hängt man beispielsweise an das untere Ende eines 500 mm langen frei aufgehängten Fadens einen kleinen Eimer und gießt Wasser in diesen bis der Faden reißt, so beträgt die Festigkeit = Eimergewicht + Wassergewicht. Ist dann beispielsweise das Gewicht des kleinen Eimers = 50 g und die bis zum erfolgten Bruch zugesetzte Wassermenge = 183 ccm oder 183 g, so beträgt die Zerreißfestigkeit = 50 + 183 = 233 g. Diese absolute Festigkeit wird also in Grammen oder in einer anderen Gewichtseinheit (kg usw.) angegeben.

So einfach es danach auf den ersten Blick erscheint, die Festigkeit eines Versuchsmaterials festzustellen oder gar zu beurteilen, so ist die Festigkeit dennoch eine sehr komplizierte Funktion aus den mannigfaltigsten Eigenschaften der Textilstoffe. Sie hängt nicht nur von der Eigennatur der zum Spinnen verwendeten Rohmaterialien ab, sondern auch von dem Grade und der Sorgfalt der Vorbereitung und Reinigung derselben, von der Gleichmäßigkeit beim Spinnen, vom Grade der Drehung, von der Feinheitsnummer, von den hydroskopischen Eigenschaften des Materials, sowie von der Luftfeuchtigkeit. Bevor also die eigentliche Technik der Versuchsausführung beschrieben wird, wird es erforderlich sein, diese Faktoren und ihren Einfluß auf die Festigkeit zu besprechen.

---

[1]) Textilber. 1920. S. 87.
[2]) Text. Recorder 1921. H. 1.

Der Praktiker verschafft sich oft ein annäherndes Urteil über die Festigkeit eines Fadens oder Gewebes durch Ausziehen einzelner Fadenstücke oder durch Daumendruck gegen ein Gewebestück bis zum erfolgenden Bruch. Der Widerstand, den das Versuchsstück dabei entgegensetzt, das dabei entstehende Geräusch, die Art der Fadenenden beim Bruch usw. geben ihm einen Anhalt für die Festigkeit (und Dehnbarkeit) des betreffenden Materials. Dieses rohe Annäherungsverfahren ist aber natürlich völlig wertlos, wenn es sich um die zahlenmäßige Wiedergabe der Festigkeit und um exakte Vergleichsversuche handelt.

Reißlänge.

Einen viel wertvolleren Anhalt als die absolute Festigkeit gibt für die Festigkeitseigenschaften eines Versuchskörpers die sogenannte Reißlänge (Reuleaux 1861) oder bei Einzelfasern die spezifische Festigkeit.

Unter Reißlänge versteht man diejenige Länge eines Körpers, unter deren Zuglast der Körper zerreißt oder bricht. Mit anderen Worten: Reißlänge ist diejenige Länge, die ein Versuchskörper haben muß, damit sein Eigengewicht gleich ist der Last, die ihn zum Bruch bringt, also diejenige Länge, die das Gewicht der Bruchlast erfüllt.

Die Reißlänge ist also vom Querschnitt unabhängig, weil ein Körper von größerem Querschnitt ein in gleichem Verhältnis stehendes größeres Gewicht hat; sie gibt einen ausgezeichneten Maßstab für die Festigkeit der Garne ab, weil in ihr sowohl die natürlichen Eigenschaften des Materials als auch ihre Herstellungsweise (Garnnummer, Drehung, Beschwerung usw.) enthalten sind. Die Reißlänge sollte deshalb immer mehr zur Kennzeichnung der Festigkeit — an Stelle der absoluten Festigkeit — in Gebrauch kommen, ganz besonders auch zur Charakterisierung der Festigkeitseigenschaften von Einzelfasern und Faserbündeln mit schwankendem Durchmesser, bei denen die absolute Festigkeit nicht viel besagt. Naturgemäß ist sie keine konstante Größe für ein bestimmtes Material, hängt vielmehr, ebenso wie die absolute Festigkeit, von der Herstellung des Erzeugnisses ab (Drehung usw.). Für Einzelfasern werden gleichfalls ganz andere Werte gefunden als für Gespinste.

Die Reißlänge wird in Metern oder Kilometern zum Ausdruck gebracht. Nach Angaben der Literatur betragen die Reißlängen einiger Materialien in Kilometern etwa: Bleidraht 2, Schmiedeeisen 5,5, Gußstahldraht 13—15, Baumwolle 23, Leinen 24, Jute 20, Hanf 30, Chinagras 20, Pflanzenseide 24,5, Kokosfaser 18, Manilahanf 32, Schafwolle 8—9[1]), Seide 30—35, Kunstseide 8—10.

Diese Werte, die in der Literatur übrigens nicht übereinstimmend angegeben werden und deshalb als Annäherungswerte anzusehen sind, beziehen sich auf Einzelfasern bzw. Faserbündel. Bei Gespinsten wird nach dem auf S. 162 über Materialfestigkeit Gesagtem eine geringere Reißlänge gefunden werden, und zwar auch hier kein einheitlicher Wert. So findet Marschik bei verschiedenen Garnen und Zwirnen folgende Reißlängen (bei den feineren Garnen immer die größeren Werte als bei den gröberen): Bei Baumwollzwirn von Nr. 20—55 die Reißlängen $12^1/_2$—19 km, bei

---
[1]) Nach neueren Versuchen von Krais (Textile Forschung 1922. S. 4) sind an Einzelfasern aus vier Wollkammzügen erheblich größere Reißlängen, und zwar 20,4—22,5 km ermittelt worden.

Baumwollkettgarn von Nr. 20—40 die Reißlängen 7—12 km, bei Baumwollschußgarn von Nr. 20—60 die Werte 6—11 km, bei Flachskettgarn von Nr. 28—60 die Werte 19—23 $^1/_2$, bei Flachsschußgarn von Nr. 28—60 die Reißlängen 16—22 usw.

Zwischen Reißlänge in Kilometern (R), gramm-metrischer Nummer (N) und Bruchlast in Kilogrammen (P) besteht folgende Beziehung. Nummer ist das Verhältnis von Länge zu Gewicht $N = L/G$. Die Reißlänge bringt den Faden zum Bruch, wenn sie P kg wiegt; somit ist $N = R/P$. Folglich ist $R = N \cdot P$, d. h. **die Reißlänge in Kilometern wird durch Multiplikation der gramm-metrischen Nummer mit der Bruchbelastung in Kilogrammen erhalten.**

Oder, da das Gewicht des laufenden Meters (G) = 1/N, so wird die Reißlänge (da $R = N \cdot P$) auch nach der Formel ermittelt: $R = P/G$, d. h. **die Reißlänge in Metern = Bruchlast (in Grammen), dividiert durch das Metergrammgewicht (Gewicht des laufenden Meters in Grammen).**

Spezifische Festigkeit, Substanzfestigkeit.

Im Gegensatz zu absoluter Festigkeit bedeutet die „spezifische Festigkeit" oder „Substanzfestigkeit" die auf 1 qmm Durchmesser berechnete Festigkeit. Dieser Wert ist ebenso wie die Reißlänge unabhängig vom zufälligen Querschnitt des Versuchskörpers und in dieser Beziehung ein wertvoller Vergleichswert. Die spezifische Festigkeit steht mit der Reißlänge in enger Beziehung und kann als Produkt von Reißlänge und dem jeweiligen spezifischen Gewicht des Materials, das bekannt sein muß oder besonders zu bestimmen ist, berechnet werden: Spezifische Festigkeit (in kg) = Reißlänge (in km) × spez. Gewicht (kg/qmm = $R_{km} \cdot s$).

Am häufigsten wird die spezifische Festigkeit für Einzelfasern oder Haare, also möglichst homogene Gebilde, berechnet. Im allgemeinen ist dieser Wert aber entbehrlich, da der Begriff der Reißlänge für die meisten Fälle ausreicht.

Dehnung (Dehnbarkeit, Bruchdehnung).

Als Maß der Dehnung oder Dehnbarkeit gilt die in Prozenten der Anfangslänge des Versuchskörpers ausgedrückte, bei Zugbeanspruchung bis zum Bruch eintretende Längung des Versuchskörpers.

Bevor ein Körper, z. B. ein Faden, reißt oder bricht, dehnt er sich in geringerem oder höherem Grade. Wenn nun die ursprüngliche Fadenlänge bekannt ist, so kann die Fadenlänge bei erfolgendem Bruche gemessen werden, und es ergibt sich hieraus das Maß der absoluten Dehnung oder Dehnbarkeit als Differenz der Endlänge und der Anfangslänge. Die Dehnung ist also jenes Maß, um welches sich ein Körper bis zum Bruch ausdehnen läßt und wird in Prozenten der Anfangslänge angegeben. Beispiel: Ein Faden von 50 cm Länge wird bis zum eintretenden Bruch belastet und erreicht hierbei eine Länge von 55 cm; er dehnt sich also um absolut 5 cm auf 50 cm Anfangslänge, d. h. die Dehnung beträgt 10%. Der Wert gibt bis zu einem gewissen Grade die Zähigkeit des Materials wieder und ist praktisch von großer Wichtigkeit.

Nur vollkommen elastische Körper dehnen sich gleichförmig aus, d. h. bei gleichem Belastungszuwachs um den gleichen Dehnungszuwachs. Bei allen Textilstoffen, die kein homogenes Material sind, trifft dies nicht zu. Bei Garnen hängt die Dehnung im besonderen von der Herstellungsweise, vor allem von der Drehung ab. Da aber auch die Festigkeit von der Drehung abhängt, so wird die Dehnung auch in direkter Beziehung zur Festigkeit stehen. Mit anderen Worten: Wenn von zwei Garnen der gleichen Nummer das eine eine größere Belastung aushält als das andere, so wird es auch eine größere Dehnung haben.

Die Beziehungen zwischen Dehnung und Garnnummer sowie Drehung sind bisher noch nicht ermittelt worden. Ein scharf gedrehtes Garn müßte eine geringere Dehnbarkeit haben als ein lose gedrehtes, ferner ein feineres Garn eine geringere Dehnung als ein gröberes. Eine allgemeine Gesetzmäßigkeit in diesem Sinne ist indes noch nicht ermittelt, ausgenommen bei Baumwolle, wo der Zwirn durchweg eine geringere Dehnung aufweist als das einfache Garn.

Nach Versuchen von E. Müller, A. Herzog, Krais u. a. verläuft die Dehnung auch bei Einzelfasern nicht gleichförmig[1]); mit zunehmender Belastung wird sie bald größer, bald geringer. So hat E. Müller bei Rohseide beobachtet, daß ein Fließen des Materials eintritt, sobald die Elastizitätsgrenze überschritten ist. Ähnliche Beobachtungen hat A. Herzog an Kunstseidefäden gemacht. Krais hat die Feststellungen gemacht, daß bei Wollfasern noch eine dritte Periode vorhanden ist: Bei Wollfasern verläuft die Dehnung in sehr vielen Fällen erst langsam, dann eine Zeitlang schneller und dann bis zum Bruch wieder langsamer[2]) (s. a. Elastizität).

Elastizität, elastische Dehnung.

Als Maß der Elastizität oder elastischen Dehnung gilt das nach voraufgegangener Belastung in Prozenten der Anfangslänge ausgedrückte, bei Entlastung des Versuchskörpers stattfindende Sichwiederzusammenziehen des Versuchskörpers.

Wird ein Körper durch Zugbelastung gedehnt und, vor Eintreten des Bruches, wieder entlastet, so zieht sich der Versuchskörper mehr oder weniger wieder zusammen. Das Maß, um welches er sich zusammenzieht, nennt man Elastizität oder elastische Dehnung, die Differenz zwischen Gesamtdehnung und elastischer Dehnung nennt man bleibende Dehnung. Elastische + bleibende Dehnung = Gesamtdehnung (s. Abb. 110). Beispiel: Ein Körper wird bei Zugbeanspruchung um 10% gedehnt; nach der Entlastung des Körpers zieht er sich um 5% wieder zusammen. Die Gesamtdehnung von 10% besteht in diesem Falle aus 5% elastischer und 5% bleibender Dehnung.

Die Dehnungsfähigkeit eines Fadens hängt ab von der Form und der Elastizität der Fasern einerseits und der gegenseitigen Gleitung anderseits. Der erste Einfluß ist nur gering, da die Kräuselungen, oder wie bei der Baumwolle die bandartigen Windungen durch den Zug bald ausgestreckt werden. Auch ist die Elastizität der Elementarfasern unbedeutend. Das Vorbeigleiten der Fasern aneinander liefert den größeren Beitrag.

Die Fähigkeit des Zusammenziehens besteht nur für eine bestimmte Belastungsgrenze, die sogenannte Elastizitätsgrenze oder die Proportionalitätsgrenze, die Sphäre der elastischen Dehnung. Wird diese Grenze überschritten, so tritt der Körper in die Sphäre der bleibenden Dehnung (Fließstrecke) ein und zieht sich um diesen Betrag bei eintretender Entlastung nicht wieder zusammen; es bleibt vielmehr eine dauernde Längenänderung oder Dehnung zurück. Bei weiter fortgesetzter Belastung erfolgt ein Strecken (die Streckgrenze) und schließlich der Bruch. Die Arbeit beim Strecken zur Lösung des

---

[1]) Krais: Textile Forschung 1922. S. 71.
[2]) Krais: Textile Forschung 1921. S. 88; 1922. S. 22.

Allgemeine Begriffsbestimmungen und Ableitungen. 167

Zusammenhanges der einzelnen Fasern stellt bei Filz, Kammzug, Baumwollstreckbändern einen ansehnlichen Betrag dar; bei gedrehten Fäden ist die Streckgrenze gleich Null.

Wird nach Marschik die Dehnung mit zunehmender Belastung in einem Diagramm (einer Kraftdehnungslinie) aufgetragen, so findet man in der Dehnungskurve zwei Teile: 1. Eine Gerade, welche vom Ursprung ausgeht; sie gibt die Sphäre der elastischen Dehnung an und 2. eine krumme Linie, welche sich als Parabel tangential an die erste Gerade anschließt und die Sphäre der bleibenden Dehnung angibt.

Die Ermittelung der elastischen Dehnung geschieht z. B. wie folgt. Fäden oder Streifen der gleichen Abmessungen wie bei der Festigkeitsbestimmung werden, bei ausgehobenen Sperrklinken am Lasthebel, in einen mit Schaulinienzeichner (s. S. 171) versehenen Festigkeitsprüfer eingespannt. Der Versuchskörper wird alsdann mit verschiedenen Gewichten bis zu $3/4 - 5/6$ der vorher ermittelten Bruchlast belastet, jedesmal die Gesamtdehnung a abgelesen und dann der Versuchskörper wieder entlastet. Die elastische Dehnung b bei einer bestimmten Belastung ergibt sich alsdann als Differenz zwischen der bei der Belastung ermittelten Gesamtdehnung a und der nach der Entlastung noch vorhandenen, bleibenden Dehnung c. (Gesamtdehnung a minus bleibende Dehnung c = elastische Dehnung b.) S. Abb. 110[1]).

Nach Matthew[2]) ist das Verhältnis von Gesamtdehnung zu bleibender Dehnung bei Flachs annähernd konstant; bei roher und gebleichter Baumwolle nimmt es nach der Bruchgrenze zu ab. Gebleichte und abgekochte Fasern haben eine größere Dehnung als rohe im Verhältnis zum Reißgewicht, weil die Fasern infolge der Abkochung leichter aneinander gleiten.

Zerreißarbeit und Zähigkeit.

Die Zähigkeit des Stoffes ist gegeben durch die Arbeit, die zum Zerreißen erforderlich ist, durch die sogenannte Zerreiß- oder Zerreißungsarbeit. Sie hängt von Dehnung und Belastung ab. Hat sich z. B. ein 1 m langer Faden durch allmähliche Belastung von 0—6 kg bis zum Bruch gleichmäßig um 10 cm gedehnt, so ist hierbei eine Arbeit geleistet worden. Unter Arbeit wird das Produkt aus Kraft und Weg in Richtung der Kraft verstanden. Der Weg ist in obigem Beispiele 10 cm, die Kraft ist gleichmäßig veränderlich gewesen in den Grenzen von 0 und 6 kg; man kann sagen, die mittlere Kraft betrug 3 kg. Folglich berechnet sich die Zerreißarbeit zu $10 \times 3 = 30$ cmkg (Zentimeterkilogramm). Diese Zerreißarbeit läßt sich anschaulich durch die Fläche des Zerreißdiagramms darstellen, indem man die verschiedenen Belastungen auf einer Senkrechten, die dazu gehörigen Dehnungen auf einer Wagerechten verhältnisgleich abträgt (Abb. 107). Dreieck ABCA veranschaulicht die Zerreißarbeit, da sein absoluter Inhalt $= 6 \times 10 : 2 = 30$

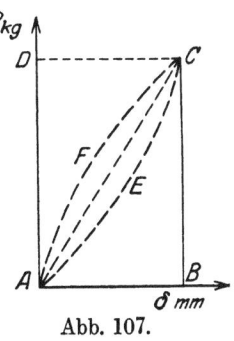

Abb. 107.

---
[1]) S. a. w. unter Elastizitätsdiagramm S. 174.
[2]) Nach Textilber. 1922 S. 275 (Journ. Text. Ind. 1922. S. 45).

ist. Meistens wird die Dehnungskurve AC mehr oder weniger von einer Geraden abweichen. Zwei Fäden können gleiche Bruchfestigkeit und gleiche Dehnung haben, aber ungleichen Aufwand an Zerreißarbeit erfordern. Der Faden mit der größeren inneren Arbeitsfähigkeit wird, als der „zähere", der wertvollere sein, also der Faden, dem etwa die Zerreißschaulinie ABCFA entspricht (s. a. unter Arbeitsdiagramm S. 173).

Die größte Zähigkeit hätte ein Stoff, wenn seine Zerreißarbeit gleich dem Produkte aus Bruchbelastung und Bruchdehnung wäre. Da dieses aber nicht der Fall ist, so wird derjenige Stoff zäher sein, der sich diesem Grenzwert mehr nähert. Wir werden deshalb in dem Verhältnis zwischen der wirklichen Zerreißarbeit zu diesem Idealwert ein Maß für die Zähigkeit des Stoffes haben:

$$\text{Zähigkeit} = \frac{\text{Zerreißarbeit}}{\text{Festigkeit} \times \text{Dehnung}}.$$

Dieser Wert deckt sich mit dem von E. Müller aufgestellten Begriff der „Völligkeitsziffer". Unter spezifischer Zerreißarbeit versteht man die Zerreißarbeit pro 1 kg Stoff (Marschik). Nach Johannsen berechnet sich die Zerreißarbeit aus Reißlänge und Dehnung wie folgt: Zerreißarbeit = 5 R_{km} · Dehnung (fünffache Reißlänge in Kilometern mal Dehnung).

Gleichmäßigkeit oder Gleichförmigkeit.

Da sowohl die Rohmaterialien der Textilindustrie keine homogenen Gebilde darstellen, als es auch technisch unmöglich ist, einen völlig gleichmäßigen Faden zu spinnen usw., so werden an einem und demselben Textilerzeugnis ausgeführte Einzelbestimmungen (z. B. Festigkeitsbestimmungen) immer mehr oder weniger voneinander abweichende Werte ergeben. Zur Kennzeichnung der Festigkeit eines Versuchsmaterials wird man sich deshalb nicht darauf beschränken können, einen Einzelversuch auszuführen; man wird vielmehr eine Reihe von Versuchen ausführen müssen und aus den Einzelergebnissen das Mittel oder den Durchschnitt berechnen. Die z. B. im Faden vorkommenden dünnen, schwachen oder „weichen" Stellen werden das Mittel naturgemäß herunterdrücken, die hohen Werte das Mittel erhöhen. Die Zahl der erforderlichen Einzelversuche kann nicht ganz allgemein festgelegt werden, sie hängt naturgemäß von dem Grade der Gleichmäßigkeit ab. Im allgemeinen rechnet man bei Gespinsten mit einer Mindestzahl von 10, besser schon von 20 oder 30 Einzelversuchen.

Man hat auch versucht, anstatt eine größere Zahl von Einzelfäden zu reißen, diese Fäden zusammen als Gebinde auf einmal zu reißen und auf solche Weise durch einen Versuch die mittlere Festigkeit zu bestimmen. Dieses Verfahren ist indes zu verwerfen; denn es ist technisch nicht möglich, eine größere Zahl von Fäden derart einzuspannen, daß alle Fäden gleichzeitig reißen. Durch das vorzeitige Reißen einzelner Fäden wird aber die Bruchlast des übrigen Fadenstranges geschwächt; außerdem wird dadurch die Belastung stoßweise auf die anderen, noch ungerissenen Fäden übertragen.

Beispiel: Es mögen sich aus 10 Einzelversuchen folgende Werte ergeben haben.

Allgemeine Begriffsbestimmungen und Ableitungen.

```
Versuch Nr.      Bruchlast in kg    Dehnung in %
   1  . . . . . . . 4,78  . . . . . 2,33
   2  . . . . . . . 4,70  . . . . . 2,18
   3  . . . . . . . 5,69  . . . . . 2,57
   4  . . . . . . . 5,10  . . . . . 2,38
   5  . . . . . . . 4,47  . . . . . 2,31
   6  . . . . . . . 4,02  . . . . . 2,04
   7  . . . . . . . 4,93  . . . . . 2,22
   8  . . . . . . . 5,34  . . . . . 2,42
   9  . . . . . . . 4,71  . . . . . 2,41
  10  . . . . . . . 5,43  . . . . . 2,76
      Summe: 49,17                  23,62
```

Mittlere Reißfestigkeit = 4,92 kg
Mittlere Dehnung = 2,4 %.

Das so gefundene arithmetische Mittel genügt aber in vielen Fällen nicht für Kennzeichnung der Qualität eines Versuchsmaterials; wesentlich für seine Beurteilung ist noch der Grad der **Gleichmäßigkeit**, d. h. die (der Zahl und dem Grade nach) unter den Einzelwerten beobachteten Abweichungen. Der Gleichmäßigkeitsgrad kann in verschiedener Weise zum Ausdruck gebracht werden.

Bei Durchsicht obiger 10 Einzelwerte für die Festigkeit finden wir z. B. beträchtliche Schwankungen (5,69 der größte, 4,02 der kleinste Wert). Je größer diese Schwankungen sind, desto **ungleichmäßiger** ist das Material; weichen die Zahlen dagegen vom Mittelwert (4,917) unwesentlich ab, so ist das Garn als gleichmäßig usw. zu bezeichnen. Unter dem Mittelwert 4,917 liegen in obiger Zahlenreihe fünf Werte (4,78; 4,70; 4,47; 4,02; 4,71). Das Mittel dieser „weichen" Stellen, die unter dem Gesamtmittel liegen, nennt man „**Untermittel**". In dem angeführten Beispiel würde demnach das Untermittel = 22,68 : 5 = 4,536 betragen.

Die Gleichmäßigkeit oder der Gleichmäßigkeitsgrad wird nun am häufigsten durch das Verhältnis des Untermittels zum Gesamtmittel in Prozenten des Gesamtmittels zahlenmäßig ausgedrückt. Die Gleichmäßigkeit ist also $\frac{\text{Untermittel}}{\text{Gesamtmittel}} \times 100$. In dem angeführten Beispiel würde die Gleichmäßigkeit betragen: $\frac{4{,}536}{4{,}917} \cdot 100 = 92{,}25$. Nach Marschik[1]) sollte die Gleichmäßigkeit immer in dieser Weise zum Ausdruck gebracht werden. Aus Gründen der Einheitlichkeit und der technischen Brauchbarkeit dieses Wertes sollte man davon absehen, den Gleichmäßigkeitsgrad anders zum Ausdruck zu bringen, z. B. als Ungleichmäßigkeit.

Unter **Ungleichmäßigkeit** würde man die Differenz zwischen 100 und der Gleichmäßigkeit verstehen. Der Wert wird auch direkt berechnet, indem die Differenz zwischen Gesamtmittel und Untermittel im Verhältnis zum Gesamtmittel gesetzt wird:

---

[1]) Physikalisch-technische Untersuchungen der Garne und Gewebe.

170 Festigkeit und Dehnung.

$$\text{Ungleichmäßigkeit} = \frac{\text{Gesamtmittel} - \text{Untermittel}}{\text{Gesamtmittel}} \times 100.$$

Im angeführten Beispiel würde die Ungleichmäßigkeit betragen: $100 - 92{,}25 = 7{,}75$ oder $\frac{4{,}917 - 4{,}536}{4{,}917} \times 100 = 7{,}75$.

Bei anderen ingenieurtechnischen Untersuchungen wird die mittlere Abweichung des Einzelversuches vom Gesamtmittel in Prozenten des letzteren als Ungleichmäßigkeit angegeben (Martens, Handbuch der Materialienkunde). Dieses Verfahren, das in der Textilprüfung seltener angewandt wird, hat den Vorteil, daß der ermittelte Gleichmäßigkeitsgrad nicht nur das Mittel und das Untermittel berücksichtigt, sondern auch die über dem Mittel liegenden Werte, z. B. also auch das Obermittel. Als ein Nachteil dieser Berechnungsart ist das verhältnismäßig zeitraubende Berechnen des Unlgeichmäßigkeitsgrades zu nennen. Durch folgende, von H. Sommer abgeleitete Formel vereinfacht sich die Berechnungsart sehr erheblich[1]). Außer dem Gesamtmittel und dem Untermittel ist nur noch festzustellen, wie viele der Gesamtversuche Untermittelwerte ergeben haben. Alsdann berechnet sich die mittlere Abweichung des Einzelversuches vom Gesamtmittel nach der Formel:

$$\frac{2 \times \text{Zahl der Untermittelversuche (Mittel} - \text{Untermittel)} \times 100}{\text{Gesamtzahl der Versuche} \times \text{Mittel}}.$$

Beispiel: Mittel aus 10 Versuchen $= 3{,}1492$; Untermittel $= 3{,}0480$; 4 Versuche ergaben Untermittelwerte. Die mittlere Abweichung des Einzelversuches vom Gesamtmittel beträgt dann:

$$\frac{2 \times 4 \times 0{,}1012 \times 100}{10 \times 3{,}1492} = 2{,}57.$$

Zu erwähnen ist noch das in neuerer Zeit von Roscher[2]) sowie von Hemmerling[3]) vorgeschlagene Berechnungsverfahren. Hiernach wird erst als arithmetisches Mittel aus Obermittel und Untermittel das sogenannte Qualitätsmittel gebildet (z. B. Obermittel $= 11$, Untermittel $= 6$, das Qualitätsmittel ist dann 8,5). Dieses Qualitätsmittel oder der „qualitative Durchschnittswert", der vom Obermittel ebenso weit entfernt ist wie vom Untermittel, wird wie folgt zur Berechnung der Ungleichmäßigkeit verwendet:

$$\text{Ungleichmäßigkeit} = \frac{\text{Qualitätsmittel} - \text{Untermittel}}{\text{Qualitätsmittel}} \cdot 100$$

oder $$\text{Ungleichmäßigkeit} = \frac{\text{Obermittel} - \text{Qualitätsmittel}}{\text{Qualitätsmittel}} \cdot 100.$$

Die Gleichmäßigkeit ist alsdann: 100 minus Ungleichmäßigkeit.

Beispiel. Es mögen folgende je 10 Einzelwerte bei zwei Proben gefunden worden sein: I. 11, 11, 11, 11, 11, 11, 11, 11, 6, 6. II. 14, 14, 14, 14, 14, 14, 4, 4, 4, 4. Im Falle I wäre dann das Obermittel $= 11$, das Untermittel $= 6$, das Qualitätsmittel $= 8{,}5$ und die Ungleichmäßigkeit: $\frac{8{,}5 - 6}{8{,}5} \cdot 100 = 29{,}4\%$, die Gleichmäßigkeit $= 70{,}6\%$. Im Falle II wäre das Obermittel $= 14$, das Untermittel $= 4$, das Qualitätsmittel $= 9$ und die Ungleichmäßigkeit: $\frac{9 - 4}{9} \cdot 100 = 55{,}5\%$, die Gleichmäßigkeit dementsprechend $= 100 - 55{,}5 = 44{,}4\%$.

Die Gleichmäßigkeit ist eine der wichtigsten Eigenschaften der Garne. Von ihr hängt nicht nur die Gleichmäßigkeit der aus ihnen gewonnenen Erzeugnisse ab, sondern auch der ungestörte Fortgang der Arbeit in der Weberei. Kommen viele Ungleichmäßigkeiten vor, welche sich durch die sogenannten „weichen",

---

[1]) Privatmitteilung von Herrn Dr.-Ing. H. Sommer.
[2]) Leipz. Monatschr. f. Textilind. 1921. S. 205.
[3]) Textilber. 1923. S. 5.

Allgemeine Begriffsbestimmungen und Ableitungen. 171

d. i. schwachen Stellen zu erkennen geben, so werden häufiger Fadenbrüche eintreten. Demnach wird sich auch die Gleichmäßigkeit durch die Zahl der weichen Stellen in einer bestimmten Länge bestimmen lassen. Dies geschieht (außer in der beschriebenen Weise durch Berechnung aus Mittel und Untermittel) in der Konditionierung der Rohseide auch in der Weise, daß man Rohseide unter bestimmter, gleichbleibender Spannung abhaspelt und die Zahl der Fadenbrüche notiert. Wenn Fadenstellen den Apparat passieren, deren Reißfestigkeit unter dieser Spannung liegt, dann bricht der Faden an dieser Stelle (sogenannte „schwache" oder „weiche" Stellen). Diese Fadenbrüche auf eine bestimmte Länge bezogen, geben einen Maßstab für die Gleichmäßigkeit des Materials in bezug auf Festigkeit. Die Fadengeschwindigkeit ist dabei von Einfluß auf die Ergebnisse.

Nach Marschik können Garne von einer
Gleichmäßigkeit über 90% als sehr gleichmäßig,
„ von 85—90% als gleichmäßig,
„ unter 85% als ungleichmäßig
bezeichnet werden.

Johannsen bezeichnet Baumwollgarne von einer
Gleichmäßigkeit über 95% als sehr gleichmäßig,
„ von 92—95% als gleichmäßig,
„ von 88—92% als mindergleichmäßig,
„ unter 88% als ungleichmäßig.

Legt man Marschiks Normen zugrunde, so sind nach seinen Versuchen Baumwollzwirne und -garne aus Makobaumwolle im allgemeinen sehr gleichmäßig, die anderen Baumwollgarne gleichmäßig, die gröbsten ungleichmäßig. Die Flachsgarne sind in der Mehrzahl ungleichmäßig. Kammgarne sind meist sehr gleichmäßig; Streichgarne sind gleichmäßig bis ungleichmäßig. Schappegarne sind im Durchschnitt gleichmäßig. Seide ist durchaus sehr gleichmäßig und zeigt naturgemäß die höchsten Gleichmäßigkeitsziffern. Nach Marschiks Beobachtungen liegen oft größte und kleinste Festigkeitswerte in zwei unmittelbar benachbarten oder nächstbenachbarten Probestücken. Solche Erscheinungen dürfen nicht auf die Ungleichmäßigkeit des Materials zurückgeführt werden, sie sind vielmehr wahrscheinlich die Folge eines stoßenden Ganges der Maschine o. ä. maschineller Unregelmäßigkeiten.

Kraftdehnungslinie und Zerreißdiagramm.

Werden im Laufe des Festigkeitsversuches durch mehrere Beobachter die jeweiligen Belastungen und die ihnen entsprechenden Dehnungen (z. B. von 5 zu 5 oder von 10 zu 10 Sekunden) abgelesen und notiert und die so festgelegten Werte alsdann graphisch dargestellt, indem die Belastungen auf der Abszisse und die Dehnungen auf der Ordinate abgetragen und die einzelnen Punkte zu Kurven vereinigt werden, so wird das sogenannte Zerreißdiagramm oder die Kraftdehnungslinie erhalten.

Erheblich genauer und einfacher wird dieses Zerreißdiagramm erhalten, wenn man sich einer automatischen Schreibvorrichtung bedient, die Belastungen und Dehnungen kontinuierlich aufzeichnet. Solche automatische Schreibvorrichtungen werden von verschiedenen Firmen (z. B. Louis Schopper, Leipzig) mit den Festigkeitsprüfern zugleich geliefert. Ihre Wirkungsweise ist bereits besprochen.

Die Belastungen des Fadens werden durch eine horizontale Linie, die der Schreibstift auf einer sich drehenden Trommel mit graduiertem Papier aufzeichnet, festgehalten, während die Dehnungen des Versuchsstückes eine Verschiebung des Schreibstiftes in vertikaler Richtung bewirken. Die Kombination beider Bewegungen ergibt eine Kurve und damit eine graphische Darstellung des Prüfungsergebnisses, aus welcher die Dehnungen und Belastungen sofort abgelesen werden können, sofern der Maßstab der Bewegungen bekannt ist oder das Papier auf der Trommel mit einer entsprechenden Graduierung versehen ist. Solche Schaulinien geben ein viel anschaulicheres Bild über Festigkeit und Dehnung, als es nackte Zahlen vermögen, und darin liegt der Wert des Zerreißdiagramms für den Spinner und Weber.

Ein Zerreißdiagramm, wie es bei der Prüfung verschiedener Garne ermittelt worden ist, zeigt Abb. 108[1]). Die Festigkeitswerte sind hier abweichenderweise auf der Abszisse und die Dehnungswerte auf der Ordinate abgetragen. Die langen spitzen Diagramme wurden mit Schafwoll-Streichgarn gewonnen; das Garn war von sehr großer Dehnbarkeit, aber nur von geringer Festigkeit im Vergleich zu den untersuchten Baumwollgarnen. Deutlich tritt auch der Unterschied zwischen einem weichen Baumwoll-Selfaktorgarn gegenüber einer harten Waterkette zutage.

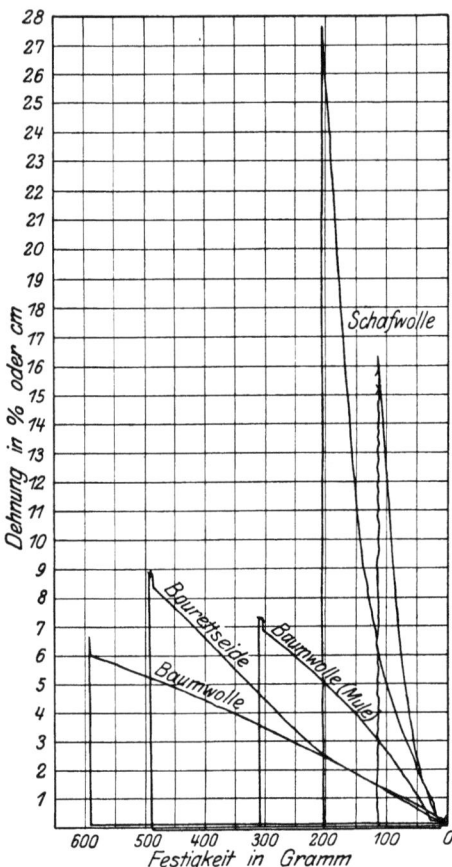

Abb. 108. Kraftdehnungslinien.

Arbeitsdiagramm, Elastizitätsdiagramm.

Außer der Kraftdehnungslinie werden bei wichtigen Untersuchungen auch die Zerreißarbeit (s. S. 167) und das elastische Verhalten graphisch dargestellt und aus diesen graphischen Darstellungen weitere Werte abgeleitet. An Hand von mit einem baumwollenen Riemen-

---

[1]) Nach Leipz. Monatschr. f. Textilind. 1910. S. 66. S. a. Marschik: Physikalisch-technische Prüfungen von Garnen und Geweben.

Allgemeine Begriffsbestimmungen und Ableitungen. 173

tuch im Materialprüfungsamt ausgeführten Versuchen seien nachstehend die wichtigsten Grundbegriffe und Ableitungen, Arbeitsdiagramm und Elastizitätsdiagramm betreffend, kurz umrissen. Als Erläuterung dienen die hierzu gehörigen Abb. 109 und 110[1]).

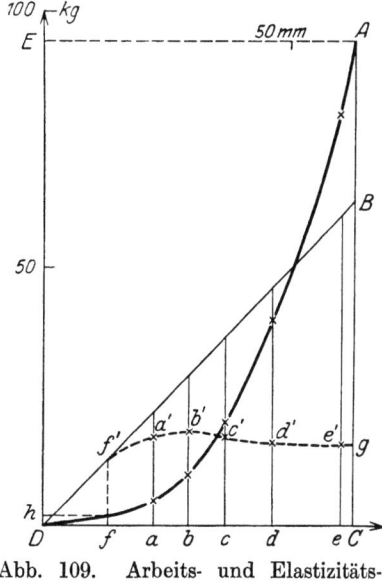

Abb. 109. Arbeits- und Elastizitätsdiagramm.

Arbeitsdiagramm.

Das Arbeitsdiagramm wird durch die Fläche ABCDA ausgedrückt, die durch die Kraftdehnungslinie AD, die Bruchlast AC und die Bruchdehnung DC umschlossen ist[2]). Diese Fläche, auch Arbeitsfläche genannt, gibt die Zerreißarbeit wieder, die beim Zerreißen eines Versuchskörpers aufgewendet wird (s. a. S. 167). Der Völligkeitswert von E. Müller η (Völligkeitswertziffer, Völligkeitsgrad, Zerreißungsquotient, nach Marschik auch Zähigkeit genannt) drückt die Beziehungen zwischen Dehnung und Belastung aus. $\eta = 0{,}5$ bedeutet Proportionalität zwischen Dehnung und Belastung; $\eta > 0{,}5$ bedeutet, daß die Belastung anfangs stärker zunimmt als die Dehnung; $\eta < 0{,}5$ bedeutet, daß die Dehnung anfangs stärker zunimmt als die Belastung. (Vgl. auch Abb. 107, in der die Fläche AFCBA $> 0{,}5$, die Fläche AECBA $< 0{,}5$.) Der Völligkeitswert η kann durch planimetrische Bestimmung der Arbeitsfläche ABCDA und dann aus dem Verhältnis dieser (die Zerreißarbeit wiedergebenden) Fläche zur Fläche des umschriebenen Rechtecks ABCDEA berechnet werden:

$$\eta = \frac{\text{ABCDA}}{\text{ABCDEA}}.$$

Mit Hilfe des Völligkeitswertes η läßt sich der mittlere Druck P_m (auch als mittlere Belastung bezeichnet) berechnen:

$$P_m = \eta \cdot P_{max},$$

wobei P_{max} die Bruchlast AC bedeutet. Umgekehrt läßt sich auch aus P_m und P_{max} der Wert η ermitteln:

$$\eta = \frac{P_m}{P_{max}},$$

indem P_{max} unmittelbar aus dem Zerreißdiagramm abgelesen werden kann (AC), während P_m durch Planimetrieren der Arbeitsfläche als

---
[1]) Von Herrn Dr.-Ing. Sommer gezeichnet.
[2]) Das Arbeitsdiagramm wird auch als „Zerreißdiagramm" bezeichnet, was indes zur Vermeidung von Mißverständnissen lieber vermieden werden sollte, da dadurch Verwechslungen entstehen können, insofern als Zerreißdiagramm auch die Kraftdehnungslinie bedeutet (s. S. 171).

Höhe eines flächengleichen Rechtecks (= mittlere Höhe) mit gleicher Basis DC (= Dehnung) gefunden werden kann.

Diese Werte dienen zur Berechnung der Zerreißarbeit A; sie ist gleich der Arbeit, die von dem mittleren Druck P_m auf dem Dehnungswege geleistet wird:
$A = P_m \cdot \delta_m = \eta \cdot P_{max} \cdot \delta_m$ (in mkg), wobei δ_m die Dehnung in m bedeutet.

Zum Vergleich der Arbeit, welche zum Zerreißen verschiedener Stoffe aufgewendet werden muß, wird nach dem Vorschlage Hartigs die aufgewendete Arbeit auf gleiche Masse (Gewicht) und gleiche Längen umgerechnet, und zwar bezeichnet man als spezifische Zerreißarbeit, A_0, oder als Arbeitsmodul die Arbeit in mkg, die zum Zerreißen von 1 g Stoff nötig ist:

$$A_0 = \eta \cdot P_{max} \cdot \delta \cdot \frac{1}{g} = \eta \cdot P_{max} \cdot \delta \cdot N = \eta \cdot R \cdot \delta \text{ (mkg/g)},$$

(wobei l die Länge in m, g das Gewicht in g, N die gramm-metrische Nummer, R die Reißlänge in km und δ ein Hundertstel der Bruchdehnung in % bedeutet).

Beispiel. Aus der graphischen Darstellung wurden abgelesen, berechnet und ausplanimetriert (s. Abb. 109):
Die Arbeitsfläche ABCDA durch Ausplanimetrieren . . . = 1515 qmm.
Die Fläche des umschriebenen Rechtecks ABCDEA durch Berechnung aus AC und DC . . . . = 5875 qmm.
Die Völligkeitswertziffer η = 1515/5875 . . . . = 0,258.
Die mittlere Belastung $P_m = P_{max} \cdot \eta = 0{,}258 \cdot 94{,}0$ kg = 24,3 kg.

Die Zerreißarbeit $A = \eta \cdot P_{max}^{kg} \cdot \delta_m = \dfrac{0{,}258 \cdot 94{,}0 \cdot 62{,}5}{1000} = 1{,}52$ mkg.

Die spezifische Zerreißarbeit (Arbeitsmodul)
$A_0 = \eta \cdot R_{km} \cdot \dfrac{\delta \%}{100} = \dfrac{0{,}258 \cdot 4{,}39 \cdot 17{,}4}{100}$ . . . . = 0,197 mkg/g.

(Die Reißlänge R berechnet sich aus der Bruchlast, 94000 g, und dem Metergewicht des Versuchsstreifens $428 \cdot 0{,}05 = 21{,}4$ g; 94000 : 21,4 = 4390 Reißlänge in Metern oder 4,39 in Kilometern.)

Elastizitätsdiagramm.

Die elastische Dehnung wird als Differenz der Gesamtdehnung (beim Belasten) und der bleibenden Dehnung (nach dem Entlasten) bei verschiedenen Belastungsstufen ermittelt. Das Verhältnis der elastischen Dehnung aa', bb' usw. zur entsprechenden Gesamtdehnung Da, Db usw. wird nach Hartig als Größe der Elastizität (für die jeweilige Belastungsstufe) bezeichnet: E (bei 5 kg Belastung) = $\dfrac{aa'}{Da}$; E (bei 10 kg Belastung) = $\dfrac{bb'}{Db}$; E (bei 20 kg Belastung) = $\dfrac{cc'}{Dc}$ usw. (s. Abb. 110).

Trägt man die elastischen Dehnungen (aa', bb', cc' usw.) als Ordinaten über den zugehörigen Gesamtdehnungen auf, so erhält man durch Verbindung der gefundenen Punkte durch eine Linie die sogenannte Elastizitätskurve oder die Grenzkurve der vollkommenen Elastizität (s. Abb. 109), die ein anschauliches Bild für das gesamte elastische Verhalten des Versuchskörpers während seiner Belastung von Null bis zum Bruch gibt. Liegt vollkommene Elastizität vor, so wird die elastische Dehnung gleich der Gesamtdehnung und man erhält als Elasti-

Allgemeine Begriffsbestimmungen und Ableitungen. 175

zitätskurve eine 45°-Linie. Da vollkommene Elastizität den textilen Erzeugnissen nur bei sehr geringer Belastung eigen ist, wird beim Belasten sehr bald die Elastizitätsgrenze f' (s. Abb. 109) überschritten und es tritt eine Teilung in elastische und bleibende Dehnung ein. Die durch $E = \dfrac{\delta_{el}}{\delta_{ges}}$ ausgedrückte Größe der Elastizität wird mit zunehmender Belastung immer kleiner. Aus dem Verlauf der ermittelten Elastizitätskurve läßt sich auf das E im Augenblick des Bruches schließen, indem man den Punkt g durch Verlängerung der Linie findet. In gleicher Weise ermittelt sich die Elsatizitätsgrenze f' als Schnittpunkt des wahrscheinlichen Verlaufes der Elastizitätskurve (voraussichtlich keine Gerade, sondern eine Parabel) mit der 45°-Linie.

Der gesamte Elastizitätsgrad berechnet sich als Anteil der die elastische Dehnung darstellenden Fläche Df'c'gCbD zur Fläche des die Gesamtdehnung (bzw. vollkommene Elastizität = 1) darstellenden 45°-Dreiecks DBCD. Elastizitätsgrad $E_1 = \dfrac{Df'c'gCbD}{DBCD}$.

Vollkommen elastische Dehnung = Df' = Df in % der Einspannlänge.

Grenzbelastung oder Tragmodul L = Dh kg oder Dh · N km.

Elastizitätsmodul $E_2 = \dfrac{L \cdot \text{Anfangslänge}}{\text{vollk. elastische Dehnung}}$.

Beispiel. Probematerial: Baumwollriementuch, freie Einspannlänge (Kettrichtung) 360 mm, Streifenbreite 5 cm (= 43 Fäden), Quadratmetergewicht des Stoffes = 428 g. Gewicht des Versuchsstreifens (5 cm) pro m Länge = 428/20 = 21,4 g. Reißlänge des Versuchsstreifens demnach (bei der Bruchlast von 94 kg 94 000 g) = 94 000/21,4 = 4390 m oder 4,39 km.

Durch Belasten und Entlasten wurden folgende Dehnungen gefunden:

Belastung in kg	Dehnung						Grad der Elastizität für die betreffende Belastungsstufe $= \dfrac{\text{elast. Dehnung}}{\text{Gesamtdehnung}}$
	gesamte		bleibende		elastische		
	mm	%	mm	%	mm	%	
5,0	22,2	6,2	4,9	1,4	17,3	4,8	0,780[2]
10,0	29,3	8,1	10,8	3,0	18,5	5,1	0,632
20,0	36,9	10,2	19,5	5,4	17,4	4,8	0,472
40,0	46,4	12,9	30,3	8,4	16,1	4,5	0,347
80,0	60,5	16,8	44,5	12,4	16,0	4,4	0,264
Bruch 94,0	62,5	17,4	—	—	16,0	4,4[1]	0,256

Die Elastizitätsgrenze (aus dem Diagramm abgelesen) $P_{el} = 1,2$ kg, $\delta_{el} = 13$ mm = 3,6%.

Der Tragmodul L (ausgedrückt in kg) = 1,2 kg, L (ausgedrückt in Reißlänge) $= \dfrac{1,2 \cdot 100}{428 \cdot 5}$ oder $\dfrac{1,2}{21,4} = 0,056$ km = 56 m.

(428 g = Quadratmetergewicht, 5 = Breite des Streifens, 21,4 g = Gewicht des 5 cm breiten Streifens pro Meter.)

---

[1] Aus dem aufgestellten Diagramm graphisch ermittelt.
[2] Vollkommener Grad der Elastizität = 1,000.

Festigkeit und Dehnung.

Der Elastizitätsgrad $E_1 = \dfrac{\text{Fläche der elast. Dehnung}}{\text{Fläche der totalen Dehnung}}$.

Fläche der elastischen Dehnung beträgt nach der Ausplanimetrierung = 918 qmm
Fläche der totalen Dehnung beträgt nach der Berechnung aus DB
und DC . . . . = 1951 qmm
E = 918/1951 . . . , ... = 0,470
Der Elastizitätsmodul $E_2 = \dfrac{L \cdot 100}{\delta_{el}\%} = \dfrac{0{,}056 \cdot 100}{3{,}6}$ . . . . . = 1,553 km

Dasselbe Beispiel wird in Abb. 110 graphisch erläutert. Belastungsstufen: A bis E; aus diesen können die Gesamtdehnungen in Millimetern auf der Abszisse unmittelbar abgelesen werden. Punkte nach der endgültigen Entlastung: b, d, f, h und k; sie bilden die Grenzpunkte zwischen bleibender und elastischer Dehnung. Punkte unmittelbar nach der Entlastung, aber vor Eintritt der elastischen Nachwirkung (Hysterese), die während einer Dauer von etwa 2 Minuten eintritt: a, c, e, g und i.

Belastungsgewicht kg	Verlauf beim Belasten	Verlauf beim Entlasten	Gesamtdehnung, δ_{ges}, = Abmessung von 0 bis Schnittpunkt (mit der Abszisse) des Lotes aus	Bleibende Dehnung δ_{bleib}	Elastische Nachwirkung (Hysterese)	Elastische Dehnung δ_{el}	
5 (A)	0—A	A—a—b	A	0b	ab		Gesamtdehnung minus bleibende Dehnung
10 (B)	b—B	B—c—d	B	0d	cd		
20 (C)	d—C	C—e—f	C	0f	ef		
40 (D)	f—D	D—g—h	D	0h	gh		
80 (E)	h—E	E—i—k	E	0k	ik		
Bruch 94 (F)	K—F	—	F		—		

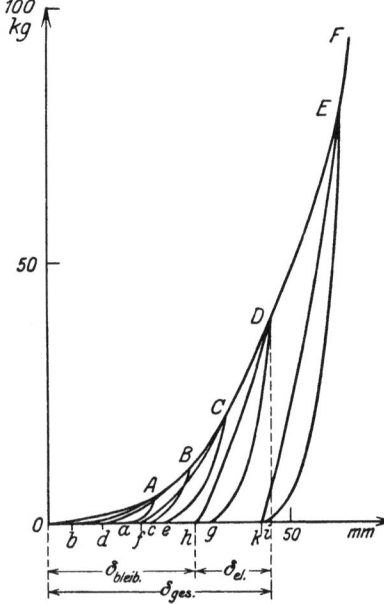

Abb. 110. Spezielles Elastizitätsdiagramm.

Prüfungsgrundlagen.

Wie bereits bemerkt, ist die Festigkeit eine sehr komplizierte Funktion aus den mannigfaltigsten Eigenschaften der Textilstoffe. Sie ist aber weiterhin auch keine konstante Größe für ein jeweiliges Versuchsmaterial, sondern in sehr erheblichem Maße abhängig von den Prüfungsgrundlagen, d. h. von den der Prüfung zugrunde gelegten methodischen Prüfungsbedingungen. (Daß die Festigkeit in erster Linie auch von den Prüfungsapparaten selbst und deren richtigen Anzeige abhängt, braucht nicht besonders hervorgehoben zu werden.) Da nun aber das Materialprüfungswesen anstrebt, die Festigkeit zu einer konstanten Größe für jeden Versuchskörper zu machen[1]), ist es nicht nur

---
[1]) Was hier von der Festigkeit im besonderen gesagt wird, gilt sinngemäß auch für alle anderen Kennzahlen und Werte.

erforderlich, die verschiedenen Einflüsse, auch in gradueller Beziehung, kennen zu lernen, sondern auch die Versuchsbasis möglichst so genau festzulegen, d. h. zu normieren, daß die für ein Versuchsobjekt von verschiedenen Beobachtern ermittelten Festigkeitswerte möglichst gleichgroß sind.

So lange noch keine normalen Prüfungsgrundlagen für die Festigkeitsbestimmungen bestimmter Versuchsmaterialien vereinbart worden sind, sollten bei Angaben über Ergebnisse von Festigkeitsbestimmungen (außer dem zur Verwendung gekommenen Festigkeitsprüfer) mindestens angegeben werden: Anzahl der Einzelversuche, Abmessungen des Versuchsmaterials (Länge und gegebenenfalls Breite des Versuchskörpers), Luftfeuchtigkeit und Temperatur (bei denen die Versuche ausgeführt worden sind). Belastungsart und Zerreißgeschwindigkeit sollten bei gleichem oder ähnlichem Versuchsmaterial stets einheitlich gehalten werden.

Nachstehend seien diese Faktoren in ihren Beziehungen zu der Festigkeit und Dehnung kurz besprochen.

Anzahl der Einzelversuche.

Die Zuverlässigkeit der Ergebnisse darf vor allem nicht an dem Fehler der zu kleinen Zahl der Einzelversuche scheitern. Wie aus dem unter „Gleichmäßigkeit" (s. S. 168) Gesagten hervorgeht, sind die Textilrohstoffe und -erzeugnisse niemals völlig homogene Gebilde; je nach Art des Rohstoffes und des Erzeugnisses sind sie immer mehr oder weniger ungleichmäßig. Da nun der Grad der Gleichmäßigkeit innerhalb außerordentlich weiter Grenzen schwanken kann, so können feste Normen darüber nicht allgemein aufgestellt werden, welche Anzahl von Einzelversuchen zur Erlangung eines zuverlässigen Wertes erforderlich ist. Man wird hier je nach Art des Versuchsmaterials und der beobachteten Gleichmäßigkeit desselben von Fall zu Fall verschieden vorgehen.

Bei den schematischen Garnprüfungen werden in der Regel mindestens 10 Einzelversuche ausgeführt, die nach Bedarf verdoppelt und vermehrfacht werden müssen. Bei Geweben werden in den gewöhnlichen Fällen je 5 Einzelversuche in der Kett- und in der Schußrichtung ausgeführt. Erweist sich das Versuchsmaterial als auffallend ungleichmäßig, so empfiehlt es sich in wichtigeren Fällen, die Versuche entsprechend weiter fortzusetzen. Handelt es sich besonders darum, die Gleichmäßigkeit selbst zu bestimmen, so dürften bei Garnen in der Regel 100, bei Geweben 50 Versuche erforderlich sein, um mit ausreichender Zuverlässigkeit den wahrscheinlichen Grad der Gleichmäßigkeit zu ermitteln[1]).

Fisher[2]) hat mit einem Garn 500 Reißversuche ausgeführt, diese in Versuchsreihen zu 20, 100, 200 und 300 Versuche eingeteilt, die mittleren Fehlergrenzen der Versuchsreihen berechnet und mit den mittleren Fehlergrenzen der gesamten 500 Versuche verglichen. Von je 20, 100, 200 und 300 Versuchen wurden die Mittel gezogen. Nach Fisher sind hierbei Abweichungen, die mehr als das

---
[1]) S. a. A. Martens: Über den Zuverlässigkeitsgrad von Festigkeitsversuchen. Mitt. Materialpr.-Amt 1911. Nr. 5 u. 6.
[2]) Text. Record. 1922. S. 41 (nach Textilber. 1922. S. 431). Es fehlen in dem Referat leider die Angaben über die Art des Versuchsgarnes.

Dreifache des für die 500 Versuche berechneten Fehlers betragen, erfahrungsgemäß als erheblich anzusehen. Bei Vergleich der Versuchsgruppen ergab sich, daß die Gruppen zu 20 und 100 Versuchen zu große Abweichungen von dem für 500 Versuche berechneten mutmaßlichen Fehler ergaben. Hingegen ergaben die Versuchsgruppen zu 200 und 300 Versuchen hinreichende Übereinstimmung in der mittleren Abweichung von dem für 500 Versuche berechneten Fehlermittel. Fisher kommt so zu dem Schluß, daß 200 Versuche genügen, um die Reißfestigkeit mit hinreichender Genauigkeit festzustellen. Eine Verallgemeinerung aus diesem Einzelfalle kann natürlich nicht gezogen werden, da, wie betont, die Anzahl der erforderlichen Einzelversuche von der inneren Gleichmäßigkeit des jeweiligen Versuchsmaterials abhängt.

Einspannlänge.

Die erforderliche Einspannlänge steht mit der Länge der Elementarfasern oder der Faserbündel in enger Beziehung. Ist die Einspannlänge kleiner als die Faserlänge, so wird ein Teil der Fasern an beiden Enden festgeklemmt und auf jeden Fall zerrissen, während die übrigen Fasern aneinander vorbeigleiten oder auch noch teilweise reißen. Der Gleitwiderstand kann höchstens die Bruchfestigkeit erreichen, d. h. der Faden muß reißen, wenn die Gleitreibung größer wird als ihre eigene Festigkeit. Im allgemeinen wird also der Gleitwiderstand kleiner als die Bruchfestigkeit der Faser sein. Je mehr Fasern direkt zerrissen werden, desto größer muß die Bruchbelastung sein. Nach der Wahrscheinlichkeit müssen umsomehr Fasern beiderseitig eingespannt werden, je kleiner die Einspannlänge im Vergleich zur Faserlänge ist. Ist die Faserlänge = L, so muß die Einspannlänge x auf die Bruchbelastung den Einfluß haben, daß bei x = L die geringste und bei x = 0 die größte Bruchlast gefunden wird. Bei x > L müßten sich dieselben Werte wie für x = L ergeben. Dieses entspricht aber durchaus nicht der Wirklichkeit. Denn erstens schwankt die Reibungsziffer in weiten Grenzen, und zweitens ist die Anzahl der Einzelfasern und damit der Fadenquerschnitt durchaus nicht in allen Stellen gleich groß. Zahlreich angestellte Versuche ergaben, daß die Abnahme der Reißlängen durch eine hyperbelartige Kurve dargestellt werden kann. Abb. 111 zeigt eine solche von Schneider ermittelte Kurve.

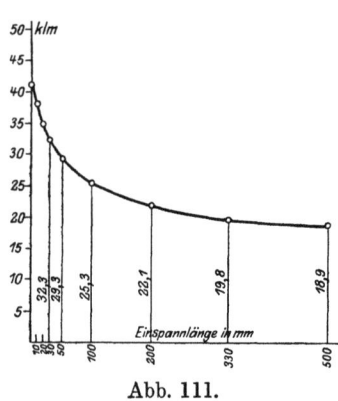

Abb. 111.

Für 60-er Flachsgarn, Naßgespinst, vollweiß, gebleicht waren die Reißlängen bei einer Einspannlänge von

0	10	20	30	50	100	200	330	500 mm
41,4	37,8	34,6	32,3	29,3	25,3	22,1	19,8	18,9 km

Nach im Materialprüfungsamt gelegentlich ausgeführten Festigkeits- und Dehnungsbestimmungen mit drei Towgarnen bei 180 und 1000 mm Einspannlänge wurden folgende Werte erhalten:

	Gewicht pro 100 m Garn in g	Reißlänge in km		Dehnung in % bei	
		180 mm	1000 mm	180 mm Einspannlänge	1000 mm
Towgarn 1	28,3	22,55	17,5	5	3,6
„ 2	32,0	19,2	16,5	5,8	4,5
„ 3	30,91	18,4	15,95	4,3	3,8

Außer den zum Ausdruck gebrachten Gesichtspunkten hängt die Wahl der Einspannlänge noch davon ab, ob man sich von der absoluten Festigkeit oder der Gleichmäßigkeit ein Bild machen will. Kurze Fadenstrecken werden mehr Höchstwerte, längere dagegen mehr Kleinstwerte liefern. Die absolute Festigkeit interessiert besonders bei Prüfungen im Laboratorium, wenn man feststellen will, um wieviel ein homogenes Gebilde durch chemische, physikalische und mechanische Behandlungen beim Waschen, Bleichen, Färben, Drucken, Appretieren, Erschweren usw. geschwächt worden ist. Für diese Fälle dürfte der allgemein eingeführte Mittelwert von 200 mm Einspannlänge bei Baumwoll- und gebleichtem Leinengarn, sowie erschwerten Seiden recht brauchbar sein. Dagegen muß für die Beurteilung der praktischen Brauchbarkeit (Scheren, Bäumen, Schlichten und Weben) die Einspannlänge möglichst groß genommen werden, weil der Faden tatsächlich lange Strecken frei ausgespannt ist und stark beansprucht wird. Bei Kammgarnen sollte man nicht unter eine Einspannlänge von 300 mm gehen, wenn man vergleichbare Werte erhalten will[1]). Eine Einspannlänge von 500 mm ist meist gerechtfertigt und kann als normale gelten; mitunter wird sogar eine Einspannlänge von 1000 mm genommen.

Über die üblichen Abmessungen bei Gewebeprüfungen s. weiter unten (Technik der Festigkeitsbestimmungen).

Die Umrechnung von ermittelten Festigkeitswerten für eine bestimmte Einspannlänge in die entsprechenden Werte von einer anderen Einspannlänge ist nicht möglich, weil die Gesetzmäßigkeiten für die verschiedenen Erzeugnisse noch nicht erkannt sind (Art des Rohmaterials, Art der Verarbeitung). Bei Geweben hat die Einspannlänge keinen nennenswerten Einfluß auf die Festigkeitswerte, sobald die gewählte Einspannlänge größer ist als die Faserlänge. Bei Tuchen aus Streichgarn und Baumwollgeweben wird deshalb bei 30, 36 cm usw. praktisch die gleiche Festigkeit gefunden werden. Die Dehnung wird dabei in höherem Maße beeinflußt, weil hierbei der Webprozeß eine Rolle spielt.

Zerreißgeschwindigkeit.

Nach Alt[2]) hat man zu unterscheiden zwischen a) Belastungsgeschwindigkeit und b) Dehnungsgeschwindigkeit. Unter der ersteren versteht man den Zuwachs der Belastung, unter der letzteren den Zuwachs der Dehnung in der Zeiteinheit. Um einwandfreie, mit-

---

[1]) Textile Forschung 1922. S. 36 (nach Journ. Text. Inst. 1921. S. 337).
[2]) S. a. die ausführliche Studie von Alt: Textile Forschung 1919. S. 26ff.

einander vergleichbare Werte zu erhalten, muß die Belastungsgeschwindigkeit konstant gehalten werden, die Belastung muß stetig sein. Umgekehrt können Versuche mit konstanter Dehnungsgeschwindigkeit nicht unbedingt zuverlässige und miteinander vergleichbare Ergebnisse liefern, da die Dehnung in erster Linie von den Eigenschaften des Versuchsmaterials abhängt. So wird z. B. ein sehr weiches und dehnbares Material bei einer gewissen Dehnungsgeschwindigkeit eine verhältnismäßig geringe Belastungsgeschwindigkeit ergeben, während ein hartes und sprödes Material bei der gleichen Dehnungsgeschwindigkeit eine außerordentlich große Belastungsgeschwindigkeit und daher ein unzuverlässiges Versuchsergebnis zur Folge haben würde. Da also die Dehnungsgeschwindigkeit eine vom Versuchsmaterial abhängige Größe darstellt, gibt nur die Belastungsgeschwindigkeit einen objektiven Maßstab für die Beurteilung der Versuchsergebnisse.

Da bei größerer Belastungsgeschwindigkeit allgemein auch höhere Festigkeitswerte erhalten werden, ist es erforderlich, eine bei Vergleichsversuchen stets gleichmäßige Geschwindigkeit anzuwenden. Außerdem ist es erforderlich, die Belastungsgeschwindigkeit in bestimmten normalen Grenzen zu halten, damit die von verschiedenen Beobachtern an verschiedenen Stellen gewonnenen Ergebnisse miteinander vergleichbar sind. In der Prüfungstechnik wird die Zerreißgeschwindigkeit meist gefühlsmäßig eingestellt, etwa so, daß (bei Stoffen von mittlerer Dehnbarkeit) die untere Klemme des Festigkeitsprüfers sich in $1-1^{1}/_{2}$ Minuten um etwa 10 cm abwärts bewegt. Dabei ist nur wichtig, daß das Material mit seiner Dehnungsänderung den Belastungsänderungen nachkommen kann. Wichtig ist dies besonders bei Haaren, die bei den verschiedenen Belastungsstufen sehr verschiedene Dehnung aufweisen (s. a. unter Dehnung S. 165), weniger bei Baumwoll- und Leinenerzeugnissen.

Die Abweichung der Prüfungsergebnisse untereinander bei verschiedener Zerreißgeschwindigkeit (Prüfungsgeschwindigkeit, Arbeitsgeschwindigkeit) ist bei der Untersuchung von Textilstoffen mitunter so erheblich, daß schon sehr oft Unstimmigkeiten beim Vergleich von Versuchsergebnissen, die durch verschiedene Beobachter gewonnen waren, auftraten. So berichtet z. B. Alt über Zerreißversuche mit Gurten, bei denen je nach der Belastungsgeschwindigkeit Festigkeitswerte zwischen 261 und 425 kg erhalten wurden, während die geforderte Festigkeit 350 kg betrug. Je nach der eingehaltenen Zerreißgeschwindigkeit führte die Untersuchung der Gurte bei einigen Prüfstellen zu einer Zulassung, bei anderen zu einer Verwerfung des gleichen Gurtes.

Bei Festigkeitsprüfern mit Handbetrieb ist konstante Belastung sehr schwer zu erreichen. Druckwasserantrieb, Antrieb durch konstant laufende Wellen oder Elektromotoren verdienen infolgedessen den Vorzug.

Zur Kontrolle der Belastungsgeschwindigkeit für wissenschaftliche Zwecke würde ein Diagramm dienen können, in welchem die Belastung P als Ordinate und die Zeit t als Abszisse aufgetragen ist. Hierzu verwendet man einen Apparat, der während des Versuchs das Diagramm aufzeichnet. Eine zylindrische Trommel, auf deren Umfang das Diagramm aufliegt, wird durch ein Uhrwerk gleichförmig gedreht, während ein parallel der Trommelachse verschiebbarer Schreibstift die Änderung der Belastung anzeigt. Die Bewegung des Schreibstiftes muß proportional der Belastung erfolgen[1]). Durch Beobachtung des Schreibstiftes und entsprechendes Regulieren der Belastung der Maschine kann man auf solche Weise eine nahezu völlig konstante Belastungsgeschwindigkeit erzielen. Die resultierende Diagrammkurve kann man als eine Gerade ansehen, deren Neigungswinkel eine für das untersuchte Material konstante Größe, die Materialkonstante, darstellt. Diese gibt einen Maßstab, in welchem Grade die Festigkeit von der Belastungsgeschwindigkeit abhängt und ist von Alt für eine Reihe von Materialien ermittelt worden (s. Originalarbeit von Alt a. a. O.).

Über die Anfangsbelastung s. weiter unten unter Technik der Festigkeitsbestimmungen S. 194.

Luftfeuchtigkeit und Temperatur.

Wie bereits ausgeführt (s. S. 115), übt die Luftfeuchtigkeit nicht nur einen erheblichen Einfluß auf den Feuchtigkeitsgehalt und somit auf

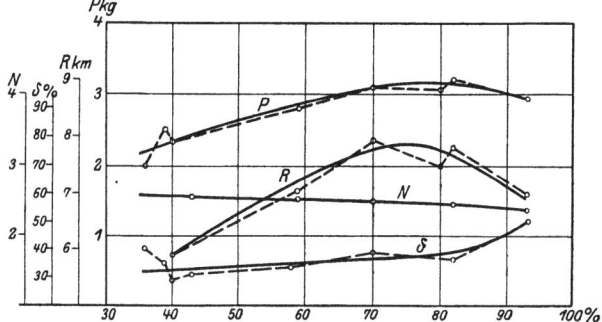

Abb. 112. Baumwollfaser: Abhängigkeit der Bruchbelastung P, Reißlänge R, Dehnung δ und Nummer N von der relativen Luftfeuchtigkeit (nach Willkomm).

das Gewicht der Textilstoffe (Garnnummer) aus, sondern auch auf ihre physikalischen Eigenschaften. Die bisherigen Versuche haben gezeigt, daß dieser Einfluß bei genauen Prüfungen nicht außer acht gelassen werden darf. Alle auf Genauigkeit Anspruch erhebenden Festigkeitsprüfungen müssen deshalb bei einer gewissen normalen Feuchtigkeit der Luft ausgeführt oder auf eine solche bezogen werden; Vergleichsversuche müssen mindestens bei möglichst gleicher Luftfeuchtigkeit ausgeführt werden. In geringerem Grade gilt das Gesagte auch von der Temperatur des Arbeitsraumes.

Das Staatliche Materialprüfungsamt in Berlin-Dahlem führt sämtliche Festigkeitsversuche bei 65% Luftfeuchtigkeit und bei Zimmertemperatur von etwa 18—20° C aus. Diesen Normen hat sich auch seit längeren Jahren das „Bureau of Standards" in Washington angeschlossen. Garne und Gewebe werden vor Ausführung der Versuche möglichst 24 Stunden dem betreffenden Feuchtigkeits- und Temperaturzustand ausgesetzt; mindestens aber mehrere Stunden, wenn der Feuchtig-

---

[1]) Solche Apparate baut die Firma Louis Schopper, Leipzig.

keitsgehalt der Außenluft nicht erheblich von 65% abweicht und das Versuchsmaterial nicht auffallend feucht oder ausgetrocknet ist.

Systematische Studien über den Einfluß der Luftfeuchtigkeit auf die Festigkeitseigenschaften der Textilstoffe haben u. a. ausgeführt: Willkomm, Barwick, Hardy u. a. m.

Willkomm[1]) zeigt in Schaulinien die Beziehungen zwischen Bruchlast, Reißlänge, Dehnung, Nummer von Faserbündeln und der jeweiligen

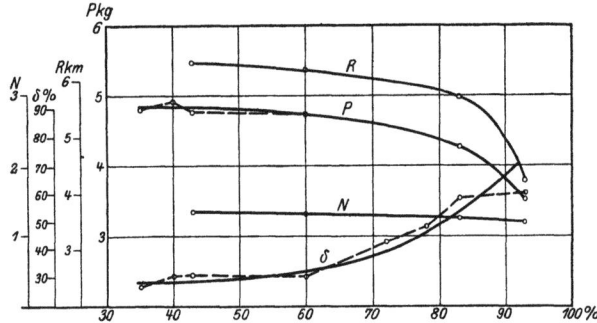

Abb. 113. Schafwollfaser: Abhängigkeit der Bruchbelastung P, Reißlänge R, Dehnung δ und Nummer N von der relativen Luftfeuchtigkeit (nach Willkomm).

Luftfeuchtigkeit. Bei der Baumwollfaser steigt die Bruchlast und Reißlänge mit zunehmender Luftfeuchtigkeit von 40—80% um rund 30%, um dann wieder etwas zu sinken. Die Dehnbarkeit der Baumwolle

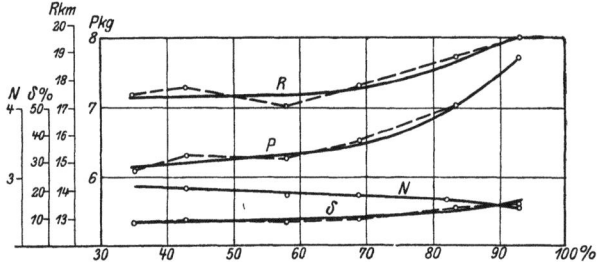

Abb. 114. Flachsfaser: Abhängigkeit der Bruchbelastung P, Reißlänge R, Dehnung δ und Nummer N von der relativen Luftfeuchtigkeit (nach Willkomm).

ist bei der höchst angewandten Feuchtigkeit (92% rel. Feuchtigkeit) am größten. Flachs zeigt gleichfalls mit zunehmender Luftfeuchtigkeit eine Zunahme der Bruchlast und Reißlänge um etwa 30%. Die Zunahme erfolgt besonders auffallend bei 70—90% Luftfeuchtigkeit. Die Dehnbarkeit steigt gleichfalls bis zur Luftfeuchtigkeit von 90%, aber nur ganz schwach. Die Schafwolle zeigt bei 35% rel. Feuchtigkeit die größte Festigkeit, die mit zunehmender Feuchtigkeit um etwa 20% abnimmt. Die Dehnbarkeit des Wollhaares nimmt dagegen mit steigender Feuchtigkeit bis zu 90—95% ununterbrochen zu. Die

---

[1]) Leipz. Monatsschr. f. Textilind. 1909. Nr. 8 ff. „Beiträge zur Frage der Luftbefeuchtigung in Spinnereien und Webereien." S. a. unter „Konditionierung" S. 95.

Seide nimmt an Festigkeit und Reißlänge bei steigender Luftfeuchtigkeit allmählich, von 70% Feuchtigkeit merklicher, bis zu 25% ab.

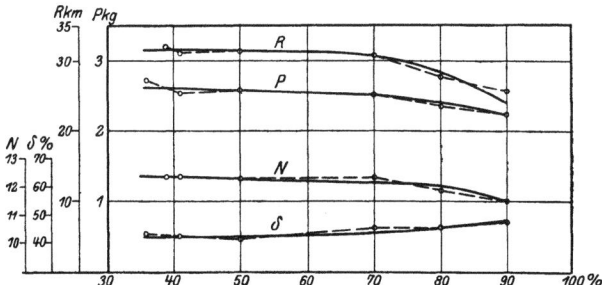

Abb. 115. Seide: Abhängigkeit der Bruchbelastung P, Reißlänge R, Dehnung δ und Nummer N von der relativen Luftfeuchtigkeit (nach Willkomm).

Die Dehnbarkeit der Seide nimmt mit wachsendem Wassergehalt der Luft zu und ist bei 90—95% am höchsten.

Willkomm bediente sich zur Messung der Zerreißfestigkeit der Faserbündel, die er einem Vorgespinst des jeweiligen Materials (bei Seide dem fertigen Gespinst) entnommen hatte. Den ermittelten absoluten Werten wurde hierbei kein besonderes Interesse beigemessen, sondern lediglich dem Verlauf der Kurve; deshalb wurde die Reduktion der gewonnenen Resultate auf die Einzelfaser nicht vorgenommen (s. Abb. 112—115).

Die Versuche von Barwick[1]) sind mit Geweben aus Baumwolle, Leinen und Wolle ausgeführt worden und in nachstehenden graphischen Darstellungen wiedergegeben (s. Abb. 116). Nach Barwick verlaufen die Kurven sämtlich geradlinig (bis zu der Luftfeuchtigkeit von 82 bis

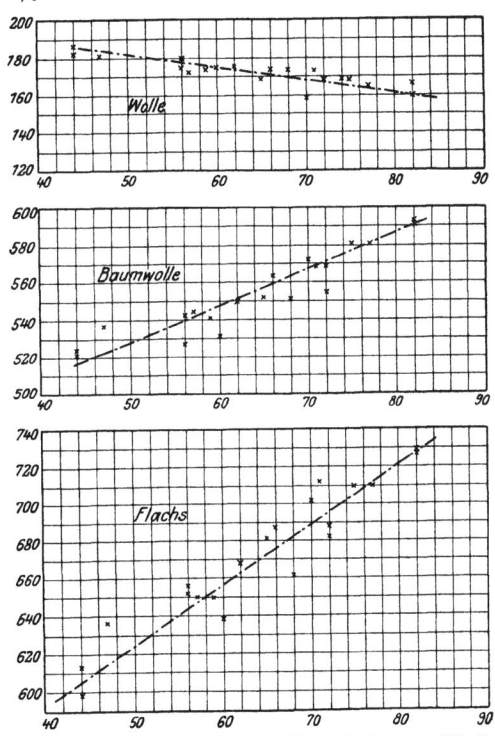

Abb. 116. Abhängigkeit der Festigkeit von Wolle, Baumwolle und Flachs von der Luftfeuchtigkeit (nach Barwick).

---

[1]) Journ. Soc. Dy. and Col. 1913. S. 13. The influence of humidity on the count of Yarn and the Strength of Cloth. — The Handbook of the Manchester Chamber of Commerce. Testing House and Laboratory 1913.

85%), während nach Willkomm bei Baumwolle über 80% Luftfeuchtigkeit ein Sinken der Kurve einsetzt. Bei Wolle findet Willkomm hinter 82% Luftfeuchtigkeit gleichfalls einen schnelleren Abfall, bei Flachs ein schnelleres Aufsteigen der Festigkeitswerte, was bei Barwick nicht der Fall ist. Im übrigen besteht aber zwischen diesen beiden Beobachtern eine recht gute Übereinstimmung.

Da nicht jeder Prüfraum mit Luftfeuchtigkeitsreglern ausgestattet ist, schlägt Marschik[1]) vor, die Festigkeitsuntersuchungen bei den im Prüfraume jeweils herrschenden Feuchtigkeitsverhältnissen durchzuführen und die gefundenen Versuchswerte auf den „normalen" Feuchtigkeitsgehalt umzurechnen. Hierzu sollten die bisherigen Versuche erweitert und vertieft werden, um jene Beziehungen abzuleiten, welche geeignet sind, den Zusammenhang zwischen der Festigkeit der Textilstoffe und der Luftfeuchtigkeit allgemein zu erkennen und die Festigkeit aus irgend einer Untersuchung für einen beliebigen, demnach auch für den als „normal" festgesetzten Feuchtigkeitsgehalt umrechnen zu können. Für solche Umrechnungen könnten die Barwickschen Werte eine vorläufige Grundlage abgeben. Aus praktischen Gründen, auf die hier nicht näher eingegangen werden kann, sollte aber keine andere Luftfeuchtigkeit als diejenige von 65% als „normale" angenommen werden. Die von Marschik vorgeschlagene Luftfeuchtigkeit von 75% ist weniger zweckmäßig.

Die Untersuchungen von Hardy[2]) decken sich mit denjenigen von Willkomm und Barwick insofern nicht, als nach Hardy die Festigkeit von gereinigter und ungereinigter Wolle von 40—80% Luftfeuchtigkeit abnimmt und von da bis zur Sättigung wieder etwas zunimmt. Die Dehnung nimmt von 40—80% Luftfeuchtigkeit zu und von da bis zur Sättigung ab.

Für besondere technische und wissenschaftliche Zwecke wird die Festigkeit von Textilstoffen mitunter auch in absolut trockenem Zustande zu bestimmen sein. Man verfährt in solchen Fällen in der Weise, daß die fertig vorbereiteten Fäden oder Gewebestreifen bei etwa 105—110° C bis zur Konstanz getrocknet und dann jedes einzelne Versuchsstück aus dem Trockenschrank herausgenommen und schnell auf Festigkeit geprüft wird. Hierzu ist etwa $1/2$ Minute erforderlich und die während dieser Versuchszeit wieder aufgenommene Feuchtigkeit so unerheblich, daß sie kaum einen Einfluß auf die Ergebnisse ausüben dürfte. Einige amerikanische Gummifabriken sollen Einrichtungen geschaffen haben, bei denen die Versuchsstücke auch in absolut trockenem Zustande während des Reißversuchs gehalten werden. Die Hände des Versuchsausführenden werden dabei mittels luftdicht abschließender Gummimanschette in dem vollkommen ausgetrockneten Raume (in dem sich der Apparat befindet) frei bewegt, so daß das zu zerreißende Versuchsstück unter völligem Feuchtigkeitsausschluß eingespannt und zerrissen werden kann.

Festigkeitsprüfer oder Dynamometer.

Früher benutzte man bei den Festigkeitsprüfern als Kraftmesser allgemein die Stahlfeder, entweder als Spiralfeder, Flachfeder oder Bogenfeder. Bei den neuen Präzisionsapparaten verwendet man mit Vorliebe

---
[1]) Leipz. Monatschr. f. Textilind. 1913. S. 220. Die Festigkeit der Gespinste und Gewebe bei „normalem Feuchtigkeitsgehalt".
[2]) Nach Chem. Zentralbl. 1920. S. 415. Textile Forschung 1921. S. 49.

die Hebelbelastung (Gewichtsbelastung) zur Spannung der Versuchsstücke. Federkraftmesser sind weniger zuverlässig als Gewichtskraftmesser und müssen häufiger auf die Richtigkeit ihrer Anzeige nachgeprüft werden.

Ein großer Vorteil der Festigkeitsprüfer ist die **automatische Funktion** der Apparate. Die mit Wasserantrieb, Transmission oder elektrisch betriebenen Apparate sind denjenigen mit Handantrieb erheblich überlegen; sie haben den Vorteil, daß die Anspannung stetig und ohne Stoß vor sich geht. Durch die automatische Abstellung der Kraft- und Dehnungsmesser bei Faden- oder Gewebebruch wird ein neuer Vorteil geschaffen, indem dadurch die Beobachtung während der Versuche überflüssig wird und so die unvermeidlichen Beobachtungsfehler vermieden werden.

Der Kraftbereich der Prüfmaschinen soll der Bruchlast des jeweilig zu prüfenden Versuchsmaterials angemessen sein; man darf z. B. nicht Zerreißmaschinen bis zu 5 kg Bruchbelastung wählen, wenn man feine Seidenfäden von 70 oder 80 g Bruchlast prüft. Für feinste Garne ist eine Bruchbelastung bis zu 100 g, für mittlere von 100—500 g, für grobe von 500—1000 g, für sehr grobe von 1000—2000 g usw. angemessen. In der Praxis wird es nicht immer möglich sein, daß man die bestgeeigneten Meßbereiche zur Verfügung hat, indes sollen die Meßbereiche immer noch in einem einigermaßen angemessenen Verhältnis zu den Bruchlasten stehen. Zweckmäßig benutzt man Prüfmaschinen mit z. B. zwei Skalen für verschiedene Meßbereiche, die durch An- oder Ab-Hängen von Gewichten benutzbar sind. Was hier von Garnen gesagt ist, bezieht sich sinngemäß auch auf Gewebe, Seile usw.

Sehr wertvoll ist es auch, wenn der Festigkeitsprüfer mit einer Drehvorrichtung und einem Torsionszähler versehen ist, anderseits mit einer nachgiebigen Einspannvorrichtung mit Längenmaßstab. Man kann dann gleichzeitig die Verkürzung des Fadens beim Zusammendrehen bzw. Zwirnen (das Einzwirnen) sowie die Festigkeit bei bestimmter Drehung ermitteln (s. a. unter Torsionsprobe S. 160).

Von den zahlreichen im Handel befindlichen Festigkeitsprüfern seien die wichtigsten nachstehend kurz besprochen. In der Konstruktion die einfachsten und leichtesten, im Preise die billigsten, aber auch die am wenigsten zuverlässigen und leistungsfähigen Festigkeitsprüfer sind die Taschenkraftmesser, zylindrischen Garnstärkemesser und Federdynamometer[1]).

1. **Festigkeitsprüfer von Guggenheim.** Es ist ein einfacher Garnfestigkeitsmesser in **Bogenwagenform** nach dem Grundsatz der **Hebelbelastung** und hauptsächlich für feine Nummern von Garn, Zwirn und Seide bestimmt und kann mit einer zweiten Teilung versehen werden, um zugleich als Garnwage für grobe Nummern und ganze Zahlen Ver-

---

[1]) Veraltete, technologisch unrichtige Festigkeitsprüfer sind in dieser Neuauflage nicht mehr aufgenommen, z. B. der Taschenkraftmesser von Guggenheim, die Federdynamometer nach Goldschmidt und Riehlé, der Dynamometer mit Laufgewicht nach Schoch, der kontinuierliche Garnfestigkeitsprüfer von Usteri-Reinacher, der Dynamometer von Perreaux u. a. m. (s. 1. Auflage).

wendung zu finden. An dem Stativ befindet sich eine Vorrichtung, um den Faden über eine Rolle zu ziehen; man erhält dadurch einen gleichmäßigen Anzug. Teilung: 0—1000 g, 0—2000 g usw. Der Apparat wird auch mit Aufsteckzeug für Cops und Spulen versehen, damit die einzelnen Versuche ununterbrochen hintereinander ausgeführt werden können.

Wesentlich vollkommener wird der Apparat, wenn er gleichzeitig mit einem Dehnungsmesser ausgestattet ist. Auch dieser Apparat besteht wie der vorhergehende aus einem an einer Säule befestigten Gradbogen, welcher am inneren Radius mit Zähnen versehen ist. Der am Gradbogen befindliche Pendel hat am oberen Ende eine Klemme und am unteren Zeigerrande einen Sperrkegel. Außerdem ist an dem Apparat eine Metallschiene mit Millimeterteilung und Zeiger angebracht. Der Pendel wird auf 0 eingestellt und durch einen Stift arretiert, hierauf wird durch Drehen des Handrades der Nonius ebenfalls auf 0 gebracht und die Fadenenden in die obere und untere Klemmvorrichtung eingespannt.

Nunmehr wird der Faden, nachdem vorher der Stift aus der Bogenskala herausgezogen worden ist, durch Drehen des Handrades angezogen und endlich zum Reißen gebracht. Im Augenblick des Reißens wird mit dem Drehen aufgehört, da andernfalls falsche Werte für die Dehnung angezeigt werden. Am Gradbogen ist alsdann die Festigkeit des Fadens in Grammen, am Nonius die Dehnung in Millimetern abzulesen. Die Skalen werden verschieden geteilt.

2. Serimeter. Die ersten automatischen Festigkeitsprüfer, bei denen der Handantrieb durch mechanische Kraft ersetzt wurde, waren die Seidenfestigkeitsprüfer oder die Serimeter, wodurch eine gleichmäßige Anspannung des zu prüfenden Materials erreicht worden ist.

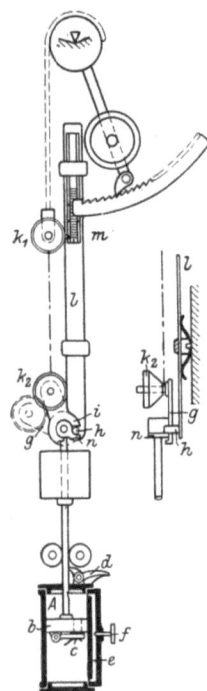

Abb. 117. Festigkeitsprüfer von Henry Baer & Co.

Diese Fadenprüfer sind eine verbesserte Konstruktion des Regnierschen Serimètre. Die Beanspruchung des Fadens erfolgt durch ein mittels Ölkatarakt regulierbares Fallgewicht; der Faden wird in der Länge von $1/2$ m zwischen zwei Klemmen eingespannt. Die Festigkeit ist auf dem Quadranten in Grammen, die Dehnung auf dem Lineal in Prozenten abzulesen. Der Zeigerhebel sowie die Skala bleiben bei Fadenbruch stehen. Die Apparate werden für Belastungen von 0—200, 0—300 g usw. ausgeführt.

3. Automatischer Festigkeits- und Dehnungsprüfer von Henry Baer & Co., Zürich, System Aumund (Abb. 117).

Unten am Apparat befindet sich ein aus Zylinder a und Kolben b mit Rückschlagventil c bestehender Ölkatarakt. Die durch Gewicht belastete Kolbenstange trägt am oberen Ende die an einem Kipparm g angebrachte Einspannschraube k_2. Die obere Einspannschraube k_1 ist mit einer Einrichtung verbunden, welche die auf das Versuchsobjekt ausgeübte Zugspannung auf einer Skala erkennen läßt. Diese Einrichtung besteht aus auf Schneiden ruhenden Gewichtshebeln, welche stets genau und zuverlässig einspielen und Veränderungen, wie bei Federn nicht unterworfen sind.

Beim Hochziehen des Kolbens b öffnet sich das Rückschlagventil c und läßt das im Zylinder a eingeschlossene Öl frei passieren. In der obersten Stellung des Kolbens wird derselbe mittels einer durch Klinke und Einkerbung in der Kolbenstange angedeuteten Arretiervorrichtung fixiert, so daß das Versuchsobjekt zwischen den Backen k_1 und k_2 eingespannt werden kann. Nachdem diese Arretierung gelöst ist, sinkt der Kolben infolge seiner Gewichtsbelastung abwärts, dabei das unter demselben befindliche Öl durch einen mittels Schraube f regulierbaren Kanal e drückend.

Diese Bewegung, durch welche das Versuchsobjekt angespannt wird, und welche das Hauptmoment bei der Prüfung der Materialien bildet, geschieht also bei vorliegendem Apparate automatisch und völlig gleichmäßig.

Solange das Versuchsbojekt nicht zerrissen ist, wird durch die Spannung desselben der Arm g in seiner aufrechten Stellung gehalten und faßt mit seiner Nase i über einen Stift h der verschiebbaren Schiene l, so daß diese an der Bewegung der unteren Klemmschraube k_2 teilnimmt.

Am oberen Ende trägt die Schiene eine Einteilung, auf welcher ein an der oberen Klemmschraube k_1 angebrachter Index gleitet. Die obere Klemmschraube macht ebenfalls eine gewisse, zum Heben des Belastungshebels erforderliche Abwärtsbewegung, welche um das Maß der Dehnung kleiner als die der unteren Klemmschraube ist. Diese Bewegungsdifferenz, also die Dehnung, wird von dem Index m auf der Skala der Schiene l angezeigt.

Sobald das Versuchsobjekt reißt, kippt der Arm g in die punktiert gezeichnete Lage um und läßt den Stift h frei, so daß die Schiene l, welche durch leichte Federn gebremst wird, in ihrer Lage verbleibt, während der Kolben weiter abwärts sinkt.

Da auch die obere Klemmschraube infolge Sperrung des Belastungshebels in ihrer Lage verbleibt, zeigt der Index m auf der Dehnungsskala die Dehnung bei der Bruchbelastung an, während die letztere selbst auf der Kraftskala (in der Abbildung nicht angegeben) abgelesen wird.

Für den Gebrauch für Stoff- oder Papierstreifen ist ferner eine selbstspannende und sich selbst einstellende obere Klemmbacke konstruiert, welche ein sehr bequemes und rasches Einspannen der Versuchsstreifen gestattet und infolge der beweglichen Anordnung der Backen in den Scherenhebeln mittels Kugelgelenken ermöglicht, daß die eingespannten Streifen sich genau nach der Richtung des ausgeübten Zuges einstellen, so daß einseitige Spannungen infolge schiefen Einspannens und dadurch hervorgerufenes zu frühes Reißen vermieden werden.

Das Einspannen geschieht durch Zusammendrücken der oberen längeren Hebel, wodurch die Backen auseinandergehen. Nachdem der Streifen zwischen die Backen eingebracht ist, wird die Vorrichtung losgelassen und der Streifen ist festgeklemmt, und zwar um so fester, je größer die darauf ausgeübte Zugspannung ist.

Die Hauptvorzüge, welche dieser Apparat in seinen verschiedenen Ausführungsformen bietet, lassen sich also kurz wie folgt zusammenfassen:
1. Senkrechte Anordnung, daher bequeme Handhabung.
2. Gewichtsbelastung der Kraftwage, ohne Spiralfedern, daher unveränderlich.
3. Automatische, stets gleichmäßige Anspannung.
4. Selbsttätig beim Bruch auslösende Dehnungsskala, mit direkter Angabe der Dehnung.
5. Bequemes Einspannen bei Probestreifen, infolge der selbstspannenden Klemmvorrichtung.

4. **Die Schopperschen Festigkeitsprüfer.** Allen Anforderungen an einen zweckmäßigen Dynamometer entsprechen die sorgfältig durchkonstruierten Festigkeitsprüfer von L. Schopper in Leipzig.

Die Konstruktion dieser Festigkeitsprüfer für Garne ist, unbeachtet verschiedener Spezialvorrichtungen, besonderer Einstellungsmöglichkeiten usw., beispielsweise folgende.

Ein in Kugellagern mittels Zapfen eingesetzter Winkelhebel zum Messen des Kraftaufwandes ist auf einem besonderen Schlittenstück montiert, das lotrecht in einem langen Ständer verschoben werden kann. Hierdurch erzielt man eine verstellbare Einspannlänge zwischen 200 und 1000 mm. Das untere Hebelende gleitet zwischen zwei Bogen, von denen der vordere die Kraftmaßstäbe trägt, der hintere mit Zähnen versehen ist, die die Sperrklinken des Winkelhebels auffangen und so ein Zurückfallen des Hebels beim Faden-(oder Gewebe-)bruch verhindern. Über das Segment des Winkelhebels schlingt sich eine Kette zum Halten der einen Einspannklemme. Das Segment ist nach der Gegenseite verlängert und gleicht das Gewicht des Winkelhebels so aus, daß er im Ruhestande lotrecht herabhängt. Der Antrieb geschieht durch Druckwasser mit Umsteuerungsventil nach A. Martens und Momentabstellhahn, oder auch durch Transmissionsantrieb, elektrischen Antrieb usw. In einem Zylinder bewegt sich gut schließend ein Kolben, dessen Kolbenstange nach oben durch den Deckel geführt ist und am Ende die zweite Einspannklemme trägt. Diese kann drehbar angeordnet und mit Drehungszähler versehen werden, damit man imstande ist, den im Apparat eingespannten Faden auf- und zusammenzudrehen.

Auf diese Weise wird der Drall bestimmt, den ein Faden für seine höchste Festigkeit haben muß. Die Kolbengeschwindigkeit läßt sich durch ein Ventil regeln und soll immer gleichmäßig sein. Die Skala oben rechts dient als Dehnungsmaßstab und gestattet, die Dehnung in Millimetern absolut und in Prozenten abzulesen. Nach Wunsch wird der Apparat mit einer Vorrichtung geliefert, die das Zerreißdiagramm selbsttätig aufzeichnet. Die Apparate für Wasserantrieb können ohne weiteres an jede Wasserleitung mit 2—3 Atmosphären Druck angeschlossen werden.

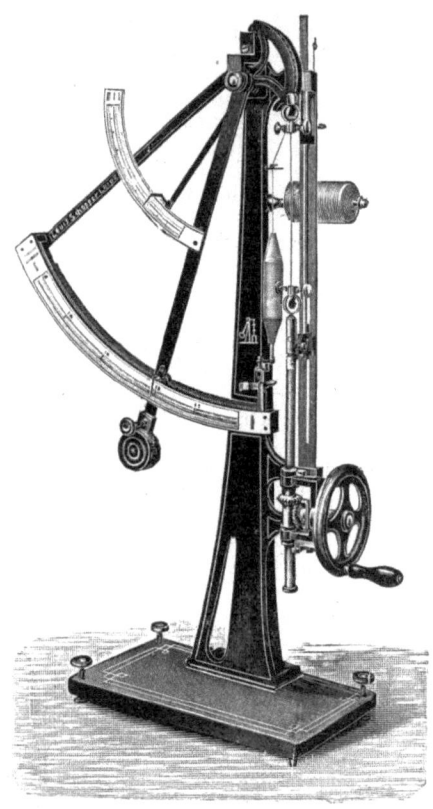

Abb. 118. Garnfestigkeitsprüfer mit Handantrieb nach Schopper.

Abb. 118 zeigt ein Modell eines Schopperschen Festigkeitsprüfers mit Handantrieb, wie er für technische Zwecke vielfach genügt. Die Einspannlänge beträgt 200 mm, die Kraftleistung schwankt zwischen 0,5 und 50—100 kg. Zur ununterbrochenen, bequemen Abnahme des Versuchsmaterials sind Aufsteckvorrichtungen für Cops, Kannetten, Bobinen und Kreuzspulen, sowie Fadenführer vorgesehen. Die obere kleine Bogenskala dient zum Ablesen der Dehnung in Millimetern und Prozenten. Die untere Klemme zum Festhalten des Materials sitzt auf einem mit Gewinde versehenen Bolzen, der durch Drehung einer als Kegelrad ausgebildeten Mutterschraube nach abwärts bewegt werden kann.

Abb. 119 zeigt einen Schopperschen Festigkeitsprüfer zur Ermittelung der Bruchlast und Dehnung von Garnen und Fäden aller Art, mit Wasserantrieb und Umsteuerungsventil nach A. Martens und Momentabstellhahn. Die freie Einspannlänge beträgt 200—1000 mm. Solche Apparate befinden sich beispielsweise bei dem Staatlichen Materialprüfungsamt im Gebrauch.

Der durch Abb. 120 erläuterte Festigkeits- und Dehnungsprüfer für einzelne Woll- und Tierhaare, Pflanzenfasern, Faserbündel usw. gehört zu den genauesten Präzisionsinstrumenten, die in der Textilindustrie verwendet werden. Er ist für Wasserantrieb eingerichtet und mit Dreiweghahnsteuerung versehen; der Krafthebel und die obere Klemme gehen auf Schneiden. Die freie Einspannlänge beträgt 10—100 mm. Durch entsprechende Belastungsgewichte ist der Prüfer für Kraftleistungen von 1 g bis 1,5 kg verwendbar. Der Apparat ist gleichfalls beim Staatlichen Materialprüfungsamt im Gebrauch.

Die Festigkeitsprüfung der Gewebe deckt sich im allgemeinen mit derjenigen der Garne, gestaltet sich aber einfacher, da die Zerreißergebnisse nicht durch so viele störende Umstände beeinflußt werden. Gewebestreifen von rund 5 cm Breite und 20—50 cm Länge werden zwischen Klemmbacken eingespannt, und diese bis zum Bruch des Streifens auseinander bewegt. Der Zug wird bei Schopper durch Gewichtsbelastung erzeugt.

Abb. 121 zeigt einen Schopperschen Gewebefestigkeitsprüfer für Wasserantrieb mit Hochdruckventil für Stoffe aller Art, Tuche, Leder, Riemen usw. bei 100—400 mm freier Einspannlänge und 50 mm Einspannbreite. Diese Apparate werden bis 1500 kg Kraftleistung ausgeführt. Das Hochdruckventil hat für Hoch- und Tiefgang des Kolbens je eine Steuerung, ferner ein Feineinstellventil zur Regelung der Kolbengeschwindigkeit.

5. Eingeführt haben sich ferner die Zerreißmaschinen für Gewebe, Seile, Riemen usw. von Alb. v. Tarnogrocki in Essen-Ruhr.

Sie gehen ganz auf Schneiden, haben vertikale Einspannvorrichtung und einfachste Hebelanordnung. Die jeweilig ausgeübte Zugkraft wird selbsttätig auf den Zeiger übertragen und gestattet, in jedem Augenblick die Belastung des Materials an der Skala abzulesen. Die Richtigkeit der Skala kann durch direkte Belastung kontrolliert werden. Der Antrieb geschieht durch konische Räderübersetzung und Rädervorgelege; letzteres ist derart ausgeführt, daß die Zugwirkung langsam erfolgt

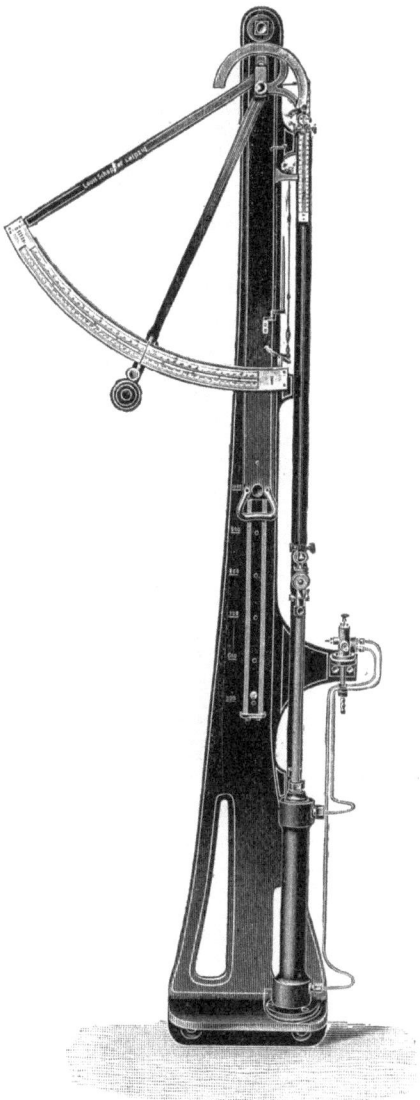

Abb. 119. Garnfestigkeitsprüfer mit Wasserantrieb nach Schopper.

und nach Umschaltung der Räder ein schnelles Zurückdrehen des unteren Spannkopfes in die ursprüngliche oder in jede beliebige Stellung erfolgen kann. Die Spannvorrichtung besteht aus einem einseitig offenen Gehäuse, in welchem sich zwei keilförmig gehaltene Klemmbacken parallel zueinander gleichzeitig vor- und rückwärts bewegen. Das Material wird seitlich in die Klemmvorrichtung eingeführt und nach leichtem Vorschieben der Keile absolut sicher und ohne eine Verletzung zu erleiden, festgehalten. Die Zugkraft erfolgt durch Rotation des Handrades, wodurch sich die untere Spannvorrichtung abwärts bewegt; während der Zugerzeugung bewegt sich der untere Pendel aus seiner senkrechten in eine geneigte Stellung, und die im Aufhängepunkt des Pendels stattfindende Drehung wird in vergrößertem Maßstabe durch den Zeiger auf die in Augenhöhe angebrachte Skala übertragen; die äußerste Zeigerbewegung bzw. die maximale Zugkraft fixiert der Schleppzeiger. Bei eintretendem Bruch des Materials wird der Pendel mit seinem Gegengewicht durch Sperrklinken arretiert. Das Zurücklassen des Pendels geschieht durch das Windwerk — bei den kleineren Modellen mittels Handgriffes — bei gleichzeitigem Auslösen der Sperrklinken mittels Schnur. Durch Ausschalten des Schneckenrades aus der Schnecke und gleichzeitiges Einschalten des Kegelrades kann nach Bruch des Versuchsstückes die untere Spannvorrichtung schnell in die Anfangsstellung oder jede beliebige andere Stellung zurückgekurbelt werden, wodurch eine wesentliche Zeitersparnis bei den Zerreißversuchen erzielt wird. Die

Abb. 120. Schopperscher Festigkeitsprüfer für Fasern, Faserbündel und Haare.

Maschinen werden auf Wunsch auch mit Dehnungsmesser ausgestattet, welcher die absolute Dehnung des Materials während der Zerreißprobe anzeigt. Ebenso werden Apparate für Riemen- oder hydraulischen Antrieb eingerichtet. Zugkraft 20 kg bis 30 000 kg.

6. **Festigkeits- und Dehnungsmesser von Goodbrand & Co. in Manchester.**

Diese Apparate mit direkter Gewichtsbelastung sind besonders in England und den englischen Kolonien eingeführt. Deshalb sind sie meist für das englische Gewichts- und Maßsystem (englische Pfund und Zoll) eingerichtet, können aber auf Wunsch auch für das metrische System gebaut werden. Ebenso werden sie für Handantrieb und Kraftantrieb konstruiert. Letzterer ist für genaue Bestimmungen stets vorzuziehen.

Festigkeitsprüfer oder Dynamometer. 191

Die mittels einer Blechschablone stets gleich groß geschnittenen Stoffproben S (Abb. 122[1])) werden in die Backen A und B so eingelegt, daß sie während des Einspannens in ihrem freien Teile unterstützt werden und daher nicht durchhängen können; auf diese Weise erzielt man eine stets gleichbleibende Einspannlänge und Anfangsspannung, sowie fadengerade und faltenfreie Anfangslage. Mit Hilfe der Exzenter a und b (welche in Wirklichkeit senkrecht zur Zeichenfläche stehen und auf gemeinschaftlicher Achse sitzen) werden die oberen Klemmbacken mit einem Handgriff rasch und gleichmäßig angepreßt. Die Anspannung erfolgt mittels einer Schraube S, welche von einer Transmissionswelle aus durch eine Riemenscheibe R und Zahnräderübersetzung u gedreht wird; die Mutter m nimmt durch die Zugstange t den Backen ruhig und gleichmäßig mit.

Als Kraftmesser dient das Gewicht G, welches durch eine Kette K vom Backen A angehoben und bei eintretendem Bruch durch den gleichzeitig von der Kettenwelle w mitgenommenen Sperrhebel h auf dem Zahnbogen z gehalten wird; der Kraftmaßstab befindet sich auf einer Scheibe M, auf welcher ein mittels Kegelräder r_1 und r_2 von der Welle w mitgenommener Zeiger i einspielt. Zwischen den Backen A und B ist ein Dehnungsmaßstab angebracht, welcher die relative Bewegung von A und B anzeigt und die Dehnung nach Bruch der Probe ablesen läßt. Die Bedienung der Maschine erfordert insofern einige Aufmerksamkeit, als die Abstellung des Antriebes

Abb. 121. Gewebefestigkeitsprüfer nach Schopper.

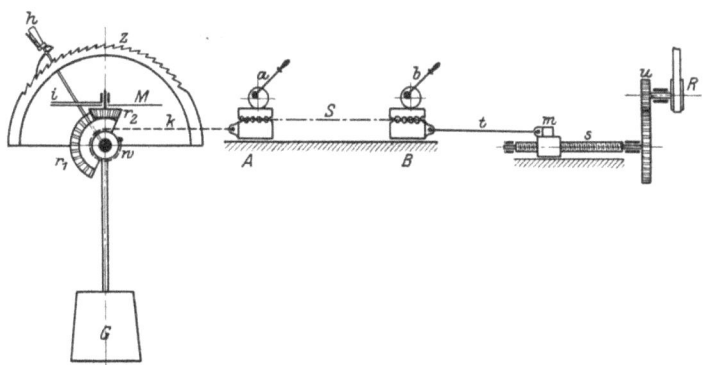

Abb. 122. Wirkungsweise des Goodbrandschen Festigkeitsprüfers.

nicht selbsttätig erfolgt und der Bedienende den Ausrückhebel stets in der Hand haben und die Stoffprobe während des ganzen Versuches beobachten muß. Die Festigkeit wird in Kilogramm oder engl. Pfund, die Dehnung in Millimeter oder engl. Zoll angegeben.

---
[1]) Nach A. Seipka und Marschik.

7. Festigkeitsprüfer für Stoffe mit automatischer Aufzeichnung von Leuner[1]) (Federdynamometer).

Dieser Apparat registriert sowohl die Dehnung als auch die Bruchlast auf einem Streifen Papier (Abb. 123). Die Einspannklemmen werden einerseits mit dem Haken E, anderseits mit dem Wagen und durch geeignete Stifte verbunden. Die eingespannten Enden müssen stets gleichen Abstand voneinander haben. Hierzu bedarf es einer genauen, dem Faden nach fortlaufenden Anspannung, für welche bei dem Apparat in genügender Weise Vorsorge getroffen ist. Die Aufzeichnung von Bruchlast und Dehnung geschieht vermittels des Zeichenstiftes C und der Zeichenwalze B. Letztere ist auf die Zugstange, welche die Feder mit der Klemme verbindet, beweglich um diese Stange aufgesteckt und erfährt durch eine geeignete Übersetzung mittels zweier Konusräder eine Drehung, die genau der seitlichen Verschiebung der Klemme A, d. i. der Ausdehnung des Stoffes, entspricht. Zur Aufzeichnung des Weges, den das von einer Schraube angezogene andere Ende der Feder im Gegensatz zu der nur dem Wert der Dehnung entsprechenden Ausweichung zurücklegt, gleitet der Stift C senkrecht auf der Zeichenwalze um diese Strecke vor. Aus der Vereinigung der beiden Bewegungen entsteht eine Kurve, deren Ordinaten die Festigkeit, deren Abszissen die Dehnung darstellen. Die ersteren werden von dem Stifte aufgezeichnet, indem man die Schrau-

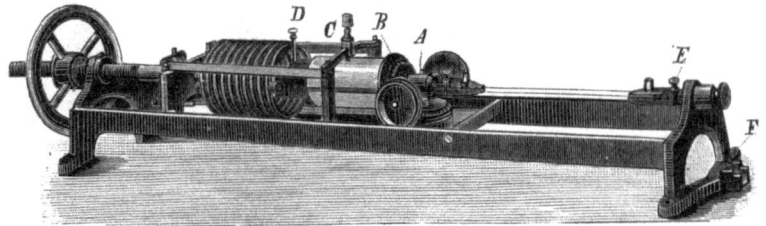

Abb. 123. Leuners Festigkeitsprüfer mit automatischer Aufzeichnung.

benfeder in normale Stellung zur Zeichenwalze bringt, die letztere ergibt sich durch Drehung der Walze B gemäß dem von ihr beschriebenen Wege.

Zum bequemen Ausmessen des Diagramms wird zweckmäßigerweise eine auf der unteren Seite gravierte Meßplatte aus Glas benutzt. Die Teilung der Platte zeigt für die Dehnung direkt die Prozente und für die Bruchlast das Gewicht bis zu hundertstel Kilogramm an; hierdurch erspart man das Aufzeichnen der Ordinaten. Man legt die mit der Kilogrammteilung versehene Senkrechte durch den äußersten Kurvenpunkt, die der Abszisse entsprechende Linie der Glasplatte durch den Anfangspunkt und liest ab.

Nach erfolgtem Bruch der Stoffprobe verhindern zwei eingelegte Sperrklinken ein plötzliches Verkürzen der Schraubenfeder. War die Spannung der Feder nicht groß, so kann sie nach Ausrücken der Hemmung mit der Hand aufgehoben werden; bei großer Inspruchnahme dagegen dreht man mit Handrad und Schraube die angezogene Feder auf ihre Normale zurück.

8. Festigkeitsprüfer von Krais.
Für die Bestimmung der Festigkeit von Einzelfasern (Nessel-, Flachsfaser, Kunstseide, Seide usw.) konstruierten in neuerer Zeit Krais[2]), Colditz und Burkhardt als Ersatz für den teureren Schopperschen Apparat (s. Abb. 124) einen einfacheren Apparat mit Wasserbelastung (hergestellt von der Firma Hugo Keyl in Dresden-A, Marienstraße).

Der Apparat ist nach dem Prinzip einer Wage mit Arretierung gebaut. An dem linken Wagebalken befindet sich die Schale zur Aufnahme des Wassers

---

[1]) Mechanisches Institut der Technischen Hochschule in Dresden.
[2]) Krais: Textilber. 1920. S. 282. Textile Forschung 1920. S. 134; 1921. S. 86.

(s. Abb. 124), in die die Doppelhahnbürette mündet. Am rechten Wagebalken hängt die obere Klemme zum Festmachen des Versuchsmaterials, während die untere auf dem Wagensockel montiert ist. Die Klemmen sind in Abständen von 0 bis etwas über 2 cm voneinander einstellbar, so daß man die Einspannlänge innerhalb dieser Grenzen beliebig einstellen kann.

Damit der auf die Faser wirkende Zug immer genau senkrecht vor sich geht, ist das Ende des Wagebalkens als Kreissektor ausgebildet, an dem eine Stahl-

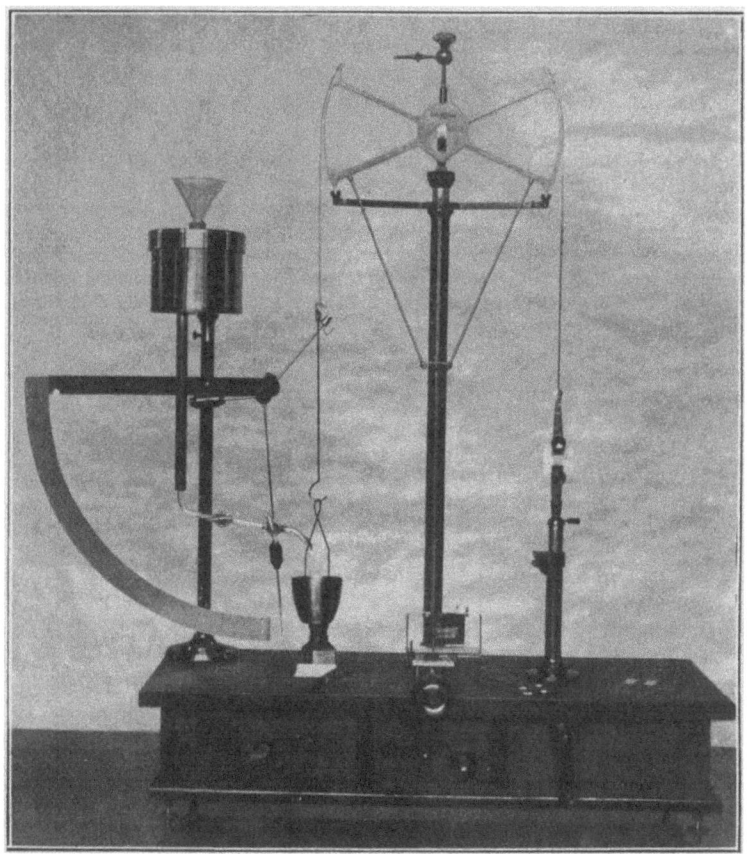

Abb. 124. Festigkeitsprüfer nach Krais.

lamelle hängt, in der die obere Klammer aufgehängt ist. Für feinere Versuche mit empfindlichen Einzelfasern werden diese auf aus gewöhnlichem Schreib- oder Kunstdruckpapier ausgestanzten Rähmchen (Stanze links auf der Abbildung sichtbar) mit Leinölfirnis oder Kutschenlack + Sikkativ (eventuell mit Zellonlack) aufgeklebt, so daß eine Länge von z. B. 1 cm frei bleibt. Wenn der Lack trocken ist, spannt man das Rähmchen in den Apparat, wobei ein Rutschen der Fasern zu vermeiden ist. Soll die Faser naß geprüft werden, so befeuchtet man sie vorher mit einem Tropfen Wasser. Nach dem Einspannen schneidet man die beiden Seitenleisten des Rähmchens durch und beginnt mit dem Eintropfenlassen des Wassers in die am linken Wagebalken befindliche Schale (etwa 10 ccm pro Minute). Die Bürette ist mit zwei Hähnen versehen, von denen der eine auf die gewünschte Tropfengeschwindigkeit (z. B. 10 ccm = 10 g in 1 Minute) eingestellt, während der andere bei Versuchsbeginn ganz aufgedreht und beim Bruch der Faser ganz geschlossen wird. Wegen der allmählichen Verlangsamung des Wasserausflusses aus der Bürette wird diese bei jedem Versuch gleich hoch gefüllt, also z. B. auf den Nullpunkt eingestellt. Vor Beginn des Versuches ist der Apparat mit der Wasserwage genau einzustellen, und der Zeiger der Wage (mit der leeren Schale einerseits und dem Papierrähmchen anderseits belastet) muß genau auf Null einspielen. Später hat Krais den Apparat insofern vervollständigt, als auch die Dehnung bestimmt werden kann.

Einen anderen Apparat zur Bestimmung der Festigkeit von einzelnen Haaren und Fasern nach Güldenpfennig baut die Firma Paul Polikeit in Halle a. S. (Haar- und Gespinstmikro-Dynamometer). Erwähnt sei schließlich auch noch der selbsttätige Garnfestigkeitsprüfer mit Wasserbelastung System Zedlitz[1]).

Zur Ermittelung der Festigkeit ganz schwerer Erzeugnisse der Textil- und Lederindustrie (Förderseile, Treibriemen, Transportbänder u. ä. m.) werden in der Regel liegende Festigkeitsprüfmaschinen verschiedener Bauart verwendet. Die aufgewendete Kraft wird entweder durch Wage und Gewichte oder durch Manometer gemessen. Die freie Einspannlänge beträgt bei den Maschinen des Staatlichen Materialprüfungsamtes bis zu 17 m. Die größte Prüfmaschine Deutschlands wurde im Jahre 1911/12 im Materialprüfungsamt in Berlin-Dahlem aufgestellt; sie kann Druckkräfte bis zu 3 Millionen kg und Zugkräfte bis zu $1\frac{1}{2}$ Millionen kg ausüben und messen und ist für Versuchslängen von 7—15 m Länge eingerichtet. Diese Maschine bildet gewissermaßen das Gegenstück zu den Mikrodynamometern für Elementarfasern, die die Messung von kleinsten Kräften bis 0,01 g genau gestatten.

Vorbereitung des Probematerials und Technik der Ausführung.

Das Probematerial wird zunächst längere Zeit in einem normalfeuchten Raume (65% rel. Feuchtigkeit) ausgelegt (s. a. S. 93). Alsdann wird bei Fasern und Gespinsten eine genügende Länge genau abgemessen und gewogen, um das Belastungsgewicht für die Anfangsspannung und später die Reißlänge berechnen zu können. Die Festigkeit von Fasern und Gespinsten wird stets durch Zerreißen von Einzelfäden (s. S. 162) und niemals durch solches von Bündeln oder Gebinden ermittelt.

Um einwandfreie Vergleichswerte zu erhalten, empfiehlt es sich, bei faserigen Gebilden eine auf den Querschnitt bezogene Anfangsbelastung zugrunde zu legen. Für Garne aus Einzelfasern (Baumwolle, Kammgarn usw.) wird nach Vorschlag von E. Müller als bequem zu ermittelnde Anfangsbelastung das ermittelte Gewicht von 100 m des Versuchsstückes genommen; bei Vorgespinsten genügt das Gewicht von 10 m, bei Florettgespinsten das von 100 m Länge. Bei Rohseiden und gefärbten Seiden kann man weitaus größere Belastungen nehmen; um hier ein Glattstrecken zu erreichen, sollte man nicht unter eine Mindestbelastung von 1 g gehen. Als Norm ist die Anfangsbelastung, entsprechend dem Gewicht von 100 m, zunächst nur in den Bestimmungen der seit 1. Juli 1910 gültigen Untersuchungen der harten Kammgarne (s. S. 133) festgelegt („Schleifenbelastung").

Für Gewebe bestehen bezüglich der Anfangsspannung zur Zeit keine Normen und einheitliche Verfahren. Hier wird der Versuchsstreifen

---

[1]) Leipz. Monatschr. f. Textlind. 1910. S. 66.

zunächst möglichst tief in eine der Einspannklemmen hineingeschoben und diese dann leicht geschlossen. Alsdann wird der Streifen durch die zweite offene Klemme hindurchgezogen und unter Lüftung der ersten Klemme angezogen, bis der Streifen zu rutschen beginnt. Schließlich werden beide Klemmen fest geschlossen. Hierbei ist besonders darauf zu achten, daß der Streifen in seiner ganzen Breite gleichmäßig straff liegt. In besonderen Fällen wird auch derart verfahren, daß das Versuchsstück vor dem Einspannen glatt auf einen Tisch gelegt und die gewünschte freie Einspannlänge unter Zuhilfenahme eines Maßstabes durch Strichmarken bezeichnet wird. Letztere müssen dann beim Einspannen in den Apparat genau mit dem Klemmenrand abschneiden.

Die Berechnung der Reißlänge R (s. S. 164) erfolgt aus der metrischen Feinheitsnummer N, und der ermittelten Bruchlast P, nach der Formel: $R = N \cdot P$; oder aber aus der ermittelten Bruchlast und dem ermittelten Metergewicht des Versuchsmaterials (G) nach der Formel: $R = P/G$. Bei unmittelbarem Abwägen einer bestimmten Länge kann das Metergewicht und aus diesem und der ermittelten Bruchlast die Reißlänge am einfachsten berechnet werden.

Bei faserigen Gebilden werden in der Regel 10—20, in besonderen Fällen bis 50, Einzelfestigkeitsversuche ausgeführt. Die Entnahme des Versuchsmaterials erfolgt tunlichst aus verschiedenen Faserpartien, Garnsträhnen, Spulen usw. Aus den Einzelversuchen wird in bekannter Weise das Mittel gezogen. Soll auch die Gleichmäßigkeit festgestellt werden, dann werden etwa 30—50 Einzelversuche angestellt. Die Berechnung der Gleichmäßigkeit geschieht durch Ermittelung der prozentualen Abweichung des Gesamtmittels von dem Untermittel (s. S. 168). Liegt eine größere Anzahl von Strähnen, Cops usw. vor, so werden mit jedem derselben etwa fünf Einzelversuche ausgeführt; das Material aus denselben wird wiederum am laufenden Faden mit Abständen von mindestens 1 m entnommen. Die gebräuchlichste Einspannlänge bei Fäden ist 500 mm (s. S. 178).

Die Abmessungen bei Festigkeitsprüfungen von Geweben sind im Staatlichen Materialprüfungsamt folgende. Wollstoffe (Näheres s. S. 198) werden bei 30 cm freier Einspannlänge und 9 cm Breite (doppelt zusammengelegt Abb. 128) den Zerreißversuchen unterworfen. Alle übrigen Stoffe werden, wenn nicht besondere Vorschriften bestehen, bei 36 cm freier Einspannlänge und 5 cm Breite (mit 5 mm freien Fadenenden auf jeder Streifenseite) in einfach liegenden Streifen geprüft.

Gewebestreifen werden in der Regel vor dem Zerreißen besonders vorbereitet. Zunächst wird das Versuchsstück oder ein geeigneter größerer Abschnitt desselben fadengerade[1]) geschnitten (d. h. so, daß

---
[1]) Starkfädige Gewebe schneidet man bei einiger Übung leicht mit dem vorderen Teil der Schere fadengerade zu, wobei sich die Schere gewissermaßen ihren Weg selbst sucht, ohne die angrenzenden Fäden zu beschädigen. Bei feinen Nesselgeweben u. a. zeichnet man sich die Schnittpunkte der einzelnen Streifenkonturen auf, legt dann das Gewebe auf eine glatte weiche Unterlage (Pappe, Linoleum usw.) und führt unter leichtem Druck eine spitze Nadel von einem Kreuzungspunkt nach dem andern. Die Nadel wird dabei stets zwischen den gleichen Fäden entlang gehen und auf dem Gewebe eine deutlich sichtbare Furche hinterlassen. Bei stark appretierten und verzogenen Geweben sucht man zunächst solche Stellen

die äußersten Fäden jeder Seite unbeschädigt von einem Ende bis zum anderen verlaufen und die Enden der kreuzenden Fäden knapp abgeschnitten sind) und dann genau gemessen und gewogen. Aus diesen Ergebnissen wird das **Quadratmetergewicht** berechnet. Für Versuchsstreifen von 360 mm freier Einspannlänge und 50 mm Breite mit je 5 mm freien Fadenenden an beiden Seiten müssen die Streifen 500 mm lang und 60 mm breit zugeschnitten werden. Zur Erzielung guter Mittelwerte werden die einzelnen Streifen tunlichst an verschiedenen Stellen des Probematerials und mit jedesmal anderen Fadenpartien (in der Belastungsrichtung) entnommen.

Abb. 125 zeigt beispielsweise eine zweckmäßige **Streifenentnahme** aus einem Gewebeabschnitt. Der in die Abbildung eingezeichnete sechste Kett- (K) und Schußstreifen (S) dient für etwaig notwendig werdende Kontrollversuche. Liegt für eine derartige Streifenentnahme nicht genügend Probematerial vor, so können die Streifen auch aus einem kleineren Stück entnommen werden. Die sparsamste Streifenentnahme wird durch Abb. 126 erläutert (68 cm in der Kett- und 78 cm in der Schußrichtung).

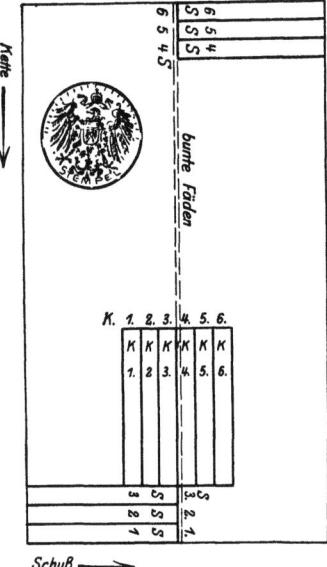

Abb. 125. Streifenentnahme aus Geweben.

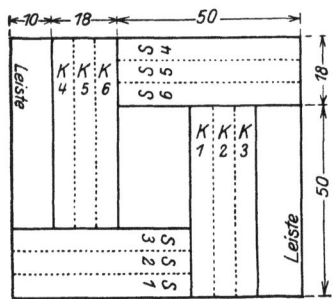

Abb. 126. Sparsamste Streifenentnahme.

Siegel und besondere Kennzeichnungen des Versuchsstückes sollen tunlichst als Beleg zurückbleiben und nicht zerschnitten werden. Ebenso sollen fehlerhafte Stellen, scharfe Kniffe, einzelne andersfarbige Fäden, Nähte u. dgl. nicht ohne weiteres als Versuchsmaterial verbraucht werden, da sie möglicherweise die Eigenschaften des Gewebes beeinflussen können. Die Kettstreifen sind möglichst 10—15 cm von der Leiste entfernt zu entnehmen, da die Kettfäden in der Leistennähe dichter aneinanderliegen als in der übrigen Breite und höhere Werte liefern. Die Schußstreifen sind so einzuspannen, daß die Leistenseite möglichst weit außerhalb der freien Einspannlänge zu liegen kommt. Zwecks etwaiger Kontrolle werden sämtliche Streifen einer jeden Fadenrichtung und der verbleibende Rest des Probematerials in geeigneter Weise mit fortlaufenden Nummern versehen.

---

aus, wo die Fäden verhältnismäßig am geradesten verlaufen, zeichnet jedesmal nur einen Streifen auf, zupft jede Schnittlinie fadengerade und mißt dann erst den nächstfolgenden Streifen ab.

Vorbereitung des Probematerials und Technik der Ausführung. 197

Bei allen Geweben, deren beide Fadensysteme nur durch die Bindung verkreuzt, nicht aber durch andere Prozesse (z. B. Walken, Gummieren, Aufeinanderkleben verschiedener Schichten u. a. m.) innig verbunden sind, werden zu beiden Längsseiten der Versuchsstreifen je 5 mm (oder mehr) lange freistehende Fadenenden belassen, indem die Streifen zunächst um dieses Maß der freistehenden Fadenenden breiter zugeschnitten und dann an jeder Seite so viele Fäden entfernt (ausgezupft oder ausgerieft) werden, daß in der Belastungsrichtung nur noch die vorgeschriebene Breite als Gewebe übrig bleibt. Bei grobeingestellten Geweben wird man einer genau gleichen Streifenbreite lieber eine einheitliche Fadenzahl in allen Streifen einer Geweberichtung vorziehen. Auch ist es ratsam, bei solchen Geweben die freien Fadenenden etwas länger zu bemessen. Dasselbe gilt auch für Gewebe mit Doppelfäden; hier wird man die Doppelfäden außerdem nicht teilen, sondern den ganzen Doppelfaden entfernen oder belassen.

Der Zweck dieser freistehenden Fadenenden ist folgender: In einem gewöhnlichen Gewebe schlingen sich die Fäden bei der Verkreuzung mehr oder weniger umeinander; ein Gewebe wird also stets kürzer und schmaler ausfallen als die Länge der betreffenden gerade gespannten Fäden beträgt. Ein Gewebequerschnitt bei Leinwandbindung würde z. B. die in Abb. 127a gezeigte Erscheinung des „Einwebens" oder „Einarbeitens" zeigen[1]). Belastet man nun diesen geschlungenen Faden mit einem Gewicht (Abb. 127b), so wird er seine Windungen aufgeben und seine wirkliche Länge in gespannter Lage zeigen. Naturgemäß werden also die äußersten Fäden der Belastungsrichtung eines Gewebeabschnittes ohne freie Fadenenden aus ihrer ursprünglichen Lage zur Seite gedrängt werden und teilweise heraustreten. Diese herausgetretenen Fäden werden demnach der Belastung entgehen. Durch die freien Fadenenden der Querfäden werden die Längsfäden zurückgehalten.

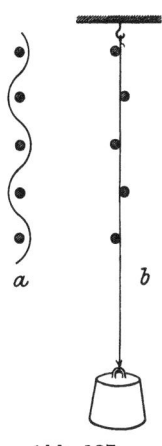

Abb. 127.

Bei Tuchen, Wachstuchen, Ballonstoffen u. ä. Erzeugnissen sind die freien Fadenenden zwecklos, da die Fäden schon ohnehin so fest miteinander verbunden sind, daß sie bei Belastung eher zerreißen als daß sie seitlich aus dem Gewebe heraustreten. Dasselbe trifft auch für Bänder zu, wenn sie in voller Webebreite zerrissen werden, weil hier die Umkehr des Schusses bzw. die Kante an beiden Seiten das Heraustreten der Kettfäden verhindert.

---

[1]) Der Betrag des Einwebens ist so verschieden, daß er sich allgemein nicht angeben läßt; er hängt von mancherlei Umständen ab. Ist die Kettspannung groß und das Kettmaterial weich, so ist die Einarbeitung des Schußmaterials groß, die Ware geht jedoch in der Länge und Breite wenig ein. Je härter das Schußmaterial, um so mehr hat auch die Kette teil an der Einarbeitung. Scharfe Drehung des Schußmaterials und grobe Nummer desselben, vermehrt das Einweben der Kette. Geringe Drehung des Schußmaterials und feine Nummer vermindert die Einarbeitung der Kette (s. a. Textilber. 1922. S. 444). Von Einfluß ist ferner die Art des Schlichtens: Mit Leim und Gummi gesteifte Ketten dehnen sich wenig oder garnicht; mit Mehlkleister oder Stärke geschlichtete viel leichter und beträchtlicher.

198   Festigkeit und Dehnung.

In Frankreich prüft man Makogewebe (für Pneumatiks) z. B. auch in der Weise, daß die Streifen (300 mm lang und 58 mm breit mit freier Einspannlänge von 200 mm und Reißbreite von 40 mm) in den äußersten Fäden der Längsseiten nur eingeschnitten aber nicht entfernt werden. Beispielsweise wird in dem Streifen der ursprünglichen Breite von 58 mm an jeder Seite ein Schnitt von je 9 mm ausgeführt, so daß eine Breite von 40 mm verbleibt, welche an beiden Seiten durch die zerschnittenen Fadenpartien begrenzt wird.

Gewalkte Tuche und wollene Gewebe werden meist nach den früheren Dienstvorschriften bzw. Dienstanweisungen für die Bekleidungsämter geprüft. Hier ist eine Streifenbreite von 90 mm und eine freie Einspannlänge (Kulissenabstand) von 300 mm vorgeschrieben. Die Streifen werden über die Breite doppelt zusammengelegt (s. Abb. 128), eingespannt und ohne freistehende Fadenenden zerrissen.

Ballonstoffe. Gebrauchsfertige Ballonstoffe bestehen meist aus zwei Gewebelagen, die entweder parallel oder diagonal zueinander verlaufen und mit Paragummi aufeinandergeklebt sind. Bei letzteren kann entweder nur eine oder jede der Gewebelagen (bei zwei Stofflagen also vier Stoffrichtungen) geprüft werden (s. Abb. 128). Wegen der Gummierung können die einzelnen Fadenrichtungen weder durch unmittelbares Schneiden, noch durch Ritzen mit einer Nadel, noch durch Ausriffeln (Auszupfen) gut verfolgt werden. Man hilft sich in der Weise, daß man am Rande der Probe, und zwar jedesmal in der zu prüfenden Richtung mit einem scharfen Messer zwei, etwa $1/2-1$ cm voneinander entfernte, parallel verlaufende und etwa 2—3 cm lange Einschnitte macht, die jedoch nur die obere zu prüfende Gewebelage durchschneiden. Den so entstandenen Streifenansatz des oberen Gewebes hebt man alsdann von der Gummierung vorsichtig ab, erfaßt das freie Ende mit der Hand und reißt es nun beliebig weiter. Dieser Riß ist genau fadengerade. In der Entfernung der Streifenbreite wird das gleiche wiederholt, und zwar so oft, bis die genügende Anzahl von Streifen gewonnen ist. Darauf erfolgt dasselbe genau senkrecht zu diesen Linien, also in der anderen Fadenrichtung. Die so vorbereiteten Streifen werden am äußersten Faden entlang ausgeschnitten und (ohne freistehende Fadenenden) auf dem Festigkeitsprüfer zerrissen, wobei die Bruchlast abgelesen wird, sobald der erste Bruch einer beliebigen der vorliegenden Gewebelagen erfolgt. Als Gütezahl bei Ballonstoffen wird mitunter die Reißfestigkeit in Kilogramm für die Stoffbreite von 1 m, dividiert durch das Quadratmetergewicht, angenommen. Als normale Gütezahlen gelten dann die Werte von 3—4, als gute Zahlen die Werte 4—5 und als vorzügliche Zahlen die Werte 5—6.

Abb. 128. Doppelt zusammengelegter Stoffstreifen.

Aus drei Stofflagen bestehende Ballonstoffe (bei denen die äußeren Stoffe parallel zueinander liegen, während die innere Lage diagonal zu ersteren liegt) werden meist in der Ketten- und Schußrichtung nur der äußeren Stoffe auf Festigkeit geprüft. Soll nur eine Lage auf Festigkeit geprüft werden, so ist der Stoff in seine einzelnen Lagen zu trennen. Außer der mechanischen Trennung, Abhebung der Schichten und mechanischem Ablösen kann der Gummi durch verschiedene Kautschuklösungsmittel erweicht bzw. weggelöst werden.

Die für die Festigkeitsprüfungen erforderliche Materialmenge hängt von der Anzahl der Einzelversuche und den Abmessungen ab.

Bei fadenartigen Gebilden werden in der Regel 30—50 m genügen, obwohl es auch hier empfehlenswerter ist, mindestens aus verschiedenen Stellen eines Stranges Proben zu entnehmen. Bei Gewebeprüfungen läßt sich die erforderliche Materialmenge leicht berechnen. Dabei ist zu beachten, daß zu der freien Einspannlänge noch je etwa 14 cm für das Einklemmen und zu der Streifenbreite noch mindestens je 1 cm für die freien Fadenenden für jeden Streifen zuzurechnen sind. Auf solche Weise rechnet man im allgemeinen für die meisten Gewebe eine Stofffläche von mindestens 50 × 100 cm. Von Ballonstoffen mit zwei diagonal aufeinandergeklebten Gewebelagen braucht man entsprechend mehr, sobald die Festigkeit in der Ketten- und Schußrichtung beider Gewebelagen geprüft werden soll. Wegen des unvermeidlichen Abfalles bzw. Stoffverlustes wird man hier meist eine Stofffläche von 70—80 cm Breite und 220 bis 250 cm Länge benötigen. Abb. 129 zeigt in welcher Weise die Streifen entnommen werden können und wieviel Material für die Entnahme von 4 × 6 Streifen (dabei 4 Kontrollstreifen) notwendig ist.

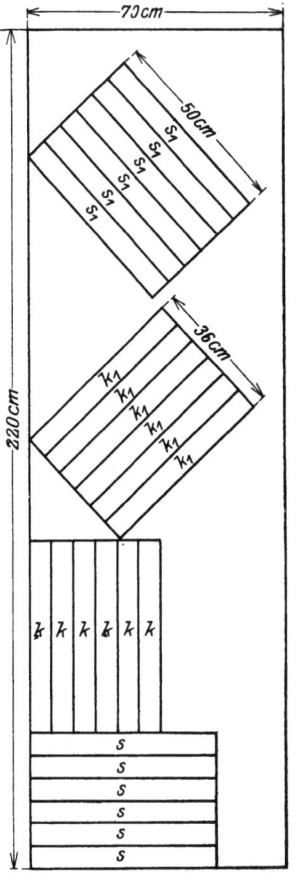

Abb. 129. Streifenentnahme aus einem Ballon-Diagonalstoff, $1/20$ natürl. Größe (freie Einspannlänge der Streifen 360 mm, Streifenbreite 50 mm, für das Zerreißen bestimmte Streifenanzahl 4 × 5 = 20, Kontrollstreifen 4 × 1 = 4, zu prüfende Geweberichtungen = 4).
K und K_1 = Kettenrichtung, S und S_1 = Schußrichtung der Gewebelagen.

Beurteilung der Festigkeitswerte (Normzahlen, Gütezahlen, Qualitätszahlen).

Bei Vergleichsversuchen von verschiedenen gleichartigen Materialien wird man aus den gewonnenen Festigkeits- und Dehnungswerten ohne weiteres auf die bessere oder geringere Qualität schließen können. Auch bei Abweichungen in der Herstellungsart der Versuchsmaterialien innerhalb gewisser Grenzen, wird dies nach den bisherigen Ausführungen oft möglich sein.

Liegen aber keine Vergleichsversuche vor, so ist es nicht ohne weiteres möglich, aus den absoluten Zahlen ein Urteil über Güte oder Qualität der Versuchsproben zu fällen. Um dies zu ermöglichen, hat man versucht Bezugswerte (Qualitäts-, Güte-, Normzahlen) aufzustellen, insbesondere für Garne verschiedener Nummern oder Feinheitsgrade, im Vergleich zu denen die Güte eines Materials beurteilt werden kann. Aber auch dieses Verfahren ist für die Erzeugnisse der

Textilindustrie mit ihren ständig wechselnden Rohstoffen und Herstellungsarten bis heute nicht ausreichend ausgebildet und bietet nur ein sehr dürftiges Aushilfsmittel und nur ein stellenweise befriedigendes Maß für die Beurteilung der absoluten Werte. Nachstehend seien einige Werte angegeben, wie sie bisweilen zur Beurteilung als Bezugswerte im Gebrauch sind.

Die Beurteilung der Festigkeit von Garnen nach ihrer **Stoff-** oder **Materialfestigkeit** ist, wie auf S. 162 ausgeführt, nicht möglich, da feste Normen hierfür nicht aufstellbar sind. Auch die Beurteilung der Gewebefestigkeit aus der Festigkeit der Einzelgarne gibt keinen Maßstab für ein Urteil. Walz[1]) gibt z. B. an, daß 1. die ungleiche Spannung und die verschiedene Festigkeit der Einzelfäden eine Verminderung der Gewebefestigkeit bewirkt, 2. daß die gegenseitige Fadenpressung eine Steigerung der Gewebefestigkeit verursacht, und zwar um so mehr, je weniger das verwendete Garn gedreht und je enger die Einstellung des Gewebes ist. Bei der Kette tritt meist eine Herabminderung und beim Schuß eine Erhöhung ein. Zur Berechnung für Baumwollgewebe schlägt Walz vor: a) für die Kettfestigkeit des Gewebes die mittlere Garnfestigkeit mit der Fadenzahl zu multiplizieren; 80—90% dieses Wertes ergeben annähernd die normale Gewebefestigkeit in der Kettenrichtung; b) für die Schußfestigkeit die mittlere Garnfestigkeit mit der Fadenzahl zu multiplizieren und hierzu einen Zuschlag zu machen, der von der Einstellung und der Garndrehung abhängt. Dieser Wert ergibt annähernd die normale Gewebefestigkeit in der Schußrichtung.

Baumwollgarne.

Die Festigkeit eines Garnes Nr. 1 bei bestimmter Drehung nennt man auch **Qualitätszahl** oder **Gütezahl**. Sie schwankt bei Baumwollgarnen im allgemeinen zwischen 4000—8000 g.

Als annähernden Anhaltspunkt zur raschen Bestimmung der normalen Bruchlast G in Grammen von Baumwollgarnen kann man nach Johannsen[2]) die Formel $G = \dfrac{q}{N_e}$ benutzen, wobei q bei etwa fully middling American bedeutet:

für Schuß   q = 4000 (schwach),
für Mulezettel   q = 5500 (mittel, medio),
für Water   q = 6500 (stark),
für Hartwater   q = 8000 (sehr stark).

Es wäre z. B. (für Ne = 10) die **Qualitätszahl**:

Schuß   G = 400,—
Mulezettel   G = 550,—
Water   G = 650,—
Hartwater   G = 800,—.

Hieraus berechnet sich folgende Tabelle:

---

[1]) Textile Forschung 1921. S. 51 (nach Mitt. Forsch.-Inst. Reutlingen 1920. S. 26).
[2]) „Handbuch der Baumwollspinnerei", I. Baumwollgarne aus Mako, Ia gekämmt, sind im Mittel um etwa 50—80% fester. S. a. Nachtrag S. 260.

Normalfestigkeit einfacher Baumwollgarne in Grammen.

Ne'	schwach	mittel	stark	sehr stark	Ne	schwach	mittel	stark	sehr stark
4	880	1000	1250	—	36	110	150	180	210
6	670	920	1080	1340	38	105	140	170	200
8	500	690	810	1000	40	100	135	160	190
10	400	550	650	800	42	—	130	155	180
12	330	460	540	660	44	—	125	145	170
14	285	390	460	570	46	—	120	140	160
16	250	340	400	500	48	—	115	135	155
18	220	300	360	440	50	—	110	130	140
20	200	280	320	400	60	—	90	110	125
22	180	250	295	360	70	—	80	90	105
24	170	230	270	330	80	—	70	80	95
26	150	210	250	310	90	—	60	70	85
28	140	200	230	290	100	—	55	65	80
30	130	180	215	260	110	—	50	60	70
32	125	170	200	250	120	—	45	55	60
34	120	160	190	220					

Wie aus der vorstehenden Tabelle hervorgeht, fällt die Bruchlast nicht proportional mit dem Ansteigen der Feinheitsnummer, sie ist nicht, wie von vornherein zu erwarten wäre, umgekehrt proportional der Feinheitsnummer; vielmehr ist die Bruchlast der feineren Garne relativ größer als diejenige der gröberen. Beispielsweise hat Garn Nr. 8 nicht die halbe Bruchfestigkeit von Garn 4, nicht 500, sondern 690 g usw. (s. nachstehende Tabelle).

Nummer engl.	Mittlere praktische Bruchlast in g	Berechnete Bruchlast aus Garn Nr. 4 in g
4	1000	1000 : 1 = 1000
8	690	1000 : 2 = 500
12	460	1000 : 3 = 333$^1/_3$
16	340	1000 : 4 = 250
24	230	1000 : 6 = 166$^2/_3$
32	170	1000 : 8 = 125
40	135	1000 : 10 = 100

Deshalb wird es für bestimmte Fälle vorteilhafter sein, statt des einfachen Fadens Nr. 4 einen doppelt gezwirnten Nr. 8 zu verwenden, dessen Festigkeit ungefähr 2 × 690 = 1380 gegenüber 1000 g von Nr. 4 sein würde.

Flachsgarne.

Für die normale Zerreißfestigkeit von Flachsgarnen gibt Karmarsch folgende Formel: $P = \dfrac{19000}{\text{Nummer}}$ bis $P = \dfrac{21000}{\text{Nummer}}$; P ist die Bruchlast in Grammen. Z. B. wäre darnach die Bruchlast für Flachsgarn Nr. 16 = 1187—1312 g.

Für englischen 4-fädigen Nähzwirn: $P = \dfrac{21385}{\text{Nummer}}$;

für Bindfaden aus feingehecheltem Flachs zweifach:
$$P = \frac{21316}{\text{Nummer}};$$
für Bindfaden aus feingehecheltem Flachs dreifach:
$$= P\frac{35000}{\text{Nummer}}.$$

Dehnbarkeit der Baumwoll- und Flachsgarne.

Die Dehnbarkeit dieser Garne wird in der Literatur sehr verschieden angegeben; Normzahlen existieren nicht. So findet man z. B. u. a. folgende Mittelwerte angegeben, die aber naturgemäß sehr erheblich von der Drehung u. a. abhängen.

Baumwollgarne Nr. 20—30 Dehnung 4,5—5%
,, ,, 30—40 ,, 4—4$\frac{1}{2}$%
,, ,, 40—60 ,, 3,8—4%
,, ,, 60—80 ,, 3,5—3,8%
,, ,, 80—120 ,, 3—3,5%
,, ,, 120—140 ,, 2,5—3,0%
,, ,, 140—170 ,, 2—2,5%.

Nach Baratt haben Wollfasern eine fünfmal so große, Naturseide eine mehr als zwanzigmal so große Dehnbarkeit als Baumwollfasern[1]). Für Flachsgarne (Hechel- und Werggarne) werden Dehnungen von 2 bis 4% angegeben.

Wollgarne.

Für Wollgarne sind bisher keine Gütezahlen aufgestellt worden, weil bei diesen die Feinheit des Wollhaares, die Länge des Haares und die Qualität der Wolle innerhalb weit größerer Grenzen schwanken als bei anderen Faserstoffen.

Rohseide.

Nach den Beschlüssen der Europäischen Seidentrocknungsanstalten vom Jahre 1912 werden aus der Festigkeit und Dehnbarkeit von Rohseiden (edlen Seiden) folgende Qualitätsbezeichnungen abgeleitet, die als durch Normen gedeckt gelten.

Die Festigkeit der Rohseide ist genügend, wenn sie 3× so groß ist als der Titer,
,, ,, ,, ,, ,, gut ,, ,, 3$\frac{1}{2}$× ,, ,, ,, ,, ,,
,, ,, ,, ,, ,, sehr gut ,, ,, 4× so ,, ,, ,, ,, ,,
Die Dehnbarkeit gilt als genügend, wenn sie 18—20% beträgt,
,, ,, ,, ,, gut ,, ,, 20—22% ,,
,, ,, ,, ,, sehr gut ,, ,, >22% ,,

Die „Silk Association of America" stellte auf Grund zahlreicher Prüfungen bei der Klassifikation der Rohseidenstandards folgende vier Qualitätsklassen auf[1]):

Festigkeit in g auf je 1 den. 3,75, 3,50, 3,25, 3,00
Dehnung in %   20   18   16   16

---

[1]) Textilber. 1922. S. 235 (J. Text. Inst. 1922. S. 17).
[1]) J. Am. Silk. 1921. S. 53.

Nach Gropelli & Co. in Mailand sind Grège-Seiden 9/11 bis 11/13 den. nach ihrer Festigkeit wie folgt zu beurteilen:

Festigkeit von 1— 5 g = vollständig unbrauchbar,
,, ,, 5—10 g = sehr schlecht,
,, ,, 10—20 g = schlecht,
,, ,, 20—30 g = mäßig,
,, ,, 30—40 g = ordentlich,
,, ,, 40—45 g = gut,
,, über 45 g = sehr gut.

Gezwirnte zweifache Seide soll doppelt so stark sein wie der einzelne Grègefaden; bei Organzinseiden noch stärker, weil der Zwirn die Festigkeit erhöht. Bei dreifach ouvrierten Seiden soll die Festigkeit dreimal so groß sein wie diejenige des einfachen Grègefadens usw. Diese Grundlagen geben auch einen Anhalt bei der Beurteilung von gefärbten und erschwerten Seiden, insofern man ermitteln kann, um wieviel die Bruchlast bei der Ausrüstung zurückgegangen ist.

Die Dehnung wird nach Gropelli & Co. wie folgt beurteilt:

Dehnung von 1— 5% = vollkommen unbrauchbar,
,, ,, 5—10% = sehr schlecht,
,, ,, 10—15% = geringe Dehnbarkeit,
,, ,, 15—20% = mittelmäßige Dehnbarkeit,
,, ,, 20—25% = gute Dehnbarkeit,
,, über 25% = sehr große Dehnbarkeit.

Entbastete Seide hat eine etwas geringere Festigkeit als Rohseide, und zwar etwa 2,5—3,5 g pro Denier (gegenüber 3—4 g pro Denier bei Rohseide). Für erschwerte Seiden sind bisher keine Gütezahlen aufgestellt worden.

Kunstseide.

Nach Krais ändert sich die Festigkeit der Kunstseiden nicht proportional mit der Denierstärke. Nach Ullrich (s. u. Kunstseide S. 43) beträgt die mittlere Festigkeit der besten Sorten etwa 1,7—2 g pro Denier, bei minderen Kunstseiden bis zu 1—1,3 g pro Denier. Eine besondere Rolle spielt bei Kunstseiden die Feuchtigkeit. So fand Ullrich für normal-lufttrockene Kunstseide von 120 den. die Festigkeit von 200 g, bei feuchtem Wetter nur 140—150 g und im angefeuchteten Zustande 75—100 g.

Die Dehnbarkeit der Kunstseiden beträgt 7—15% (gegenüber 15—22% bei Naturseide).

Nach dem unter Reißlänge (S. 164) Gesagten wird es meist zweckmäßiger sein, die Festigkeit eines Materials als Reißlänge oder als spezifische Festigkeit anzugeben. Die in der Literatur angegebenen Zahlen hierfür sind sehr schwankend und bedürfen dringend einer gründlichen Nachprüfung.

Haftfestigkeit.

Bei solchen textiltechnischen Erzeugnissen, bei denen einzelne Gewebelagen oder Einlagen durch ein Binde- oder Klebmittel zu einem

Ganzen verbunden sind (z. B. bei Balata-Treibriemen, Gummitransportbändern, Gummidruckbändern, Laufmänteln für Fahrräder und Autos, Ballonstoffen u. dgl.) spielt die Haftfestigkeit oder das Haftvermögen der einzelnen Lagen zueinander eine große Rolle. Diese Haftfestigkeit wird durch diejenige Kraft gemessen, die erforderlich ist, um eine Gewebelage von der andern zu trennen. Die Prüfung geschieht mit Hilfe eines Festigkeitsprüfers, am besten mit einem Schaulinienzeichner.

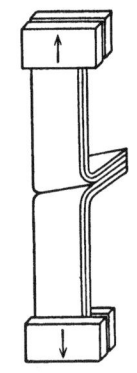

Abb. 130. Prüfung auf Haftfestigkeit.

Die Entfernung der Einspannklemmen in der Anfangsstellung ist möglichst kurz zu wählen. Die Sperrklinken am Lasthebel werden ausgehoben, um ein freies Pendeln des Hebels zu ermöglichen; jedoch ist Vorkehrung zu treffen, den Hebel aufzufangen, sobald er plötzlich zurückschlagen sollte.

Dem Probematerial werden 2—3 Querstreifen, genau parallel zur Längskante (jedoch einige Zentimeter von dieser entfernt) entnommen, darauf 2—3 Querstreifen, rechtwinklig zur Längskante, je 300 mm lang und 50 mm breit. Dann werden die Streifen an einer Schmalseite auf etwa 3—5 cm in die einzelnen Schichten aufgespalten, wobei sorgfältiges Einträufeln von Benzol gute Dienste leistet. Nun wird der Streifen eingespannt (die eine aufgespaltene Hälfte in die obere, die andere Hälfte in die untere Klemme) und belastet. Im Laufe der Belastung werden fünf Kraftablesungen gemacht, aus diesen das Mittel gebildet und der Mittelwert auf 1 cm Streifenbreite umgerechnet. Die Versuche werden mit jeder Lage im Streifen und mit sämtlichen 2—3 Streifen in der gleichen Weise wiederholt (s. Abb. 130).

Einreißfestigkeit.

Die Einreißfestigkeit bestimmt Huebner[1]) in der Weise, daß er in den Versuchsstreifen einen Einschnitt macht und die beiden Enden in den Klemmen eines Schopperschen Festigkeitsprüfers mit der Geschwindigkeit von 3 Zoll pro Minute auseinanderzieht.

Durchstoßfestigkeit.

Als Ergänzung für die übliche Prüfung auf Zerreißfestigkeit konstruierten v. Kapff und Repenning[2]) eine Durchstoßmaschine, die den Versuchsstoff in geeigneter Weise durchdrückt oder durchstößt und auf diese Weise die Festigkeit und Dehnung des Gewebes mißt. Sie hat vor den Zerreißmaschinen u. a. den Vorzug, daß von dem Versuchsmaterial keine Streifen entnommen zu werden brauchen, sondern daß man die Stoffe, so wie sie vorliegen, an beliebigen Stellen in der Kett- und Schußrichtung, am Anfang, in der Mitte oder am Ende usw. prüfen kann, wodurch nur ein 2 cm breiter Riß entsteht.

---

[1]) J. Soc. Dy. and Col. 1921. S. 71.
[2]) v. Kapff, Textilberichte 1923, S. 181 ff. dortselbst Abbildung und genaue Beschreibung des Apparates.

Abreibungsfestigkeit.
(Widerstandsfähigkeit gegen Abreibung, Scheuern, Schaben.)

Die Prüfung der Tuche auf Haltbarkeit beim Tragen erfolgte lange Zeit lediglich dynamometrisch, d. h. durch Bestimmung der Zugfestigkeit. Allmählich machte man die Erfahrung, daß Tuche, die hohe Zugfestigkeiten aufwiesen, sich beim Tragen zum Teil dennoch sehr ungünstig verhielten und daß überhaupt die praktische Haltbarkeit der Tuche im Gebrauche nicht immer im Verhältnis zu ihrer Zugfestigkeit stand.

Dieser Mangel der Dynamometerprüfung gab Veranlassung, außer der Zugsfestigkeitsprüfung auch noch die Prüfung auf Abreibung oder Scheuerung (Abscheuern) auszubilden. Man nahm an, daß eine derartige Prüfung der praktischen Haltbarkeit (Tragechtheit) den wirklichen Verhältnissen beim Tragen oder beim sonstigen Gebrauch besser entsprechen würde als die bisher übliche Festigkeitsbestimmung, die sich im übrigen bei der Beurteilung von Garnen und den meisten Geweben aus pflanzlichen Fasern sehr gut bewährt hatte. Wenngleich dieses Problem bisher nicht in völlig befriedigender Weise gelöst werden konnte und eine Abreibe- oder Scheuermaschine allgemeine Einführung und Anerkennung noch nicht gefunden hat, sei kurz auf die verschiedenen Versuche und Anregungen in dieser Beziehung eingegangen.

Die erste Militärverwaltung, die mittels Schabmaschinen die Prüfung von Tuchen vornahm, war die holländische, und zwar arbeitete sie mit rotierenden Schmirgelwalzen. Sie gab später das Verfahren auf. Alsdann folgte die Schweizer Militärbehörde mit ähnlichen Versuchen, die auf dem Haslerschen Apparat, der mit Schabmessern versehen ist, vorgenommen wurden; aber auch diese Behörde stellte die Prüfung mit dem Apparat wieder ein, weil gefunden wurde, daß er ganz falsche und irreführende Zahlen ergab. Nach einiger Zeit folgte v. Kapff[1]) mit seinen Versuchen, die er erst mit einer verbesserten Haslerschen Schabmaschine, später mit besonderen Konstruktionen ausführte. Ausführliche Untersuchungen stellte alsdann Kertesz[2]) an, und zuletzt kam E. Müller[3]) mit einer neuen Konstruktion, bei der Tuch gegen Tuch gerieben wird.

1. Beim Arbeiten mit dem Haslerschen Apparat[4]) wurden Tuchstreifen von 50 mm Breite unter Belastung von 8,6 kg gegen die Stahlschienen einer Walze gedrückt. Letztere, mit vier abgerundeten Schienen versehen, wurde mit der Geschwindigkeit von etwa einer Umdrehung in der Sekunde gedreht, bis der Bruch (die Durchreibung) des Tuches eintrat. Bei dieser Prüfung sollte nach den schweizerischen Bestimmungen dunkelgrünes Waffenrocktuch 70, dunkelblaues Waffenrocktuch 80, grünes Blusentuch 120, Kaputtuch, Hosentuch und blaues Blusentuch 150 und Reithosentuch 200 Umdrehungen aushalten, bevor Durchreibung stattfand.

---
[1]) Färber-Ztg. 1908. S. 49 u. 69.
[2]) Ztsch. angew. Chem. 1914. S. 501; Chem.-Ztg. 1914. S. 752.
[3]) Textile Forschung 1922. S. 95 „Scheuerapparat für Gewebeprüfung".
[4]) Hasler A.-G., vorm. Telegraphenwerkstätte von G. Hasler, Bern.

2. v. Kapff[1] und Repenning suchten durch Umbau des Haslerschen Apparates dessen Mängel zu beseitigen und bauten später ganz neue Scheuerapparate. Diese unterschieden sich von den Haslerschen zunächst dadurch, daß das Abreibwerkzeug feststehend angeordnet war und der eingespannte Tuchstreifen darüber hin- und herbewegt wurde. Das Schabmesser bestand aus einer 0,2 mm dicken, an der oberen Kante abgerundeten Stahl-Lamelle. Die Wirkung des Abreibwerkzeugs konnte sich nie ändern, da es auch bei Abnützung immer dieselbe Dicke und abgestumpfte Kante beibehielt. Dicht zu beiden Seiten des Schabmessers befindet sich ein Saugschlitz, welcher mit einem kräftigen Ventilator in Verbindung steht und den Wollstaub kontinuierlich absaugt. Ein Zähler registriert die Zahl der Scheuertouren und stellt sich bei Bruch des Streifens selbsttätig ab. Mit diesem Apparat hat v. Kapff gute Ergebnisse erhalten und eine große Reihe von Vergleichsversuchen angestellt, wobei er u. a. feststellte, daß chromgefärbte Tuche durchweg eine geringere Tragbarkeit haben als küpengefärbte. Schließlich konstruierten v. Kapff und Repenning auch Abscheuerapparate, bei denen Tuch gegen Tuch gerieben wurde (s. a. 4, Müllers Scheuerapparat).

3. Den Untersuchungen von Kertesz ist es vor allem zu verdanken, daß er nicht nur die konstruktive Einrichtung der Schabmaschine, sondern vor allem auch die physikalische Oberfläche des Versuchsmaterials und die chemischen Begleitkörper der Tuche berücksichtigte und so gewissermaßen zu neuen Gesichtspunkten führte, die bis dahin als einflußlos galten. Seine Absicht, allen Vergleichstuchen zunächst einmal die gleiche physikalische Oberfläche zu geben, erwies sich nicht als erfüllbar, denn alle Bemühungen, um durch Rauhen, Einweichen, Pressen usw. eine gleiche Oberfläche zu erzielen, schlugen fehl. Dagegen zeigte es sich, daß das gesuchte Ziel viel leichter auf chemischem Wege zu erreichen war. Werden nämlich die Tuche erst mit Salzsäure, dann mit Alkohol vorbehandelt, so daß die den Tuchen anhaftenden Salze und Fette entfernt werden und ein völliges Durchtränken der Tuche bewirkt wird, so soll eine Neubildung der Oberfläche bewirkt und die erforderliche Gleichmäßigkeit erzielt werden. So vorbereitete Tuche sollen nach den Versuchen von Kertesz auf der Schabmaschine sehr gute Vergleichsresultate liefern.

Die zu prüfenden Tuchabschnitte werden mit 10% Salzsäure von 21° Bé (auf das Gewicht der Ware berechnet) in 40facher Flottenmenge $^3/_4$ Stunden bei 94° C behandelt (Knicken der Tuche ist zu vermeiden), mit destilliertem Wasser gespült, bis sie annähernd neutral sind, abgepreßt und im Soxhlet-Extraktionsapparat mit Alkohol 1 $^1/_2$ Stunden extrahiert (wobei nach $^3/_4$ Stunden die Stoffe umzudrehen sind). Schließlich wird vom Alkohol abgepreßt, 2 Stunden bei 65 bis 70° C getrocknet und mindestens $^1/_2$ Stunde in einem 25° C warmen Trockenschrank gelagert, aus dem die Streifen unmittelbar vor dem Schabversuche entnommen werden.

Die 5 cm breiten Streifen werden ganz gleichmäßig in die Backen der Schabmaschine eingespannt; je drei Streifen werden auf der rechten, je drei auf der linken Tuchseite geschabt. Die Prüfung hat vergleichs-

---

[1] v. Kapff, Textilberichte 1923, S. 181 ff. Diese neue ausführliche Studie über Abreibeversuche enthält auch Abbildungen der Apparate.

weise gegen einen bekannten Typstoff zu erfolgen. Die Güte der Tuche wird nach der Umdrehungszahl bis zum Reißen bemessen. Große Schwierigkeiten bereitet die Beschaffung geeigneter Schabwalzen. Die Haslersche Walze mußte nach Kertesz Versuchen ausscheiden, weil sie gleichzeitig eine schlagende Wirkung ausübt. Schabwalzen, die ähnlich wie Feilen wirken, nutzen sich zu schnell ab; ebenso den Scherwalzen nachgebildete Schabwalzen, bei denen außerdem nicht nur die Qualität, sondern auch die Dicke der Tuche von Einfluß ist. Am besten bewährt haben sich scharf gravierte Riffeln (von der Gravuranstalt Janovski & Schwarz, Berlin) und speziell angefertigte Karborundwalzen (von Friedr. Schmaltz, G. m. b. H., Offenbach a. M.), die selbst nach 4—5 monatiger Benutzung intakt waren. Nach Kertesz kommt das Schabverfahren trotzdem vorläufig nur für vergleichende Prüfungen von gewalkten Tuchen in Betracht, gibt hier aber nach seinen Versuchen sehr genaue Anhaltspunkte über die Güte der Tuche.

4. Der Scheuerapparat für Gewebeprüfung von E. Müller unterscheidet sich von den vorstehenden grundsätzlich dadurch, daß bei ihm keine Metallschaber o. ä. angewandt werden, vielmehr Tuch gegen Tuch gerieben wird. Die beiden sich gegenseitig abscheuernden Flächen sind als ebene Flächen ausgebildet, die geradlinig, unter Einhaltung eines bestimmten, regelbaren spezifischen Flächendruckes bis zur Erreichung eines bestimmten Abnutzungsgrades des zu prüfenden Streifens hin und her bewegt werden. Der zu prüfende Gewebestreifen wird auf einer ebenen Fläche aufruhend zwischen Klemmen gespannt, die durch Belastungsgewichte (die z. B. der Hälfte der Reißbelastung entsprechen) nach außen gezogen werden. Der zweite, scheuernde Streifen, Gegenstreifen, bildet die untere ebene Fläche eines Belastungskörpers, der in einem auf Rollen geradlinig hin und her bewegten Mitnehmerrahmen lotrecht verschiebbar geführt ist, so daß er sich immer mit dem eingestellten Druck auf die untere Fläche aufstützt. Dieser Gegenstreifen kann entweder ein Gewebestreifen gleicher oder auch anderer Art sein als der zu prüfende, er kann aber auch durch Filz, Gummi, Linoleum, Leder, Schmirgelstreifen oder dergleichen ersetzt werden.

Die zu prüfenden Gewebestreifen können in der Kett- und in der Schußrichtung gescheuert werden. Beide Streifen müssen immer im gespannten Zustande gehalten werden; bei dem unteren geschieht dies durch die Belastungsgewichte schon von selbst, bei dem oberen sind besondere Spannfedern vorgesehen. Die Scheuerarbeit wird durch einen Umlaufzähler bewirkt, der bis zu 10 000 Umdrehungen verzeichnet. Die Reibbelastung kann geändert und die Scheuerrichtung um 90° gedreht werden. Bei erfolgtem Riß wird das Zählwerk ausgeschaltet und der Belastungskörper abgehoben. Wird ein Streifen in der Kettrichtung gescheuert, so werden hauptsächlich die Querfäden, also der Schuß, abgescheuert, und umgekehrt. Die Untersuchungen können in der Weise vorgenommen werden, daß 1. bis zum erfolgenden Riß in der Kett- und Schußrichtung gescheuert wird und die Zahl der Scheuerungen festgestellt wird (Abreibungs-, Scheuerfestigkeit), 2. das Versuchsmaterial einer bestimmten Zahl von Scheuerungen unterworfen wird und dann die Zug- oder Berstfestigkeit bestimmt wird, 3. die Abnutzung des Versuchsmaterials durch Rückwägung der ursprünglich gewogenen Versuchsstreifen nach erfolgtem Riß oder nach einer bestimmten Zahl von Scheuerungen festgestellt wird. Die Versuche sind hauptsächlich vergleichsweise gegenüber anderem Material auszuführen. Der von E. Müller und Berthold konstruierte Apparat wird von der Firma Hugo Keyl in Dresden, Marienstraße, gebaut.

Zerplatz- oder Berstfestigkeit.

Nach Huebner[1]) stehen Zerreiß-, Zerplatz- und Einreißfestigkeit in fast konstantem Verhältnis zueinander. Nach den Beobachtungen anderer Forscher ist dies nicht der Fall; es hat sich bisher vor allem noch keine Gesetzmäßigkeit zwischen Zerreiß- und Zerplatzfestigkeit auffinden lassen. Dem Bedürfnis des Luftschiffbaues Rechnung tragend, sind deshalb besondere Zerplatzapparate gebaut worden, von denen der von Martens entworfene und im Staatlichen Materialprüfungsamt zur Anwendung gelangende Apparat, der Gradenwitz-Apparat (Stoffscheiben von 50 cm Durchmesser) und der Schoppersche Apparat die bekanntesten sind.

Konstruktion und Wirkungsweise des Zerplatzapparates für Ballonstoffe u. ä. von A. Martens[2]) sind folgende:

Man spannt ein kreisförmiges Stück des zu prüfenden Stoffes fest ein und bläst dann von einem Behälter aus oder unmittelbar mit der Luftpumpe das kreisförmige Stoffstück bis zum Zerplatzen auf; der zum Zerplatzen erforderliche Luftdruck wird am Manometer abgelesen und zugleich wird die bis zum Zerplatzen eingetretene Wölbhöhe in der Mitte der Stoffscheibe gemessen. Der Zerplatzdruck ist bei Benutzung der gleichen Stoffbahnen für den Versuch abhängig von der Größe des Ringdurchmessers (freie Versuchsfläche), wobei die Wirkung der Einspannränder zu berücksichtigen ist. Bei diesem Versuch ist das Ergebnis u. a. auch von der Luftfeuchtigkeit abhängig. Daher ist das bisweilen zum Nachweis von undichten Stellen in der Stoffhülle benutzte Befeuchten mit Seifenwasser unzulässig.

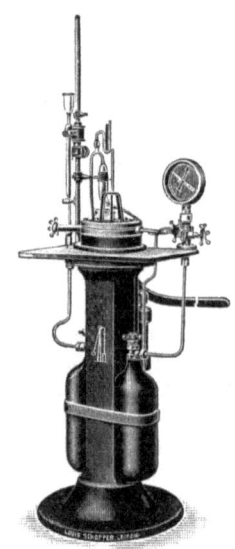

Abb. 131. Zerplatzapparat von Schopper.

Man kann die Ergebnisse der Zerplatzversuche keineswegs unmittelbar auf die Verhältnisse im Ballon übertragen. Martens hat daher beim Entwurf des im Materialprüfungsamt benutzten Apparates dafür Sorge getragen, daß Versuche unter möglichst verschiedenen Ringdurchmessern ausgeführt werden können. Die nutzbaren Ringdurchmesser sind: 0,113, 0,160, 0,196, 0,252, 0,357, 0,505 und 0,618 m, entsprechend

---

[1]) J. Soc. Dy. and Col. 1921. S. 71.
[2]) Martens: Preuß. Akad. d. Wiss. 1911. S. 362.

den umspannten Kreisflächen von 0,01, 0,02, 0,03, 0,05, 0,1 und 0,3 qm. Die Konstruktion ist später vereinfacht worden, indem als Grundlage für die einzuspannenden Ringe ein weiches Gummituch auf gehobelter Gußeisenplatte benutzt wird, auf die die Probestücke mittels Ringen durch Spannschrauben gasdicht angedrückt werden; man ist auf diese Weise in der Auswahl der Spannringgrößen sehr wenig beschränkt und kann ohne wesentliche Umstände auch in der Form der Spannringe wechseln, so daß man neben der Kreisform auch Ellipsen oder Rechtecke benutzen könnte. Damit ist die Möglichkeit gegeben, den Einfluß der Einspannung durch den Versuch mit Proben von gleichen Flächengrößen, aber verschiedenen Flächenformen auszuführen.

Neuerdings angestellte Versuche, aus den zu prüfenden Stoffen zylindrische kleine Ballons herzustellen und diese zum Zerplatzen zu bringen, sowie der Vorschlag, an einem wirklichen Ballonmodell die Festigkeit des Stoffes ermitteln zu wollen, haben nach Martens geringe Aussicht, die Frage der Ballonfestigkeit einfacher und klarer zu gestalten. Auf der anderen Seite würden damit größerer Stoffverbrauch und größere Kosten verknüpft sein. Martens empfiehlt deshalb Zerplatzversuche mit kreisförmigen Proben neben den üblichen Zerreißversuchen an 50 mm breiten Streifen in zwei oder vier Hauptrichtungen.

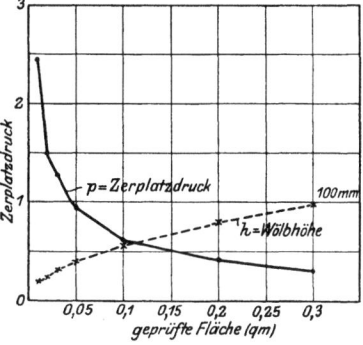

Abb. 132.

Nach einer größeren Anzahl von Versuchen mit kreisförmigen Proben von verschiedenem Durchmesser hat Martens ein Schaubild (Abb. 132) entworfen, das zeigt, in welchem Maße bei gleichem Stoff der Zerplatzdruck von dem Ringdurchmesser abhängig ist. Wenn erst solche Versuche in noch größerer Zahl vorliegen, wird man die Ergebnisse auf die Verhältnisse im Ballon übertragen können.

Falzfähigkeit oder Falzfestigkeit.

Mitunter kann es bei Textilerzeugnissen darauf ankommen, festzustellen, welchen Widerstand ein Gewebe dem Biegen, Falzen, Knittern und ähnlichen Einwirkungen entgegensetzt. Der Falzwiderstand oder die Falzfestigkeit ist also bis zu einem gewissen Grade ein Maß für die Sprödigkeit oder Brüchigkeit des Versuchsmaterials. Während dieser Widerstand gegen Zerknittern und Falzen beim Papier eine große Rolle spielt, ist er bei Geweben nur ausnahmsweise, z. B. bei Buchbinderleinwand (Kaliko) und ähnlichen Erzeugnissen von Interesse. Hier sind auch die Einzelheiten des Verfahrens nicht festgelegt. Recht brauchbar ist die Falzprobe auch für die Ermittelung der Verbindungsfestigkeit zusammengeklebter Stofflagen, z. B. der mit Gummi verklebten Ballondoppelstoffe u. ä.

Durch die Prüfung auf Widerstand gegen Falzen können verschiedene Fragen beantwortet werden:

1. Wieviel Falzungen hält ein Versuchsstück bis zum Bruch aus?
2. Hält ein Versuchsstück eine bestimmte Mindestzahl von Falzungen aus?
3. Welchen Rückgang erleidet die Bruchfestigkeit eines Versuchsstückes nach einer bestimmten Zahl von Falzungen?
4. Tritt der Bruch eines Versuchsstückes nach einer bestimmten Zahl von Falzungen in der Falzstelle oder an anderen Stellen ein?
5. Verändert sich Färbung, Glanz usw. an den Falzstellen; tritt Weißreibung u. ä. ein?

Über diese Fragen gibt die Literatur bei der verhältnismäßig untergeordneten Bedeutung der Falzfestigkeit von Textilerzeugnissen zur Zeit wenig Aufschluß.

Für die Falzversuche bedient man sich am besten des in der Papierprüfung allgemein eingeführten Schopperschen Falzapparates, bei dem gegebenenfalls nur der Schlitz breiter zu halten ist (Abb. 133).

Bei diesem Apparat wird ein Gewebestreifen in ein geschlitztes, hin und her zu bewegendes Blech gelegt und an beiden Enden festgeklemmt; dann ermittelt man die Anzahl Doppelfalzungen, die der Streifen bei bestimmter Zugspannung bis zum Bruch aushält, oder man unterwirft den Streifen einer bestimmten Zahl von Falzungen, prüft dann auf seine Festigkeit usw., wie unter 1—5 oben angedeutet ist.

Abb. 133. Schoppers Falzapparat.

Der Falzer hat ein dünnes, zur Aufnahme des Probestreifens mit einem Schlitz versehenes Stahlblech (Schieber), das sich zwischen zwei Paaren leicht drehbarer Rollen bewegt. Senkrecht zu dem Stahlblech befinden sich die Einspannklemmen, die mit ihren Verlängerungen in die entsprechend geformten Öffnungen der Hülsen hineinragen. In diesen Hülsen befinden sich die zum Spannen der Probestreifen dienenden Spiralfedern. Die Hülsen sind in den Haltern beweglich angeordnet und werden, wenn die Stifte gehoben sind, mittels der Spiralfedern so weit gegeneinander geführt, daß eine bestimmte Einspannlänge erreicht wird. Nach dem Einspannen des Probestreifens wird durch Herausziehen der Hülsen bis zum Einschnappen der Stifte dem Probestreifen eine kleine Spannung erteilt und die freie Beweglichkeit der Klemmen bewirkt. Die Anzahl der Hin- und Herfalzungen (Doppelfalzungen) wird vom Zählrad angezeigt, welches beim Reißen des Streifens selbsttätig ausgelöst wird. Sie beträgt in der Regel etwa 110—120 Doppelfalzungen in der Minute (10 000 in $1\frac{1}{2}$ Stunden). Die Spannung der Federn ist so gewählt, daß ihr Höchstzug 1000 g beträgt. Die freie Einspannlänge der Streifen beträgt 10 cm, die Breite = 1,5 cm. Auf Einhaltung der Breite ist besonders achtzugeben, da die Falzzahl mit zunehmender Breite des Streifens wächst.

Sprödigkeit.

Bereits bei der Bestimmung der Falzfestigkeit wird bis zu einem gewissen Grade die Sprödigkeit oder Brüchigkeit zum Ausdruck gebracht. Wie bereits ausgeführt (s. S. 209), spielt die Falzfestigkeit oder Falzfähigkeit für die meisten Textilfasern und -erzeugnisse keine Rolle, z. T. auch deshalb, weil die Fasern und die Fasererzeugnisse außerordentlich falzwiderstandsfähig sind, bei der Falzfestigkeit also sehr hohe Zahlen erhalten werden und die Prüfung deshalb sehr viel Zeit in Anspruch nimmt[1]).

Auf anderer Grundlage beruht der Sprödigkeitsprüfer von Krais[2]). Dies ist ein Fallhammerapparat, wie er bereits zur Bestimmung der Sprödigkeit des Glases benutzt wird. Mit Hilfe dieses Apparates läßt sich die Widerstandsfähigkeit von Einzelfasern, Fäden und Gewebestreifen gegen Schlagwirkung prüfen, indem man immer nur das Fallgewicht des Hammers und seine Hubhöhe entsprechend wählt und den Einsatzstempel ein- und auswechselt. Für die Prüfung von Einzelfasern wird z. B. zweckmäßig ein Einsatzstempel zu wählen sein mit einer Schlagfläche ähnlich der Schneide des Falzlineals von dem vorbeschriebenen Falzapparat von Schopper (s. S. 210). Durch das Ein- und Auswechseln des Ambosses läßt sich dessen Härte beliebig wählen. Der Apparat kann auch zur Prüfung der Durchschlagsfähigkeit und der Haltbarkeit von Schreibmaschinenbändern benutzt werden, indem man die Schlagstärke des Stempels entsprechend einstellt und das Ersatzstück durch bestimmte Typen ersetzt. Der Apparat kann mit einem kleinen Elektromotor angetrieben werden, so daß er etwa 90 Schläge in der Minute ausführt. Einzelfasern werden nicht direkt eingespannt, sondern zweckmäßig mit einer Mischung aus 20 T. Kolophonium und 5 T. Bienenwachs auf ein Papierrähmchen aufgeklebt (s. S. 193).

Versuche mit Garnen haben nach Krais bisher sehr ungleichmäßige Werte ergeben. Besser waren die Ergebnisse mit Einzelfasern, bei denen beispielsweise eine Fallhöhe von 10 mm, ein Hammergewicht von 20 g, eine Breite der Hammerfläche von 2 mm, ein Zuggewicht von 2 g und 90 Schläge in der Minute gewählt wurden. Im allgemeinen haben sich sehr große Unterschiede zwischen den einzelnen Fasern gezeigt, doch ist noch nicht abzusehen, ob und inwieweit ein Schlagapparat bei der Beurteilung und Kennzeichnung von Textilfasern oder -erzeugnissen eine Bedeutung gewinnen wird.

Gewebeanlagen.

Nachstehend seien die wichtigsten Grundsätze, Beispiele und Typen der Webetechnik kurz umrissen.

Wie bekannt, entstehen die Gewebe durch regelmäßiges Verschlingen von zwei sich rechtwinklig kreuzenden Fadensystemen. Das eine System, die in der Längsrichtung des Gewebes verlaufenden Fäden, nennt man Kette (auch Warp, Aufzug, Zettel oder Schweif). Die Kettfäden haben alle eine gleiche, dem Gewebe entsprechende Länge und werden beim Webprozeß durch besondere Vorrichtungen abwechselnd auf- und abwärts bewegt, was man „Fach bilden" nennt.

Die die Kette rechtwinklig kreuzenden Fäden nennt man Schuß (auch Weft, Einschlag oder Eintrag). Der Schuß besteht meist aus einem langen, fortlaufenden Faden, der mittels eines besonderen Werkzeuges (Schützen oder Schiffchen) zwischen die gehobenen und gesenkten Kettfäden (das offene Fach) eingetragen wird und beim äußersten Kettfaden jeder Seite wieder umkehrt, wodurch dort die Leiste (auch Sahlleiste oder Sahlband genannt) entsteht. Vereinzelt (bei Sparterie) werden als Schuß auch Holzstäbchen, Tuchstreifen, Roßhaare u. ä. ein-

---

[1]) Bei manchen Textilerzeugnissen wird z. B. eine Falzfestigkeit von mehreren Millionen Doppelfalzungen ermittelt, was eine Laufzeit des Apparates von vielen Tagen bis einigen Wochen erfordert.
[2]) Textile Forschung 1922. S. 96.

getragen; in solchen Fällen würde jeder einzelne Schuß nach einmaligem Durchqueren der Kettfäden sein Ende erreichen.

Die Regel, nach welcher sich Kett- und Schußfäden verkreuzen bzw. „abbinden", nennt man Bindung und die bildliche Darstellung der Bindung heißt Musterbild oder Patrone. Das dazu verwendete netzartig liniierte Papier heißt Patronenpapier (s. Abb. 134 und 135). Auf diesem stellt jeder von unten nach oben verlaufende und von zwei Linien begrenzte Zwischenraum einen Kettfaden und jeder wagerecht verlaufende Zwischenraum einen Schußfaden dar. Überall da, wo ein Kettfaden über einem Schußfaden liegt, also abbindet, wird auf der Patrone das kleine betreffende Feld farbig (rot oder schwarz) ausgefüllt.

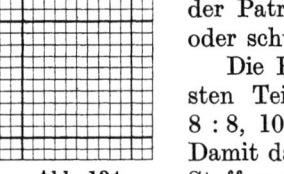

Abb. 134.

Die Patronenpapiere werden in den verschiedensten Teilungen hergestellt, so z. B.[1]) 4 : 4, 6 : 6, 8 : 8, 10 : 10, oder auch 8 : 10, 8 : 12, 8 : 16 usw.

Damit das Bild auf der Patrone dem entsprechenden Stoffmuster möglichst ähnlich sieht, verwendet man zweckmäßig solches Papier, dessen Zwischenräume der Fadenstärke des zu verwebenden Materials und dem Verhältnis zwischen Ketten- und Schußdichte am besten entsprechen; desgleichen nimmt man auch Rücksicht auf die Rapportzahl der Grundbindung, auf die Einteilung der Webmaschine u. dgl. Abb. 134 zeigt ein Patronenpapier 10 : 10, Abb. 135 ein solches 8 : 16.

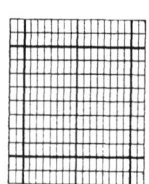

Abb. 135.

Häufig (besonders bei Köper) wird die Bindung in einer „Formel" wiedergegeben; dabei bedeuten die Zahlen über dem Bruchstrich die gehobenen und die Zahlen unter dem Strich die gesenkten Kettfäden bei dem ersten Schuß von links nach rechts $\left(\text{z. B. } \frac{2\ 1\ 1}{2\ 1\ 2}\right)$.

Die Wiederkehr des Musters in Kette und Schuß nennt man Rapport; er ist in folgenden Patronen durch starke Linien abgegrenzt.

Man unterscheidet drei Grundbindungen, von denen alle anderen Bindungen durch Verstärkung, Kombination usw. abgeleitet werden können.

I. Zweiband- oder Leinwandbindung.

Die Zweiband- oder Leinwandbindung (auch Tuch-, Taffet- oder Kattunbindung genannt) ist die einfachste und älteste aller überhaupt möglichen Bindungen. Sie führt die engste Verkreuzung der beiden Fadensysteme herbei und gibt der Ware auf beiden Seiten das gleiche Bild.

Abb. 136 (s. nebenstehende Musterbilder) zeigt reine Zweibandbindung (kleinste Bindung oder Rapportzahl 2) und als Ableitung davon zeigen:

---

[1]) 4 : 4 (vier zu vier, oder vier auf vier) bedeutet, daß jedes durch stärkere Linien begrenzte Quadrat vier senkrecht und vier wagerecht verlaufende Zwischenräume enthält.

Abb. 137 = Längsrips ⎫
„ 138 = Querrips ⎬ auch Glattrips oder Kannelé genannt,
„ 139 = eigentlichen Rips,
„ 140 = Panama- (oder Matten-, Lousien-, Würfel-) Bindung.
„ 141 und 142 zeigen sogenannte Granitbindung.

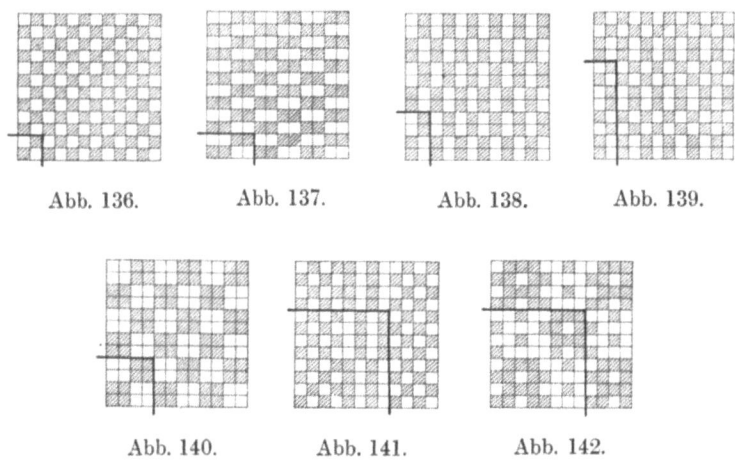

Abb. 136.   Abb. 137.   Abb. 138.   Abb. 139.

Abb. 140.   Abb. 141.   Abb. 142.

II. Köperbindung.

Die Köper-, auch Diagonal- oder Croisébindung genannt, gibt den Fäden eine etwas losere Verkreuzung als die Zweibandbindung. Das Charakteristische der Köperbindung ist, daß sie in dem Gewebe schräg verlaufende Linien, die Bindegrade, erzeugt. Nach dem Verlauf dieser Grade benennt man auch teilweise die einzelnen Köperarten, z. B.

Rechtsgrad, wenn der Grad nach rechts ansteigt,
Normalrechtsgrad, wenn der Grad im Winkel von 45° ansteigt,
Schräger Rechtsgrad, wenn der Grad unter 45° ansteigt,
Steiler Rechtsgrad, wenn der Grad über 45° ansteigt.

Ferner erfolgt die Benennung der Köperbindungen nach der Bindungszahl, z. B. als 3-, 4-, 5- usw. bindiger Köper; weiter — danach, ob auf der rechten Stoffseite Kette oder Schuß mehr, oder beide gleich flottliegen, als Ketten-, Schuß- oder gleichseitigen Köper.

Die kleinste Bindungszahl (Rapport) eines gewöhnlichen Köpers ist 3 $\left(\frac{1}{2} \text{ oder } \frac{2}{1}\right)$, die eines gleichseitigen Köpers = 4 $\left(\frac{2}{2}\right)$.

Als Effektköper bezeichnet man solche Köperarten, bei denen eine Anzahl Kettfäden nebeneinander hochbleibt und wiederum eine geschlossene und um mindestens einen Faden größere oder kleinere Anzahl von Kettfäden tiefbleibt. Die niedrigste Bindungszahl ist hier 5 $\left(\frac{2}{3} \text{ oder } \frac{3}{2}\right)$.

Abb. 143 zeigt 4bindigen Rechtsgrad, Schußköper $\left(\frac{1}{3}\right)$.

Abb. 144 zeigt 5bindigen Rechtsgrad, Kettköper $\left(\frac{4}{1}\right)$.

Abb. 145 zeigt 4bindigen gleichseitigen Rechtsgradköper $\left(\frac{2}{2}\right)$.

Abb. 146 zeigt 6bindigen Rechtsgrad, Effektköper $\left(\frac{2}{4}\right)$.

Abb. 147 zeigt 11bindigen verstärkten, oder Mehrgrad- oder Schattenköper $\left(\frac{3\ 2\ 1}{1\ 1\ 3}\right)$.

Abb. 148 zeigt 4bindigen Zickzackschußköper $\left(\frac{1}{3}\right)$.

Abb. 149 zeigt 6bindigen Spitzschußköper.

Abb. 150 zeigt aneinandergesetzte Köperbindungen (für Drelle).

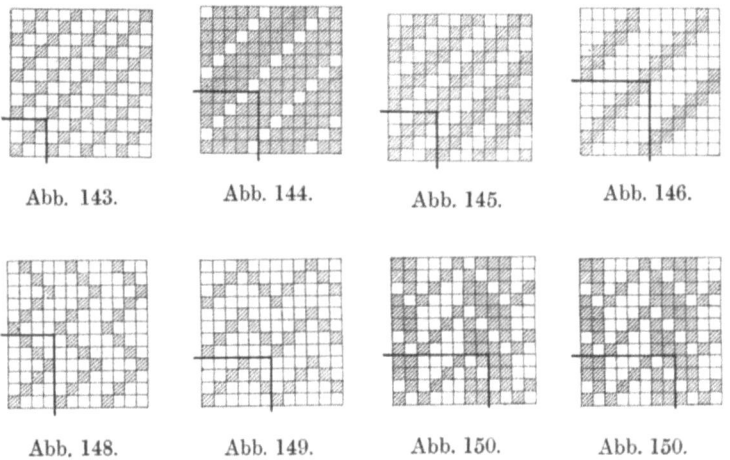

Abb. 143. Abb. 144. Abb. 145. Abb. 146.

Abb. 148. Abb. 149. Abb. 150. Abb. 150.

III. Atlasbindung.

Die Atlas- oder Satinbindung gibt dem Gewebe eine glatte, ruhig wirkende Oberfläche, die nur kaum sichtbar durch die einzelnen Bindungspunkte unterbrochen wird. Diese Bindung unterscheidet sich von der Zweiband- und Köperbindung dadurch, daß hier die Bindepunkte niemals aneinander stoßen, sondern nach bestimmter Regel im Gewebe verstreut liegen; außerdem ist hier die engstmögliche Verkreuzung noch loser als bei den ersten beiden Grundbindungen. Die kleinste Bindungszahl bei Atlas ist 5 $\left(\frac{1}{4}\ \text{oder}\ \frac{4}{1}\right)$. Die Benennung der Atlasbindungen erfolgt in erster Linie nach der Bindungszahl (Rapportzahl) und ferner nach dem Fadensystem, welches auf der rechten Stoffseite flottliegt.

Abb. 151 zeigt 5bindigen Schußatlas,
Abb. 152 zeigt 6bindigen Kettenatlas,
Abb. 153 zeigt 5bindigen verstärkten Schußatlas,
Abb. 154 zeigt einen weiteren verstärkten Atlas.

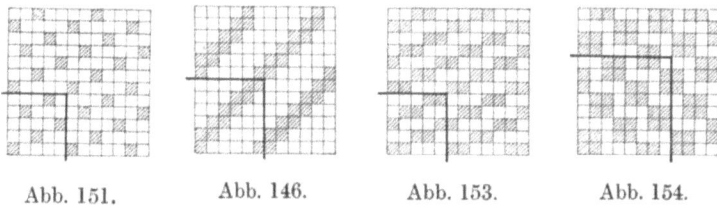

Abb. 151.   Abb. 146.   Abb. 153.   Abb. 154.

IV. Kreppbindungen.

Bei den Kreppbindungen erfolgt zuweilen schon nach wenigen Fäden die Wiederkehr des Musters; sie können jedoch weder den drei Grundbindungen zugezählt, noch als weitere selbständige Grundbindung

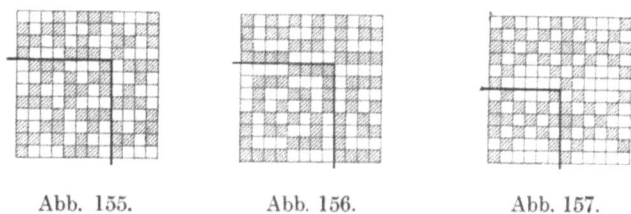

Abb. 155.   Abb. 156.   Abb. 157.

betrachtet werden. Die Bindungen geben dem Gewebe ein verworrenes Aussehen. Beim Aufbau einer Kreppbindung ist darauf zu achten, daß die Bindepunkte möglichst gleichweit voneinander entfernt liegen, damit keine Unebenheiten im Gewebe entstehen.

Abb. 155 zeigt einen 8bindigen Krepp,

Abb. 156 zeigt einen 8bindigen Krepp (auch Kautschukbindung genannt).

Während Stoffe von den genannten Grundbindungen und Ableitungen als glatte gelten, ist dies beispielsweise bei der Waffelbindung (den Waffelgeweben) nicht der Fall. Zwar gehört die Waffelbindung nach Anordnung ihrer Bindepunkte zur Klasse der Kreuzköper, doch wirken die symmetrisch verteilten Fadenflottungen im Gewebe zellenbildend und aufgeworfen.

Abb. 157 zeigt eine 6bindige deutsche Waffel.

Die Benennung der Gewebe richtet sich außer nach der Bindung noch nach dem Material (so heißt z. B. Zweibandbindung bei Leinen Leinwand, bei gewalkter Wolle — Tuch, bei Seide — Taffet, bei Baumwolle — Kattun), der Technik, der Musterung, der Veredelung (roh, gebleicht, gefärbt, bedruckt, merceriesert) und schließlich nach dem Verwendungszweck derselben u. a. m.

Aufzeichnung der Bindung eines Gewebes.

Will man die Bindung eines gegebenen Gewebes aufzeichnen (ausziehen), so geschieht das am besten schußfadenweise. Von einem bestimmten Kettfaden aus verfolgt man einen Schußfaden so lange nach rechts, bis sich die Bindung wiederholt und überträgt die Bindepunkte auf das Patronenpapier. Hierauf verfolgt man den nächsten Schußfaden, wieder vom gleichen Kettfaden ausgehend, nach rechts, bis sich die Bindung wiederholt. Dieses setzt man so lange fort, bis sich in Kette und Schuß die Wiederholung ergibt. Den Kettfaden des Stoffabschnittes, von dem ausgegangen wird, kennzeichnet man zweckmäßig mit Farbe. In schwierigeren Fällen entfernt man erst einige Schußfäden aus dem Gewebe und schiebt dann auf der freigewordenen Kettenfranse den ersten Schuß heraus, zeichnet ihn auf usw. und wiederholt dies mit den folgenden Schüssen bis zur Wiederkehr der Bindung. Bei gewalkten und gerauhten Geweben sengt (oder schert) man vorher die Haardecke ab.

Rechte und linke Seite des Gewebes.

In den meisten Fällen wird man sofort die rechte Seite oder die Schauseite erkennen und von der linken Seite unterscheiden. Sehr häufig läßt sich die Schauseite aber nicht ohne weiteres erkennen. In solchen Fällen schlägt man das Gewebe an einer Stelle so um, daß beide Seiten gleichzeitig beobachtet werden können und die Längskanten (Leisten) der beiden Lagen parallel laufen. Alsdann wird man fast immer schon durch die Bindung, Farbenstellung, Appretur, Reinheit des Gewebes usw. eine Seite als die schöner aussehende herausfinden; diese ist dann die Schauseite. Man vergegenwärtige sich hierbei auch, welchem Zweck das betreffende Gewebe dienen soll und welche Seite diesen Anforderungen am besten entspricht.

Ferner kann man sich auch von folgenden Grundsätzen leiten lassen. Bei Erzeugnissen aus verschiedenen Rohstoffen gilt fast stets diejenige Seite als die rechte, bei welcher das kostbarere Material am besten zur Geltung kommt, bei Halbseide also die Seide, bei Halbwolle die Wolle usw. Bei Tuchen hat man ferner einen guten Anhaltspunkt an den bunten Leistenfäden; ihre Bindung tritt auf der rechten Seite infolge des hier gründlicher durchgeführten Scherens klarer zutage. Legt man geschorene Stoffe über einen Finger und sieht horizontal über die Biegungsstelle nach dem Licht (bei überfallendem Licht), so wird man auf einer Seite mehr, auf der anderen weniger überstehende Härchen beobachten; letztere Seite gilt als die rechte. In ähnlicher Weise kann man sich auch von der Intensität der Farben und des Glanzes beider Stoffseiten überzeugen.

Ketten- und Schußrichtung.

Das wichtigste und untrüglichste Merkmal für die Unterscheidung von Ketten- und Schußrichtung ist die feste Webeleiste, d. i. die Umkehr des Schusses beim äußersten Kettfaden. Ist eine solche vorhanden, dann sind die mit ihr gleichlaufenden Fäden die Kettfäden; diejenigen, welche letztere senkrecht schneiden, sind die Schußfäden. Ebenso sicher läßt sich von einem etwa vorhandenen Vorschlag (auch Schlag- oder Verschußstreifen genannt) auf die Schußrichtung schließen.

Weit schwieriger ist es dagegen, bei einer kleinen, an allen Seiten beschnittenen Probe die beiden Fadenrichtungen mit Sicherheit festzustellen. Die Kettfäden sind gewöhnlich **feiner im Faden** und, da sie beim Webprozeß wiederholte Reibung und Spannung auszuhalten haben, **fester gedreht**, zuweilen **gezwirnt**, während der Schuß, da jedes Fadenstück nur einmal gespannt wird und alsdann im Gewebe ruhig verbleibt und weil er dem Stoff Griff, Fülle und Schluß verleihen soll, im allgemeinen **weniger gedreht und gröber** ist.

Bei feinen durchscheinenden Geweben kann man oft beobachten, daß die Fäden der einen Richtung fast **genau parallel** nebeneinander laufen, während sich die Fäden der anderen Richtung stellenweise übereinander legen. Ersteres ist die Kette, letzteres der Schuß.

Bei Geweben von gleich grobem Material in Kette und Schuß zeichnet man sich auf dem Gewebe in beiden Richtungen eine gleiche Länge auf und schneidet an den betreffenden vier Endpunkten ein, nimmt dann in jeder Richtung einige Fäden heraus und mißt diese einzeln im ausgestreckten Zustande. Ergeben hierbei die Fäden einer Richtung eine **größere Länge**, so sind das die Kettfäden.

Bei geschorenen Stoffen **streicht** man aufmerksam erst in einer, dann in der anderen Richtung mit der Handfläche über die Haardecke hin. Man wird dabei empfinden, daß sich die Härchen in einer Richtung glatt niederlegen; dieses ist die Kettrichtung[1]).

Findet man ferner in einem Tuchabschnitt einen, einige Fäden breiten, andersfarbigen Streifen und folgen hinter diesem wieder mehr als 2—3 cm reguläre Ware, so stellen diese Fäden einen **Vorschlag** dar und zeigen die Schußrichtung an.

Weist ein Gewebe **steife, gestärkte oder geschlichtete Fäden** nur in einer Richtung auf, so kann man diese als Kettfäden annehmen. Die Kettfäden sind im allgemeinen mehr steif und geradlinig, während die Schußfäden rauh, verschoben und wellenförmig, meist auch gröber und ordinärer erscheinen.

Schließlich entscheidet unter Umständen die **Drehungsrichtung** der Fäden. Sind die Fäden scharf nach rechts gedreht, andere nach links, so kann man erstere als Kettfäden ansprechen.

Fadendichte oder Dichte des Gewebes.

Unter **Fadendichte, Dichte oder Fadenzahl** versteht man die Anzahl Fäden, welche sich in einer Maßeinheit des Gewebes befindet. Die Bestimmung der Dichte entbehrt zurzeit noch eines einheitlichen Systems, wird aber in neuerer Zeit immer mehr auf 10 cm angegeben, sonst meist auf $1/4$ franz. Zoll = 0,677 cm. Für den Ausdruck der Kettdichte bestehen nebenbei noch einige Bezeichnungen, denen die Dichte

---

[1]) Ausgenommen von den Fällen, in denen eine Querschermaschine Verwendung fand.

im Blatt oder Riet zugrunde gelegt ist. Die wichtigsten Systeme seien hier nur kurz erwähnt (s. a. Tabelle am Schluß des Buches).

1. Die Gangzahl gibt an, wieviel mal 20 Rohre (d. i. ein Zwischenraum zwischen zwei Stäben des Blattes) oder 40 Fäden (= 1 Gang) in Berlin auf $^1/_4$ Berliner Elle (16$^2/_3$ cm), in Sachsen auf $^1/_4$ sächs. Elle (= 6 Leipziger Zoll = 14,12 cm) sich befinden.

2. Die Porterzahl (bei Jutegeweben handelsüblich) gibt an, wieviel mal 40 einfache oder doppelte Fäden bei einem zweischäftigen Jutegewebe, oder: wieviel mal 60 einfache oder doppelte Fäden bei einem dreischäftigen Jutegewebe, oder: wieviel mal 80 einfache oder doppelte Fäden bei einem vierschäftigen Jutegewebe auf einer Blattbreite von 37 engl. Zoll enthalten sind.

3. Die Feine gibt bei Seidengeweben an, wieviel Stäbe oder Rohre in Elberfeld auf 11 mm, in Krefeld auf 10,84 mm enthalten sind.

4. Die Stichzahl gibt an, wieviel Lücken oder Stiche sich im Blatt auf $^1/_{12}$ franz. Zoll (0,226 cm) = 1 franz. Linie befinden.

Die einfachste Art der Dichtebestimmung ist die vermittels des sogenannten Fadenzählers (s. Abb. 8).

1. Der gewöhnliche Fadenzähler besteht aus Lupe und einem, bestimmten Maßeinheiten entsprechenden Ausschnitt am Fuße des Zählers;

Abb. 158. Wagenlupe.

er wird z. B. mit 1 cm, $^1/_2$ sächs. Zoll, $^1/_2$ engl. Zoll, $^1/_4$ franz. Zoll usw. langen Seiten des Ausschnittes geliefert. Bei dem Gebrauch wird das Instrument so auf das Gewebe gestellt, daß die Umrisse des Ausschnittes mit dem Faden gleichlaufen. Die im Ausschnitt sichtbaren Fäden werden unter Benutzung der mit dem Instrument verbundenen Lupe gezählt. Zwecks Ermittelung eines guten Durchschnittes wird eine größere Anzahl von Zählungen ausgeführt und das Mittel berechnet.

Wo es auf größtmögliche Genauigkeit ankommt, bestimmt man die Fadendichte bei dichtstehenden Geweben auf mindestens 5 cm, bei weniger dichtstehenden auf 10 cm, und zwar an drei verschiedenen Stellen des Gewebes und bildet aus den Ergebnissen das Mittel. Man bedient sich z. B. eines Papiermaßstabes und einer Dreibeinlupe von etwa 6—10facher Vergrößerung. Hierbei macht man sich vielfach die Bindung, die Farbenmusterung, Fadenbrüche usw. zunutze oder zieht einen Faden straff an und zählt an diesem entlang die Bindepunkte und vervielfältigt diese mit der Rapportzahl. In besonderen Fällen zählt man die ganze Kettfadenzahl eines Stückes aus. Zur Erleichterung solcher Arbeit sind besondere Wagenlupen konstruiert worden (s. Abb. 158). Die Lupe läßt sich nach allen Richtungen hin verschieben und einstellen; außerdem trägt sie einen Zeiger, mit welchem man jeden Faden mit Sicherheit zählen kann. Der zugehörige Maßstab hat beispielsweise die Einteilung von 0—100 mm, 0—4 franz. Zoll o. ä.

2. Meßlupe von Zeiß in Jena. Vielfach behilft man sich noch mit optisch recht mangelhaften Fadenzählern, obwohl gerade von der Meßgenauigkeit viel abhängt. Der im kleinen begangene Fehler wird auf große Stücke übertragen und dabei hundert- und tausendfach ver-

Fadendichte.

größert. Es ist deshalb lebhaft zu begrüßen, daß die Firma Carl Zeiß in Jena es übernommen hat, optisch einwandfreie Meßlupen für die Textilindustrie herzustellen, die wärmstens empfohlen werden müssen. Die Meßlupe besteht aus einem Lupengestell (s. Abb. 159) mit Handgriff, drei verschieden starken Lupen (6-, 8- und 10fache Vergrößerung) und Meßeinsätzen (s. Abb. 160) mit quadratischen Ausschnitten nach sächsischen, französischen und englischen Maßen[1]). Die mit Meßausschnitten

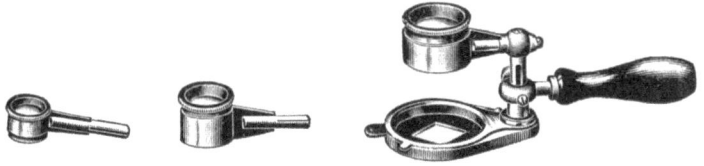

Abb. 159. Meßlupe von Zeiß.

von $1/2$, $1/4$ und 1 Zoll Seitenlänge versehenen Meßeinsätze werden in die Fußplatte des Gestells eingelegt und befestigt und können noch um 90° gedreht werden, so daß man sofort zur Zählung diagonal verlaufender Fäden u. dgl. übergehen kann. Man setzt das Lupengestell auf das Gewebe und stellt die Lupe selbst auf den richtigen Objektabstand ein. Dies geschieht, indem man nach Lösen einer seitlichen Schraube den Abstand der Lupe vom Gewebe so lange verändert, bis dieses deutlich sichtbar ist und die Schraube wieder anzieht. Durch Verschieben der Lupe in ihrer Hülse kann noch eine Feineinstellung vorgenommen werden, so daß kurz- und weitsichtige Beobachter ohne Augenglas arbeiten können. Bei Verwendung der 10- und 8fachen Vergrößerung wählt man Einsätze mit den Ausschnitten von $1/4$ und $1/2$ Zoll, bei 6facher Vergrößerung solche mit 1 Zoll Seitenlänge, die bis auf wenige $1/100$ mm genau sind. Die Lupen selbst stellen einen Steinheilschen Typ verbesserter Konstruktion dar, bestehen aus drei Einzellupen (einer dicken bikonvexen und zwei dünnen konvex-

Abb. 160. Meßeinsätze in 6 verschiedenen Größen für die Meßlupe von Zeiß ($1/2$ nat. Größe).

konkaven), die durch Kanadabalsam miteinander verkittet sind und liefern ein völlig farbenfreies Bild mit bis zum Rande des Gesichtsfeldes gleichmäßiger, ausgezeichneter Schärfe. Für Messungen anderer Art können zu der Meßlupe noch zwei besondere auf Glas befindliche

---

[1]) S. a. Hartinger: Textilber. 1912. S. 247.

220 Gewebeanlagen.

Objektmikrometer geliefert werden, von denen das eine aus 15 konzentrischen, je 1 mm voneinander entfernten Kreisen (mit dem größten Durchmesser von 30 mm), das andere aus einer 30 mm langen, in $1/5$ mm eingeteilten Skala besteht (s. Abb. 161 und 162).

3. **Differentialfadenzähler von Walz**[2]). Die optischen Werkstätten von W. Walz in St. Gallen (Schweiz) haben in neuerer Zeit einen automatischen Fadenzähler herausgebracht, der sich in erster Linie für Leinwand-, Kattun-, Taffet- und Großbindungen eignet, leider jedoch nicht für geköperte Atlas- und ähnliche Bindungen. Er besteht aus einem rechteckigen Glastäfelchen ($4^{1}/_{2} \times 13$ cm), das mit horizontal angeordneten, schwach konvergierenden Haarstrichen und zwei Skalen versehen ist. Der Zähler wird ungefähr parallel zur Fadenrichtung auf das zu prüfende Gewebe gelegt und gestattet mit einem Blick die sofortige Ablesung der Fadenzahl pro Längeneinheit (Zentimeter, Viertelzoll usw.).

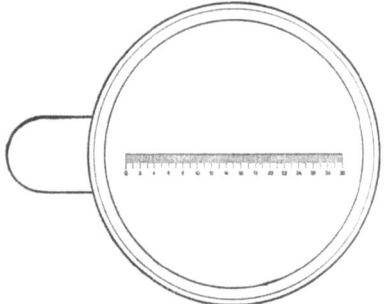 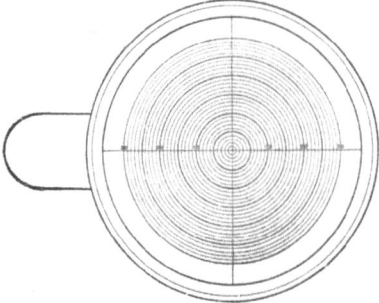

Abb. 161. Objektmikrometer für die Zeißsche Meßlupe, linear, natürl. Größe.   Abb. 162. Objektmikrometer für die Zeißsche Meßlupe, kreisförmig, natürliche Größe.

Die schwach konvergierenden Striche des Zählers bilden nämlich mit den dazu beinahe parallelen Fäden des Gewebes (vielmehr deren Schatten) Schnittpunkte, die als dunkle Stellen erscheinen und eine Art von Moiré bilden, das die Gestalt eines kleinen Sternes annimmt und von dessen Mittelpunkte umgekehrte Kurven, blendige Bögen, Lichtreflexe in Moiré auslaufen. Nur an einer Stelle biegt die Linie nicht ab, sondern verläuft geradlinig von unten nach oben (senkrecht zur Fadenrichtung), nämlich da, wo die Fadenzahl auf dem Fadenzähler mit derjenigen des Gewebes übereinstimmt. Die zu dieser Kurve gehörende Zahl am Rande des Täfelchens gibt die Fadenzahl des Gewebes an. Der Apparat ist für schnelle technische Bestimmungen ausreichend und erspart dem Prüfenden viel Zeit.

In der Baumwollweberei versteht man heute z. B. unter „Kattun 19/18 Faden, Garn-Nr. 36/42 engl." ein leichtes Baumwollgewebe, bei dem sich 19 Kettfäden der engl. Nr. 36 und 18 Schußfäden der engl. Nr. 42 auf dem Raum eines französischen Viertelzolls befinden. Bei der Umrechnung dieser und ähnlicher Gewebearten in das metrische System ergeben sich mit einer praktisch zu vernachlässigenden Gewebegewichtsabweichung von $\pm 0{,}8\%$:

---

[2]) S. a. Micksch: Textilber. 1921. S. 172. Woll- und Leinen-Ind. 1921. S. 306.

Gewebeart	Faden pro ¼ frz. Zoll	Nummer engl.	Faden pro cm	Gramm-metrische Nr.
Kattun	19/18	36/42	28/26	60/70
Kretonne	16/16	20/20	24/24	34/34
Renforcé	18/18	30/30	27/27	52/52

Berechnung des Quadratmetergewichtes eines Stoffes aus gegebener Fadenzahl und Garnnummer[1]).

G = Gewicht pro Quadratmeter Stoff in Grammen.
f_k = Anzahl der Kettfäden, f_s = Anzahl der Schußfäden pro 1 cm.
N_k = Nummer des Kettgarnes, N_s = Nummer des Schußgarnes.

$$G = 100 \left(\frac{f_k}{N_k} + \frac{f_s}{N_s}\right) \text{ für alle Garne (gramm-metrische Nr.).}$$

$$G = 59 \left(\frac{f_k}{N_k} + \frac{f_s}{N_s}\right) \text{ für Baumwollgarne (engl. Nr.).}$$

$$G = 165{,}4 \left(\frac{f_k}{N_k} + \frac{f_s}{N_s}\right) \text{ für Leinengarne (engl. Nr.).}$$

$$G = 88{,}6 \left(\frac{f_k}{N_k} + \frac{f_s}{N_s}\right) \text{ für Wollgarne (engl. Nr.).}$$

$$G = \frac{f_k \cdot N_k + f_s \cdot N_s}{90} \text{ für Seide (legaler Titer).}$$

$$G = 59 \frac{f_s}{N_s} + \frac{f_k \cdot N_k}{90} \text{ für Halbseide (Seidenkette, Baumwollschuß engl. Nr.).}$$

Mit Rücksicht auf das Einweben ist das wirkliche Gewicht G größer als der obigen Berechnung entspricht. Das Maß des Einwebens ist sehr verschieden und im besonderen von der Fadendicke abhängig. Die für leinwandbindige Gewebe nach Staub berechnete Einwebung von 4—6% ist nach Marschik als zu klein zu bezeichnen. Bei dichten Geweben wird gewöhnlich ein Einweben von 10% angenommen, während Marschik hierfür 18—20% ermittelt.

Dichte und undichte Gewebe.

Nach Nr. 408 des Deutschen Zolltarifs unterliegen undichte oder offene Gewebe ganz oder teilweise aus Seide (Gaze, Krepp, Flor u. dgl.) außer Seidenbeuteltuch, Spitzenstoffen, Spitzen und Tüll (die besonders tarifiert werden) einem höheren Zollsatz als dichte Gewebe. Diese dichten Gewebe werden wiederum in solche von mehr als 20 g und solche von 20 g Quadratmetergewicht und weniger eingeteilt. Als undichte Gewebe sieht der Deutsche Zolltarif[2]) „abgesehen von Krepp nur solche an, bei welchen der Zwischenraum zwischen den Kettfäden ebensoviel oder mehr beträgt als die Dicke der Kettfäden und zugleich der Zwischenraum zwischen den Schußfäden ebensogroß oder größer ist als die Dicke der Schußfäden. Jedoch werden Gewebe, bei denen derartige Zwischenräume nicht zwischen je zwei Kett- oder Schußfäden oder in sonst regelmäßiger Wiederkehr, sondern nur vereinzelt infolge von Fehlern oder Mängeln in der Webart[3]) vorkommen, hierdurch von der Verzollung als dichte Gewebe nicht ausgeschlossen. Wechseln in einem Gewebe regelmäßig stärkere Fäden mit

---

[1]) S. a. Marschik: Physikalisch-technische Untersuchungen von Gespinsten und Geweben.

[2]) Warenverzeichnis zum Deutschen Zolltarif S. 240, Allgemeine Anmerkung 4 zu Ziffer 1—10 unter „Gewebe".

[3]) Auch sonstige Fehler, Löcher, Verschiebungen usw., die nicht gerade als Webefehler anzusehen sind, aber als unbeabsichtigte undichte (wenn auch mehr oder weniger regelmäßig wiederkehrende) Stellen erkennbar sind, müssen nach dem Sinne des Gesetzes den Webefehlern zugerechnet werden (der Verfasser).

schwächeren ab, so sind die schwächeren für die Beurteilung maßgebend. Zu den undichten Geweben werden auch dichte Gewebe gerechnet, in denen undicht gewebte Streifen oder Figuren vorkommen, sofern nicht der Zoll für dichte Gewebe höher ist. Gewebe, bei denen die Zwischenräume durch Rauhen oder Appretur vollständig ausgefüllt sind, werden als dichte behandelt".

Unter Gaze versteht man im allgemeinen verschiedene undichte Gewebe mit viereckigen offenen Fenstern. Hierher gehören auch die Beuteltuche oder Beutelgaze. Krepp heißt diejenige Gaze, deren Fäden infolge einer Eigentümlichkeit der Webart (z. B. starken Drehens der Kettfäden) oder infolge einer eigentümlichen Bearbeitung (Kreppen, Krausen) der Fäden vor dem Verweben oder des fertigen Gewebes (z. B. durch Dämpfen, eine mechanische Bearbeitung im durchfeuchteten Zustande, eine chemische Bearbeitung o. ä.) schlangen- oder wellenartig verschoben (gekraust, gekreppt) aussehen. Flor[1]) wird die besonders feine Gaze genannt.

Die Feststellung, ob dichtes oder undichtes Gewebe vorliegt, kann nicht immer mit bloßem Auge geschehen. Wenn man in zweifelhaften Fällen das Gewebe gegen das Licht hält und hindurchsieht, so erscheinen die Lichtstellen und Zwischenräume erfahrungsgemäß zu groß[2]). Das Verhältnis der Zwischenraumgröße zu der Kett- oder Schußfadendicke kann nur einwandfrei durch Messungen mittels des Mikroskops (bei etwa 40—80facher Vergrößerung) mit Mikrometer oder aufgelegtem Maßstab festgestellt werden. Durch Verschiebung des Gewebestückes kann eine beliebig große Zahl von Messungen ausgeführt werden. Das durchfallende Licht wird zweckmäßig etwas abgeblendet, um die Umrisse der Fäden zu verschärfen und Schattenbildung zu vermeiden. Man zählt zunächst die Fadenzahl pro 1 cm mit dem Fadenzähler und der Lupe aus; dann führt man mit Mikroskop und Mikrometer bei durchfallendem Licht so viele Feinmessungen von Fadendicken und Zwischenräumen aus, als nach der ermittelten Fadenzahl 1 cm entspricht. Durch Addition aller gemessenen Fadendurchmesser einerseits und Zwischenräume anderseits in Mikromillimetern erhält man das Verhältnis dieser beiden zueinander; die Summe der Fadendurchmesser und Zwischenräume muß 1 cm ergeben. Enthält also z. B. das Gewebe 24 Fäden auf 1 cm, so sind 24 Fäden und 24 Zwischenräume unmittelbar hintereinander auszumessen. Anstatt die Messungen in Mikromillimeter auszuführen, genügt es, da das Verhältnis von Fadendurchmesser zu Zwischenräumen entscheidend ist, in Teilen des Okularmikrometers zu messen und zu addieren.

Nach dem Zollabkommen[3]) zwischen dem Deutschen Reich und Japan vom 24. Juni 1911 unterliegen die japanischen Habutae (japanische Bezeichnung für die unter Nr. 401 des Deutschen Zolltarifs fallenden japanischen Seidentafte, Pongees) nicht ohne weiteres der obigen Beurteilung. Da nämlich die Abgrenzung der dichten und undichten Habutae große Schwierigkeiten machte, so lag ein allgemeines Interesse vor, einen einheitlichen sicheren Maßstab für die Verzollung der rohen, abgekochten, gebleichten oder gebügelten Habutae festzulegen. Hierzu erschien die Festlegung einer unteren Gewichtsgrenze geeignet, von welcher ab die Habutae, sofern sie sonst die in Nr. 401 vorgesehenen Merkmale aufweisen, ohne weiteres als dichte zu gelten haben. Als Einheit für die Bestimmung des Momme-Gewichtes gilt handelsüblich ein Gewebestreifen in einer Breite von 1 1/2 englischem Zoll und einer Länge von 25 englischen Yards. Als untere Gewichtsgrenze auf diese Gewebeeinheit sind 3 Momme für zutreffend zu erachten. Eine Momme ist gleich 3,75 g, 1 qm Gewebefläche der noch als dicht zu betrachtenden Habutae muß also wenigstens 12,92 g wiegen. Die Habutae finden Verwendung in der Bekleidungsindustrie, in der Industrie der künstlichen Blumen, Lampenschirme u. dgl. Die Einfuhr derselben aus Japan ist in dem letzten Jahrzehnt vor dem Kriege erheblich gestiegen, und zwar vom Wertbetrag von 1,8 im Jahre 1900 bis zu dem Wertbetrag von 5,5 Millionen Mark im Jahre 1910.

---

[1]) Nicht zu verwechseln mit „Florgarnen", das sind feine, gesengte Garne.
[2]) S. Gutachten der preuß. techn. Deputation für Gewerbe; Appelt-Behrend: Kommentar zum Deutschen Zolltarif, 4. Aufl. 1897. S. 678.
[3]) S. Denkschrift des Reichskanzlers vom 13. Oktober 1911. Nr. 1107.

Die Unterscheidungsmerkmale von Samt, Baumwollsamt und Velvet (Manchester)[1]).

Bei allen Samt- und Plüscharten ist der Flor aus Kettfäden, bei Velvet und Kord aus Schußfäden gebildet. (Früher konnte man den Velvet auch als Baumwollsamt bezeichnen, als es noch keinen Kettensamt mit Baumwollflor gab. Seitdem man aber auch Kettensamt ganz aus Baumwolle macht, versteht der Fachmann unter „Baumwollsamt" einen Kettensamt ganz aus Baumwolle, wogegen Velvet ein Schußsamt ist und immer nur aus Baumwolle besteht.) Kord, auch Genua-Kord genannt, ist ein gerippter Schußsamt.

Bei Samt stehen die Flornoppen zwischen den Kettenfäden und umschlingen die Schußfäden; bei Velvet (Manchester) ist es umgekehrt.

Hat man die volle Warenbreite oder eine Probe mit Webkante vor sich, so ist es sehr leicht, schnell und sicher zu unterscheiden, ob es sich um Baumwollsamt oder um Velvet handelt. Man schiebt vorsichtig einige Schußfäden heraus, einen Faden nach dem andern, und stellt fest, ob die Flornoppen einen Schußfaden umgreifen, also an dem Schuß hängen; in diesem Falle ist es Samt. Wenn aber beim Herausschieben der Schußfäden die Noppen lose abfallen, zwischen den Schüssen stehen, dann ist es Velvet. Ferner kennzeichnet auch die Webkante die Warengattung. Die Samte haben in den Kanten köper- oder taffetartige Bindungen, öfters mit bunten Fäden. Die Samtkante unterscheidet sich auf der Warenrückseite deutlich von dem Grundgewebe. Dagegen ist bei Velvet auf der Rück- oder Abseite fast gar kein Unterschied zwischen Ware und Kante. Auf der Velvetabseite ist die Kante einem Schußatlas ähnlich. Velvet hat in der Ware dieselbe Bindung wie in der Kante, gewöhnlich nur mit dem Unterschiede, daß sie in der Kette zweifädig eingestellt ist. Die Kante am fertigen Velvet ist sozusagen nur ein ungeschnittener Streifen, der noch zeigt, wie die Rohware vom Stuhl weg in der Bindung aussieht.

Liegen nur kleine Musterabschnitte vor, so ist es schon schwieriger, Baumwollsamt von Velvet zu unterscheiden. Man achte dann auf folgende Merkmale. Auf der Rückseite zeigt Samt feinfädige, klare, glatte Bindung; dagegen ist die Velvetrückseite grobfädig, faserig, leicht gerauht. Wenn die Fäden, die von Noppen umschlungen sind, einfaches, feines Garn (Schuß) sind, so liegt Samt vor; wenn die Noppen an gröberen Zwirnen (Kette) hängen, so ist es Velvet. Wenn die Noppen dagegen an feinem Zwirn (Schuß) hängen, so ist es Samt. Sind die Fäden zwischen den Noppenreihen einfaches dickes Garn (Schuß), so ist es Velvet; liegt feiner Zwirn (Kette) zwischen den Noppenreihen, so ist es Samt. Wenn man die Ware scharf umbiegt, zusammenklappt, den Flor nach außen, so wird bei Samt der Grund leichter sichtbar, die Ware erscheint grindig. Billiger Samt tut dies schon bei schwachem Umbiegen. Bei Velvet erscheint der Flor hierbei etwas verfilzt. Velvet hat einen weichen Griff und ist geschmeidig; Samt, besonders Seidensamt, ist steifer, sein Flor steht besser, bürstenartig.

Die billigeren Friedenssamte hatten Schappeflor auf Baumwollgrundgewebe; die teuren Samte waren Ganzseide. Die Unterscheidung von Schappe-, Baumwollsamt und Velvet auf äußere Besichtigung hin ist selbst für den Fachmann mitunter unmöglich, weil die Ausrüstung den beiden letzteren denselben Glanz und dasselbe Aussehen zu verleihen vermag wie den geringeren und mittleren Schappesamten. Ein kräftiger Fingerdruck auf Baumwollsamt oder Velvet hinterläßt oft eine sichtbare Druckstelle, während sich die Druckstelle bei Seiden- oder Schappesamt leicht verreiben läßt und zum Verschwinden gebracht werden kann. Baumwollsamt und Velvet fühlen sich warm an, wenn man die Hand flach zwischen die Gewebefalten legt; Schappe- und Seidensamt fühlen sich dagegen kühl an. Diese äußeren Kennzeichen werden naturgemäß durch die mikroskopische und chemische Untersuchung von Seiden- und Baumwollpolgeweben weit in den Schatten gestellt; durch letztere Prüfungen kann stets einwandfrei die eine von der anderen Sorte unterschieden werden (s. a. unter Mikroskopie S. 21). Ein wesentlicher Güteunterschied bei Samten besteht noch in der Art der Polbindungsart. Läßt man einige Flornoppen auf weißes Papier fallen,

---

[1]) Nach Ullrich: Leipz. Monatschr. f. Textilind. 1916. S. 9.

so zeigen die Noppen bei billigen Samtsorten die Form eines V. Diese Noppen sind nur um einen Faden herumgeschlungen; man nennt diese Bindungsart „Polauf-" oder „V-Bindung". Bei besseren Samten (Kragensamten, Plüschen) haben die Noppen die Form eines W. Diese W-Noppen umschlingen drei Schuß. Man nennt diese Bindung „Poldurch-", „W-Bindung" oder auch „Lister-Bindung" und die Samte oder Plüsche auch „Listersamte" oder „Listerplüsche". Sie sind besonders widerstandsfähig gegen Ausbürsten.

Plüsch unterscheidet sich vom Samt nur durch die Länge des Flors. Die Grenze aber, bei der eine Sorte noch als Samt oder schon als Plüsch zu bezeichnen ist, ist in Deutschland nicht festgelegt. Nach dem französischen Zolltarif sind Florgewebe mit bis zu 1,5 mm langem Flor als Samte, mit längerem Flor als Plüsche zu bezeichnen. Bei noch längerem Pol als bei Plüschen nennt man die Florgewebe Felbel.

Bestimmung der Dichte bei Schußsamt.

Zur Ermittelung der Schußdichte bei Schußsamt zieht man zunächst aus der Leiste eine Anzahl Schußfäden einzeln heraus und legt sie in gleicher Reihenfolge beiseite. Man wird finden, daß nach einer bestimmten Anzahl atlasbindender Schußfäden stets ein leinwandbindender oder köperbindender folgt. Die atlasbindenden oder Polschüsse bilden im Gewebe selbst den Flor und werden zerschnitten, die leinwandbindenden Schüsse erzeugen das Grundgewebe. Findet man beispielsweise, daß nach je drei Polschüssen (atlasbind.) ein Grundschuß (leinwandbind.) folgt, so wird, da der erste Grundschuß den 1., 3., 5. usw. Kettfaden und der zweite Grundschuß (also 5. Schuß überhaupt) die Nachbarkettfäden abbindet, jeder Kettfaden erst nach Verlauf von acht Schüssen wieder abgebunden. Man zählt also auf der linken Seite an einem Kettfaden entlang die Bindepunkte, welche in 10 cm enthalten sind und vervielfältigt sie mit der Rapportzahl, in diesem Falle mit 8.

Zur Ermittelung der Kettdichte schneidet man bei sehr dichten feinfädigen Geweben ein genau 2 cm langes Stückchen heraus und zählt die Fäden durch Auszupfen.

Bestimmung der Garnnummer in Geweben.

Sehr häufig ist die Garnnummer in Geweben (Rohgeweben, gefärbten, appretierten und sonstwie veredelten Stoffen) zu bestimmen. Gegebenenfalls wird man zunächst sämtliche auf das Gewicht (und beim mikroskopischen Meßverfahren, s. S. 137, auf das Volumen) Einfluß übende Fremdstoffe (Nichtfaserstoffe) wie sie in Webwaren vorkommen, zu entfernen haben (Schlichte, Appretur, Fette und Öle, Beschwerung, bei Seiden Erschwerung und eventuell auch starke Farbanhäufungen). Dies geschieht nach den üblichen Extraktionsverfahren (mit Äther, Benzin u. dgl.), Abkochverfahren (mit Soda, Seife und Soda u. dgl.), Entschlichtungsverfahren (z. B. mit 1—2%iger Diastaforlösung bei 60—70° C 1 Stunde gut behandeln und gründlich spülen), Entschwerungsverfahren (erschwerte, farbige Seide z. B. mit 2%iger Flußsäure $1/4$ Stunde auf kochendem Wasserbade u. a.)[1]) und mit Hilfe von anderen Hilfsmitteln (s. a. unter Entschlichten S. 230). Bei diesen Behandlungen ist streng darauf zu achten, daß die Fasern selbst nicht angegriffen oder z. T. gelöst werden; vor allem dürfen pflanzliche Fasern nicht mit starken Säuren, tierische Fasern nicht mit starken Alkalien behandelt werden.

Nach dieser Vorbereitung werden die Proben bei 65% Luftfeuchtigkeit ausgelegt (s. S. 115), und nun wird von Hand (nach fadengeradem

---

[1]) Näheres s. Heermann: Färberei- und textilchemische Untersuchungen. Berlin: Julius Springer.

Zuschneiden der Probe) eine bestimmte Fadenlänge aus der Stoffprobe (Kett- und Schußfäden für sich getrennt) durch Zählen der Kett- und Schußfäden und Feststellung der Fadenlängen entnommen. Man nimmt zweckmäßig keine Fäden über 50—60 cm und mißt sie im gestreckten, aber nicht ausgedehnten Zustande, so daß das Einweben berücksichtigt wird, aber keine Überstreckung stattfindet.

Schließlich werden die zusammengelegten Kett- und Schußfäden, jede für sich und immer bei 65% Luftfeuchtigkeit, zur Wägung gebracht. Die Garnnummer wird alsdann in der gewünschten Numerierung berechnet (s. S. 105); soll z. B. die gramm-metrische Nummer ermittelt werden, so gibt die Anzahl Meter, die ein Gramm erfüllen, die gramm-metrische Nummer unmittelbar an.

An Stelle dieser auf normale Luftfeuchtigkeit berechneten Garnnummern können auch die konditionierten Garnnummern ermittelt werden. In diesem Falle werden die vorbereiteten Fadenlängen bei 105—110° C im Wägeglas in einem Trockenkasten bis zum konstanten Gewicht getrocknet und im absolut trockenen Zustande zur Wägung gebracht. Dem ermittelten Trockengewicht werden für die einzelnen Faserarten die handelsüblichen Feuchtigkeitszuschläge (s. S. 98) zugerechnet, woraus sich das konditionierte Gewicht der Fadenlängen ergibt. Aus diesem werden die jeweiligen Garnnummern wie üblich berechnet (s. S. 114). Beispiel. Ein Baumwollgewebe wird genau fadengerade abgeschnitten, genau 100 mm in der Kett- und 140 mm in der Schußrichtung messend. Es werden ihm 30 Ketten- und 20 Schußfäden entnommen. Im gestreckten Zustande mögen die Kettfäden je 107 mm, die Schußfäden je 152 mm lang sein (was an einigen Fäden festgestellt wird). Es entspricht dies einer Einwebung von 7% bei der Kette und von $8^{1}/_{2}$% beim Schuß. Die Gesamtlänge der dem Abschnitt entnommenen Probefäden beträgt alsdann:

$30 \cdot 100 + 7\%$ = 3,210 m Kettfäden,
$20 \cdot 140 + 8^{1}/_{2}\%$ = 3,038 m Schußfäden.

Das Gewicht dieser Fadenlängen betrage 0,095 g bei der Kette und 0,100 g beim Schuß; dann ist die Nummer der Kette = 3,210 : 0,095 = 33,79 gramm-metrische Nummer, beim Schuß = 3,038 : 0,100 = 30,38 gramm-metrische Nummer. Das Gewebe ist demnach hergestellt aus Kettgarn Nr. 20 engl. und Schußgarn Nr. 18 engl..

Stehen nur sehr geringe Mengen von Gewebe zur Verfügung, so wird die Mikro- oder Torsionswage (s. S. 142) die besten Dienste für das genaue Abwägen der abgemessenen Fadenlängen leisten. In Ermangelung einer solchen bedient man sich fast immer noch sehr vorteilhaft der chemisch-analytischen Wage (s. S. 141). Bei größeren Proben sind für technische Zwecke die Präzisionsgarnwage von Seidel, die mikrometrische Garnwage von Staub, die Universalwage von Stübchen-Kirchner u. a. m. geeignet (s. S. 151).

Liegen überhaupt keine für genaue Messungen und Wägungen ausreichenden Mengen vor, so bedient man sich bei Kunstseide und Seide des mikroskopischen Zähl- und Meßverfahrens (s. S. 119).

Bei der Garnnummerbestimmung von gebleichten Baumwollgeweben kann eine angemessene Korrektur angebracht werden. Indessen läßt sich ein feststehender Korrekturfaktor nicht aufstellen, da der Bleich- und Bäuchverlust innerhalb weiter Grenzen schwankt. Zu bemerken ist, daß die Garnnummer von gefärbten und veredelten Garnen (gebleichtes, mercerisiertes, schwarz gefärbtes, türkischrotes Garn usw.) im Garnhandel nach der Nummer des Rohgarnes angegeben wird.

Bestimmung der äußeren Eigenschaften von Garnen.

Außer der Bestimmung der Garn- und Gewebeeigenschaften mit Hilfe von Präzisionsinstrumenten, z. B. der Festigkeit, der Garnnummer, der Drehung usw. sind auch die äußeren Eigenschaften der Garne und Gewebe häufig allein zu beurteilen auf Unreinheit, Glätte oder Rauheit, auf Gleichmäßigkeit, Knotenfreiheit, Glanz, Farbton, Bleichgrad usw. Diese Eigenschaften werden vielfach subjektiv, d. h. durch bloße Besichtigung und Schätzung nach Augenmaß bestimmt; so wird z. B. ein Kammgarn- oder Streichgarnfaden auf seine Glätte und Schlichtheit beurteilt, ein Baumwollfaden daraufhin, ob er vorher gesengt oder geschlichtet erscheint, ein Leinenfaden, ob wir Flachs oder Werggarn vor uns haben, ein Seidenfaden, ob er reich an Duvet oder Flaum ist, ein beliebiges Gespinst, ob es gleichmäßig in der Dicke ist usw.

1. **Fadenkontrollmaschine** oder **Gleichheitsprüfer** (s. Abb. 163). Dieser besteht aus einem eisernen Gestell mit Leitspindel und Fadenführer. Letzterer wird durch eine an der Spindel befindliche Kurbel in eine gleichmäßig horizontal fortschreitende Bewegung gesetzt. Spule, Cops o. ä. steckt man auf die Spindel und führt den Faden durch die Leitungsöffnung auf das zweckmäßig mit Samt bedeckte Brett; hierauf wird die Kurbel gedreht, wodurch eine horizontale Verschiebung des Fadenführers und eine Drehung des Brettes erfolgt. Das Garn wickelt sich dabei parallel auf das Brett ab, und es kommen auch alle Fäden in genau gleicher Entfernung voneinander zu liegen. Die Unterlage von Samt ist in der Farbe so zu wählen, daß sie von der Färbung des Garnes möglichst absticht, also schwarzer Samt bei hellen Garnen, heller Samt bei schwarzen Garnen usw. Durch Lösung zweier Schrauben in dem Führungsstabe können die Brettchen ausgewechselt werden, um mehrere Proben nebeneinander zu vergleichen. Die Kontrollmaschine kann auch so eingerichtet sein, daß zwei Brettchen, die nebeneinander eingesteckt sind, den Faden gleichzeitig von zwei Spulen abnehmen.

Abb. 163. Fadenkontrollmaschine.

Bei der Dickenvergleichung ist zu beachten, daß Garne infolge verschieden scharfer Drehungen (s. a. S. 153) bei gleichen Nummern nicht gleich dick erscheinen: Ein Kettgarn mit schärferer Drehung wird feiner erscheinen als lose gedrehtes Schußgarn derselben Nummer; ferner wird ein dunkles Garn feiner erscheinen als ein weißes Garn derselben Nummer. Ebenso kann die Art des Materials bei Garnen der gleichen Nummer, Drehung und Färbung ungleiche Beurteilung der Dicke verursachen.

Bei diesem subjektiven Prüfungsverfahren kommt es viel auf persönliches Geschick, gutes Augenmaß und Erfahrung des Beobachters an.

Grundsätzlich vorzuziehen sind den subjektiven Prüfverfahren die objektiven Verfahren, bei denen die Ergebnisse zahlenmäßig oder graphisch wiedergegeben werden können, von einer gewissen Willkür des Beobachters frei sind und aktenmäßig niedergelegt werden können. Von solchen Apparaten zur Bestimmung der Gleichmäßigkeit von Garnen seien genannt: Der Apparat von Ed. Herzog, der diesem ähnliche von Frenzel und die Methode von Oxley.

2. Der Garnqualitätsmeßapparat von Ed. Herzog[1]) mit selbsttätiger Aufzeichnung der Garnungleichmäßigkeiten eignet sich für die Prüfung von Garnen (auch Seidengarnen) von Nr. 2—300. Er gibt a) die Ungleichmäßigkeiten eines Garnes in einer bestimmten Länge in Zahlen an, b) mißt die Länge des untersuchten Fadens und zeichnet zugleich c) die Ungleichmäßigkeiten des Garnes als Diagramm selbsttätig auf, und zwar in vergrößertem Maße, die Länge des Garnes dagegen in verkleinertem Maße (1 m Garn auf 5 cm Papierstreifen). Schließlich wird der Faden kalandert, so daß die dickeren Stellen der nebeneinander liegenden Fäden deutlicher zum Ausdruck kommen.

Die Konstruktion des Apparates ist im Grundsatz folgende: Der Faden wird über zwei Spannrollen unter einer Pendelfühlrolle über ein Glasprisma und von hier durch eine Abzugskalanderwalze durch den Fadenführer auf einen abnehmbaren schwarzen Zylinder gezogen, welcher den Faden in nebeneinander liegenden Windungen aufwickelt. Die Pendelfühlrolle ist kaum merklich von dem Glasprisma entfernt. Wird nun eine dicke Fadenstelle zwischen diesen beiden Teilen hindurchgezogen, so verschiebt sich das untere Ende des fein gelagerten Pendels so weit nach rechts, bis die dicke Fadenstelle durchrutschen kann. Bei einer dünnen Fadenstelle fällt der Pendel wieder nach links. Diese hin und her gehende Pendelbewegung wird mittels Schreibstiftes oder Feder auf einem Papierstreifen selbsttätig aufgezeichnet. Die nach rechts gerichteten Kurven werden daher die dicken, die nach links gerichteten die dünnen Fadenstellen bezeichnen.

3. Apparat nach Frenzel. Einen ähnlichen Apparat beschreibt Frenzel[2]). Er soll gewisse Mängel des Herzogschen Apparates ausschalten und gleichzeitig die Dicke des Garnes und die Ungleichmäßigkeiten in der Dicke fortlaufend messen. Die Ausschläge der Fühlrolle werden bei dieser Konstruktion durch ein Kreisdiagramm registriert und durch ein Schaltrad addiert.

4. In einer neueren Arbeit beschreibt Oxley[3]) in einer ausführlichen, mit zahlreichen Abbildungen versehenen Arbeit eine photographische Methode zur Messung der Ungleichmäßigkeiten von Garnen.

Messung von Glanz. Der Glanzmesser (Glarimeter) von Ingersoll besteht in einer zweckdienlichen Umänderung des den Meteorologen zur Messung der Wolkenpolarisation dienenden Pickeringschen „Polarimeters". In Deutschland ist der Glanzmesser von Kieser eingeführt, der auf dem gleichen Prinzip beruht wie der von Ingersoll. Er wird von der Firma Schmidt und Hänsch, Berlin SW 42, hergestellt[4]) und vorzugsweise für die Papierprüfung verwendet.

In neuerer Zeit arbeitet man bei der Bestimmung des Glanzes von Textilstoffen vielfach[5]) mit dem Ostwaldschen Halbschattenphotometer nach dem Verfahren von Douglas (s. a. unter Kunstseide S. 49). Der Glanz (Spiegelglanz) wird danach aus der Summe von Spiegelung und Weißgehalt und dem Weißgehalt bestimmt. Bedeutet G den Glanz oder Spiegelglanz, W den Weißgehalt und S die Summe von Spiegelung und Weißgehalt, so ist $G = S - W$.

---

[1]) Ed. Herzog in Erlach (Niederösterreich). Leipz. Monatschr. f. Textilind. 1922. Nr. 9. Die Firma, die den Apparat herstellt, ist nicht angegeben.
[2]) Leipz. Monatschr. f. Textilind. 1922. S. 166.
[3]) J. Text. Ind. 1922. S. 54. The regularity of single yarns and its relation to tensile strength and twist.
[4]) Nach Textile Forschung 1921. S. 180.
[5]) Z. B. in der Deutschen Werkstelle für Farbkunde in Dresden-N, Schillerstraße 35.

Bestimmung des Auswaschverlustes.

Die Erzeugnisse der Textilindustrie sind vielfach mit wasserlöslichen Stoffen beschwert[1]), teilweise zu dem Zweck, der Ware ein höheres Gewicht, teilweise größeres Volumen, volleren Griff usw. zu verleihen.

a) Die Entfernung der wasserlöslichen Beschwerungsmittel geschieht in der Regel durch Auslaugen der Seide, Baumwoll- und Wollerzeugnisse mit warmem destilliertem Wasser. Die Proben werden in aufgelockertem Zustande in ein Gefäß gebracht, mit so viel Wasser von 50—60° C übergossen, daß sie ganz davon bedeckt sind und das Gefäß mit einem Deckel verschlossen. Nach Verlauf von einer halben Stunde nimmt man die Proben heraus, drückt sie aus und behandelt sie unter Anwendung frischen 50—60° C warmen destillierten Wassers abermals eine halbe Stunde wie vorher. Die Auswaschung ist dann (z. B. nach den Vorschriften der öffentlichen Seidentrocknungsanstalt in Krefeld) als beendet zu betrachten, und die Proben werden nun noch einige Male in frischem destillierten Wasser abgespült, ausgerungen und getrocknet. Handelt es sich um genaue Bestimmungen, so muß die Auswaschung eventuell noch ein drittes und viertes Mal wiederholt werden. Um sich davon zu überzeugen, daß alle wasserlöslichen Bestandteile ausgewaschen sind, wird zweckmäßig ein kleiner Teil (etwa 5—10 ccm) des letzten Auszuges in einer Glasschale eingedampft.

Außer den eigentlichen Beschwerungsmitteln löst sich bei dieser Behandlung auch ein Teil der Appretur und der Schlichte, während der übrige Teil erst beim Abkochen, Verzuckern usw. entfernt wird (s. w. u.).

Die Probe soll möglichst 100 g betragen, indem je 10 g aus zehn verschiedenen Strängen abgeteilt bzw. abgehaspelt werden. In den meisten Fällen wird man sich aber mit geringeren Mengen begnügen müssen.

Der Auswaschverlust wird am besten so berechnet, daß man die entnommenen Proben vor und nach dem Auswaschen vollständig trocknet und dann das Gewicht der trockenen, gewaschenen Probe von demjenigen der trockenen ungewaschenen Probe in Abzug bringt und in Prozente berechnet[2]). Statt dieses Verfahrens kann auch der wässerige Gesamtauszug aus dem Wasserbade eingedampft, getrocknet, gewogen und in Prozente des angewandten Versuchsmaterials berechnet werden. Dieses Verfahren ist aber nur dann zu empfehlen, wenn der Auszug keine stark wasseranziehenden Bestandteile (wie Glyzerin, Magnesiumchlorid u. a. m.) enthält. Ein abgekürztes Verfahren besteht darin, daß man die Proben nicht erst trocknet, sondern bei 65% Luftfeuchtigkeit auslegt, dann wägt und schließlich auswäscht und wiederum bei 65% Luftfeuchtigkeit auslegt und zurückwägt.

Das erste Verfahren kann Fehler verursachen, die auf das größere oder geringere Wasseraufnahmevermögen der mit bestimmten Mitteln beschwerten Proben zurückzuführen sind. Das zweite abgekürzte Ver-

---
[1]) Nicht zu verwechseln hiermit ist die Seidenerschwerung, welche keine oder annähernd keine wasserlöslichen Bestandteile enthält. Hierüber s. Heermann: Färberei- und textilchemische Untersuchungen. Berlin: Julius Springer.
[2]) Verfahren der Seidentrocknungsanstalt zu Krefeld u. a. Konditionierungsanstalten.

fahren kommt der Wirklichkeit näher, ist aber insofern unpraktisch, als das endgültige Zurückwägen erst nach Erreichung eines gleichbleibenden Gewichtes vorgenommen werden kann und dieses sehr viel Zeit in Anspruch nimmt. Man verfährt deshalb am richtigsten und schnellsten so wie bei der Bestimmung der Seidenerschwerung, indem man die Proben vor dem Auswaschen **lufttrocken** (bei 65% Luftfeuchtigkeit) und **nach dem Auswaschen im getrockneten** Zustande wägt und alsdann die normale Feuchtigkeit hinzurechnet.

Beispiel. Eine Probe Baumwollgewebe möge lufttrocken 15 g wiegen; nach dem erschöpfenden Auswaschen und Trocknen bis zum gleichbleibenden Gewichte wiegt die Probe 11,5 g. Hierzu kommt der gesetzliche Feuchtigkeitszuschlag von 8,5% oder = 0,977 g. Die ausgewaschene Probe wiegt also lufttrocken = 11,5 + 0,977 = 12,477 g. d. h. das Versuchsstück war auf 20,2% beschwert (von 12,477 g auf 15 g) oder das Versuchsstück enthält 16,8% Beschwerung (in 15 g = 2,523 g Beschwerungsstoffe). Auf die verschiedenen Berechnungsarten (**Beschwerung der reinen Ware** auf einen bestimmten Prozentsatz oder **Gehalt der beschwerten Ware an Beschwerungsstoffen**) ist besonders zu achten, da sie häufig zu Mißverständnissen Anlaß geben.

b) Eine Entziehung anderer, in Wasser **unlöslicher Beschwerungsmittel**, wie der Kalk-, Magnesiaseifen u. dgl. geschieht, indem man die Ware, nachdem die erschöpfende Behandlung mit warmem Wasser stattgefunden hat, in einem lauwarmen Bade destillierten Wassers, welches mit Salzsäure angesäuert ist, ¼ Stunde lang gut bewegt, darauf mit destilliertem Wasser auswäscht und nun in eine lauwarme Sodalösung bringt (20 g kristall. Soda im Liter). Nach 10 Minuten wird erschöpfend mit warmem destillierten Wasser ausgewaschen. Die Behandlungen müssen unter Umständen wiederholt oder abgeändert werden.

c) Handelt es sich um die Bestimmung des Fettgehaltes für sich, so wird die Probe in bekannter Weise, lufttrocken oder vorgetrocknet im Soxhletapparat mittels Äther, Petroleumäther, Ligroin, Schwefelkohlenstoff u. ä. erschöpfend ausgezogen, das Fett nach dem Verdampfen des Lösungsmittels bei 105° C getrocknet, gewogen und auf lufttrockene Ware berechnet. Der Fettgehalt einer Ware kann im allgemeinen nicht zu den Beschwerungsmitteln gerechnet werden.

d) Den Waschverlust in **Schweißwollen** und fetthaltigen Wollgarnen (Rendementsermittelung) bestimmt Pinagel[1]) folgendermaßen. Aus der zu untersuchenden Partie wird ein ihrer Größe entsprechendes Muster gezogen und sofort genau gewogen. Enthält das Material erdige Bestandteile, so wird es in lauwarmem Wasser von 28° C möglichst rein ausgewaschen und danach getrocknet. Nun wird es in einem besonderen größeren Extraktionsapparat aus Kupfer mit einem Entfettungsmittel (z. B. Dichloräthylen Siedepunkt 55° C, Trichloräthylen Siedepunkt 88° C od. dgl.) entfettet, alsdann in reinem Wasser ausgespült und schließlich im Konditionierapparat bei 105—110° C getrocknet und gewogen. Die Berechnung des eigentlichen Waschverlustes geschieht wie folgt.

Beispiel. Die Schweißwollprobe wiegt roh = 500,100 g; nach dem Entfetten, Waschen und Trocknen wiegt sie = 305,700 g. Dies ergibt einen Verlust

---

[1]) Die Entwicklung der Konditionieranstalten S. 20. Pinagel stellte in einer Reihe von Kunstwollgarnen Waschverluste von 5,53—27,59%, in Mischgarnen solche von 10,31—17,61% fest.

von 194,4 g = 38,87%. Der Gehalt an absolut trockener Reinfaser beträgt also 61,13%, zu dem 17% Normalfeuchtigkeit zugeschlagen werden. 61,13 + 10,39 = 71,52% normalfeuchte Reinfaser oder 28,48% Gesamtwaschverlust.

Bestimmung der Appreturmenge.

In der Regel wird es sich bei der Bestimmung der Appreturmenge um die Entfernung von auswaschbaren, wasserlöslichen oder verkleisterbaren und in verdünnten Säuren löslichen und verzuckerbaren Verdickungsmitteln handeln, die den Hauptbestandteil der Appretur und Schlichte ausmachen. Nur in einzelnen Fällen wird man zu besonderen Hilfsmitteln greifen.

Schon durch andauerndes Auswaschen mit warmem destillierten Wasser (s. u. Auswaschung) wird ein Teil der Appretur entfernt. Der übrige Teil wird zum größten Teil durch andauerndes Kochen der Proben in destilliertem Wasser oder in schwach mit Mineralsäure angesäuertem Wasser entfernt. Stark appretierte oder geschlichtete Ware muß mit diesen Mitteln sehr lange behandelt werden, bis die Proben keine Stärkereaktion mit Jodlösung mehr liefern.

Zur Vereinfachung und Beschleunigung des Verfahrens wendet man deshalb mit Vorliebe die von der Deutschen Diamalt-Gesellschaft, München, in den Handel gebrachten Diastaforpräparate an. Dieselben stellen braungelbe, maltosehaltige Sirupe aus Spezialmalz von stark enzymatischen, Stärke verflüssigenden Eigenschaften dar. Diastafor ist in lauwarmem Wasser löslich und bietet als Handelsartikel gegenüber dem gewöhnlichen Malz den Vorzug der bequemeren Handhabung, zuverlässigeren Wirkung und großen Haltbarkeit.

Zum Entappretieren und Entschlichten von Textilerzeugnissen verwendet man im Großbetriebe[1]) auf 100 Liter Flotte $1/_2$—$1\,1/_2$ kg Diastafor und bearbeitet die Ware 20—40 Minuten lang bei 45—70° C. Temperaturen über 70° C sind zu vermeiden, da die Enzymwirkung des Diastafors bei 75° verloren geht. Hinterher wird lauwarm oder kalt gespült. Ähnlich geschieht die Degummierung von Druckware und von Unterläufern meist mit 1%iger Lösung bei 60—70° C.

Entsprechend wird auch in der Prüfungstechnik gearbeitet, mit dem Unterschiede, daß man meist etwas größere Prozentsätze anwendet, um sicher zu gehen, daß auch wirklich alle Stärke in lösliche Form übergeführt worden ist. Das Bedürfnis hierfür liegt nicht nur bei der Appreturbestimmung als solcher vor, sondern ebenso häufig bei der Entappretierung behufs Bestimmung der Garnnummer o. ä. (s. S. 114). Man verwendet zu diesem Zwecke eine etwa 2—3%ige Diastaforlösung, behandelt bei 60—70° C eine halbe bis eine ganze Stunde lang unter lebhaftem Bewegen der Probe in der Flotte und kocht dann entweder in derselben Lösung auf, um darauf in destilliertem Wasser (eventuell wiederholt) auszukochen, oder man nimmt die Probe aus der 70° C heißen Diastaforlösung heraus und kocht ein- bis zweimal in Wasser aus. Zuletzt wird getrocknet und gewogen. Alles übrige, Wägen der lufttrockenen oder absolut trockenen

---

[1]) S. a. Heermann: Technologie der Textilveredelung. Berlin: Julius Springer.

Probe, Rückwägen der entappretierten Probe in getrocknetem oder lufttrockenem Zustande usw. geschieht nach dem unter „Auswaschen" gegebenen Grundsätzen. Der Appreturgehalt wird fast ausschließlich auf das Gewicht der ursprünglichen lufttrockenen Probe berechnet.

Bestimmung des Bastgehaltes von Seide[1]).

Die Konditionierungsanstalten entnehmen aus einem bei ihnen lagernden Ballen an verschiedenen Stellen im ganzen zehn Stränge und teilen von jedem Strang etwa 10 g ab, so daß zu dem Versuche etwa 100 g verwendet werden. Nötigenfalls werden auch kleinere Mengen und Titerproben auf Bastgehalt geprüft.

Die Abkochung geschieht in der Regel in einer Auflösung von Olivenölseife (sogenannter Marseiller Seife) in destilliertem Wasser und dauert je nach Natur der Rohseide 50—70 Minuten. Die Konzentration des Seifenbades ist so zu bemessen, daß dasselbe 5—7$1/2$ g Seife im Liter Wasser enthält, also eine $1/2$—$3/4$%ige Lösung darstellt. Die Seide wird schließlich in destilliertem Wasser vollständig ausgewaschen, hierauf ausgerungen und getrocknet. Wenn zur gänzlichen Entfernung des Bastes obige Arbeitsweise nicht ausreicht, so ist es gestattet, in geeigneter Weise von derselben abzuweichen.

Zur Ermittelung des durch die Abkochung entstandenen Verlustes wird jede Probe sowohl vor wie nach der Abkochung bei 140° C vollkommen getrocknet und der Abkochverlust auf getrocknete Rohware berechnet.

Bestimmung des Einlaufens oder Krumpfens.

Je nach der Behandlung, welche die Garne und Gewebe erfahren haben, sind sie mehr oder weniger krumpfrei d. h. laufen mehr oder weniger bei Behandlung mit kaltem oder heißem Wasser oder beim Waschen ein (das Krumpfen, Krumpen oder Krümpen). Gewebe, die nicht oder nur sehr wenig einlaufen, gelten im allgemeinen als die wertvolleren. Aus diesem Grunde ist für viele Zwecke der Höchstkrumpfverlust vorgeschrieben.

Die Bestimmung des Einlaufens von Baumwollgeweben wird in folgender Weise ausgeführt. Ein in Länge und Breite genau abgemessenes Gewebestück (z. B. von 1 m Länge und 50 cm Breite o. ä.) wird in frisch aufgekochtes Wasser von etwa 95—100° C eingelegt oder mit solchem übergossen und in dem erkaltenden Wasser über Nacht liegen gelassen. Alsdann wird das Versuchsstück aus dem Wasser herausgenommen und in ungespanntem Zustande bei Zimmertemperatur oder bei gelinder Wärme getrocknet. Schließlich wird das Gewebe ohne erheblichen Druck gemangelt oder zwischen zwei Gummiwalzen geglättet, in ausgebreitetem Zustande auf einem Meßtisch genau gemessen und der Einlaufverlust der Ketten- und der Schußrichtung in Prozenten der ursprünglichen Maße berechnet. In ähnlicher Weise verwendet man Soda-, Soda-Seifenlösungen u. a. m.

---
[1]) Nach den Bestimmungen der öffentlichen Seidentrocknungsanstalt zu Krefeld.

Tuche werden auf das Maß des Krumpens oder das Eingehen beim Krumpen in der Weise geprüft, daß sie mit einem feuchten, doppelt zusammengelegten Baumwoll- oder Leinenlappen überdeckt und mit einem heißen Bügeleisen trocken gebügelt werden. Die Abweichung der sich nun ergebenden Maße in der Kett- und in der Schußrichtung gegenüber den Anfangsmaßen ergibt das Maß des Krumpens.

Saugfähigkeit.

Die Bestimmung der Saugfähigkeit kommt bei den Erzeugnissen der Textilindustrie nur vereinzelt vor (Petroleum- oder Ölleitfähigkeit von Dochten u. ä.), häufiger in der Papierprüfung. Man bedient sich hierzu am zweckmäßigsten des Apparates von Klemm bzw. Winkler (Abb. 164).

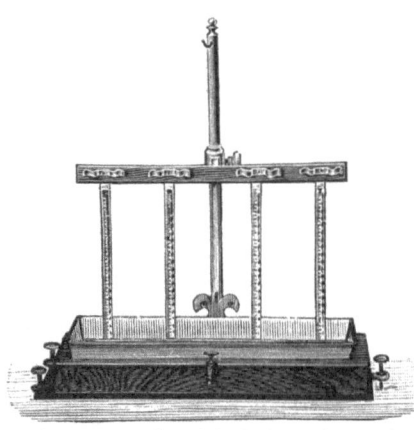

Abb. 164. Saugfähigkeitsprüfer nach Klemm.

Der Apparat ruht auf drei Nivellierschrauben. Auf der Grundplatte befindet sich ein kleines Becken zur Aufnahme der Flüssigkeit (Wasser, Petroleum, Öl usw.). Über dem Becken befindet sich eine querverlaufende Schiene, die eine Anzahl lotrecht zum Becken herabhängender Maßstäbe mit Millimeterteilung und Klemmvorrichtungen trägt.

Man schraubt zunächst den oberen Teil so hoch, daß die Skalen über dem Spiegel der Flüssigkeit enden, klemmt dann rechts und links von den Skalen die Versuchsstücke (Streifen, Dochte u. ä.) so ein, daß ihre unteren Enden die Maßstäbe um etwa 5—10 mm überragen und schraubt dann wieder herab, bis der Nullpunkt der Maßstäbe den Flüssigkeitsspiegel berührt. Die in 10 Minuten von der Flüssigkeit erreichte Saughöhe wird schließlich unmittelbar abgelesen. Die Flüssigkeit soll dabei in der Regel Zimmertemperatur haben.

Netzfähigkeit. Nahe verwandt mit der Saugfähigkeit ist die Netzfähigkeit. Spinnpapiere werden bisweilen in der Weise geprüft, daß man das flach ausgebreitete Papier auf Wasser schwimmen läßt und die Zeit feststellt, innerhalb welcher ein auf die Oberseite des Papiers in feinster Form aufgestäubtes, leicht wasserlösliches Farbstoffpulver (z. B. Methylenblau oder Methylviolett) in Lösung zu gehen beginnt. Als Maßstab der Netzfähigkeit oder des Aufsaugevermögens gilt dann der Zeitabstand vom Auflegen des Papiers auf das Wasser bis zur beginnenden Lösung des Farbstoffes.

Freiberger[1]) läßt aus einer Bürette, deren Ausflußende 4 cm oberhalb des auf einer Glasplatte ausgebreiteten, trockenen zu prüfenden

---

[1]) Färber.-Ztg. 1916. S. 261.

Versuchsmaterials entfernt ist, jedesmal einen Tropfen destillierten Wassers auftropfen und mißt die Zeit, in welcher der Tropfen vom Stoff aufgesaugt ist. Der Zeitpunkt wird festgestellt, wenn der Tropfen völlig verschwunden und kein glänzender Rest mehr zu sehen ist. Jeder Tropfen enthält 0,05 g dest. Wasser von 17°C. Die Zeit wird in Sekunden, Minuten und Stunden angegeben. Man benutzt nur normale Stellen im Gewebe, nicht etwa sichtbare Fehlstellen und nimmt das Mittel aus mindestens 10 Einzelversuchen; zu weit vom Durchschnitt entfernt liegende Werte werden von Freiberger nicht mit berücksichtigt. Die Prüfung soll für die Beurteilung des Bäuchens und Bleichens von Wert sein.

Aufnahmefähigkeit für Flüssigkeiten.

Bei einzelnen Warengattungen kommt es darauf an, daß sie ein möglichst großes und schnelles Aufsauge- oder Aufnahmevermögen gegenüber bestimmten Flüssigkeiten haben, z. B. bei Putztüchern gegenüber warmem Maschinenöl, bei Scheuertüchern gegenüber Wasser u. a. m. Das Aufsaugevermögen wird im Grundsatze in der Weise ermittelt, daß die in der Zeiteinheit von der Gewichtseinheit aufgenommene Flüssigkeit durch direkte Wägung festgestellt wird. Hierbei sind die Arbeitsbedingungen, wie Flüssigkeit, Temperatur derselben, Eintauchdauer, Abtropfdauer u. a. von Fall zu Fall festzulegen, bzw. zu vereinbaren, da diese Umstände die Ergebnisse sehr erheblich zu beeinflussen vermögen. Irgendwelche Normen hierfür bestehen nicht.

1. **Ölaufnahme.** Die Ölaufnahmefähigkeit von Putztüchern führt das Staatliche Materialprüfungsamt z. B. wie folgt aus. Gleich große (etwa 15 × 15 cm), fadengerade zugeschnittene und mit Nähzwirn weitläufig umstochene (um das Ausfasern während der Versuche zu verhindern) Stücke von den Tüchern werden langsam in Maschinenschmieröl von 35° C eingetaucht. Das Schmieröl soll bei 20° C den Englerschen Flüssigkeitsgrad (Viskosität) von 20—21 haben. Das Eintauchen muß so geschehen, daß die im Gewebe vorhandene Luft allmählich verdrängt wird. Die Zeitdauer bis zum vollständigen Eintauchen soll genau 4 Minuten betragen. Gleich nach dem vollständigen Eintauchen werden die Proben herausgenommen und zwecks gleichmäßigen Abtropfens in geeigneter Weise 15 Minuten aufgehängt. Alsdann werden die vor dem Versuch (nach Auslegung bei 65% Luftfeuchtigkeit) gewogenen Stücke in Wägegläsern wieder zurückgewogen und die Gewichtszunahmen auf 1 g (bei 65% Luftfeuchtigkeit ausgelegtes) Versuchsmaterial berechnet. Man verwendet entweder ungewaschene oder mit verdünnter Sodalösung (etwa 5 g kalz. Soda in 100 ccm Wasser) gewaschene, gespülte und getrocknete Tücher. In besonderen Fällen wird die Ölaufnahme der ungewaschenen und der gewaschenen Tücher bestimmt.

Da die Ergebnisse nicht nur von den erwähnten Umständen, sondern auch von scheinbar ganz unwichtigen Begleitmomenten wesentlich abhängen, wie z. B. von der Art des Aufhängens, der Faltenbildung beim Abtropfen, von der Zimmertemperatur u. a. mehr, sind auch diese Arbeitsbedingungen möglichst gleichzuhalten und mindestens zwei bis drei

Versuche, aus denen das Mittel berechnet wird, nebeneinander auszuführen. Auf große Genauigkeit kann das Verfahren keinen Anspruch erheben.

2. Wasseraufnahme. Bei Versuchen mit flüchtigen Flüssigkeiten, z. B. mit Wasser, ist auf das geringere oder stärkere Verdampfen während des Abtropfens Rücksicht zu nehmen. Die Temperatur, die Luftfeuchtigkeit und etwaige Luftbewegung werden in solchen Fällen einen merklichen Einfluß auf die Ergebnisse ausüben. Das Abtropfenlassen des Wassers ist zweckmäßig in einem geschlossenen Kasten oder unter einer Glocke mit wasserdampfgesättigter Luft vorzunehmen.

Verfahren von Alt[1]) zur Bestimmung der Wasseraufnahmefähigkeit von Scheuertüchern:

An eine nach Art der Briefwagen gebaute Wage, die an Stelle der Wägeschale ein mit Haken versehenes Gestänge besitzt, wird ein Stück des zu prüfenden und gewogenen Scheuertuches (p) befestigt und in ein darunter befindliches Wasserbecken unter mehrmaligem Bewegen 15 Minuten eingetaucht. Nach vollständigem Vollsaugen des Tuchstückes wird das Wasserbecken entfernt und das Naßgewicht sofort ermittelt (q). Nach bestimmten Zeiträumen werden dann weiter die infolge Abtropfens von Wasser abnehmenden Gewichte des nassen Scheuertuches festgestellt (nach 60 Sekunden Gewicht r) und die so gefundenen Zahlen in praktischer Darstellung zu einer Kurve verwendet, die eine Beurteilung darüber gestattet, in welchem Maße das Versuchsstück das aufgesaugte Wasser festzuhalten vermag. Um Werte zu erhalten, die zum Vergleich der Güte verschiedener Scheuertücher dienen können, kann eine Zahl u ermittelt werden, die das Verhältnis des mit Wasser vollgesaugten zu demjenigen des lufttrockenen Scheuertuches angibt: $u = q/p$. Diese Zahl gibt an, in welchem Maße das Scheuertuch Wasser aufzunehmen vermag; sie läßt jedoch nicht erkennen, in welchem Grade das Wasser von ihm festgehalten wird. Hierfür gibt die Zahl v einen Maßstab: $v = r/q$. Eine einheitliche Gütezahl, die sowohl Aufsauge- als auch Festhaltungsvermögen zum Ausdruck bringt, ist die Zahl $a = qr/p^2$.

Die an fünf verschiedenen Scheuertüchern von Alt in dieser Weise ausgeführten und berechneten Versuche ergaben als Gütezahl a folgende Werte: 1. Scheuertuch aus Baumwollabfällen, Friedensware, $a = 23{,}76$; 2. aus Baumwollabfällen, Kriegsware I, $a = 9{,}38$; 3. aus Baumwollabfällen, Kriegsware II, $a = 8{,}21$; 4. aus reinem Papier, $a = 5{,}24$; 5. aus Ginsterfaser, $a = 17{,}71$. Aus diesen Versuchen geht hervor, daß, übereinstimmend mit den praktischen Erfahrungen, Scheuertücher aus Papiergeweben nahezu unbrauchbar sind und daß der beste Rohstoff für die Herstellung von Scheuertüchern reiner Baumwollabfall ist. Nächstdem eignen sich in bezug auf Wasseraufnahme auch die Bastfasern für diesen Zweck gut, doch wird ihre Brauchbarkeit durch ihre Härte ungünstig beeinflußt. Außer dem Wasseraufnahmevermögen kommen naturgemäß auch noch andere Eigenschaften in Betracht, z. B. die Naßfestigkeit, möglichst große Widerstandsfähigkeit gegen Durchscheuern und Ausfasern. Auch in dieser Beziehung verhalten sich Papiergewebe sehr ungünstig, während die Baumwolle und die Bastfasern eine höhere Naß- als Trockenfestigkeit haben und auch deshalb günstig zu beurteilen sind. In bezug auf Weichheit übertrifft schließlich die Baumwolle die Bastfasern erheblich.

Die Wasseraufnahme durch Baumwolle wird nach Alt vorzugsweise durch ihr Quellvermögen bedingt; außerdem kann Wasser auch noch zwischen den

---

[1]) Textile Forschung 1919. S. 79 ff.

einzelnen Fäden in den Gewebeporen aufgenommen werden. Deshalb sollen baumwollene Scheuertücher aus schwach gedrehten Fäden mit nicht zu dichter Fadeneinstellung hergestellt werden. Bei Bastfasern hingegen (zu denen auch die Ginsterfaser gehört) mit ihrem geringen Quellvermögen wird die Wasseraufnahme vorwiegend zwischen den Fasern und in den Gewebeporen stattfinden. Auch hier werden verhältnismäßig lose gedrehte Fäden und wenig dichte Fadeneinstellung zu wählen sein. Die Aufsaugefähigkeit der Papiergewebe beruht schließlich vorwiegend auf der Wasseraufnahme durch die Gewebeporen, und nur eine sehr geringe Wassermenge wird außerdem vom Faden selbst aufgenommen werden.

Sonstige Prüfung von Scheuer- und Putztüchern. Die Prüfung kann sich eventuell noch erstrecken auf: 1. Gehalt an Wasser, 2. Gehalt an Staub, Sand und anderen Fremdkörpern, 3. Gehalt an Fett und Öl (bei bereits gebrauchter und gereinigter Ware), 4. Gleichmäßigkeit des Materials (gleicher Rohstoff, gleiche Herstellung). 1. Je geringer der Feuchtigkeitsgehalt ist, desto größer ist bei sonst gleichen Verhältnissen die Saugfähigkeit; außerdem wird die Putzwolle nach Gewicht verkauft. Man rechnet im allgemeinen mit einem Feuchtigkeitsgehalt von 8—10%. Es wird für die Prüfung eine richtige Durchschnittsprobe von etwa 3—4 kg gezogen, mit der alle Prüfungen auszuführen sind. Hiervon werden etwa 500 g nach dem unter Konditionierung (s. S. 97) besprochenen Verfahren bei 105—110° C getrocknet und wieder gewogen. 2. Der Gehalt an Staub, erdigen Bestandteilen u. dgl. erfolgt durch Zerfasern und Ausklopfen einer Probe von etwa 100 g. Sand und Erde können beim Zerfasern der Probe auf Papier gesammelt und gesondert bestimmt werden. Zur Entfernung des Staubes klopft man mit einem Stock die Probe kräftig aus und wägt hinterher. An Stelle des Ausklopfens verwendet man mit Vorteil auch Staubsaugeapparate. 3. Der Fettgehalt wird in üblicher Weise durch Extraktion mit einem geeigneten Entfettungsmittel (s. a. unter Waschverlust von Wolle S. 228), z. B. Dichloräthylen, Trichloräthylen, Benzin, Äther u. dgl. bestimmt. Wegen der meist ungleichen Verteilung des Fettes empfiehlt es sich, größere Proben zu extrahieren, als sonst bei Textilprüfungen üblich ist. 4. Die Gleichmäßigkeit der Putzwolle wird makroskopisch geprüft (Dicke der Fäden, Drehung, Farbe, Material). In besonderen Fällen nimmt man das Mikroskop zu Hilfe. Insbesondere ist darauf zu achten, ob die Putzwolle Papiergarn enthält, das als minderwertiger Ersatz anzusehen ist (s. oben). 5. In Ausnahmefällen kommt auch noch die Bestimmung des Waschverlustes in Betracht (s. S. 228).

Bestimmung der Wasserdurchlässigkeit.

Beim Benetzen der Fasern tritt im allgemeinen eine Quellung derselben unter Wasseraufnahme und Volumenvergrößerung auf; ferner werden die Zwischenräume des Fadens mit Wasser ausgefüllt und schließlich auch die Maschen des Gewebes. Je nach dem Druck, unter dem sich das Wasser befindet und der Menge des aufgenommenen Wassers findet ein rascheres oder langsameres Hindurchgehen oder Filtrieren des Wassers durch das Gewebe statt. Diese natürlichen Eigenschaften von Textilfasererzeugnissen dem Wasser gegenüber können aber durch Niederschlagung bestimmter kolloidaler Stoffe in feinster Verteilung geändert werden, z. B. durch fettsaure Tonerde u. a. Die Netzbarkeit und damit Quellbarkeit der Fasern wird dadurch bedeutend verringert bis aufgehoben; dis Poren des Fadens werden verstopft und das ganze Fasergebilde wasserabstoßend und mehr oder weniger wasserdicht. Qualität und Grad der Wasserdurchlässigkeit lassen sich bei wasserdicht präparierten Stoffen von verschiedenen Gesichtspunkten aus beurteilen:

1. Wie weit geht die wasserabstoßende und quellungshemmende Wirkung der Präparation?

2. Von welcher Dauerhaftigkeit oder Beständigkeit gegen die Wirkung des Wassers ist die Imprägnierung oder Präparation?

Im ersten Falle wird lediglich der frisch behandelte, noch nicht beanspruchte Stoff geprüft; für die zweite Frage wird der Stoff wiederholt der Prüfung unterzogen, eventuell nach voraufgegangener mechanischer Bearbeitung (Knüllen u. ä.), zwischenliegender künstlicher Trocknung unter Wärmezufuhr usw.

Bei der Untersuchung der unmittelbaren Wasserdurchlässigkeit oder Wasserdichtigkeit kann verschieden vorgegangen werden, je nachdem, welche Frage zu beantworten ist, z. B. 1. Hält der Stoff einen bestimmten Wasserdruck innerhalb einer bestimmten Zeit aus (Muldenversuch, Trichterversuch)? 2. Bei welchem Mindestwasserdruck tritt das Wasser sofort durch das Gewebe hindurch (Wasserdruckversuch)? 3. Läuft das Wasser bei einer bestimmten Fallhöhe in bestimmter Neigung des Stoffes in bestimmter Zeit durch (Beregnungsversuch)? 4. Welche Wassermengen nimmt der Stoff beim Beregnen innerhalb einer bestimmten Zeit auf usw.? Nachstehend seien die gebräuchlichsten Prüfverfahren kurz besprochen.

1. Muldenversuch.

Nach dem Muldenversuch wird festgestellt, ob Wasser von bestimmter Säulenhöhe in einer bestimmten Zeit durch den Stoff hindurchsickert. Gewebeabschnitte von 50 × 50 cm oder 100 × 100 cm, die frei von Kniffen und scharfen Brüchen sein müssen, werden mit der rechten Stoffseite nach oben derart in einen Rahmen gespannt, daß eine Mulde entsteht. Diese Mulde wird vorsichtig mit Wasser von Zimmertemperatur bis zu einer bestimmten Höhe gefüllt. Die zur Anwendung gelangende Wassersäule ist nach den verschiedenen Lieferungsbedingungen eine verschiedene.

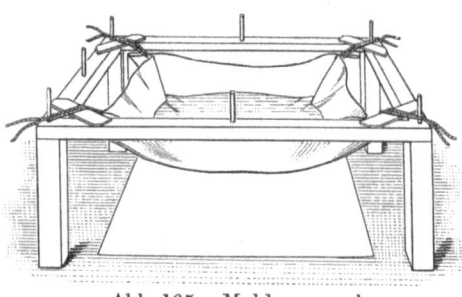

Abb. 165. Muldenversuch.

Um das Durchsickern und Abtropfen des Wassers sicherer beobachten zu können, stellt man unter die Mulde eine Schale und bedeckt sie mit einem Bogen eines geeigneten Papieres. Bei wasserdichten Geweben darf in der Regel innerhalb einer Versuchsdauer von 24 Stunden ein Durchsickern und Tropfen des Wassers nicht stattfinden. Das Schwitzen oder Durchschwitzen wird nicht als Undichtigkeit angesehen (s. Abb. 165).

Uniformtuche, Zeltbahnen, Brotbeutel- und Tornisterstoffe werden in der Weise geprüft, daß quadratische Ausschnitte von 50 cm muldenförmig in einen Rahmen gespannt und mit Wasser von 75 mm Höhe (von der tiefsten Muldenstelle gerechnet) belastet werden. Nach 24 Stunden darf das Wasser zwar durchschwitzen, aber nicht durchtropfen. Die Lieferungsbedingungen für Segeltuche zu Wagendecken der preußischen Staatseisenbahnen schreiben Wasserdichtigkeit im Stoff und in den Nähten derart vor, daß das Wasser bei einer Höhe von 10 cm innerhalb 24 Stunden noch nicht hindurchtropft. Die Mulden werden aus Ausschnitten von 100 × 100 cm gebildet.

Man begnügt sich bei diesen Prüfungen meist mit einem Versuch; nur in Zweifelsfällen werden Kontrollversuche angestellt. Unter Umständen verwendet man den bereits einmal geprüften Ausschnitt nach dem Trocknen zum zweiten- und drittenmal, um festzustellen, wie sich das Gewebe im Gebrauche verhält. Unter Umständen kann das nach dem Muldenversuch geprüfte Versuchsstück (entweder ursprünglicher, noch nicht benetzter oder bereits benetzter und wieder getrockneter Stoff) außerdem noch nach dem Wasserdruckprüfverfahren (s. w. u.) untersucht werden.

2. Büretten- und Trichterversuch.

Stehen keine genügend großen Muster zur Verfügung, um den Muldenversuch durchzuführen, so kann man mit kleineren Proben wie folgt verfahren.

Bürettenversuch. Eine 10, 20, 30 cm usw. hohe Wassersäule wirkt 24 Stunden lang in geeigneter Weise auf die Gewebeprobe ein. Die Menge des durchfließenden Wassers wird in einem untergestellten, mit Teilung versehenen Meßgefäß gesammelt. Der obere Teil der Bürette ist mit einem Deckel versehen, während der untere Teil mit einer Metallfassung verschlossen wird und zwar derart, daß hier ein Stück des zu prüfenden Gewebes den Abschluß bildet. Aus dem zu prüfenden Gewebe wird eine runde Scheibe ausgeschnitten oder mittels Rundeisens ausgestanzt, in das Schlußstück eingelegt und fest angezogen. Durch Einlegen von Gummidichtungsringen wird das seitliche Austreten des Wassers verhindert. An Stelle einer Bürette kann auch jedes zylindrische Gefäß benutzt werden, dessen Boden durch ein Stück des zu prüfenden Gewebes gebildet wird. Der Versuch kann auch in der Weise ausgeführt werden, daß dieser Versuchszylinder mit dem Gewebeboden im leeren Zustande in einen anderen, größeren, mit Wasser gefüllten Zylinder getaucht wird, bis das Wasser nach dem Inneren des Versuchszylinders von unten hindurchdringt.

Es kann nun festgestellt werden, ob innerhalb einer bestimmten Zeit bei einem bestimmten Wasserdruck überhaupt Wasser durchdringt, wieviel Wasser durchdringt, bei welchem Mindestdruck innerhalb einer bestimmten Zeit (z. B. 6, 12 oder 24 Stunden) Wasser durchdringt usw. Etwas komplizierter ist der Wasserdichtigkeitsprüfer von Gawalowski in Brünn. Bei letzterem sind noch zwei Thermometer angebracht, deren Temperaturunterschied zur Beobachtung gelangt[1]).

Trichterversuch. Man faltet ein Stück des zu prüfenden Gewebes wie ein Papierfilter zusammen, bringt es in einen Glastrichter und belastet das aus dem Gewebe hergestellte Filter z. B. mit 300 ccm Wasser. Wasserdichte Stoffe dürfen nach 24 Stunden nicht durchnäßt sein; es dürfen sich auf der Außenseite nur ganz gleichmäßig verteilte Tropfen zeigen.

Freiberger[2]) bestimmt die Filtrierfähigkeit von Stoffen, indem er den zu prüfenden trockenen Lappen in bogenförmig leicht nach unten gekrümmter Lage auf den Rand eines Glastrichters von etwa 7 cm oberem Durchmesser legt, 5 ccm destilliertes Wasser von 17° C schnell aufgießt und die Zeit feststellt, inner-

---

[1]) Leipz. Monatschr. f. Textilind. 1893. S. 221. S. a. Herzfeld: „Die technische Prüfung der Garne und Gewebe" S. 117.
[2]) Färber.-Ztg. 1916, S. 261.

halb welcher das ganze Wasser durchgelaufen ist. Das Durchlässigkeitsvermögen bestimmt Freiberger in der gleichen Weise, nur wird hierzu ein vorher auf beiden Seiten gut benetzter Stoff verwendet. Aus mehreren Versuchen, von denen die ersten vernachlässigt werden, wird das Mittel gezogen. Diese Verfahren sollen ein gutes Bild über die Eignung mancher Waren für ihre weitere Verarbeitung geben; sie bieten ferner Anhaltspunkte für die Beurteilung des Reinheitsgrades der Waren nach verschieden ausgeführten Bäuch- und Bleichverfahren.

Der Trichterversuch wird auch so ausgeführt[1]), daß ein 900 qcm großer Lappen abwechselnd geknüllt, in Wasser gelegt, aufgehängt, bei gelinder Wärme getrocknet wird und dann aus dem Lappen mit unterlegtem Fließpapier ein Filter geformt wird. Dieses Doppelfilter (das Fließpapier unten) wird in einen Trichter gebracht und mit 500 ccm Wasser übergossen. Nun wird die Zeit festgestellt, a) innerhalb welcher das Papier anfängt naß zu werden, b) ganz naß ist, c) der erste Tropfen durchfällt.

Eine weitere Prüfung wird durch Auftropfenlassen von Wasser aus 1,8 m Höhe auf den in einen Rahmen gespannten, um 45° geneigten Lappen angestellt. Nach beiden letzten Verfahren werden 10 Grade der Wasserfestigkeit aufgestellt, wobei Grad 10 vollständige Wasserdichtigkeit bedeutet. Die letztere Probe ähnelt dem nachstehend beschriebenen Berieselungsversuch (s. S. 240).

3. Wasserdruckversuch.

Durch den Wasserdruckversuch wird festgestellt, bei welchem Mindestdruck das Wasser durch ein Gewebe sofort (bzw. innerhalb bestimmt bemessener sehr kurzer Zeit) hindurchtritt. Gleichzeitig kann vermittels der hierfür vorgesehenen Apparatur ermittelt werden, innerhalb welcher Zeit das Wasser bei einem gleichbleibenden Mindestdruck durchtropft, oder auch bei welchem Mindestdruck innerhalb einer bestimmten Zeit (6, 12, 24 Stunden) der Stoff das Wasser durchläßt. In letzterer Weise prüft z. B. H. Alt[2]). Der von ihm benutzte Apparat ist im übrigen dem nachstehend abgebildeten sehr ähnlich (s. Abb. 166). Besonders wertvoll ist die Vorrichtung in den Fällen, wo das Versuchsmaterial für den vorgeschriebenen Muldenversuch nicht ausreicht.

Die Einrichtung eines solchen Apparates bei dem Staatlichen Materialprüfungsamt ist etwa folgende (s. Abb. 166). In einem Stativ ist feststehend ein Trichter a mit einer Vorrichtung zum Einspannen des Versuchsstückes und in unmittelbarer Nähe davon an der Wand ein Wasserbehälter b, auf einem Schlitten verschiebbar, angebracht. Der Wasserbehälter kann vertikal beliebig hoch- und tiefgezogen werden. Ein Schlauch c verbindet den Wasserbehälter mit dem Trichterausfluß d. Die obere lichte Weite des Trichters, bzw. die freie Versuchsfläche des Gewebes beträgt beispielsweise 100 qcm und kann durch Einlegen von Ringen beliebig verkleinert werden. An dem Schlitten befindet sich ein Maßstab e, über den ein vom Wassergefäß aus bestätigter Schleppzeiger f

---

[1]) Nach Textile Forschung 1920. S. 158 (Veitch und Jarrel: Dyer and Calico Printer 1920. S. 194).
[2]) Textilber. 1921. S. 301.

hingeführt wird. Das Gefäß wird zunächst in die ungefähre Höhe des Trichters gebracht und mit destilliertem Wasser von Zimmertemperatur gefüllt. Alsdann erfolgt das Einstellen des Trichters in die Wagerechte und, wenn das Wasser den obersten Trichterrand an allen Stellen gleichmäßig bespült, das Einstellen des Schleppzeigers auf den Nullpunkt des Maßstabes. Nun wird das Versuchsstück, mit der rechten Seite dem Wasserspiegel zugewandt, mit der Deckplatte aufgelegt, die Verschlußschrauben werden dicht angezogen, und das Wassergefäß gleichmäßig mittels Kurbelvorrichtung g gehoben, bis die ersten Wasserperlen durch den Stoff nach oben hindurchtreten. Die Geschwindigkeit, mit der die Wassersäule gehoben wird, beträgt in jeder Minute 10 cm. Beim Beginn des Durchdringens der ersten Wassertropfen wird die Wassersäule abgelesen und das Wassergefäß wieder heruntergekurbelt. Gewöhnlich werden fünf Einzelversuche hintereinander ausgeführt und das Mittel aus denselben gezogen.

Einen ähnlichen Wasserdurchlässigkeitsprüfer bringt Schopper auf den Markt (s. Abb. 167). Mit dem Apparat wird festgestellt, wieviel ccm Wasser bei einem bestimmten Druck durch eine bestimmte Stofffläche in einer bestimmten Zeiteinheit hindurchgeht. Der Apparat kann auch zum Prüfen der Gewebe auf Wasserdruck eingerichtet werden.

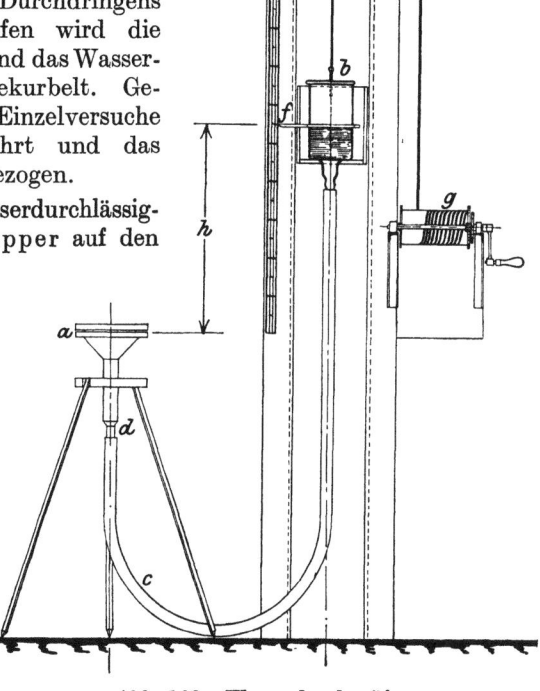

Abb. 166. Wasserdruckprüfer.

Entnahme der Versuchsstücke.

Bei der Entnahme der einzelnen Versuchsstücke für den Wasserdruckversuch ist besondere Sorgfalt zu verwenden und ein bestimmtes System einzuhalten. Um, besonders bei Tuchen, stets über die rechte und linke Stoffseite im klaren zu sein, bezeichnet man auf der linken Seite am Rande eines jeden Versuchsstückes eine und dieselbe Fadenrichtung durch einen farbigen Strich (z. B. mit Fettstift), der sich bis auf den übrigbleibenden Probenrest erstrecken soll. Außerdem versieht man jedes Versuchsstück mit einer laufenden Nummer und gibt diese ebenfalls auf dem Probenrest an.

Ergibt sich nun beispielsweise, daß bei einem Versuch die Druckhöhe, bei der das Wasser hindurchperlt, erheblich niedriger ist als bei den übrigen, und daß bei diesem Versuch mehrere Wasserperlen gleichzeitig und in einer geraden, einer Fadenrichtung entsprechenden, Linie durch den Stoff hindurchtreten, so zeichnet man sich nachträglich auch diese Linie auf das Versuchsstück auf. Es liegt in solchem Falle die Möglichkeit nahe, daß die geringe Druckhöhe die Folge eines Webefehlers (undichte Stelle, Fadenbruch) ist, was sich meist an Hand der Strichmarken und durch Kontrollversuche feststellen läßt. Solche Werte sind von der Mittelbildung auszuschließen.

Am vorteilhaftesten ist es, wenn man die Versuchsstücke so entnimmt wie Abb. 168 zeigt. Infolge der diagonalen Linie werden jedesmal andere Fadenpartien getroffen, und die Abstände zwischen den einzelnen Scheiben gestatten es, Kontrollversuche in jeder Fadenrichtung anstellen zu können. Ferner ist es ratsam, die einzelnen Versuchsstücke nicht zu nahe der Leisten, sowie des Anfangs und des Endes eines Warenstückes zu entnehmen, da die Imprägnierung oft nicht bis zu den Rändern und Enden durchgeführt ist.

Abb. 167. Wasserdruckprüfer von Schopper.

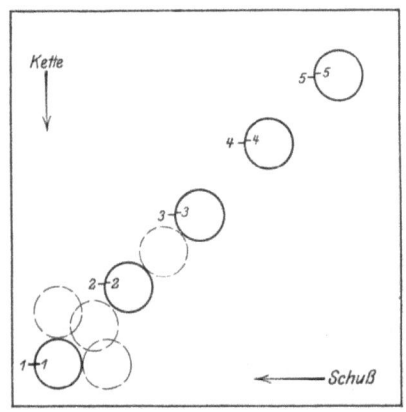

Abb. 168. Probeentnahme.

4. Berieselungsversuch.

Der Berieselungs- oder Beregnungsversuch soll feststellen, in welcher Zeit Regen durch einen Stoff hindurchdringt, bzw. ob Regen in einer bestimmten Zeit (etwa 1 Stunde) durch den Stoff hindurchdringt, ferner wieviel Wasser der Stoff bei der Berieselung in einer bestimmten Zeit aufnimmt (etwa 1 Stunde). Die Ergebnisse dieses Versuches können als Maß der Wirkung wasserabstoßender Ausrüstung oder Imprägnierung gelten.

Die Berieselung geschieht mit künstlichem Regen (Abb. 169). Zu diesem Zwecke werden Stoffabschnitte von mindestens 50 × 50 cm nach mehrstündigem Auslegen bei 65% Luftfeuchtigkeit erst gewogen, dann glatt auf einem Rahmen ausgebreitet, befestigt und die so bespannten Rahmen im Freien schräg aufgestellt. Die rechte Seite kommt hierbei nach oben und der Strich der Ware muß von oben nach unten verlaufen. In einer Entfernung von etwa 6—10 m befindet sich eine an die Wasserleitung angeschlossene Spritzvorrichtung, deren Streukegel so einzustellen ist, daß ein feiner Sprühregen den Stoff senkrecht und überall gleichmäßig trifft und aus einer Höhe von 2—3 m herabfällt.

Zeitweilig wird die Berieselung unterbrochen und der benetzte Stoff an der linken Seite durch Befühlen geprüft, ob bereits Wasser hindurchgedrungen ist. Ist dies nicht der Fall, so wird die Berieselung fortgesetzt.

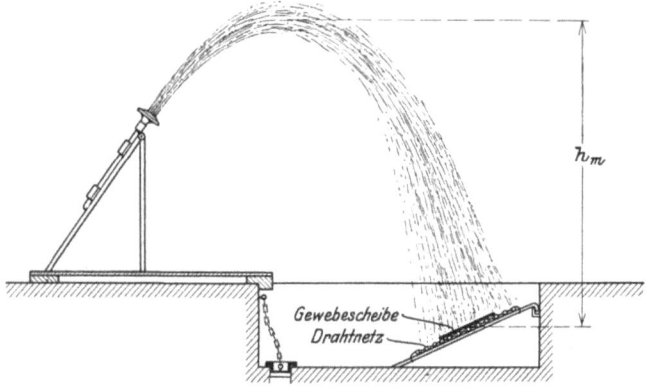

Abb. 169. Beregnungsversuch.

Nach Verlauf einer Stunde wird die Beregnung abgebrochen, der Stoff 5 Minuten zum Abtropfen hängen gelassen und gewogen. Je geringer die Wasseraufnahme ist, die beispielsweise in Gewichtsprozenten des ursprünglichen Stoffgewichtes ausgedrückt wird, desto wirksamer ist die Präparation.

Neben der Wasseraufnahme wird, wie eingangs erwähnt, auch festgestellt, ob und nach Verlauf welcher Zeit das Wasser auf der Rückseite auftritt, d. h. nach welcher Regendauer der Stoff seine wasserabstoßende Wirkung nicht mehr auszuüben vermag. Die Anzahl der auszuführenden Versuche schwankt in der Regel zwischen 1 und 3.

Beispiele von Wasserdurchlässigkeitsprüfungen.

1. Muldenversuch: Bei 5 cm Wassersäule innerhalb 24 Stunden kein Wasser durchgestropft.

3. Druckversuch: Beim nicht imprägnierten Stoff drang das Wasser bei einer Wassersäule von 21 cm sofort durch; nach Verfahren A imprägniert bei 31,5 cm, nach Verfahren B imprägniert bei 44 cm Wassersäule.

4. Berieselungsversuche: Drei Stoffe wurden je 1 Stunde 2—3 m hoch beregnet. Stoff A hatte 95%, Stoff B 80% und Stoff C nur 45% des lufttrockenen Stoffes an Wasser aufgenommen.

Wasserbeständigkeit, Fäulnisbeständigkeit, Frostbeständigkeit.

Bei bestimmten Warengattungen wird 1. die Wasserbeständigkeit, d. h. die Widerstandsfähigkeit gegen den Einfluß des Wassers und 2. die Fäulnisbeständigkeit, d. h. die Widerstandsfähigkeit gegen Fäulnis oder Verrottung bestimmt.

1. Die Wasserbeständigkeit ist z. B. von praktischer Bedeutung bei Zeltstoffen, Futtersackstoffen, Wassertragsäcken u. ä. Erzeugnissen; aber auch das Verhalten der Reinfasern gegen die Einflüsse des Wassers ist technologisch von Bedeutung. So ist beispielsweise des Verhaltens der Kunstseide im nassen Zustande bereits gedacht (s. S. 43). Die Naßfestigkeit wird ermittelt, indem man fertig vorbereitete Versuchsstücke von Fasern, Gespinsten oder Geweben verschieden lange Zeit in Wasser einlegt und alsdann im nassen Zustande auf Zugfestigkeit prüft. Trägt man die erhaltenen Werte für die Zerreißfestigkeit und die Einwirkungsdauer des Wassers in einem Diagramm auf, so erhält man eine für das jeweilige Versuchsmaterial charakteristische Kurve.

Nach den ausführlichen Versuchen von Alt[1]) steigt die Festigkeit der Baumwollstoffe unter der Einwirkung des Wassers zunächst etwas an und nimmt später bei längerem Liegen in Wasser ab. Diese Abnahme ist aber nur gering, so daß die Endfestigkeit nach 1 und 7 Monate langem Liegen in Wasser immer noch höher ist als die ursprüngliche Trockenfestigkeit. Bei Leinengeweben steigt die Festigkeit im nassen Zustande anfangs noch mehr an als bei Baumwollgeweben, z. T. auf das Doppelte der Trockenfestigkeit, sinkt aber dann bei längerem Liegen in Wasser allmählich wieder. Diese Eigenschaft ist nach Alt allen Bastfasern eigen, sofern sie frei von Lignin sind. Ligninhaltige Fasern (wie die Ginster- und Typhafaser) zeigen ein etwas anderes Verhalten als reine Bastfasern. Hanf verhält sich ganz ähnlich wie Leinen[2]). Bei Kunstseidengeweben (Kunstseide der Firma Küttner in Pirna) fand Alt ein sprunghaftes Zurückgehen der Festigkeit nach dem Bewässern, und zwar bereits nach $1/2$ Minute einen Rückgang der Kettfestigkeit auf etwa 27% und der Schußfestigkeit auf etwa 38% der Trockenfestigkeit. Andere Kunstseiden verhalten sich ähnlich (s. a. S. 48).

2. Die Untersuchung auf Fäulnisbeständigkeit (Verrottungsbeständigkeit) ist deshalb erforderlich, weil manche Stoffe erfahrungsgemäß gegen die im praktischen Gebrauch auftretenden Fäulniswirkungen wenig widerstandsfähig sind. Alt führte die Versuche in der Weise aus, daß er eine Mischung von 9 Raumteilen schwarzer Gartenerde und 1 Raumteil frischen Pferdedüngers 1 Woche stehen ließ, die Gewebestreifen alsdann in dieses Gemisch, das gleichmäßig feucht gehalten wurde, einlegte und verschieden lange darin beließ. Das Verfahren soll nach Alt den Vorzug haben, daß es verhältnismäßig gleichmäßige und vergleichbare Ergebnisse liefert und sich überall durchführen läßt. Nach Alt nimmt die Bruchfestigkeit von baumwollenem Segeltuch und

---

[1]) Textilber. 1921. S. 301.
[2]) Alt: Textile Forschung 1920. Nr. 2.

Makostoff zunächst ebenfalls durch die Einwirkung der Fäulnismasse etwas zu, was auf den Einfluß der Feuchtigkeit zurückzuführen sein soll. Nach weiterer Einwirkung der Fäulnismasse nimmt die Festigkeit ab, bis der Stoff völlig zerstört, verrottet ist. Makostoff zeigt immerhin eine hervorragende Widerstandsfähigkeit gegen Verrottung. Das baumwollene Segeltuch war bereits nach 11 Tagen fast ganz verrottet (hatte nur noch etwa 25% der ursprünglichen Festigkeit), während der Makostoff noch nach 60 Tagen etwa 30% seiner ursprünglichen Festigkeit aufwies. Bei Leinengeweben geht die Festigkeit anfangs auch in die Höhe, fällt dann aber verhältnismäßig schnell ab, und zwar werden sie unter der Fäulniseinwirkung schneller zerstört als Makostoffe. Im Durchschnitt aus vier Versuchen mit verschiedenen Leinengeweben war die Festigkeit nach etwa 10 Tagen auf 25% der ursprünglichen Festigkeit gefallen. Hanf verhält sich ganz ähnlich wie Leinen.

3. Frostbeständigkeit. Nach Alt[1]) erleiden die Textilstoffe (ebenso wie Papiergewebe) keinen nachweisbaren Festigkeitsabfall durch die Einwirkung des Frostes. Die Versuche wurden mit Segeltuch aus Leinen, mit Papier- und Textilosegeweben, mit Hanfgurten usw. in der Weise durchgeführt, daß die Versuchsstoffe in einem mit Wasser gefüllten Gefäß der Einwirkung der Kälte bei — 15° C ausgesetzt wurden. Nach einigen Tagen wurden die eingefrorenen Stücke losgehackt und in noch gefrorenem Zustande auf der Zerreißmaschine geprüft. Einige andere Probestücke wurden erst aufgetaut und im aufgetauten Zustande geprüft. Ferner wurden andere Stücke längere Zeit der Frosteinwirkung ausgesetzt, dann aufgetaut und nochmals eingefroren usw. Die Frosttemperaturen schwankten dabei zwischen — 10° und — 20° C und ergaben in keinem der untersuchten Fälle eine nachweisbare Wirkung auf die ursprüngliche Festigkeit der Versuchsstücke.

Luftdurchlässigkeit.

Da die Luftdurchlässigkeit oder Porosität von Geweben in hygienischer Beziehung vielfach eine große Rolle spielt, wird es immer wichtiger, diese Eigenschaft der Gewebe genau so zu überwachen, wie dies bei der Kontrolle der Rohmaterialien und der Textilerzeugung schon jetzt der Fall ist. Für Hersteller und Abnehmer ist es deshalb erforderlich, sich jederzeit durch Stichproben zu überzeugen, inwieweit die Anforderungen an die Luftdurchlässigkeit des Kleidungsstoffes erfüllt sind. Das häufig geübte Mittel, gegen die Vorderseite des Gewebes mit dem Munde Tabakqualm zu blasen und den Grad der Porosität durch die Dichte der Rauchwolke auf der Rückseite abzuschätzen, ist natürlich sehr fragwürdig.

Eine besondere Bedeutung haben die Porositätsbestimmungen bei der hygienischen Begutachtung der imprägnierten regendichten Stoffe gewonnen. Für die Bewertung einer Imprägnierung ist die Bestimmung der Luftdurchlässigkeit sehr schwerwiegend, denn nur an der Hand von Zahlen läßt sich entscheiden, ob das imprägnierte Gewebe

---

[1]) Textilber. 1921. S. 414.

eine hinreichende Luftdurchlässigkeit im trockenen Zustande besitzt und diese Durchlässigkeit auch behält, wenn das Gewebe der Einwirkung des Wassers ausgesetzt wird. Durch wasserdicht machende oder wasserabstoßende Präparation oder durch sonstige Imprägnierungsbehandlungen wird aber die Luftdurchlässigkeit eines Gewebes vielfach in unerwünschter Weise herabgedrückt. Ein Imprägnierungsverfahren, das bei Verleihung gleicher Wasserdichtigkeit die Bekleidungsstoffe luftdurchlässig erhält, ist demnach einem anderen Verfahren meist vorzuziehen, bei dem der Stoff in geringerem Maße luftdurchlässig bleibt. Das Gegenteil gilt natürlich bei besonderen luftundurchlässigen Stoffen, z. B. den Ballonstoffen, die namentlich auch wasserstoffundurchlässig sein

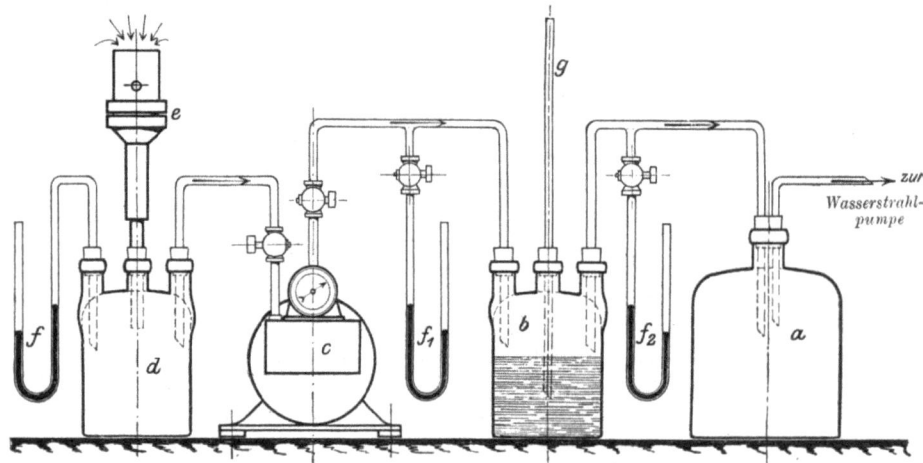

Abb. 170. Prüfung auf Luftdurchlässigkeit.

müssen (s. S. 236). Auch bei Fallschirmstoffen darf die Luftdurchlässigkeit ein gewisses Maß nicht überschreiten (s. w. unten).

1. Die Bestimmung der Luftdurchlässigkeit wird im Staatlichen Materialprüfungsamt[1]) in der Weise ausgeführt, daß das Versuchsstück in eine geeignete Vorrichtung eingespannt und dann Luft von außen her durch den Stoff hindurchgesaugt wird. Der Unterschied im Druck oberhalb und unterhalb des eingespannten Stoffstückes muß einer bestimmten gleichbleibenden Wassersäule (z. B. von 3 cm Höhe) entsprechen. Die in der Zeiteinheit (z. B. 5 Minuten) unter diesem Druck durch eine freie Stofffläche von beispielsweise 10 oder 100 qcm hindurchgesogene Luftmenge wird dabei vermittels eines Präzisionsgasmessers gemessen, das Mittel aus zehn Versuchen bestimmt und auf 1 qcm Stofffläche berechnet.

Eine gewöhnliche Wasserstrahlpumpe (s. Abb. 170) ist vermittels eines Schlauches an einen Windkessel a und dieser an eine geräumige bis zu etwa $^2/_3$ mit Wasser gefüllte dreihalsige Woulfsche Glasflasche b angeschlossen. Von hier aus geht die Saugleitung durch einen Präzisionsgasmesser c nach einem

---

[1]) S. a. G. Herzog: Ztschr. ges. Textilind. 1912. S. 181.

zweiten Windkessel d, der die Vorrichtung zum Einspannen des Versuchsstückes e und ein Wassersäulen-Vakuummeter f unterhalb des zu prüfenden Gewebes trägt. Die Wasserstrahlpumpe wird beispielsweise so eingestellt, daß ihre Leistung bei Leerlauf des Apparates 10 Liter in der Minute beträgt. Die mit Wasser beschickte Woulfsche Flasche dient zum Regulieren des Vakuums unterhalb des eingespannten Gewebes. Während die Ein- und Ausmündung der Saugleitung in dem Behälter oberhalb des Wasserspiegels erfolgt, reicht das dritte, oben offene Rohr g in das Wasser hinein und kann nach Bedarf höher und tiefer gestellt werden. Wenn also beispielsweise ein wenig poröser Stoff geprüft wird, so würde (bei der ursprünglichen Pumpenleistung von 10 Litern in der Minute) unterhalb des Versuchsstückes ein Vakuum von z. B. 10 cm Wassersäule entstehen, während es nur 3 cm betragen soll. Der Pumpe muß also Gelegenheit gegeben werden, von anderer Seite so viel Luft anzusaugen, daß der Luftdruckunterschied ober- und unterhalb des Gewebes einer Wassersäule von 3 cm entspricht. Diesen Zweck erfüllt das verschiebbare Rohr des Wasserbehälters, indem man es so weit auszieht, bis Luftblasen aus dem Wasser aufsteigen und das Vakuum die gewünschte Höhe bzw. Tiefe erreicht. Der Gasmesser, der nur die durch den zu prüfenden Stoff hindurchgehende Luftmenge mißt, zeigt beispielsweise noch $^1/_{50}$—$^1/_{100}$ l an. Der unterhalb des Gewebes befindliche Windkessel hat einen Ausgleich herbeizuführen und einen gleichmäßigen Stand der Wassersäule sowie gleichmäßigen Gang der Gasuhr zu gewährleisten, da fast alle Stoffe die Luft nicht genau gleichmäßig, sondern gewissermaßen periodisch oder stoßweise hindurchlassen. Die Vorrichtung zur Aufnahme der Versuchsscheiben und die Entnahme der Proben gleicht derjenigen bei dem Wasserdruckversuch (s. S. 240). Die freie Versuchsfläche kann beliebig gewählt und durch Einlegen von Ringen verkleinert werden. Um zu vermeiden, daß seitlich an den Versuchsscheiben Luft mit eingesaugt wird, werden die Ränder mit flüssigem Wachs luftdicht bestrichen oder seitlich mit Gummiringen abgedichtet.

Die Größe der Apparatenteile (Gasmesser, Woulfsche Flasche usw.) kann innerhalb weiter Grenzen schwanken. Für kleinere Scheiben von 10 qcm wird ein Gasmesser von einer stündlichen Leistung von 500 l bereits genügen; für größere Stoffflächen und porösere Gewebe wird man zweckmäßig Gasuhren von 3000 l stündlicher Leistung wählen.

Die Anzahl der Einzelversuche beträgt in der Regel 10.

Vor Anstellung der maßgebenden Versuche hat man sich immer erst von dem richtigen Funktionieren des Apparates zu überzeugen und die Wasserstrahlpumpe auf eine Leistung von z. B. 10 l in der Minute einzustellen. Beim Einspannen einer dichten Gummiplatte und bei tiefster Stellung des Regulierrohres in der Woulfschen Flasche darf die Gasuhr keinerlei Luftdurchgang anzeigen.

2. Das Porosimeter oder der Luftdurchlässigkeitsprüfer von Pohl-Schmidt[1]) gibt unmittelbar für die Luftdurchlässigkeit irgendeines Gewebes die Anzahl der Kubikzentimeter Luft an, die in 1 Sekunde durch einen Quadratzentimeter des Gewebes hindurchgeht, wenn die Luft gegen das Gewebe mit dem Druck von 1 cm Wassersäule oder rund $^1/_{1000}$ Atmosphäre geblasen wird. Die Wahl dieser Einheiten von Volumen, Fläche und Druck bietet nach den Angaben der erwähnten Firma den Vorteil, daß die Luftdurchlässigkeit unserer üblichen Kleidungsstücke durch Zahlen zwischen 1 und 50 wiedergegeben wird, während man für niedrigere Drucke zu kleine Zahlen erhalten würde. Die physikalische Grundlage des Porosimeters bildet das Poisseuillesche Gesetz über den Luftwiderstand in engen Kanälen, da man die feinen Poren unserer Gewebe als solche auffassen darf[2]).

---

[1]) Nach den Berichten der Firma Leppin & Masche (Sonderheft 1910), welche den Apparat herstellt und in den Handel bringt (Berlin SO, Engelufer 17).
[2]) P. Schmidt: Arch. f. Hyg. Bd. 70. 1909.

Der Apparat (s. Abb. 171) besteht aus zwei getrennten Teilen, K und M, die nebeneinander aufgestellt und durch einen Gummischlauch V verbunden sind. Der Rohrstutzen P an K wird dauernd mit einer Rohrleitung aus Gummischlauch oder dünnem Bleirohr an ein kleines Sauggebläse angeschlossen, das mit dem Apparat mitgeliefert und an der nächsten erreichbaren Wasserleitung angebracht wird. Das Gebläse erfordert keinerlei Wartung. Am Anfang und am Ende einer Prüfung wird lediglich der Hahn der Wasserleitung auf- bzw. zugedreht.

Oben auf K befinden sich zwei ganz gleich gebaute Kapseln 1 und 2, auf die man Stücke des zu untersuchenden Stoffes auflegt und festspannt. Eine Zwischenscheibe unter dem abnehmbaren Flansch, dessen Griffe die Figur erkennen läßt, verhindert automatisch, daß das Zeug durch das Einspannen irgendwie gereckt oder gedehnt wird, wodurch unter Umständen die Durchlässigkeit der Poren beeinflußt werden könnte. Die beiden Kapseln sind durch eingelegte Zahlen als Nr. 1 und 2 unterschieden. Bei Z zeigt sich ein horizontal drehbarer Handgriff, der zwischen zwei Marken 1 und 2 beweglich ist. Steht Z auf 1, so wird das Gewebe

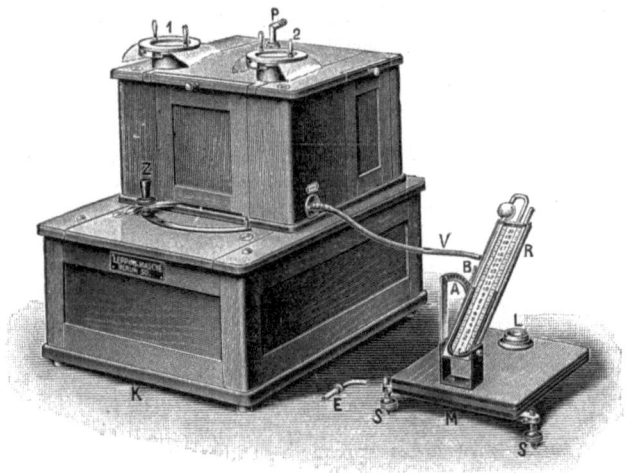

Abb. 171. Porosimeter von Pohl-Schmidt.

auf der Kapsel 1 gemessen und ebenso entsprechen die beiden Marken 2 einander. Man hat durch das Vorhandensein zweier Kapseln den Vorteil, die Durchlässigkeit zweier verschiedener Gewebe durch Drehung von Z vergleichen zu können, ein Fall, der in der Praxis häufig vorkommt.

Der auf M montierte Teil des Apparates wird kurz als Manometer bezeichnet. Das Grundbrett wird mittels der Wasserwage L und der Stellschrauben wagerecht gestellt. Der Teil R mit einem U-förmigen, mit roter Flüssigkeit gefülltem Glasrohr kann in verschiedenen Neigungen mit dem Griff B in Marken des Teilstriches A festgestellt werden. Tritt der Apparat in Tätigkeit, so verschieben sich die Flüssigkeitssäulen in den beiden Schenkeln des U-Rohrs. Der Abstand der beiden Flüssigkeitsoberflächen, gemessen in Zentimetern, heißt der Ausschlag des Manometers.

Bei Beginn einer Versuchsreihe öffnet man den Hahn der Wasserleitung; dann läßt der Apparat regelmäßig in Abständen zwischen ungefähr 30 und 90 Sekunden ein Glockenzeichen ertönen. Darauf stelle man R auf die oberste, meist 250 gezeichnete Marke, spanne eine Probe des Gewebes auf die Kapsel 1, richte Z auf 1 und kippe dann R bis zu einer tieferen Marke, bis das Manometer einen bequem ablesbaren Ausschlag gibt. Man notiere die Zahl, die an dieser Marke steht, dividiere sie durch den Ausschlag des Manometers und dividiere sie ferner durch die Zahl der Sekunden zwischen zwei aufeinanderfolgenden Glockenzeichen.

Das Resultat dieser beiden Divisionen ist die gesuchte Luftdurchlässigkeit, ausgedrückt in der Zahl der Kubikzentimeter, die in 1 Sekunde durch 1 qcm beim Drucke von 1 cm Wassersäule hindurchgeht. Zur genauen Zeitmessung bediene man sich einer Sekundenuhr mit springendem Zeiger: Ein Druck setzt den Sekundenzeiger in Bewegung, ein zweiter bringt ihn zum Stillstand und ein dritter bewirkt sein Zurückspringen auf Null.

Die Firma Leppin & Masche gibt noch folgende Winke, die beim Arbeiten mit ihrem Apparat zu beachten sind:

a) Man führt stets mehrere Einzelversuche aus und bestimmt aus denselben das Mittel.

b) Handelt es sich lediglich um den Vergleich zweier Gewebe und will man nur feststellen, ob die Luftdurchlässigkeit verschieden oder gleich groß ist, so benutzt man zweckmäßig gleichzeitig beide Kapseln 1 und 2. Ändert sich dann beim Umstellen des Griffes Z von 1 auf 2 der Manometerausschlag nicht merklich, so sind die Durchlässigkeiten bei beiden Proben die gleichen; andernfalls ist dasjenige Gewebe das porösere, das den kleineren Ausschlag ergibt.

c) Beim Vergleich verschiedener Imprägnierungsverfahren läßt sich die Wirkung der Imprägnierung naß gewordener Gewebe feststellen, indem man den Einfluß der Benetzung auf die Luftdurchlässigkeit messend verfolgt. In solchen Fällen ist wiederum die Benutzung beider Kapseln empfehlenswert. Zunächst bestimme man die Durchlässigkeit im trockenen Zustande. Dann nehme man z. B. in jede Hand eine Probe und schwenke sie zweimal kräftig unter Wasser, befreie beide Proben durch einen kurzen Ruck von dem oberflächlich anhaftenden Wasser und messe abermals die Porosität. Weiter nehme man neue Proben und schwenke sie viermal, messe wieder usw. und verfolge so die Einwirkung zunehmender Benetzung auf die beiden Gewebeproben. Oder man lege zwei Proben gleichzeitig wagerecht in einen künstlichen Regen aus einer Brause und mache hier Abstufungen der Benetzung durch verschiedene Regendauer. Oder man hänge zwei Proben senkrecht unter Wasser auf, je 2, 4, 6 usw. Minuten, kurz man vergleiche stets in Reihen langsam gesteigerter Einwirkung des Wassers die beiden Gewebe, um so etwa vorhandene Unterschiede nachzuweisen.

Steigt dabei, wie häufig an nicht imprägnierten Kleiderstoffen im nassen Zustande das Manometer selbst an der Marke 250 jäh bis über 15 oder 20 cm in die Höhe, bis die Luft plötzlich unter pfeifendem Geräusch in die Kapsel eintritt, so ist ohne weiteres gleich Null zu setzen, da dann in der Tat das Gewebe für kleinere Drucke gänzlich undurchlässig ist und das Wasser erst bei großen Drucken aus einzelnen Poren durch das Porosimeter herausgeblasen wird.

d) Soll ausnahmsweise ein Gewebe von besonders großer Durchlässigkeit untersucht werden, das am Manometer nur einen schlecht ablesbaren kleinen Ausschlag auftreten läßt, so wird empfohlen, mehrere Lagen des Gewebes übereinander auf eine Kapsel zu spannen. Man hat dann das für drei oder vier Lagen ermittelte Ergebnis mit 3 oder 4 zu multiplizieren, um die Luftdurchlässigkeit des Gewebes für eine Lage zu erhalten.

e) Das Festspannen sehr dünner z. B. seidener Gewebe wird durch Dichtungsringe aus Gummi erleichtert.

Gütezahlen.

Bestimmte Güte- oder Normzahlen sind für die einzelnen Warengattungen nicht aufgestellt. Lediglich bei Fallschirmstoffen wird die Luftdurchlässigkeit durch die Anzahl Liter Luft ausgedrückt, die bei einem Druckunterschied von 5 mm Wassersäule in 1 Sekunde durch 1 qm Stofffläche hindurchstreicht. Gewünscht wird in diesem Sinne eine Luftdurchlässigkeit von 200 l pro Quadratmeter und Sekunde, was bei einem normal belasteten Fallschirm in der Praxis etwa einer Fallgeschwindigkeit von 4 m in der Sekunde entspricht. Kontrollversuche mit Baumwollstoffen ließen Werte bis 320 l hinauf und mit Seidenstoffen bis 130 l hinunter finden (pro Quadrameter und Sekunde).

Beispiele von Prüfungsergebnissen der Luft- und Wasserdurchlässigkeit.[1])

1. Ein größeres Stück marineblau gefärbtes Tuch wurde in drei Teile zerschnitten, von denen a) im ursprünglichen, nicht präparierten Zustande verblieb, b) nach einem bekannten und c) nach einem neuen, zu prüfenden Verfahren wasserdicht imprägniert wurde. Die Ergebnisse waren:

Luftdurchlässigkeit: in 5 Min. pro qcm:	Wasserdruckversuch: erster Tropfen ging bei einer Wassersäule durch von:
a) 1,43 l	22,4 cm
b) 1,35 l	31,0 cm
c) 1,11 l	28,7 cm.

2. Ein in der gleichen Weise angestellter Versuch mit anderem Stoff und anderer Imprägnierung (a nicht imprägniert, b imprägniert):

a) 3,13 l	14,7 cm
b) 3,37 l	28,0 cm.

3. Eine weitere Versuchsserie ergab folgende Werte (a nicht imprägniert, b imprägniert, c nach anderem Verfahren imprägniert):

Luftdurchlässigkeit wie oben	Wasserdruckversuch	Wasseraufnahme d. Berieselung	Muldenversuch, 5 cm hohe Wassersäule
a) 1,88 l	21,0 cm	95%	Wasser tropfte sofort durch und war in 2 Stunden durchgetröpfelt.
b) 1,99 l	31,5 cm	80%	Die ersten 24 Stunden dicht, die nächsten 24 Stunden liefen 100 ccm durch, dann wieder 24 Stunden dicht. Während der ganzen Versuchsdauer von 72 Stunden dicht.
c) 1,68 l	44,0 cm	45%	

Bestimmung der Gasdurchlässigkeit von Ballonstoffen.

Die Verfahren zur Bestimmung der Gas- oder Wasserstoffdurchlässigkeit von Ballonstoffen beruhen auf dreierlei Grundlagen.

1. Verfahren, die den Gasverlust d. h. das Entweichen eines gewissen Gasvolumens durch Änderung des Gasvolumens messen.
2. Verfahren, die die chemische Änderung zweier Gasvolumina, welche durch den Ballonstoff getrennt sind, bestimmen.
3. Verfahren, die den Austausch von Wasserstoff und Luft durch den Ballonstoff durch physikalisch-optische Methoden bestimmen.

1. Am meisten verbreitet sind die Apparate, die sich auf die Verfahren 1 beziehen. Von den gebräuchlichen Apparaten sind einige wenig zuverlässig (Josse, Henri), weil sie Temperatur- und Druckkonstanz während des Versuches vernachlässigen. Einer der ältesten Typen ist der von Lebaudy, dann folgt der von Lebaudy-Hutchinson, von Picard, von Clement-Sabatier und schließlich diejenigen von Wurtzel und Renard bzw. Renard-Surcouf[2]). Am meisten angewandt wird die sogenannte Renard-Surcoufsche Wage.

---
[1]) Ermittelt im Staatlichen Materialprüfungsamt, Berlin-Dahlem.
[2]) Näheres über die einzelnen Typen s. Austerweil: Die angewandte Chemie der in Luftschiffahrt.

Die Renardsche Wage besteht aus einer gewöhnlichen Wage, an deren rechtem Balken sich ein Gasometer befindet, dessen Deckel aus dem zu prüfenden Stoff gebildet wird. Man spannt den Stoff auf und läßt Wasserstoff eintreten. Entweicht nach Füllung des Gasometers mit diesem Gas der Wasserstoff infolge der Gasdurchlässigkeit des Stoffes, so sinkt der Gasometer mit dem rechten Wagenbalken und bringt einen Zeiger zum Ausschlag. Bei geeigneter Anordnung kann auf solche Weise direkt der Verlust an Wasserstoff in Litern pro Quadratmeter zur Anzeige gebracht werden. Der an sich sehr handliche und praktische Apparat leidet an geringer Genauigkeit und gibt nur Annäherungswerte.

Als Einheit des Wasserstoffverlustes gilt der Renardsche Grad: 1 Renardscher Grad ist diejenige Gasmenge in Litern, die in 24 Stunden bei einem Druck von 30 mm Wassersäule durch 1 qm Stoff hindurchgeht (auf 760 mm Druck und 0° C reduziert). Bei Lenkballonstoffen soll der Gasverlust unter 10 Renardschen Graden bleiben; bei Kugelballonstoffen ist die angenommene Grenze = 20 Renardsche Einheiten. Das beim Zerplatzversuch abfallende Stück soll nicht mehr als um 50% höhere Werte ergeben als der nicht geplatzte Stoff.

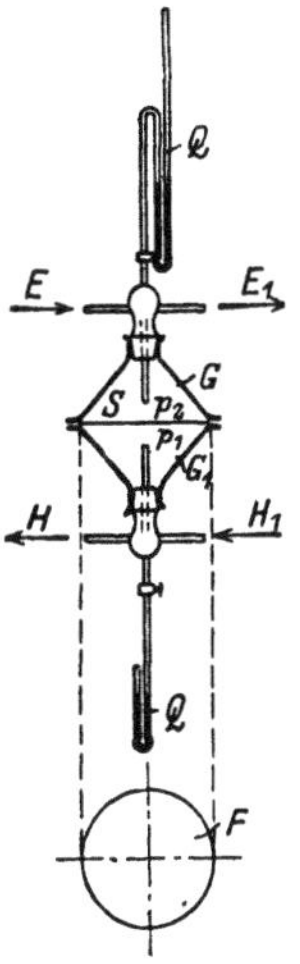

2. Von den Apparaten des Typus 2 sind derjenige des Staatlichen Materialprüfungsamtes (Konstruktion Heyn) und des National Laboratory in Teddington die vollkommensten. Diese Verfahren beruhen darauf, daß der durch den Stoff hindurchdiffundierte Wasserstoff über Palladiumasbest bzw. im elektrischen Ofen über Kupferoxyd verbrannt und das Verbrennungsprodukt, das Wasser, durch Wägung bestimmt wird. Diese Methode gibt absolut sichere Werte und sollte bei Entscheidungen immer angewandt werden.

Im Materialprüfungsamt wird das Verfahren wie folgt ausgeführt[1]). Zunächst werden geeignete Proben des zu prüfenden Stoffes entnommen, die keine groben Undichtigkeiten aufweisen. Diese werden, wie bei Zeugstoffen üblich, ermittelt, indem man durch eine kreisförmige Stoffscheibe Luft saugt, deren Menge durch eine Gasuhr gemessen wird (s. S. 244). Liegen keine Undichtigkeiten vor, so wird die Diffusionsgeschwindigkeit von Gasen, meist von Wasserstoffgas (mitunter auch von Leuchtgas) ermittelt. Die im Materialprüfungsamt verwendete, von Heyn zusammengestellte Apparatur findet sich in den Abb. 172 und 173 skizziert.

Abb. 172. Gasdurchlaßprüfer nach Heyn.
G = oberes, G_1 = unteres Glasgefäß. H = Eintritt, H_1 = Austritt von Wasserstoffgas. E = Eintritt, E_1 = Austritt der Luft. S = Ballonstoffprobe, eingespannt. F = Freie Versuchsfläche der Ballonstoffprobe. p_1 = Druck in Millimetern unterhalb, p_2 = oberhalb der Ballonstoffprobe. Q = oberes, Q_1 = unteres Quecksilbermanometer.

Die Stoffscheibe wird zwischen zwei trichterförmige Glasgefäße (Abb. 172) eingespannt. In das eine Gefäß tritt Luft und Wasserstoff (unter einem Druck von 25 oder 30 mm Wassersäule) ein, während die durch das andere Gefäß getriebene Luft den diffundierten Wasserstoff mitnimmt. Dieser wird in dem Apparat (Abb. 173) über Palladiumasbest zu Wasser verbrannt, letzteres durch Wägung festgestellt und die durch den Stoff in der Zeiteinheit durch die Flächeneinheit durchgegangene

---

[1]) S. a. Martens: Über die technische Prüfung des Kautschuks und der Ballonstoffe. Preuß. Akad. d. Wiss. 1911. S. 346.

250   Bestimmung der Gasdurchlässigkeit von Ballonstoffen.

Wasserstoffmenge berechnet. Um Übereinstimmung mit den Renardschen Graden zu erzielen, wird zweckmäßig auf eine Stofffläche von 1 qm und die Zeiteinheit von 24 Stunden berechnet.

Will man die Leistungsfähigkeit eines Stoffes erschöpfend darstellen, so muß neben dem neuen Stoff auch der gleiche Stoff nach einer längeren Betriebszeit geprüft werden. Ebenso kann der Stoff längere Zeit Wind und Wetter[1]) ausgesetzt und dann von neuem geprüft werden.

Im Mittel aus zahlreichen Versuchen fand Heyn bei Ballonstoffen eine Wasserstoffdurchlässigkeit von 22,5 l (12,2—47,9 l) auf 1 qm Stoff und 24 Stunden berechnet. Hierbei waren einige Werte über 100 l vernachlässigt, da sie auf grobe Undichtigkeiten zurückgeführt wurden.

Nach Edwards und Pickering kann die Permeabilität von Ballonstoffen für Wasserstoff auch in der Weise bestimmt werden[2]), daß der durch eine bestimmte Fläche hindurchdiffundierte Wasserstoff durch einen Kohlensäurestrom

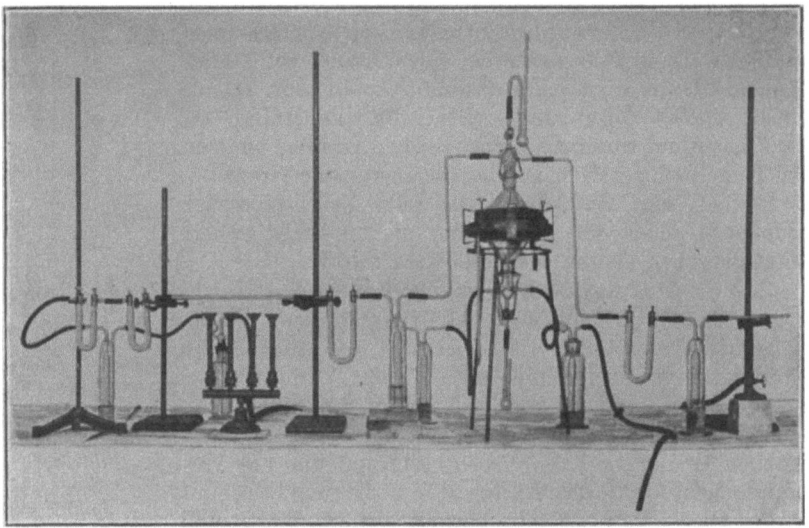

Abb. 173.   Gasdurchlaßprüfer nach Heyn.

weitergeleitet, die Kohlensäure in einem Nitrometer durch Alkalilauge absorbiert und der nicht absorbierte Wasserstoff durch Explosion mit Luft in einer Gasbürette bestimmt wird.

3. Dem Typus 3 würde ein Apparat angehören, der mit optischen Methoden die diffundierte Wasserstoffmenge bestimmt. Wenn man die wasserstoffhaltige Luft nicht verbrennen läßt, sondern in einem Gasometer sammelt und dann mit einem Rayleighschen oder Haberschen Interferometer (von Zeiß, Jena) den Wasserstoffgehalt der Luft bestimmt, so erübrigt sich die chemische Analyse. Diese Methode hat den Vorteil durch zeitweilig auszuführende Verbrennung nachgeprüft werden zu können. Die Genauigkeit soll nach Frenzel[3]) der chemischen Analyse gleichkommen, während die Ergebnisse nach Renard - Surcouf und Wurtzel zu niedrige Werte ergeben. So fand z. B. Frenzel bei Vergleichsversuchen folgende Verhältnisse: Nach Renard - Surcouf = 9,35; nach Wurtzel

---

[1]) Durch regelmäßige Besprengungen kann auf künstliche Weise Regen zur Wirkung gebracht werden (s. S. 241).

[2]) Journ. of ind. a. engin. chem. 1919. S. 966 (nach Chem. Zentralblatt Bd. 2, S. 79. 1921).

[3]) W. Frenzel: Chemische Apparatur 1921. S. 57.

= 10,3; nach dem Verbrennungsverfahren Heyn = 13; nach dem Interferometerverfahren = 13,5.

Die Diffusionsgeschwindigkeit verschiedener Gase durch Kautschukmembranen beträgt, auf Stickstoff = 1 bezogen: Stickstoff = 1; Kohlenoxyd = 1,113; atmosphärische Luft = 1,149; Methan = 2,148; Sauerstoff = 2,556; Wasserstoff = 5,500; Kohlensäure = 13,585. Atmosphärische Luft diffundiert bei höherer Temperatur in höherem Grade: bei $4°=1$; bei $16°=4$; bei $60°=12$ [1]).

Bestimmung der Wärmedurchlässigkeit.

Für die Bestimmung der Wärmedurchlässigkeit von Geweben bedient man sich zweckmäßig des Wärmedurchlaßprüfers von E. Müller oder von Bauer[2]). Vier Vergleichsproben werden nebeneinander über schwarze Gefäße gespannt, in denen hinter den Proben Thermoelemente angebracht sind, mit denen die Wärmegrade gemessen werden, die sich bei verschiedener Bestrahlung im Gefäß einstellen. Als Wärmequelle wird zurzeit lediglich die Sonne benutzt.

Lichtdurchlässigkeit.

Der Frage der Lichtdurchlässigkeit ist bis heute noch nicht die ihr, besonders in hygienischer Hinsicht, notwendige Beachtung geschenkt worden. Nur vereinzelt findet man in der Literatur Angaben hierüber. Erwähnt seien die Untersuchungen von E. Müller und des Hygienischen Institutes der Universität Leipzig, die hierüber Tabellen usw. auf der Hygieneausstellung in Dresden 1911 gebracht haben. Ferner sei auf die Dissertationen von W. Schulze über den „Einfluß der einzelnen Appreturstufen auf die Wasser-, Licht-, Luft- und Wärmedurchlässigkeit eines Tuches", von O. Dietz über „Die spezifische Wärme von Faserstoffen", von A. Köhler über den „Einfluß der Bäuche und Bleiche auf die Kapillarität der Baumwolle" hingewiesen (Dresden, Mechanisch-technisches Institut der Technischen Hochschule Dresden).

Demgegenüber hat man schon seit geraumer Zeit die Lichtdurchlässigkeit bei Papieren systematisch studiert und hierfür Apparate in den Handel gebracht, z. B. den Lichtdurchlässigkeitsprüfer oder Diaphanometer von Klemm[3]).

Erwähnt seien ferner von Apparaten und neueren Anregungen zur Bestimmung gewisser physikalischer Werte der Apparat zum Messen der Rauhigkeit von Stoffen nach Rubner[4]), der Apparat zum Messen der Komprimierbarkeit von Stoffen nach Rubner[4]), der Kalorimeter nach Rubner[4]) zum Nachweis der Wirkung der Kleidungsstücke auf die Behinderung des Wärmeverlustes; ferner die Arbeiten des Hygienischen Institutes der Universität Leipzig über die Schutzwirkung gegen Sonnenstrahlen, über die Wärmeaufnahme von Kleiderstoffen in der Sonne, die Lichtreflexion von Kleidungsstoffen u. a. m.

---

[1] Hübener: Kunststoffe 1913. S. 386.
[2] Mitt. Materialpr.-Amt 1915. S. 290.
[3] W. Herzberg: „Papierprüfung" S. 192 ff.
[4] Gebaut von W. Hoffmeister, Berlin N 4, Hessische Str. 4.

Da alle diese Untersuchungen mehr vom Standpunkte der Hygiene angestellt worden sind und für die Textilindustrie selbst und die textiltechnischen Prüfungen nur ganz ausnahmsweise von Belang sind, kann auf dieselben hier nicht näher eingegangen werden.

Bestimmung des spezifischen Gewichtes.

Unter dem spezifischen Gewicht oder dem wirklichen spezifischen Gewicht einer Substanz oder eines Körpers versteht man das Grammgewicht eines Kubikzentimeters dieses Materials. Hiervon zu unterscheiden ist das scheinbare spezifische Gewicht.

1) Unter dem scheinbaren spezifischen Gewicht z. B. von Garnen und Geweben versteht man das Grammgewicht des scheinbaren Einheitsvolumens, eines Kubikzentimeters der Garne oder Gewebe einschließlich der Poren und des Luftinhaltes. Es kann aus dem unter dem Mikroskop in Luft gemessenen Durchmesser der Garne und der Garnnummer als das eines zylindrischen Körpers von bekanntem Volumen (nach Messung des Durchmessers) und bekanntem Gewicht (nach Bestimmung der Garnnummer) berechnet werden. Marschik hat folgende mittleren scheinbaren spezifischen Gewichte für verschiedene Garne ermittelt[1]).

Material	Nummer	Scheinb. spez. Gewicht im Mittel
Baumwolle	4	0,245
,, ...	6--60	0,544
,, ...	180/2—200/2	1,125
Flachs	20—200	0,961
Streichgarn	9—20	0,708
Kammgarn	13—80	0,717
Schappeseide	64—110	0,642
Seide	8—40/50	1,044
Kunstseide	6—120	1,230

2) Das wirkliche spezifische Gewicht einer Substanz, z. B. der Fasersubstanz, unabhängig von ihrer Verarbeitung und Form, wird ermittelt a) indem man das Gewicht eines bestimmten Volumens vermittels der Wage feststellt und durch das Volumen dividiert (g/ccm), oder b) indem man zunächst das Gewicht eines unbekannten Volumens vermittels der Wage feststellt und alsdann das Volumen durch Verdrängung bestimmt. Das Volumen von Flüssigkeiten und die Verdrängung einer Flüssigkeit durch eine homogene Masse wird nach dem Immersionsverfahren mit Hilfe des Pyknometers bestimmt.

a) Spezifisches Gewicht von Flüssigkeiten. Das Pyknometer (s. Abb. 174 und 175) ist ein Glasgefäß, welches bis zu einer festen Marke mit Flüssigkeit gefüllt werden kann. Wenn nun W das Gewicht einer Wassermasse von 4° C vom Pyknometervolum und F das Gewicht einer Flüssigkeitsmasse (deren spezifisches Gewicht bestimmt werden soll) vom Pyknometervolum ist, so ist das spezifische Gewicht der Flüssigkeit $= \dfrac{F}{W}$.

Der gefundene Wert wird noch mit dem spezifischen Gewicht des Ver-

---

[1]) Physikalisch-technische Untersuchungen von Garnen und Geweben.

suchswassers multipliziert Bei Versuchswasser von 15° C[1]) würde demnach das spezifische Gewicht der Flüssigkeit sein: $\dfrac{F \cdot 0{,}99913}{W}$.

b) **Unlösliche Körper mit Wasser als Versuchsflüssigkeit.** Bringt man in das mit Wasser gefüllte Pyknometer einen festen Körper, so ist die Gewichtszunahme des Pyknometers gleich dem Gewicht des Körpers a, vermindert um das Gewicht w der von ihm verdrängten Wassermenge, also:

Gewichtszunahme = a — w.

Aus der unmittelbar durch Wägung bestimmten Gewichtszunahme und des Körpergewichtes a ergibt sich w, und hieraus das spezifische Gewicht: $\dfrac{a}{w}$. Auf solche Weise bestimmt man das spezifische Gewicht pulverförmiger, faseriger u. a. Körper, welche in Wasser oder einer geeigneten anderen Versuchsflüssigkeit unlöslich sind.

Beträgt beispielsweise das Wassergewicht vom Pyknometervolum = 100 g, werden ferner 6 g Substanz in das Pyknometer gebracht, dieses wiederum mit Wasser bis zur Marke gefüllt und das Gewicht zu 103 g ermittelt, so ist die Gewichtszunahme 3 = 6 — w; w = 3; und das spezifische Gewicht = 6 : 3 oder = 2. Oder das Gewicht des verdrängten Wassers (beim spezifischen Gewicht des Versuchswassers von 1) = 100 — 103 + 6 = 3; und demnach das spezifische Gewicht = 6 : 3 = 2.

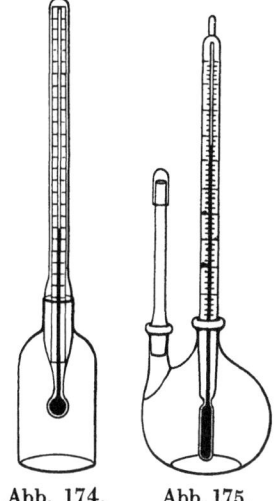

Abb. 174.   Abb. 175.
Pyknometer.

b¹) **Bei unkonstantem Volumen.** Man läßt die verdrängte Flüssigkeit in einen kalibrierten Oberteil des Pyknometers eintreten und liest die Volumenzunahme direkt ab. Der Pyknometer ist in diesem Falle von unkonstantem Volumen, bei a) und b) von konstantem Volumen. Die Ergebnisse mit diesem Pyknometer sind weniger genau als diejenigen bei Pyknometern mit konstantem Volumen.

c) **Mit anderen Versuchsflüssigkeiten als Wasser.** Werden statt Wasser andere Flüssigkeiten zur Volumenbestimmung des Versuchsstückes durch Verdrängung angewandt (z. B. Terpentinöl, Petroleum, Benzol usw.), so wird das erhaltene Ergebnis mit dem spezifischen Gewicht der Versuchsflüssigkeit (welches bekannt ist oder eigens hierfür nach a) ermittelt werden muß) multipliziert: spezifisches Gewicht $= \dfrac{a \cdot \text{spez. Gew. d. Flüssigkeit}}{w}$.

Ableitung einer allgemeinen Formel für die Bestimmung des spezifischen Gewichtes.

a = Gewicht der absolut trockenen, zu prüfenden Substanz,
a′ = Gewicht des leeren Pyknometers,
b = Gewicht des Pyknometers plus Versuchsflüssigkeit vom spezifischen Gewicht 1,
c = Gewicht des Pyknometers plus Versuchsflüssigkeit plus absolut trockene Substanz.

---

[1]) Das spezifische Gewicht des Wassers bei 15°, 20° und 25° ist: 0,99913, 0,99823 und 0,99707.

Die Gewichtszunahme (des Pyknometers durch a) = c − b; anderseits ist die Gewichtszunahme gleich dem Gewicht der trockenen Substanz a, vermindert um das Gewicht des verdrängten Volumens w, also = a − w. Demnach c − b = a − w oder w = a + b − c. Die Substanz von a g verdrängt also a + b − c g Wasser oder hat das Volumen a + b − c. Das spezifische Gewicht ist aber Gewicht durch Volumen, also (bei der Versuchsflüssigkeit vom spezifischen Gewicht 1)
$$\frac{a}{a+b-c}.$$

Bei anderen Versuchsflüssigkeiten als Wasser beträgt alsdann:

$$\text{Spezifisches Gewicht der Substanz} = \frac{a \cdot \text{spez. Gew. d. Flüssigkeit}}{a+b-c}.$$

Beispiel der Bestimmung des spezifischen Gewichtes einer Kunstseide in Terpentinöl.

1. Spezifisches Gewicht des Terpentinöls (die Bedeutung der Zeichen wie oben).
$a' = 23{,}0658$ g; $b = 73{,}1162$ g; also Volumen des Pyknometers $b − a'$ = 50,0504 ccm.
b' = Gewicht des Pyknometers plus Terpentinöl = 67,4094 g, also Gewicht des Terpentinöls $b' − a'$ = 44,3436 g oder spezifisches Gewicht des Terpentinöls $\frac{b'-a'}{b-a'} = 0{,}886$.

2. Spezifisches Gewicht der Kunstseide.
$a = 2{,}547$ g; $c = 68{,}445$ g; $b' = 67{,}4094$ g. Gewichtszunahme durch die Kunstseide $c − b' = 1{,}0356$ g; verdrängte Gewichtsmenge Terpentinöl $a − (c − b') = a + b' − c = 1{,}5114$ g; verdrängtes Volumen Terpentin beim spezifischen Gewicht 0,886 = 1,5114/0,886. Demnach spezifisches Gewicht der Kunstseide = $\frac{a \cdot 0{,}886}{1{,}5114} = 1{,}493$.

Die Bestimmung des spezifischen Gewichtes von Textilfasern ist in der Regel auf die reine Grundsubstanz zu beziehen, auf das spezifische Material als solches. In diesen Fällen wird man es daher auch in möglichst reinem, ferner in getrocknetem, wasserfreiem Zustande der Prüfung unterwerfen. Unreines Material muß also beispielsweise erst entfettet, entschlichtet, entfärbt, entschwert und dann getrocknet werden, ehe es zur Wägung gelangt.

Nur in besonderen Fällen kommt es darauf an, das spezifische Gewicht einer Faser in bestimmtem Zustande oder in bestimmter Fertigung kennen zu lernen, beispielsweise in luftfeuchtem, gefärbtem oder erschwertem Zustande. Hier muß naturgemäß jede Veränderung des Versuchsmaterials vermieden werden, vor allem also eine Flüssigkeit zur Anwendung gelangen, die die Färbung, Erschwerung usw. nicht löst oder sonstwie beeinflußt.

Als Immersionsflüssigkeiten verwendet man meist Terpentinöl, Petroleum, Benzol, Xylol u. a. m. Dagegen vermeidet man Wasser und wasserhaltige Flüssigkeiten, durch die die meisten Fasern eine erhebliche Quellung erleiden. Benzol ist von Vignon[1]) vorgeschlagen, weil es als Immersionsflüssigkeit den Vorzug hat, daß bei ihm alle in den Fasern enthaltenen Gase leicht abgeführt werden und seine Dichten bei den

---
[1]) Vignon: „Sur le poids spécifique de la soie", Lyon 1892. — Silbermann: „Über das spezifische Gewicht der Seide in bezug auf ihre Erschwerung". Chem.-Ztg. 1894. Nr. 40.

Temperaturen zwischen 0° und 30° genau bekannt sind. Man verfährt in der Weise, daß man das Pyknometer mit der in Benzol befindlichen Probe, die möglichst vorher schon im Vakuum entlüftet worden ist, zuerst unter die Luftpumpenglocke stellt und eine Luftleere von einem Druck, entsprechend etwa 50 mm Quecksilbersäule, erzeugt und alsdann zur Wägung bringt. **Möglichst vollkommenes Absaugen aller Luft aus Probe und Flüssigkeit ist in gleicher Weise bei allen Immersionsflüssigkeiten wichtig.**

Zu völlig abweichenden Werten gelangt man, wenn man statt obiger Immersionsflüssigkeiten Quecksilber als Verdrängungsmasse anwendet. Vignon und Silbermann bedienen sich für diese Zwecke des Quecksilberdensimeters von Bianchi. Dasselbe besteht aus einem gläsernen, durch Ventile abschließbaren Gefäße von unveränderlichem Volumen, das mit Quecksilber gefüllt wird. Man füllt das Densimeter mit Quecksilber und wägt es. Nun leert man es, trägt die vorher gewogene Probe ein, füllt dann das Densimeter vermittels der zum Apparat gehörenden Pumpe (unter Beobachtung von Vorsichtsmaßregeln gegen das Eindringen von Luft usw.), wägt es von neuem und berechnet wie ausgeführt.

Das nach dieser Quecksilbermethode ermittelte spezifische Gewicht beispielsweise der entbasteten Seide fällt im Vergleich zu den gewöhnlichen Methoden (Immersionsmethoden) sehr gering aus. Vignon erklärt dies folgendermaßen: Bei der Bestimmung nach den gewöhnlichen Immersionsmethoden ist die Flüssigkeit in die Zwischenräume der Faser (die man in jedem sich tränkenden Körper annehmen muß und als Poren bezeichnet) eingedrungen und hat die Resultate beeinflußt. Da das Quecksilber weder netzt noch tränkt, so gewährt die Quecksilbermethode einen großen Einblick in die morphologische Beschaffenheit der betreffenden Faser. Tatsächlich beträgt das spezifische Gewicht der entbasteten Seide nach der Quecksilbermethode z. B. 0,887, nach den gewöhnlichen Verfahren z. B. 1,358. Nimmt man nun an, daß die erste Zahl durch die (luftleeren?) Poren herabgedrückt wird, so läßt sich die Menge dieser Poren gewissermaßen quantitativ bestimmen. Nennt man d und d' die Dichten der Seide im Wasser und im Quecksilber, v das Volumen ohne Poren und v' das gesamte Volumen einer Seide vom Gewicht p, so hat man p = v d und p = v' d', woraus v : v' = d' : d. Das Verhältnis v : v' kann als Ausdruck der Porosität der Faser angenommen werden; ihr Wert ist im obigen Falle gleich 0,887 : 1,358 = 0,65; mit anderen Worten ausgedrückt: die Faser enthält 65% kompakte Fasersubstanz und 35% luftleere Poren.

Nach der Quecksilbermethode erhielten die genannten Forscher folgende Werte. Für europäische Rohseide: 1,1—1,15, für asiatische Rohseide: 1,15—1,65; für entbastete Seide: 0,887—0,95; für wilde Rohseide: 1,05; für entbastete wilde Seide: 1,13. Aus diesen Zahlen geht hervor, daß die entbastete edle Seide ein weit geringeres spezifisches Gewicht hat als die rohe Faser. Das spezifische Gewicht des Seidenbastes, des Sericins, läßt sich hieraus auf indirektem Wege bestimmen. Die Japanseide, die beispielsweise beim Akbochen 16,8% verliert, hatte im rohen Zustande das spezifische Gewicht von 1,152, im entbasteten Zustande 1,023; nennt man x das gesuchte spezifische Gewicht des Bastes, so ist x × 16,8 + 1,023 × 83,2 = 1,152 × 100, also x = 1,79.

Nach gewöhnlichen **Immersionsmethoden** bestimmt, werden für die wichtigsten Fasern im Mittel folgende abgerundeten spezifischen Gewichte angenommen.

Wolle . . . . = 1,30 Jute . . . . = 1,44
Baumwolle . . . . = 1,50 Naturseide (roh und ent-
Flachs, rein, gebleicht . . = 1,46   bastet) . . . . = 1,36
Hanf . . . . = 1,48 Kunstseide . . . . = 1,52

Nachtrag (s. a. S. 200).

Die Festigkeit der Baumwollgespinste und -gewebe im Verhältnis zur Festigkeit der Baumwolle.

Die spezifische Festigkeit der Baumwolle (s. a. S. 165), d. h. die Festigkeit pro 1 qmm Faser, beträgt im Durchschnitt etwa 37 kg; das spezifische Gewicht der Baumwolle beträgt etwa 1,5. Aus diesen Zahlen kann das Verhältnis der praktisch ermittelten Gespinst- und Gewebefestigkeit zur spezifischen Festigkeit ermittelt werden, indem man mit Hilfe des spezifischen Gewichtes den substantiellen Gesamtquerschnitt der im Fadenquerschnitt vorhandenen Fasern und daraus die theoretische Substanzfestigkeit für jede Garnfeinheit berechnet und diese theoretisch gefundenen Werte mit der praktisch ermittelten Festigkeit vergleicht.

Nach Kuhn[1] haben Garne verschiedener Feinheitsnummern die in der Tabelle I nachstehend zusammengestellten Substanzfestigkeiten (PS).

Tabelle I.

Engl. Nr.	Grammmetr. Nr.	Querschnitt des Kettfadens	Querschnitt der Substanz	Substanz in % des Fadenvolumens	Substanzfestigkeit, PS, (Substanzquerschnitt in qmm $\times 1000 \times 37$)
16	27,09	0,0610 qmm	0,0249 qmm	40,8	921 g
20	33,87	0,0490 „	0,0197 „	40,3	729 „
24	40,64	0,0408 „	0,0164 „	40,2	607 „
30	50,80	0,0327 „	0,0131 „	40,1	485 „
36	60,96	0,0271 „	0,0109 „	40,3	403 „
42	71,12	0,0232 „	0,0094 „	40,5	348 „

Vergleicht man diese theoretisch berechneten Substanzfestigkeiten PS (letzte Spalte) verschieden feiner Garne mit den Qualitätszahlen (s. S. 200) für schwache, mittlere, starke und sehr starke Qualitäten und ferner mit den hieraus errechneten Garnfestigkeiten (PG), so erhält man nach Kuhn für schwache Qualität etwa 27%, für mittlere 38%, für starke 44% und für sehr starke Qualität rund 53% der Substanzfestigkeit an Garnfestigkeit (s. Tabelle II).

Tabelle II.

Engl. Nr.	PS	Schwache Qualität für Garn Nr. 1 = 4000 g		Mittlere Qualität für Garn Nr. 1 = 5600 g		Starke Qualität für Garn Nr. 1 = 6400 g		Sehr starke Qualität für Garn Nr. 1 =7600/8000 g	
		PG =	% PS	PG =	% PS	PG =	% PS	PG =	% PS
16	921 g	250	27	350	38	400	43,5	500	54
20	729 „	200	27	280	38	320	44	400	55
24	607 „	165	27	230	38	265	44	320	53
30	485 „	130	27	185	38	215	44	260	53
36	403 „	110	27	155	38	180	45	210	52
42	348 „	95	27	130	38	150	43	180	52

[1] Textilber. 1923, S. 366.

Kuhn vergleicht nun diese so ermittelten Verhältnisse von Substanz- und Garnfestigkeit mit Fällen aus der Praxis und gibt folgende Zusammenstellung (s. Tabelle III).

Man sieht aus nebenstehender Tabelle, daß in Amerika die höchsten Anforderungen an das Garn gestellt werden und daß man zu diesem Zweck mit der Drehung bis an die Sättigungsgrenze geht ($a = 4{,}75$). Die nach englischen Begriffen guten Kettgarne würden bei uns als starke oder sehr starke Qualitäten angesprochen werden. Die Höchstwerte scheinen bei 60% der Substanzfestigkeit ($p = 37$ kg pro qmm) zu liegen. Die sehr guten Garne sind z. T. rund 40% fester als die gewöhnlichen. Dies ist z. T. auf die Drehung des Garnes, z. T. auf die Stapellänge des Materials zurückzuführen; diese beiden Faktoren können nach Kuhn Unterschiede in der Garnfestigkeit bis zu 25% und noch mehr hervorbringen. Die im Handel vorkommenden Garne weisen aber, wie Tabelle II zeigt, Unterschiede in der Festigkeit im doppelten Betrage und noch höheren auf.

Eine weitere Ursache der Unterschiede in der Stärke der Garne kann die Art der Anordnung der Fasern im Gespinst sein (Faserlagerung und Verteilung). Parallel liegende Fasern haben weniger Zusammenhalt, also nimmt bei gekämmter Baumwolle, bei gleicher Drehung und Faserlänge, die Festigkeit einfacher Garne an sich ab, Reinheit, Glanz und Glätte jedoch zu. Beim Kämmen werden jedoch die kurzen Fasern ausgeschieden,

Tabelle III.

Praktisch gefundene Zerreißgewichte in g für den einfachen Faden bei 50 cm Einspannlänge im Verhältnis zur Substanzfestigkeit PS. % bedeutet überall: % der Substanzfestigkeit; a = Drehungskoeffizient, s. a. S. 155, g = Zerreißfestigkeit der Garne in g.

Engl. Nr.	PS in g	Gute Kettgarne aus ägypt. Baumwolle; $a = 3{,}6$		Gute deutsche Garne aus amerik. Baumwolle $a = 4{,}1–4{,}3$		Englische Kettgarne aus amerik. Baumwolle			aus ägypt. Baumwolle		Amerik. Garne aus amerik. Baumwolle $a = 4{,}75$	Elsässische Garne aus amerik. Baumwolle
		amerik. Baumwolle; $a = 4$				gew.	gute	sehr gute	gew.	gute	sehr gute		
		g	%	g	%	g	%	g	%	g	%	g	%	g	%	g	%	g	%
20	729	374 g = 51%	430 g = 59%	360 g = 49%	350	48	395	54	457	63	—	—	—	—	413 g = 57%	350 g = 48%
30	485	215 „ = 44%	246 „ = 51%	206–227 „ = 42–47%	198	41	218	45	247	51	278	57	317	65	357	73	228 „ = 47%	215 „ = 44%
36	403	183 „ = 45%	207 „ = 51%	167–171 „ = 41,5–42,5%	159	39	182	45	210	52	206	51	237	59	270	67	193 „ = 48%	175 „ = 43%

(Die Versuche sind sämtlich an Einzelfäden und nicht am Strang ausgeführt; die Ergebnisse auf dem Strangfestigkeitsmesser betragen stets $6/10–7/10$ der auf dem Einzelfadenprüfer erhaltenen Werte und geben nicht das Mittel der Einzelwerte an, sondern die Festigkeit, den die Mehrzahl der Fäden aufweist.)

Heermann, Textiluntersuchungen. 2. Aufl.

deshalb erhält sich die Festigkeit des Garnes trotz der größeren Parallellage der Fasern, z. B. hat

kardiertes Makogarn Nr. 60 = 130,4 g = 53,7% der PS
gekämmtes „ „ 60 = 131,4 „ = 54,1% „ „

Die letzte Ursache der Unterschiede in der Garnfestigkeit ist die dem Garn zugrundeliegende Substanzfestigkeit der Baumwolle selbst, je nach Herkunft und Ernteausfall.

Nach Kuhn und Walz[1]) zeigt sich die auffallende Erscheinung, daß die Gewebefestigkeit, auf den einzelnen Faden bezogen, größer ist als diejenige des Garnes aus der Spinnerei, und zwar fand Kuhn bei Kattun in der Kettrichtung eine um 1,6 mal, in der Schußrichtung eine um 1,93 mal größere Festigkeit und rund 70% der substantiellen Festigkeit.

Der industrielle Wert eines Gespinstes wird aber nicht allein durch die Reißfestigkeit bestimmt, sondern durch die Zerreißarbeit, die beim Zerreißen eines Garnes aufgewendet wird und bei der die Elastizität mit beteiligt ist (s. S. 167 und 173).

Dies gilt nach Kuhn in besonderem Maße von Bleichgarnen aus in der Flocke gebleichten Fasern. Solche Bleichgarne können sogar mehr Zugfestigkeit und Elastizität haben als Rohgarne aus dem gleichen Spinnstoff, z. B. (nach Kuhn):

Tabelle IV.

	Rohgarn			Bleichgarn			Mehrfestigkeit %
	PG =	%PS	Elast. %	PG =	%PS	Elast. %	
Kettgarn Nr. 16	405	44	6,5	450	49	7,0	+ 11
„ „ 20	320	44	5,9	370	51	6,8	+ 15
„ „ 24	260	43	5,8	285	47	6,25	+ 9
„ „ 30	210	43	5,7	225	46	6,25	+ 7

Dieselbe Festigkeitszunahme wird auch bei im Strang gebleichten Garnen beobachtet. Der Hauptgrund wird in der physikalischen Veränderung der Faser, vor allem in der rauheren Oberfläche der gebleichten Faser und dadurch in dem größeren Haftvermögen zu suchen sein, nicht aber in der durch das Bleichen bewirkten größeren Substanzfestigkeit der Baumwolle.

---

[1]) Mitt. Reutl. Forsch.-Instit. 1920, Oktoberheft.

Anhang.

Umwandlungstafel der gramm-metrischen Nummer in die englische Baumwollnummer und umgekehrt.

Gramm-metr. Nr. in englische Nr.						Englische Nr. in gramm-metr. Nr.					
Gramm-metr. Nr.	Engl. Nr.	Gramm-metr. Nr.	Engl. Nr.	Gramm-metr. Nr.	Engl. Nr.	Engl. Nr.	Gramm-metr. Nr.	Engl. Nr.	Gramm-metr. Nr.	Engl Nr.	Gramm-metr. Nr.
1	0,6	41	24	82	48,5	1	1,7	41	69,5	81	137
2	1,2	42	24,6	84	49,6	2	3,4	42	71	82	139
3	1,8	43	25,3	86	50,8	3	5	43	73	83	140,5
4	2,4	44	26	88	52	4	6,7	44	75	84	142
5	3	45	26,6	90	53,2	5	8,4	45	76,5	85	144
6	3,6	46	27,3	92	54,4	6	10	46	78	86	146
7	4,2	47	28	94	55,6	7	11,8	47	79,5	87	147,5
8	4,8	48	28,5	96	56,8	8	13,5	48	81	88	149
9	5,4	49	29	98	58	9	15,2	49	83	89	150,5
10	6	50	29,5	100	59	10	17	50	85	90	152
11	6,6	51	30	105	62	11	18,5	51	86,5	91	154
12	7	52	30,6	110	65	12	20	52	88	92	156
13	7,6	53	31,3	115	68	13	22	53	89,5	93	157,5
14	8,2	54	32	120	70,8	14	24	54	91	94	159
15	8,8	55	32,5	125	74	15	25,5	55	93	95	161
16	9,4	56	33	130	76,8	16	27	56	95	96	163
17	10	57	33,5	135	80	17	28,5	57	96,5	97	164,5
18	10,6	58	34	140	82,7	18	30	58	98	98	166
19	11,3	59	34,6	145	85,6	19	32	59	100	99	167,5
20	12	60	35,3	150	88,6	20	34	60	102	100	169
21	12,5	61	36	155	91,6	21	35,5	61	103,5	105	178
22	13	62	36,6	160	94,5	22	37	62	105	110	186
23	13,5	63	37,3	170	100,5	23	39	63	106,5	115	195
24	14	64	38	180	106	24	41	64	108	120	203
25	14,6	65	38,5	190	112	25	42,5	65	110	125	212
26	15,3	66	39	200	118	26	44	66	112	130	220
27	16	67	39,5	210	124	27	45,5	67	113,5	135	229
28	16,6	68	40	220	130	28	47	68	115	140	237
29	17,3	69	40,6	230	136	29	49	69	117	145	246
30	18	70	41,3	240	142	30	51	70	119	150	254
31	18,5	71	42	250	148	31	52,5	71	120,5	155	263
32	19	72	42,5	260	154	32	54	72	122	160	271
33	19,5	73	43	270	159,5	33	56	73	123,5	165	280
34	20	74	43,5	280	165	34	58	74	125	170	288
35	20,6	75	44	290	171	35	59,5	75	127	175	297
36	21,3	76	44,6	300	177	36	61	76	129	180	305
37	22	77	45,3	310	183	37	62,5	77	130,5	185	314
38	22,5	78	46	320	189	38	64	78	132	190	322
39	23	79	46,6	330	195	39	66	79	133,5	195	330
40	23,5	80	47,2	340	201	40	68	80	135	200	339

Abgekürzte Tabelle zur Nummerberechnung von Garnen aus dem ermittelten Metergewicht der Garne.[1])

Gewicht g pro m	Gramm-metr. Nr.	Engl. Bw.-Nr.	Gewicht g pro m	Gramm-metr. Nr.	Engl. Bw.-Nr.	Gewicht g pro m	Gramm-metr. Nr.	Engl. Bw.-Nr.
1,00	1,0000	0,5906	0,69	1,4493	0,8559	0,39	2,5641	1,5144
0,99	1,0101	0,5966	0,68	1,4705	0,8685	0,38	2,6316	1,5543
0,98	1,0204	0,6027	0,67	1,4925	0,8815	0,37	2,7027	1,5966
0,97	1,0310	0,6089	0,66	1,5152	0,8949	0,36	2,7778	1,6407
0,96	1,0417	0,6153	0,65	1,5385	0,9087	0,35	2,8571	1,6875
0,95	1,0526	0,6217	0,64	1,5625	0,9228	0,34	2,9411	1,7371
0,94	1,0638	0,6283	0,63	1,5873	0,9375	0,33	3,0302	1,7894
0,93	1,0752	0,6351	0,62	1,6129	0,9528	0,32	3,1250	1,8460
0,92	1,0870	0,6420	0,61	1,6393	0,9682	0,31	3,2259	1,9056
0,91	1,0990	0,6490	0,60	1,6667	0,9844	0,30	3,3333	1,9690
0,90	1,1111	0,6563	0,59	1,6950	1,0001	0,29	3,4482	2,0366
0,89	1,1236	0,6636	0,58	1,7241	1,0183	0,28	3,5714	2,1094
0,88	1,1363	0,6712	0,57	1,7545	1,0362	0,27	3,7038	2,1875
0,87	1,1494	0,6789	0,56	1,7857	1,0543	0,26	3,8462	2,2716
0,86	1,1628	0,6868	0,55	1,8182	1,0739	0,25	4,0000	2,3625
0,85	1,1765	0,6948	0,54	1,8519	1,0938	0,24	4,1667	2,4601
0,84	1,1905	0,7031	0,53	1,8878	1,1156	0,23	4,3478	2,5679
0,83	1,2048	0,7116	0,52	1,9231	1,1352	0,22	4,5455	2,6847
0,82	1,2195	0,7203	0,51	1,9608	1,1579	0,21	4,7619	2,8123
0,81	1,2345	0,7292	0,50	2,0000	1,1812	0,20	5,0000	2,9530
0,80	1,2500	0,7383	0,49	2,0408	1,2053	0,19	5,2632	3,1086
0,79	1,2658	0,7476	0,48	2,0834	1,2304	0,18	5,5555	3,2812
0,78	1,2820	0,7572	0,47	2,1276	1,2566	0,17	5,8822	3,4744
0,77	1,2987	0,7670	0,46	2,1739	1,2840	0,16	6,2500	3,6914
0,76	1,3158	0,7771	0,45	2,2222	1,3125	0,15	6,6667	3,9375
0,75	1,3334	0,7875	0,44	2,2727	1,3423	0,14	7,1428	4,2187
0,74	1,3513	0,7981	0,43	2,3256	1,3735	0,13	7,6923	4,5433
0,73	1,3699	0,8090	0,42	2,3810	1,4062	0,12	8,3333	4,9219
0,72	1,3889	0,8182	0,41	2,4390	1,4405	0,11	9,0910	5,3693
0,71	1,4084	0,8318	0,40	2,5000	1,4765	0,10	10,0000	5,9063
0,70	1,4286	0,8438						

[1]) Ausführliche Tabelle s. Holtzhausen: Leipz. Monatschr. f. Textilind. 1917. S. 1. Die Tabelle dient für Nummerbestimmungen in Fabrik und Handel und macht das jedesmalige Umrechnen des Metergrammgewichtes in Anzahl Meter pro Gramm (= gramm-metrische Nr.) überflüssig. Man braucht nur die entsprechende Zahl für das gefundene Metergrammgewicht in der ersten Spalte der Tabelle aufzusuchen und hat sofort (durch Interpolation genau!) die gramm-metrische oder die englische Baumwoll-Nummer. In den meisten Fällen wird man Metergrammgewichte unter 0,1 g haben; in diesen Fällen wird mit 10 bzw. 100 multipliziert. Beispiel 1. 100 m abgehaspeltes Garn wiegen 2,562 g; demnach 1 m = 0,02562 g. Man sucht die Zahlen 0,25 und 0,26 in der ersten Spalte auf und multipliziert die entsprechenden Nummern mit 10; also gramm-metrische Nummer = rund (3,8462—4,000) × 10 = rund 39 N_m oder 23 N_e. Beispiel 2. 100 m abgehaspeltes Garn wiegen 0,7400 g; 1 m also = 0,007400 g. Die gramm-metrische Nummer ist also 1,35 × 100 = 135, die englische Baumwollnummer = 0,7981 × 100 = rund 80.

Anhang. 261

Umwandlungstafel der Fadenzahl von ¼ Zoll französisch auf 1 Zentimeter und umgekehrt.

Grundlage: 1 Zoll franz. = 2,70 cm ⎱ 1 Zentimeter = 1,481 Viertelzoll franz.
  ¼ „ „ = 0,675 „ ⎰

Fadenzahl		Fadenzahl	
in ¼ Zoll franz.	in 1 cm	in 1 cm	in ¼ Zoll franz.
5	7,41	7	4,73
6	8,89	8	5,40
7	10,37	9	6,07
8	11,85	10	6,75
9	13,33	11	7,42
10	14,81	12	8,10
11	16,30	13	8,77
12	17,78	14	9,45
13	19,26	15	10,12
14	20,74	16	10,80
15	22,22	17	11,47
16	23,70	18	12,15
17	25,18	19	12,82
18	26,66	20	13,50
19	28,14	21	14,17
20	29,63	22	14,85
21	31,16	23	15,52
22	32,60	24	16,20
23	34,08	25	16,87
24	35,56	26	17,55
25	37,04	27	18,22
26	38,52	28	18,90
27	40,—	29	19,57
28	41,48	30	20,25
29	42,96	31	20,92
30	44,44	32	21,60
31	45,92	33	22,27
32	47,40	34	22,95
33	48,89	35	23,62
34	50,37	36	24,30
35	51,85	37	24,97
36	53,32	38	25,65
37	54,86	39	26,32
38	56,29	40	27,—
39	57,77	41	27,67
40	59,26	42	28,35
41	60,74	43	29,02
42	62,22	44	29,70
43	63,70	45	30,37
44	65,18	46	31,05
45	66,67	47	31,72
46	68,15	48	32,40
		49	33,07
		50	33,75

Maße und Gewichte.

(Zum Teil veraltet.)

Fuß = ′, Zoll = ″, Linie = ‴.)

1 Kilometer, km	= 1000 Meter
1 Meter, m, = 100 Zentimeter, cm, = 1000 Millimeter, mm	= 100 Zentimeter
1 Millimeter, mm = 1000 Mikromillimeter oder Mikron, mm oder μ	= 1000 Mikromillimeter
1 Yard, y, = 3 feet (1 foot oder Fuß à 30,48 cm) = 36 engl. Zoll, ″ (à 2,54 cm) oder inches	= 0,9144 Meter
1 franz. Elle (aune ancienne) = 3 pieds de roi de 1868 (= Umfang des Mailänder und Turiner Haspels	= 1,1884 ,,
1 Wiener Elle = 2,465 österr. Fuß (à 31,611 cm)	= 0,77921 ,,
1 Stab (aune)	= 120 ,,
1 Berliner oder preußische Elle	= 0,667 ,,
1 Leipziger oder sächsische Elle	= 0,565 ,,
1 bayerische Elle	= 0,833 ,,
1 böhmische Elle	= 0,600 ,,
1 brabanter Elle	= 0,695 ,,
1 Pariser Fuß = 12 Zoll, ″	= 0,3248 ,,
1 preußischer Zoll, ″	= 2,615 Zentimeter
1 sächsischer Zoll, ″	= 2,36 ,,
1 bayerischer Zoll, ″	= 2,432 ,,
1 badischer Zoll, ″	= 3,00 ,,
1 württembergischer Zoll, ″	= 2,865 ,,
1 hannoverscher Zoll, ″	= 2,433 ,,
1 Hamburger Zoll, ″	= 2,39 ,,
1 englischer Zoll, ″	= 2,54 ,,
1 Pariser oder franz. Zoll = 12 Linien (à 2,2725 mm)	= 2,707 ,,
1 österreichischer Zoll, ″	= 2,634 ,,
1 russischer Arschin = 16 Werschok	= 0,7112 Meter
1 russische Werst = 1500 Arschin	= 1,067 Kilometer
1 Square yard (□ yard, q yard) = 9 square feet	= 0,836 Quadratmeter
1 Cub yard = 27 cub feet	= 0,7645 Kubikmeter
1 Tonne, t	= 1000 Kilogramm
1 Zentner = 50 Kilogramm, kg	= 100 metr. Pfund
1 Kilogramm, kg = 2 metr. Pfund	= 1000 Gramm
1 Gramm, g = 10 Dezigramm, dg = 100 Zentigramm, cg = 1000 Milligramm, mg	
1 Pfund, ℔, Zollpfund, deutsches oder metrisches Pfund = 30 Lot	= 500 Gramm
1 ton, t = 20 hundredweight, cwt = 2240 pounds, lbs.	= 1016 Kilogramm
1 hundredweight, cwt = 112 pounds, lbs	= 50,8 ,,
1 englisches Pfund, lb, pound = 16 Unzen, ounces, ozs. = 7000 grains, gr.	= 453,59 Gramm
1 altes preußisches, sächsisches, altes Berliner Handelspfund, württembergisches Pfund	= 467,7 ,,
1 bayerisches Pfund	= 560 ,,
1 Wiener Pfund, österreichisches Pfund, = 32 Lot	= 560,6 ,,
1 altes französisches oder Pariser Pfund	= 489,5 ,,
1 russisches Pud = 40 russische Pfund	= 16,38 Kilogramm
1 russisches Pfund = 96 Solotnik (à 96 Doli)	= 409,5 Gramm
1 Denier, legales oder internationales Denier	= 0,05 ,,
1 altes Mailänder Denier	= 0,0511 ,,
1 altes Turiner Denier	= 0,05336 ,,
1 altes Lyoner Denier	= 0,05311 ,,
1 japanische Momme	= 3,75 ,,
1 japanisches Kwan = 1000 Momme	= 3,75 Kilogramm.

Sachverzeichnis.

Abacca 30.
Abbescher Beleuchtungsapparat 6.
Abelmoschusfaser 32.
Aberration 12.
Abkochen der Seide 81.
Abmessungen von Geweben 195.
Abreibemaschine 205.
Abreibung 205.
Abreibungsfestigkeit 205.
Absolute Luftfeuchtigkeit 86.
Abscheuern 205.
Abweichung von der Sollnummer 116
Abziehen der Seide 81.
Affritas 37.
Afrikanische Baumwolle 36.
Ägyptische Baumwolle 36.
Alabama-Baumwolle 36.
Alagoas-Baumwolle 36.
Alexandriner Baumwolle 36.
Alkannin 21.
Aloehanf 31.
Alpaka 70. 77.
Alpakka 70.
Amerika-Baumwolle 37.
Analysator 9.
Analytische Wage 141.
Ananasfaser 32.
Anfangs-belastung 194.
— -drehung 160.
— -spannung 194.
Angorawolle 60. 75.
Anhang 259.
Animalische Fasern 23.
Anzahl der Einzelversuche 177.
Apochromatobjektiv 5.
Appreturgehalt 230.
Arbeitsdiagramm 172.
Arbeitsgeschwindigkeit 180.
Arbeitsmodul 174.
Artiseta 41.
Asbest 84.
Aspirationshygrometer 89.
— -psychrometer 91.
Atlasbindung 214.
Aufhellungsmittel 18.
Aufnahmefähigkeit 233.
Aufsaugevermögen 232.
Aufzug 211.
Auseinanderschleichen 162.

Ausgeglichenheit der Wolle 64.
Ausklaubeverfahren 122.
Äußere Eigenschaften von Garnen 226.
Australische Baumwolle 36.
Automatik 153.
Auswaschverlust 228.
Avaca 30.
Azetatseide 41.

Bahia-Baumwolle 36.
Ballonstoffe 198.
Barbadoes-Baumwolle 36.
Barcelona-Baumwolle 36.
Bastfasern 23.
Bastgehalt der Seide 231.
Baumwolle 32.
— Handelsmarken 35.
— mercerisierte 39.
— Mikroskopie 32.
— Numerierung 106.
— Qualitätsbestimmung 38.
— Schätzung 126.
— Sorten 35. 37.
— Standards 127.
— tote 34. 38.
— unreife 35. 38.
Baumwollgarnkontrakt 100. 116.
Baumwollsamt 223.
Bayrisches Landschaf 66.
Belastungsgeschwindigkeit 179.
Beleuchtungsapparat nach Abbe 6.
Bengal-Baumwolle 37.
Bengalhanf 28.
Berbice-Baumwolle 36.
Beregnungsversuch 241.
Berieselungsversuch 240.
Berstfestigkeit 162. 208.
Besançon-Kunstseide 41.
Beschwerungsmittel 229.
Bezugswerte 199.
Biegefestigkeit 162.
Biegsamkeit 162.
Bindegarne 110.
Bindfaden 110.
Bindung 212.
Bindungsaufzeichnung 216.
Blattfasern 23.
Bombaxwolle 40.
Bombayhanf 32.

Bombyx mori 79.
Borstenhaare 60.
Bouretteseide 81. 82.
Bradforder Wollen 66.
Brasilianische Baumwolle 36.
Breitenmessungen von Fasern 135.
Brewsters Lupe 2.
Bruchbelastung 163.
Bruchdehnung 165.
Bruchdrehung 38. 160.
Bruchfestigkeit 163.
Brüchigkeit 209. 210.
Bruchlast 163.
Bürettenversuch 237.

Cadorets Kunstseide 41.
Caracas-Baumwolle 36.
Caravonica-Baumwolle 36.
Cartagena-Baumwolle 36.
Cayenne-Baumwolle 36.
Ceara-Baumwolle 36.
Ceibawolle 40.
Chanvre 26.
Chardonnet-Seide 41.
Charge 82.
Chemische Wage 141.
Chinagras 29.
Chinesische Wolle 66.
Chlorzinkjodlösung 19. 40.
Coddington-Lupe 2.
Coïr 32.
Coton 32.
Cotton 32.
Croisébindung 213.
Cuba-Baumwolle 36.
Cuit 81.
Cumana-Baumwolle 36.
Curaçao-Baumwolle 36.

Dänische Wolle 66.
Daqua-Hygrometer 93.
Dauerpräparate 17.
Degummieren 81.
Dehnbarkeit 165.
Dehnung 162, 165.
— bleibende 166.
— elastische 166.
Dehnungsgeschwindigkeit 179.
Demerary-Baumwolle 36.
Denier 81.
Deniermeter 138. 139.
Deutsche Schafwolle 66.
Diagonalbindung 213.
Dichte 217.
Dichte Gewebe 201.
Dickenmesser 153.
Dickenmessungen von Fasern 135.
— von Gespinsten 145.
— von Geweben 152.
Differentialfadenzähler 220.

Dollondgrade 135. 136.
Domingo-Baumwolle 36.
— -Hanf 31.
Draht 153.
Draka-Hygrometer 92.
Drall 153.
Drallapparate 156.
Drehfestigkeit 162.
Drehung der Garne 153.
Drehungsfestigkeit 162.
Drehungsgrad, kritischer 155.
Drehungskoëffizient 155.
Drehungskonstante 155.
Drehungsprüfer 156.
Druckfestigkeit 162.
Dschut 28.
Durchstoßfestigkeit 204.
Dynamometer 184.

Ededron végétal 40.
Einarbeiten 197.
Einlaufen 231.
Einreißfestigkeit 162. 204.
Einschlag 211.
Einschlaglupe 3.
Einspannlänge 178.
Eintrag 211.
Einweben 197. 221.
Einzelauszählverfahren 130.
Einzwirnung 158.
Eisenchloridreagens 10.
Elastizität 166.
— vollkommene 174.
Elastizitätsdiagramm 172. 174.
Elastizitätsgrad 175.
Elastizitätsgrenze 166. 175.
Elastizitätskurve 174.
Elastizitätsmodul 175.
Elberfelder Glanzstoff 41.
Elektawolle 66.
Elektoralrasse 67. 135.
Englische Baumwollnummer 107.
Englisch-irische Nummer 109.
Entappretieren 230.
Entbasten 81.
Entnahme von Versuchsproben 196. 199. 240.
Entschälen 81.
Entschlichten 230.
Epidermis 62.
Epithelzellen 62.
Eriometer 137.
Erschwerung 82.
Essequibo-Baumwolle 36.
Europäische Baumwolle 36.
Extraktwolle 70.

Fadendichte 217.
Fadenkontrollmaschine 226.
Fadenzahl 217.

Sachverzeichnis.

Fadenzähler 3. 218.
Falzapparat 210.
Falzfähigkeit 209.
Falzfestigkeit 162. 209.
Farbenbilder 14.
Farbstoffe für Mikroskopie 21.
Färbung, künstliche 134.
Faserbartmethode 129.
Faserdicke von Wolle 135.
Faserlänge, mittlere 130.
Fasern, animalische 23. 60.
— mineralische 24. 84.
— pflanzliche 23. 24.
— tierische 23. 60.
— vegetabilische 23. 24.
Fäulnisbeständigkeit 242.
Feine 218.
Feinheitsgrad der Gespinste 105.
Feinheitsmessungen s. Nummerbestimmungen und Dickenmessungen.
Feinheitsnummer der Seide 81.
— der Wolle 135.
Festigkeit 162. 163.
— absolute 163.
— spezifische 165.
Festigkeitsprüfer 184.
— nach Baer 186.
— — Goodbrand 190.
— — Guggenheim 185.
— — Krais 192.
— — Leuner 192.
— — Schopper 187.
— — Tarnogrocki 189.
Festigkeitsprüfungen 162. 194.
Fettgehalt 229.
Feuchtigkeitsaufnahme v. Fasern 95. 115.
Feuchtigkeitsdiagramm 90.
Feuchtigkeitsgehalt der Fasern 99.
— — Luft 86. 88.
Feuchtigkeitszuschlag 99.
Fibroinfaden 80.
Filoselleseide 82.
Filtrierfähigkeit 237.
Flachs 24.
Flachsgarnnumerierung 109.
Flaumhaare 60.
Flax 24.
Fließstrecke 166.
Flockseide 81.
Floretseide 81. 82.
Florida-Baumwolle 36.
Frankfurter Kunstseide 41.
Französische Baumwollnummer 108.
— Wolle 66.
Frostbeständigkeit 242.
Fruchtfasern 23.

Gambohanf 32.
Gangzahl 218.

Garndickenmesser 146.
Garnfestigkeitsmesser 185 ff.
Garnnummerbestimmung 114.
— in Geweben 224.
Garnnumerierung 105.
Garnqualitätsmeßapparat 227.
Garnsortierwagen 148.
Garnweifen 144.
Gasdurchlässigkeit 248.
Gasdurchlaßprüfer 250.
Gaze 222.
Geißbarthaar 75.
Gelatineseide 41.
Georgia-Baumwolle 36.
Gerberwolle 69.
Geschleifte Garne 158.
Gewebeanlagen 211.
Gewebedichte 217.
Gewichte 259.
Glanz von Kammgarn 134.
Glanzmesser 227.
Glarimeter 227.
Glasfäden 86.
Gleichförmigkeit 168.
Gleichheitsprüfer 226.
Gleichmäßigkeit 168.
— der Wolle 64.
Golddraht 86.
Gramm-metrische Nummer 105. 106.
Grannenhaare 60.
Grege 81.
Grenzbelastung 175.
Grundbindungen 212.
Guayanilla-Baumwolle 36.
Güteverhältnis 155.
Gütezahl 43. 198. 199. 234. 247.

Haarlänge, mittlere im Querschnitt 133.
— von Kammgarnen 132.
Habutae 222.
Haftfestigkeit 162. 203.
Haftvermögen 204.
Halbgramm-metrische Nummer 105. 108.
Hämatoxylin 21.
Handelsgewicht 95. 97.
Handmeßverfahren 128.
Hanf 26.
Hanfgarnnumerierung 109.
Hartdraht 154.
Härte von Kammgarn 134.
Haspel 142.
Haspelumfänge 143.
Hayti-Baumwolle 36.
Hemp 26.
Hibiscushanf 32.
Holz 57.
Hornschuppen 62.
Huygensches Okular 5.
Hydrograph 90.
Hygrometer 88. 89.

Sachverzeichnis.

Immersionssystem 4.
Imperialrasse 67.
Interferometer 250.
Internationale Garnnummer 106.
Internationaler Seidentiter 113.
Irisblende 6.

Jamaica-Baumwolle 36.
Jod-jodkaliumlösung 19. 40.
Jodlösung 19.
Jod-Schwefelsäurelösung 19.
Jülicher Seide 41.
Jümel-Baumwolle 36.
Jute 26.
Jutegarnnumerierung 110.

Kair 32.
Kalbhaare 72.
Kalifornische Wolle 66.
Kalkuttahanf 28.
Kaluihanf 29.
Kalorimeter 251.
Kamelhaare 76.
Kamelziegenhaare 77.
Kammgarn, hartes 132.
Kammgarnkonditionierung 101. 117.
Kämmverfahren 128.
Kammwollen 66.
Kapländische Wolle 66.
Kapmerino 66.
Kapok 40.
Kaschmirwolle 76.
Kattunbindung 212.
Kaukasische Wolle 36.
Kaukhura 29.
Kautschuk 57.
Keratin 62.
Kette 211.
Kettenrichtung 216.
Knickfestigkeit 162.
Knitterungsfestigkeit 162.
Kokon 80. 81.
Kokosfaser 32.
Kollektiv 5.
Kollodiumseide 41.
Kolumbische Baumwolle 36.
Komprimierbarkeit 251.
Kondensorsystem 7.
Konditionierapparate 102.
Konditionierung 95. 97.
— im Kleinhandel 101.
Köperbindung 213.
Korati 30.
Kord 223.
Korere 30.
Kotonisierter Flachs 24.
— Hanf 24.
Kraftdehnungslinie 167. 171.
Kräuselungszahl 135. 136.
Krepp 222.

Kreppbindung 215.
Krümmung der Bildfläche 11.
Krumpen 231.
Krumpfen 231.
Kuhhaare 77.
Kunstfasern 23.
Künstliche Seide 41.
Kunstseide 41.
— Mikroskopie 52.
— Numerierung 114.
— physikalische Eigenschaften 42.
— Quellung 47. 51.
— Querschnitte 53. 137.
— technologische Eigenschaften 43.
— Titer 114. 137.
Kunstwolle 69.
Kunstwollgarnnumerierung 113.
Kuoxam 18. 20. 33.
Kupferoxydammoniak 18. 20.
Kupferoxydammoniakseide 41.
Kupferseide 41.
Kupfersulfat 20.
Kutikula 33. 39. 62.

Laguayra-Baumwolle 36.
Lamawolle 77.
Landwollen 69.
Längenklassen 131. 132.
Längenmessungen von Fasern 124.
— von Gespinsten 142.
— von Geweben 152.
Lauflänge 110.
Legaler Seidentiter 113.
Lehners Kunstseide 41.
Leicesterwolle 66. 68. 135.
Lein 24.
Leinwandbindung 212.
Levantinische Baumwolle 36.
Lichtdurchlässigkeit 251.
Lichtreflexion 251.
Lima-Baumwolle 36.
Lin 24.
Linke Seite 216.
Linksdraht 154.
Linsen 1.
Linters 37.
Listerbindung 224.
Louisiana-Baumwolle 36.
Luftbläschen 15.
Luftdurchlässigkeit 243.
Luftfeuchtigkeit, Einfluß auf Fasern 181.
— Messung 88.
— Regelung 93.
Lupe 1.

Maçaio-Baumwolle 36.
Mako, echte 38. 39.
— künstliche 38. 39.
Mako-Baumwolle 36. 37. 38.
Maltwoodfinder 14.

Manchester 223.
Manilahanf 30.
Manilla 30.
Manilla-hemp 30.
Maranham-Baumwolle 36.
Markinseln 62. 63.
Markstrang 62. 63.
Maskenlack 18.
Maße und Gewichte 262.
Matamoros 31.
Materialfestigkeit 162. 200.
Maulbeerbaumspinner 80.
Mauritiushanf 31.
Mazerationsgemisch 20.
Mercerisationsfähigkeit 35.
Mercerisierte Baumwolle 39.
Merinowollen 67.
Messen der Fasern 124.
— der Gespinste 142.
— der Gewebe 152.
Mestizenwolle, böhmische 135.
Meßlupe von Zeiß 218. 219.
Metalle 86.
Methylenblau 21.
Metrische Nummer 105. 106.
Mexicanfibre 31.
Mexicangrass 31.
Mi-cuit 81.
Mikrometer 8.
Mikrometerokular 5.
Mikrometrische Garnwage 151.
Mikromillimeter 9. 135.
Mikron 9. 135.
Mikronfeinheitsnummer 135.
Mikrophotogramme 7.
Mikrophotographische Apparate 8.
Mikroskop 1. 5. 6.
— Behandlung 12.
— Gebrauch 13.
— Prüfung 11.
Mikroskopie der Faserstoffe 21.
Mikroskopierlampe 10.
Mikrotom 16.
Mikrowage 142. 225.
Mineralische Fasern 23.
Mischgarn 98.
Mittelwerte 168.
Mobile-Baumwolle 36.
Mohairwolle 60. 75.
Monkeygrass 32.
Morusspinner 80.
Motril 36.
Muldenversuch 236.
Mungo 70.
Musterbild 212.

Nachets Zeichenprisma 8.
Naturseiden 44. 45. 46. 80.
Neapolitanische Baumwolle 36.
Negrettiwolle 66. 135.

Nesselfaser 29.
Nettle fibre 29.
Netzfähigkeit 232.
Netzmikrometer 138. 139.
Neuseelandflachs 30.
Newleicesterwolle 68.
Nicolsches Prisma 9.
Niederländische Baumwollnummer 109.
Nitrozelluloseseide 41.
Nordamerikanische Baumwolle 36.
Nordamerikanische Wolle 66.
Normzahlen 199.
— für Baumwollgarne 200. 254.
— — Flachsgarne 201.
— — Kunstseide 203.
— — Seide 202.
— — Wollgarne 202.
Nummerbestimmung der Garne 114.
— in Geweben 224.
Numerierung der Garne 105.

Oberbayrische Gebirgswolle 66.
Oberhaut 62.
Oberhautschuppen 62.
Oberhautzellen 62.
Objektiv 3.
Objektivmikrometer 9. 220.
Objekttisch 7.
Österreichische Baumwollnummer 108.
Offene Gewebe 221.
Okular 5.
Okularmikrometer 9. 124.
Ölaufnahme 233.
Organsin 81.
Ortie 29.
Ortie blanche 29.
Ostindische Baumwolle 36. 37.
Ostindische Wolle 66.

Packkordel 110.
Paina limpa 40.
Papiergarne 58.
Papille 62.
Para-Baumwolle 36.
Paragrass 32.
Paraiba-Baumwolle 36.
Patrone 212.
Patte de lièvre 40.
Paut-Hemp 28.
Payta-Baumwolle 36.
Pelseide 81.
Pelzhaare 60.
Pernambuco-Baumwolle 36.
Peruanische Baumwolle 36.
Pflanzendunen 40.
Pflanzenseide 40.
Pflanzliche Fasern 23. 24.
Phloroglucin-Salzsäure 20.
Piana-Baumwolle 36.
Piassave 32.

Pinasfaser 30.
Pinna 32.
Pisangfaser 30.
Pitahanf 31.
Pite 31.
Plantain fibre 30.
Polarisationsmikroskop 9.
Polarisator 9.
Polauf-Bindung 224.
Poldurch-Bindung 224.
Polymeter 89.
Porosimeter 245.
Porosität 243.
Porterzahl 218.
Portorico-Baumwolle 36.
Präparate, Herstellung 15.
Präpariermikroskop 3.
Präzisionsgarnwagen 149. 150.
Präzisionsweifen 143. 144. 145.
Präzisionszeigerwage 151.
Probeentnahme 196. 199. 240.
Proportionalitätsgrenze 166.
Prüfungsgeschwindigkeit 180.
Prüfungsgrundlagen 176.
Psychrometer 91.
Psychrometertafeln 92.
Puerto-Cabello-Baumwolle 36.
Putztücher 233. 235.
Pyknometer 253.

Quadrantenwagen 148.
Quadratmetergewicht 196.
Qualitätszahlen 199.
Querschnitte 16.
Querschnittsmessungen 137.
Quetschfestigkeit 162.

Rambouilletwolle 66. 67.
Ramie 29.
Ramiegarnnumerierung 111.
Ramsdensches Okular 5.
Raphiabast 32.
Rapport 212.
Raufwolle 69.
Rauhigkeit 251.
Rechte Seite 216.
Rechtsdraht 154.
Regain 98.
Regen, künstlicher 241.
Rehhaare 78.
Reißbelastung 163.
Reißfestigkeit 163.
Reißlänge 164.
Reprise 98.
Revolverobjektiv 5.
Reziprokwage 151.
Rhea 29.
Rhia fibre 29.
Rohr 57.
Rohseide 80.

Römische Baumwolle 36.
Roßhaare 79.
Russische Merino 66.

Samenfasern 23.
Samt 223.
Sanseveriafaser 31.
Satinbindung 214.
Saugfähigkeit 232.
Scart-Mako 37.
Schaben 205.
Schabmaschine 205.
Schafwolle 61.
Schappeseide 81. 82.
Schauseite 216.
Scheibenblende 6.
Scheuern 205.
Scheuertücher 234. 235.
Schlesische Wolle 66.
Schlüpfen 162.
Schraubenmikrometer 146.
Schubfestigkeit 162.
Schublehre 145.
Schuppen 62. 63.
Schuß 211.
Schußrichtung 216.
Schußsamt, Dichte 224.
Schutzwirkung gegen Sonne 251.
Schwefelsäurereagens 20.
Schweif 211.
Schweinsborsten 79.
Sea-Island-Baumwolle 36.
— — -Mako 36.
Seide 79.
— edle 79. 80.
— Mikroskopie 83.
— Numerierung 113. 114.
— Titer 81.
— wilde 79.
Seidenbast 80.
Seidenerschwerung 82.
Seidenfestigkeitsprüfer 186.
Sericin 80.
Serimeter 186.
Sektorwage 148.
Shoddy 70.
Siamhemp 30.
Silberdraht 86.
Silkgrass 32.
Silvalin 58.
Siriusseide 41.
Sisal 31.
Sisalhanf 31.
Sizilianische Baumwolle 36.
Sollnummer 116.
Souple 81.
Spanische Baumwolle 36.
Spezifisches Gewicht 252.
— scheinbares 252.
— wirkliches 252.

Sachverzeichnis.

Spindelzellen 62.
Spinndraht 154.
Sprödigkeit 209. 210.
Sprödigkeitsprüfer 211.
Spürhaare 60.
Stapel 32. 35. 38. 65.
Stapeldiagramm 128.
Stapelfaser 41.
Stapelmessungen 125. 128.
Stativlupe 3.
Steigungswinkel 154. 155.
Stengelfasern 23.
Sterblingswolle 69.
Stichelhaare 60.
Stichzahl 218.
Stoffestigkeit 162. 200.
Strähnhaspel 144.
Strähnumfänge 143.
Strecken 166.
Streckgrenze 166.
Streichwollen 66.
Streifenentnahme 196. 199.
Stroh 57.
Strukturbilder 14.
Substanzfestigkeit 162. 165.
Südamerikanische Baumwolle 36.
Surate 36. 37.
Surinam-Baumwolle 36.

Tabelle für Nummerberechnung 257
Taffetbindung 212.
Tampicohanf 31.
Tasthaare 60.
Taupunkt 86.
Tenessee-Baumwolle 36.
Texas-Baumwolle 36.
Textilit 58.
Textilose 58.
Thybetwolle 70.
Tibet 70. 76.
Tierhaare 60.
Tierhaargarne, grobe 77.
Tierische Fasern 23.
Tikabahanf 32.
Titer 81.
— legaler 81. 113.
Titrierung der Seide 113.
Torsiometer 156.
Torsion 154.
Torsionsfestigkeit 38. 160. 162.
Torsionsprobe 38. 160.
Torsionsverfahren 159.
Torsionsverhältnis 38. 160.
Torsionswage 142. 225.
Tote Baumwolle 34.
Tragmodul 175.
Trame 81.
Treue der Wolle 64.
Trichterversuch 237.
Trinidad-Baumwolle 36.

Trockengehaltsbestimmung 95. 97.
Tuchbindung 212.
Tuche, gewalkte 198.
Tuchwolle, schottische 135.
Tusche als Reagens 21.
Tussahschappe 83.
Tussahseide 79. 84.

Übersichtstabelle über die wichtigsten Pflanzenfasern 58.
Umwandlungstafel für Baumwollnummern 109. 259.
— für Baumwolle, Leinen und Jute 111.
— für die Fadenzahlen 261.
— — Maße und Gewichte 262.
— — Seidentiters 113.
— — Wollgarnnummern 113.
Undichte Gewebe 221.
Ungarische Landwolle 69.
— Zackelwolle 69.
Ungleichmäßigkeit 169.
Untermittel 169.
Upland-Baumwolle 36.
Urenafaser 32.

Valenzia-Baumwolle 36.
Vanduraseide 41.
Varinas-Baumwolle 36.
V-Bindung 224.
Vegetabilische Fasern 23. 24.
— Seide 41.
Velvet 223.
Vergrößerung 12.
Verrottung 242.
Verzerrung 11.
Vigogne 77.
Viskoseseide 41.
Vistrafaser 41.
Viviersseide 41.
Völligkeitsgrad 55. 139. 173.
Völligkeitswert 173.
Vorbereitung der Proben 194.
Vorschlag 217.

Wägen der Fasern 141.
— — Garne 148.
— — Gewebe 153.
Wagenlupe 213.
Warenfestigkeit 163.
Wärmeaufnahme 251.
Wärmedurchlässigkeit 251.
Wärmedurchlaßprüfer 251.
Wärmeverlust 251.
Warp 211.
Waschverlust 229.
Wasseraufnahme 234.
Wasserbeständigkeit 242.
Wasserdichtigkeit 235.
Wasserdruckprüfer 239.
Wasserdruckversuch 238.

Wasserdurchlässigkeit 235.
Wassergehalt 86. 88. 99.
Wasserstoffdurchlässigkeit 248.
W-Bindung 224.
Webeleiste 216.
Weft 211.
Weichdraht 154.
Weichheit 162.
Weife 142.
Werggarnnumerierung 109.
Westindische Baumwolle 36.
Wolldickenmesser 136.
Wolle 60.
— Aufbau 61.
— Ausgeglichenheit 65.
— Dehnbarkeit 65.
— Elastizität 65.
— Farbe 64.
— Faserdicke 135.
— Feinheit 65.
— Festigkeit 65.
— Geschmeidigkeit 65.
— gesunde 64.
— Glanz 64.
— Gleichmäßigkeit 65.
— Güteeigenschaften 64.
— Klassifikation 135.
— Kräuselung 65.
— Länge 65.
— Milde 64.
— Morphologie 61.
— naturkranke 64.
— Reinheit 64.
— Stapel 65.
— Treue 65.

Wolle, untreue 64.
— Wachstum 61.
Wollgarnnumerierung 111.
Wollhaar 60. 61.
Wollklassifikation 137.

Xylolin 58.

Yamamay-Seide 79.

Zackelwolle 66. 135.
Zähigkeit 167. 173.
Zählen von Fasern 119.
Zählverfahren 121.
Zeichenapparat 7.
Zeichnungen, mikroskopische 7.
Zellulongarn 58.
Zelluloseseide 41.
Zellulosexanthogenat 41.
Zerplatzapparat 208.
Zerplatzfestigkeit 162. 163. 208.
Zerreißarbeit 167.
Zerreißdiagramm 171.
Zerreißfestigkeit 162.
Zerreißgeschwindigkeit 179.
Zerreißungsquotient 173.
Zettel 211.
Ziegenhaare 74.
Zugfestigkeit 162.
Zweibandbindung 212.
Zwirnbezeichnung 158.
Zwirndraht 157.
Zwirnnummer 109.
Zylinderblende 6.
Zylinderlupe 2.

Verlag von Julius Springer in Berlin W 9

Färberei- und textilchemische Untersuchungen. Anleitung zur chemischen Untersuchung und Bewertung der Rohstoffe, Hilfsmittel und Erzeugnisse der Textilveredelungs-Industrie. Von Professor Dr. **Paul Heermann**, Abteilungsvorsteher der Textilabteilung am Staatlichen Materialprüfungsamt in Berlin-Dahlem. Vereinigte vierte Auflage der »Färbereichemischen Untersuchungen« und der »Koloristischen und Textilchemischen Untersuchungen«. Mit 8 Textabbildungen. 1923.
Gebunden 11 Goldmark / Gebunden 2,65 Dollar

Technologie der Textilveredelung. Von Professor Dr. **Paul Heermann**, Berlin-Dahlem. Mit 178 Textfiguren und einer Farbentafel. 1921.
Gebunden 18 Goldmark / Gebunden 4,35 Dollar

Betriebseinrichtungen der Textilveredelung. Von Professor Dr. **Paul Heermann**, Berlin-Dahlem und Ingenieur **Gustav Durst**, Fabrikdirektor in Konstanz a. B. Zweite Auflage von »Anlage, Ausbau und Einrichtungen von Färberei-, Bleicherei- und Appretur-Betrieben« von Dr. **Paul Heermann**. Mit 91 Textabbildungen. 1922.
Gebunden 6 Goldmark / Gebunden 1,50 Dollar

Technik und Praxis der Kammgarnspinnerei. Ein Lehrbuch, Hilfs- und Nachschlagewerk. Von **Oskar Meyer**, Spinnerei-Ingenieur, Direktor des öffentlichen Warenprüfungsamtes für das Textilgewerbe zu Gera-Reuß, und **Josef Zehetner**, Spinnerei-Ingenieur, Betriebsleiter in Teichwolframsdorf bei Werdau i. S. Mit 235 Abbildungen im Text und auf einer Tafel sowie 64 Tabellen. 1923. Gebunden 20 Goldmark / Gebunden 4,80 Dollar

Neue mechanische Technologie der Textilindustrie. Von Dr.-Ing. E. h. **G. Rohn** in Schönau bei Chemnitz. In drei Bänden nebst Ergänzungsband.

Erster Band: **Die Spinnerei in technologischer Darstellung.** Mit 143 Textfiguren. 1910. Vergriffen

Zweiter Band: **Die Garnverarbeitung.** Die Fadenverbindungen, ihre Entwicklung und Herstellung für die Erzeugung der textilen Waren. Ein Hand- und Hilfsbuch für den Unterricht an Textilschulen und technischen Lehranstalten, sowie zur Selbstausbildung in der Faserstoff-Technologie. Mit 221 Textabbildungen. 1917.
Gebunden 5 Goldmark / Gebunden 1,20 Dollar

Dritter Band: **Die Ausrüstung der textilen Waren.** Mit einem Anhange: Die Filz- und Watten-Herstellung. Ein Hand- und Hilfsbuch für den Unterricht an Textilschulen und technischen Lehranstalten, sowie zur Selbstausbildung in der Faserstoff-Technologie. Mit 196 Textabbildungen. 1918. Gebunden 7 Goldmark / Gebunden 1,75 Dollar

Ergänzungsband: **Textilfaserkunde** mit Berücksichtigung der Ersatzfasern und des Faserstoffersatzes. Ein Hand- und Hilfsbuch für den Unterricht an Textilschulen und technischen Lehranstalten, sowie für Textiltechniker, Landwirte, Volkswirtschaftler usw. Mit 87 Textabbildungen. 1920.
Gebunden 3 Goldmark / Gebunden 0,75 Dollar

Die Mercerisation der Baumwolle und die Appretur der mercerisierten Gewebe. Von Technischem Chemiker **Paul Gardner**. Zweite, völlig umgearbeitete Auflage. Mit 28 Textfiguren. 1912.
Gebunden 9 Goldmark / Gebunden 2,15 Dollar

Für das Inland: Goldmark zahlbar nach dem amtlichen Berliner Dollarbriefkurs des Vortages.
Für das Ausland: Gegenwert des Dollars in der betreffenden Landeswährung sofern sie stabil ist oder in Dollar, englischen Pfunden, Schweizer Franken, holländischen Gulden.

Verlag von Julius Springer in Berlin W 9

Die neuzeitliche Seidenfärberei. Handbuch für Seidenfärbereien, Färbereischulen und Färbereilaboratorien. Von Dr. **Hermann Ley,** Färbereichemiker. Mit 13 Textabbildungen. 1921. 4,80 Goldmark / 1,15 Dollar

Die künstliche Seide, ihre Herstellung, Eigenschaften und Verwendung. Mit besonderer Berücksichtigung der Patent-Literatur bearbeitet von Geh. Regierungsrat Dr. **K. Süvern.** Vierte, stark vermehrte Auflage. Mit 365 Textfiguren. 1921. Gebunden 20 Goldmark / Gebunden 5,80 Dollar

Betriebspraxis der Baumwollstrangfärberei. Eine Einführung. Von **Fr. Eppendahl,** Chemiker. Mit 8 Textfiguren. 1920.
2,60 Goldmark / 0,65 Dollar

Die Echtheitsbewegung und der Stand der heutigen Färberei. Von **Fr. Eppendahl,** Chemiker. 1912. 1 Goldmark / 0,25 Dollar

Die Apparatfärberei der Baumwolle und Wolle unter Berücksichtigung der Wasserreinigung und der Apparatbleiche der Baumwolle. Von **E. J. Heuser.** Mit 191 in den Text gedruckten Figuren. 1913.
Gebunden 8 Goldmark / Gebunden 1,95 Dollar

Enzyklopädie der Küpenfarbstoffe. Ihre Literatur, Darstellungsweisen, Zusammensetzung, Eigenschaften in Substanz und auf der Faser. Von Dr.-Ing. **Hans Truttwin.** Unter Mitwirkung von Dr. R. Hauschka in Wien. 1920.
42 Goldmark / 10 Dollar

Chemie der organischen Farbstoffe. Von Dr. **Fritz Mayer,** a. o. Hon.-Professor an der Universität Frankfurt a. M. Mit 5 Textfiguren. 1921.
10 Goldmark / 2,40 Dollar

Fortschritte der Teerfarbenfabrikation und verwandter Industriezweige. An der Hand der systematisch geordneten und mit kritischen Anmerkungen versehenen Deutschen Reichs-Patente dargestellt von Professor Dr. **P. Friedlaender,** Dozent an der Technischen Hochschule in Darmstadt.

I. Teil. 1877-1887. Unveränderter Neudruck 1920. 50 Goldmark / 17,50 Dollar
II. Teil. 1887-1890. Unveränderter Neudruck 1921. 47 Goldmark / 17,50 Dollar
III. Teil. 1890-1894. Unveränderter Neudruck 1920. 56 Goldmark / 29 Dollar
IV. Teil. 1894-1897. Unveränderter Neudruck 1920. 110 Goldmark / 38,50 Dollar
V. Teil. 1897-1900. Unveränderter Neudruck 1922. 80 Goldmark / 35 Dollar
VI. Teil. 1900-1902. Unveränderter Neudruck 1920. 110 Goldmark / 38,50 Dollar
VII. Teil. 1902-1904. Unveränderter Neudruck 1921. 67 Goldmark / 24 Dollar
VIII. Teil. 1905-1907. Unveränderter Neudruck 1921. 115 Goldmark / 38,50 Dollar
IX. Teil. 1908-1910. Unveränderter Neudruck 1921. 100 Goldmark / 38,50 Dollar
X. Teil. 1910-1912. Unveränderter Neudruck 1921. 112 Goldmark / 38,50 Dollar
XI. Teil. 1912-1914. Unveränderter Neudruck 1921. 100 Goldmark / 38,50 Dollar
XII. Teil. 1914-1916. Unveränderter Neudruck 1922. 80 Goldmark / 33,50 Dollar
XIII. Teil. 1916—1. Juli 1921. 1923. 94 Goldmark / 36 Dollar

Für das Inland: Goldmark zahlbar nach dem amtlichen Berliner Dollarbriefkurs des Vortages.
Für das Ausland: Gegenwert des Dollars in der betreffenden Landeswährung sofern sie stabil ist oder in Dollar, englischen Pfunden, Schweizer Franken, holländischen Gulden.

MIX
Papier aus verantwortungsvollen Quellen
Paper from responsible sources
FSC® C105338

If you have any concerns about our products,
you can contact us on
ProductSafety@springernature.com

In case Publisher is established outside the EU,
the EU authorized representative is:
**Springer Nature Customer Service Center GmbH
Europaplatz 3, 69115 Heidelberg, Germany**

Printed by Libri Plureos GmbH
in Hamburg, Germany